"十三五"国家重点图书出版规划项目

现代控制理论

（第3版）

于长官　主编

哈爾濱工業大學出版社

内容简介

本书以单输入-单输出线性定常系统为基本背景，介绍了现代控制理论的基本内容。包括经典控制理论的基本概念、状态方程与输出方程、系统的运动与离散化、系统的能控性与能观测性、状态反馈与状态观测器、变分法与二次型最优控制、李亚普诺夫稳定性理论与自适应控制、现代频域法。书后附有工程硕士研究生入学前后控制理论考试题、回答与思考、培训教学大纲，供教师和学生参考。

本书可作为高等院校非自动控制专业的硕士研究生（包括工程硕士研究生）和自动控制专业的本科生与大专生的教材，也可作为科技人员（包括高级技师）的培训和自学教材。

图书在版编目（CIP）数据

现代控制理论/于长官主编.—3版.—哈尔滨：
哈尔滨工业大学出版社，2005.8（2021.6重印）
ISBN 978-7-5603-0421-2

Ⅰ.现… Ⅱ.于… Ⅲ.现代控制理论
Ⅳ.0231

中国版本图书馆CIP数据核字（2005）第091109号

责任编辑　王桂芝　黄菊英
出版发行　哈尔滨工业大学出版社
社　　址　哈尔滨市南岗区复华四道街10号　邮编150006
传　　真　0451-86414749
网　　址　http://hitpress.hit.edu.cn
印　　刷　哈尔滨市石桥印务有限公司
开　　本　787mm×1092mm　1/16　印张16.25　字数393千字
版　　次　2005年8月第3版　2021年6月第17次印刷
书　　号　ISBN 978-7-5603-0421-2
定　　价　35.00元

第3版前言

本书第1版问世以来，曾作为高等学校现代控制理论课程的教材和工程人员的自学用书，也曾作为工程硕士研究生的教材，还曾作为科研院所进行现代控制理论培训的教材，得到了读者的好评，已修订再版。但从高等教育尤其是研究生教育的发展，以及工程硕士研究生教学的特点和实际考虑，本书又有不全面之处，需作较大改动，为此我们又重新进行了第三次编写。

重编本书的基本思路是，以读者为本，引导和总结相结合，循序渐进。重编的《现代控制理论》，强化了基础部分，加入一章经典控制理论的基本概念，使经典控制理论与现代控制理论联系起来，为读者学习现代控制理论打下必要的知识基础；对原书状态方程与输出方程部分、状态反馈与状态观测器部分，均对示例与内容进行了补充；对基本理论，从实际出发，重点阐述了理论成熟且应用广泛的理论，具体介绍具有二次型性能指标的最优控制，以及基于李亚普诺夫稳定性理论的模型参考自适应控制，删去了其他部分，同时还删去了原书的随机系统与卡尔曼滤波部分；为使学习者在学习中思路清楚，书中设定了不同的"路标"，每章有引言、示例(或例题)和小结，书后还附有工程硕士研究生入学前后该课程的考题、回答与思考、培训与教学，望读者重视这些"路标"。

本书作为教材，对非自动控制专业研究生(含工程硕士研究生)，可按40~60学时组织教学，讲授第一章至第七章内容；对自动控制专业本科生及大专生，可按40学时组织教学，讲授第二章至第五章及第八章内容；对科技人员及高级技师的现代控制理论培训，可按24~40学时组织教学，讲授第一章至第八章的相应部分。

本书由哈尔滨工业大学于长官教授主编，参加编写及协助工作的还有张玉峰、李晶、韩华、崔继仁、庞海红、琚雪梅、于桂臻、王晔、姚东媛、邵宪辉。

本书虽已是第3版，但由于内容的变动较大，加之读者对象相对复杂，基础和层次差别较大，顾及起来比较困难，加之编者水平所限，不妥和疏漏之处在所难免，恳请读者批评指正，以便完善本书。

编　者

2005年6月

目　录

第一章　经典控制理论的基本概念

1.1 引　　言

经典控制理论与现代控制理论,既是相互独立的,又是相互联系的。一方面经典控制理论的基本概念,在现代控制理论中得到延伸与应用。实践证明,学习现代控制理论必须要有经典控制理论的基本概念作为基础,特别是学习现代控制理论的基础部分。为此本章将经典控制理论的最基本概念加以回顾,并在本章最后将经典控制理论与现代控制理论进行概念性与条理性的比较,使学习者先有个整体了解。另一方面经典控制理论,在现代控制理论的影响与推动下,也得到了适应性发展,本书最后一章现代频域法就是极好的体现。因此学习现代控制理论要特别重视经典控制理论基本概念的掌握。

1.2 控制理论的发展过程

为了说明现代控制理论在整个控制理论中的地位,我们把控制理论的发展划为不同阶段。这种阶段性的发展过程是由简单到复杂、由量变到质变的辩证发展过程。

经典控制理论多半是用来解决单输入－单输出的问题,所涉及的系统大多是线性定常系统,非线性系统中的相平面法也只含两个变量。在人类社会早期实践活动中,虽然也使用了一些简单的“反馈”和“前馈”思想,但相当稀少与原始。而蒸汽机的出现,极大地刺激了反馈控制技术的发展。在19世纪,为了解决蒸汽机离心调速器的控制精度和系统稳定性之间的矛盾,马克斯维尔1868年提出了用基本系统的微分方程模型分析反馈系统的数学方法。同时,韦士乃格瑞斯克阐述了调节器的数学理论。1895年劳斯与古尔维茨分别提出了基于特征根和行列式的稳定性代数判别方法。进入20世纪后,电信工业的发展导致了奈奎斯特频率域分析技术和稳定判据的产生,伯德进一步研究开发了易于实际应用的伯德图。1948年伊文思提出了一种易于工程应用的、求解闭环特征方程根的简单图解法——根轨迹分析法。这样便开始形成一套完整的、以传递函数为基础、在频率域对单输入－单输出控制系统进行分析与设计的理论,即所谓经典(古典)控制理论。

由上述不难看出,经典控制论是与生产过程的局部自动化相适应的,它具有明显的依靠手工进行分析和综合的特点,这个特点是与20世纪40～50年代生产发展的状况,以及电子计算机技术的发展水平尚处于初级阶段密切相关的。经典控制理论在对精确度要求不是很高的情况下是完全可用的。经典控制理论最大的成果之一就是PID控制规律的产生,PID控制原理简单,易于实现,具有一定的自适应性与鲁棒性,对于无时间延迟的单回路控制系统很有效,在工业过程控制中仍被广泛应用。

现代控制理论主要用来解决多输入－多输出系统的问题,系统可以是线性或非线性的、定常或时变的。20世纪50年代后期,空间技术的发展和计算机的发展与普及,促使控制理论由经典控制理论向现代控制理论转变。被控对象复杂,生产过程的精确要求,对系统的控制要求也越来越高,经典控制理论显得无能为力,简单反馈已无法满足解决不确定性问题的需要,这不仅在航天飞行器、导弹、火炮等控制方面需要新的控制理论,随着工业生产对产品的质量和产量要求的提高,人们也关注新的控制理论。在这种背景下,更为精巧的控制方法应运而生。其中最具代表性的就是基于模型的现代控制理论。

其中最优控制的惊人成果,是由前苏联的庞德亚金等学者提出的极大值原理,并找到最优控制问题存在的必要条件,该原理为解决控制量有约束情况下的最短时间控制问题提供了一个有效方法。同时美国学者别尔曼也提出了解决最优控制问题的动态规划法。而当时正在美国从事数控研究的青年科学工作者R.E.卡尔曼,对系统采用了状态方程描述方法,指出了系统的能控性、能观测性。与此同时,证明了在二次型性能指标下线性系统最优控制的充分条件,进而提出了对于估计与预测有效的卡尔曼滤波,并证明了对偶性。基于上述结果,人们确认了控制系统的状态方程描述方法的实用性。当时,将这种与状态方程有关的控制理论称为"现代控制理论"。因此现代控制理论是以庞德亚金的极大值原理、别尔曼的动态规划和卡尔曼的滤波理论为其发展里程碑,揭示了一些极为深刻的理论结果。

给予现在控制理论以正确、全面的评价是十分必要的。现代控制理论基于时域内的状态空间分析法,着重实现系统最优控制的研究。这种方法从数学角度而言,是把系统描述为四个具有适当阶次的矩阵,不少控制问题可归结为这几个矩阵或它们所代表的映射应具有的要求和满足的关系,使控制系统的一些问题转化为数学问题,尤其是线性代数问题。状态空间法的应用,使人们对控制领域里的一些重要问题认识更加深化,也使人们能较容易解决多输入-多输出系统的问题,并提供将线性定常系统中的结论推广到复杂系统中的手段。由于在空间技术中,对性能指标的要求比较单一,用状态空间法可设计出结构较复杂的最优控制器。所以现代控制理论在空间技术以及军事工程上获得了成功的应用。

面对现代控制理论的快速发展及成就,人们对这种理论应用于工业过程寄予了期望。但现代控制在工业实践中遇到了理论、经济和技术上的一些困难。这是因为工业过程复杂而难于建模;性能指标很难用单一模式概括,且要求控制器结构简单、成本低廉;由于现代控制技术应用与工业过程涉及一系列学科,如计算机技术、管理技术、系统工程及过程本身的工艺与机理等,使过程控制的研究在一定程度上受到严重的制约;从理论上而言,状态空间法将控制系统开环频率特性带来的优点淹没了;在已建立起来的技术与新的理论之间衔接得不好,使依赖于物理概念进行设计的工程技术人员接受这种方法有困难;特别是在过去的时间里,现代控制理论对于反馈控制的某些中心问题,如困扰工业过程控制的模型不确定,还缺乏基本的阐述。所有这些都说明,现代控制理论还存在许多问题,并不是"完整无缺"的,这是事物存在矛盾的客观性反应,并将推动现代控制理论向更深、更广的方向发展。就工业过程控制而言,其控制系统的设计,仅仅采用现代控制理论原有的方法是不够的,尚需针对工业过程的特殊性及不同要求,研究与开发新的控制策略及控制结构。因此,自20世纪20年代以来,陆续出现了非线性控制、预测控制、自适应控制、鲁棒控制、智能控制,力图较好地解决因工业过程的复杂性而带来的困难。

大系统理论和智能控制理论的出现,使控制理论发展到一个新阶段。所谓大系统,是指规模庞大、结构复杂、变量众多的信息与控制系统,它涉及生产过程、交通运输、生物控制、计划管理、环境保护、空间技术等多方面的控制和信息处理问题。而智能控制系统是具有某些仿人智能的工程控制与信息处理系统,其中最典型的是智能机器人。该阶段尚处于初始形成过程,往往体现为现代控制理论的推广及延伸。

1.3　系统的传递函数

一、拉氏变换

控制系统的微分方程,是在时域中描述系统动态性能的数学模型。在给定外作用及初始条件下,求解微分方程可以得到系统的输出响应。这种方法比较直观,尤其是借助于电子计算机,可迅速而准确地求解。但是,如果系统中某个参数变化或者结构形式改变,则需要重新列写并求解微分方程,不便于对系统进行分析与设计。用拉氏变换将线性常微分方程转化为易处理的代数方程,可以得到系统在复数域中的数学模型,称为传递函数。它不仅可以表征系统动态特性,而且可借以研究系统的结构或参数变化对系统性能的影响。经典控制理论广泛应用的频率法和根轨迹法,就是在传递函数基础上建立起来的。因此,拉氏变换成为自动控制理论的数学基础。

1.拉氏变换的概念

若将实变量 t 的函数 $f(t)$ 乘以指数函数 e^{-st}(其中 $s=\sigma+j\omega$,是一个复变数),再在 $0\sim\infty$ 之间对 t 进行积分,就得到一个新的函数 $F(s)$。$F(s)$ 称为 $f(t)$ 的拉氏变换,并可用符号 $L[f(t)]$ 表示,即

$$F(s)=L[f(t)]=\int_0^{\infty} f(t)e^{-st}dt \tag{1.1}$$

上式称为拉氏变换的定义式。为了保证式中等号右边的积分存在,$f(t)$ 应满足下列条件:

① 若 $t<0$,则 $f(t)=0$。

② 若 $t>0$,则 $f(t)$ 分段连续。

③ 若 $t\to\infty$,则 e^{-st} 较 $f(t)$ 衰减得更快。

由于 $\int_0^{\infty} f(t)e^{-st}dt$ 是一个定积分,t 将在新函数中消失。因此,$F(s)$ 只取决于 s,它是复变数 s 的函数。拉氏变换将原来的实变量函数 $f(t)$ 转化为复变量函数 $F(s)$。

拉氏变换是一种单值变换,$f(t)$ 和 $F(s)$ 之间具有一一对应的关系。通常称 $f(t)$ 为原函数,$F(s)$ 为象函数。

2.常用函数的拉氏变换

实用中,常把原函数与象函数之间的对应关系列成对照表的形式。通过查表,就能够知道原函数的象函数,或象函数的原函数,十分方便。常用函数的拉氏变换对照表如表1.1所示。

表 1.1 常用函数拉氏变换对照表

原函数 $f(t)$	象函数 $F(s)$
$\delta(t)$	1
$1(t)$	$\frac{1}{s}$
t	$\frac{1}{s^2}$
$t^n(n=1,2,3,\cdots)$	$\frac{n!}{s^{n+1}}$
e^{-at}	$\frac{1}{s+a}$
te^{-at}	$\frac{1}{(s+a)^2}$
$\sin\omega t$	$\frac{\omega}{s^2+\omega^2}$
$\cos\omega t$	$\frac{s}{s^2+\omega^2}$

3. 拉氏变换的基本定理

(1) 线性定理

两个函数和的拉氏变换,等于每个函数拉氏变换的和,即

$$L[f_1(t)+f_2(t)] = L[f_1(t)] + L[f_2(t)] = F_1(s) + F_2(s)$$

函数放大 K 倍的拉氏变换,等于函数拉氏变换的 K 倍,即

$$L[Kf(t)] = KF(s)$$

(2) 微分定理

函数求导的拉氏变换,等于函数拉氏变换乘以 s 的求导次幂(这时,初始条件须为零),即当初始条件 $f(0)=0$ 时,$L[f'(t)] = sF(s)$。

同理,若初始条件

$$f(0) = f'(0) = \cdots = f^{(n-1)}(0) = 0$$

则有

$$L[f^{(n)}(t)] = s^nF(s) \tag{1.2}$$

(3) 积分定理

函数积分的拉氏变换,等于函数拉氏变换除以 s 的积分次幂(这时,初始条件须为零),即当初始条件$\int f(t)\mathrm{d}t\,|_{t=0} = 0$时,$L[\int f(t)\mathrm{d}t] = \frac{F(s)}{s}$。

同理,当初始条件为零时,则有

$$L[\underbrace{\int\cdots\int}_{n} f(t)\mathrm{d}t^n] = \frac{F(s)}{s^n} \tag{1.3}$$

(4) 初值定理

函数的初始值($t\to 0$ 的数值),等于函数的拉氏变换后的 $t\to\infty$ 的极限值,即

$$\lim_{t \to 0} f(t) = \lim_{s \to \infty} F(s) \tag{1.4}$$

(5) 终值定理

函数的稳态值($t \to \infty$ 的数值),等于函数的拉氏变换乘以 s 后的 $t \to 0$ 的极限值,即

$$\lim_{t \to \infty} f(t) = \lim_{s \to 0} sF(s) \tag{1.5}$$

二、传递函数

1.定义

在线性定常系统中,当初始条件为零时,输出量的拉氏变换与输入量的拉氏变换之比,定义为传递函数。

若线性定常系统用 n 阶微分方程描述,即

$$\begin{aligned} & y^{(n)}(t) + a_1 y^{(n-1)}(t) + \cdots + a_{n-1}\dot{y}(t) + a_n y(t) = \\ & b_0 u^{(m)}(t) + b_1 u^{(m-1)}(t) + \cdots + b_{m-1}\dot{u}(t) + b_m u(t) \end{aligned} \tag{1.6}$$

式中,$y(t)$ 是系统输出量;$u(t)$ 是系统输入量;$a_1,\cdots,a_n,b_0,b_1,\cdots,b_m$ 是与系统结构参数有关的系数。在初始条件为零时,对式(1.6)进行拉氏变换,得 s 的代数方程为

$$(s^n + a_1 s^{n-1} + \cdots + a_{n-1}s + a_n)Y(s) = (b_0 s^m + b_1 s^{m-1} + \cdots + b_{m-1}s + b_m)U(s)$$

则传递函数为

$$W(s) = \frac{Y(s)}{U(s)} = \frac{b_0 s^m + b_1 s^{m-1} + \cdots + b_{m-1}s + b_m}{s^n + a_1 s^{n-1} + \cdots + a_{n-1}s + a_n} = \frac{M(s)}{D(s)} \tag{1.7}$$

2.典型环节(元件)的传递函数

放大环节的传递函数为放大倍数,即

$$G(s) = \frac{Y(s)}{U(s)} = K \tag{1.8}$$

积分环节的传递函数为

$$G(s) = \frac{Y(s)}{U(s)} = \frac{1}{s} \tag{1.9}$$

惯性环节(亦称一阶系统)的传递函数为

$$G(s) = \frac{Y(s)}{U(s)} = \frac{1}{Ts + 1} \tag{1.10}$$

式中,T 为时间常数。

随动系统中的枢控电机传递函数(考虑负载)为

$$G(s) = \frac{Y(s)}{U(s)} = \frac{K_{\mathrm{m}}}{s(T_{\mathrm{m}}s + 1)} \tag{1.11}$$

式中,K_{m} 为电机的增益常数;T_{m} 为电机的时间常数。

3.传递函数的性质

① 传递函数描述既适用于元件,也适用于系统(开环或闭环系统)。它是描述其动态特性的一种关系式,与系统或元件的运动方程对应。

② 传递函数是通过复数形式来表征系统和元件的内在性质,与外作用无关。

③ 传递函数是从实际物理系统出发,用数学方法抽象出来的,但它不代表系统或元件的物理结构,许多物理性质不同的系统或元件,可以具有相同的传递函数。

④ 传递函数是复变量 s 的有理分式,分母多项式的最高阶次 n 高于或等于分子多项

式最高阶次 m，即 $n \geqslant m$。这是因为实际系统或元件总具有惯性，以及能源为有限所致。

⑤ 定义零点与极点。令传递函数分母 $D(s)$ 等于零，即 $D(s)=0$，求得的根称为极点。同样令传递函数分子 $M(s)$ 等于零，即 $M(s)=0$，求得的根称为零点。

三、方块图

1. 定义

将组成系统中的每个环节(元件)，用标有传递函数的方块形式表示出来，然后从比较环节(亦称相加点)入手，按输入信号流经的先后次序，将各方块单元连接起来，表示系统功能的图形为系统方块图。

假如有一个随动系统，它以枢控电机作为执行环节，带动的对象为工作机械(即旋转体对象)。该系统的方块图如图 1.1 所示。

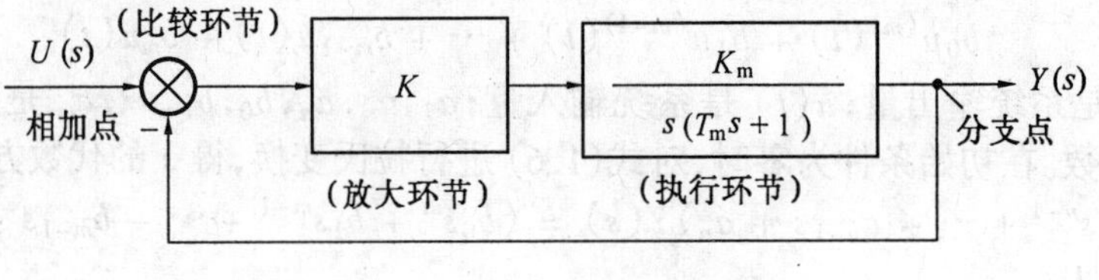

图 1.1 随动系统方块图

方块图是控制工程中描述复杂系统的一种简便方法，也给人们提供了求取复杂闭环系统传递函数的捷径。

2. 开环系统传递函数

串联环节组成的开环系统，如图 1.2 所示。

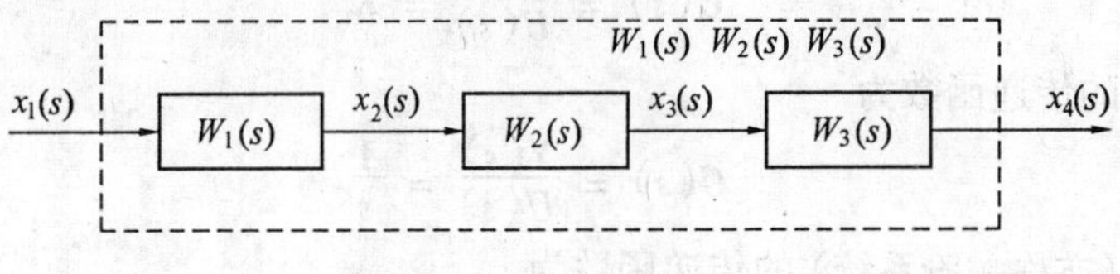

图 1.2 串联环节组成的开环系统方块图

结论是数个元件串联(元件间无负载效应)后的传递函数，等于每个串联元件的传递函数的乘积。

并联环节组成的开环系统，如图 1.3 所示。

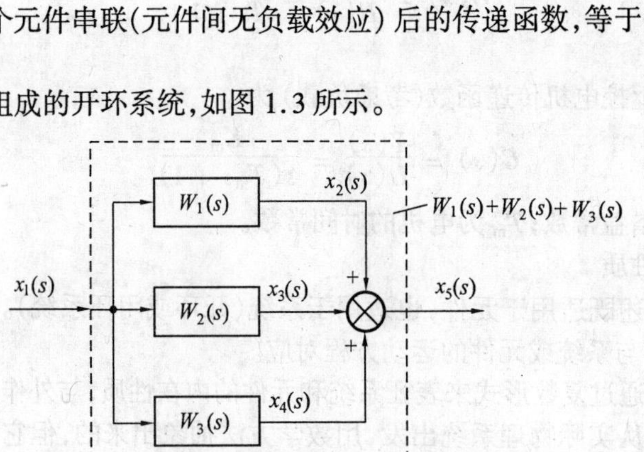

图 1.3 并联环节组成的开环系统方块图

结论是数个元件并联(同方向)后的传递函数,等于每个并联元件的传递函数之和。

3. 标准形式闭环系统传递函数

当系统具有多个反馈回路时,如果各回路(或称各环)无互相交叉现象时,则称该闭环系统为标准形式。如图 1.4 所示。

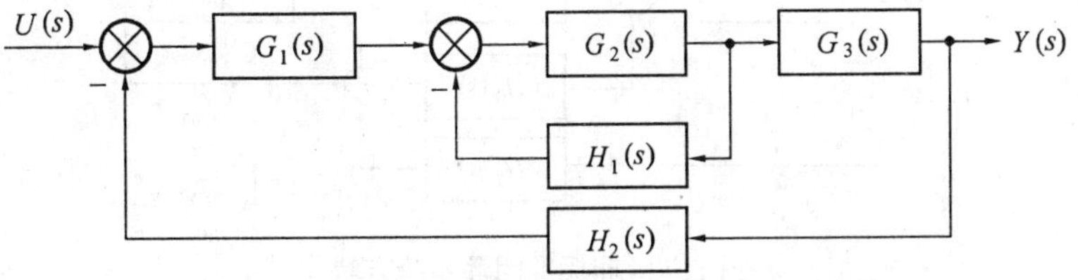

图 1.4　标准闭环系统方块图

显而易见,其基本回路(环)如图 1.5 所示。

其闭环传递函数为

$$\Phi(s)=\frac{Y(s)}{U(s)}=\frac{G(s)}{1+G(s)H(s)} \tag{1.12}$$

将其结论概念化,即闭环传递函数为

$$\Phi(s)=\frac{\text{关注的输出量拉氏变换}}{\text{关注的输入量拉氏变换}}=\frac{\text{关注的输入输出间的前向通道传递函数}}{1+\text{关注的前向通道传递函数}\times\text{相应的反馈通道传递函数}} \tag{1.13}$$

如求 $\varepsilon(s)/U(s)$ 的传递函数,即为

$$\Phi_\varepsilon(s)=\frac{\varepsilon(s)}{U(s)}=\frac{1}{1+G(s)H(s)} \tag{1.14}$$

当 $H(s)=1$,即单位负反馈时,如图 1.6 所示。

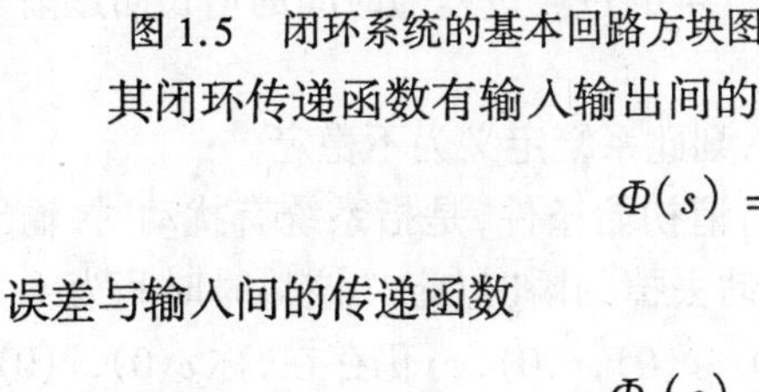

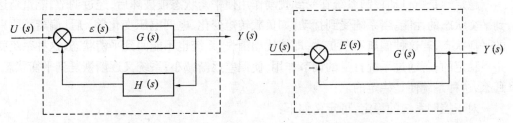

图 1.5　闭环系统的基本回路方块图

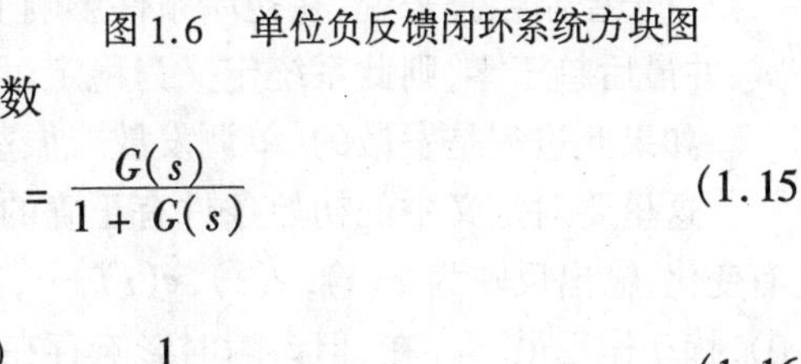

图 1.6　单位负反馈闭环系统方块图

其闭环传递函数有输入输出间的传递函数

$$\Phi(s)=\frac{Y(s)}{U(s)}=\frac{G(s)}{1+G(s)} \tag{1.15}$$

误差与输入间的传递函数

$$\Phi_e(s)=\frac{E(s)}{U(s)}=\frac{1}{1+G(s)} \tag{1.16}$$

对于多回路标准形式闭环系统,由内回路至外回路,可利用公式(1.12)将方块图化简,最后求出闭环系统的传递函数。

4. 非标准形式闭环系统传递函数

当系统具有多个反馈回路时,如果各回路(或称各环)有互相交叉现象时,则称该闭环系统为非标准形式。如图 1.7 所示。

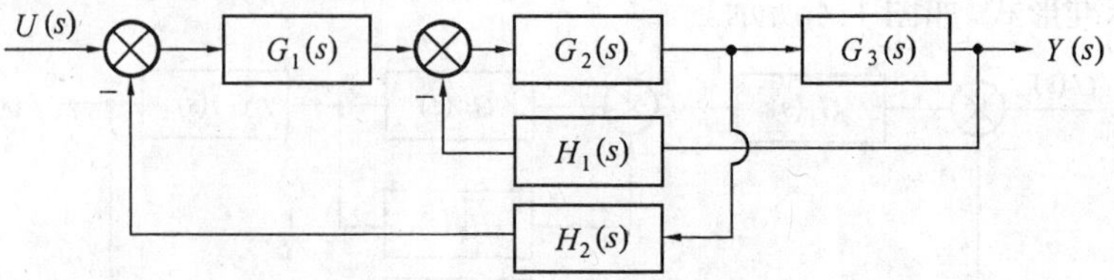

图 1.7 非标准闭环系统方块图

求该闭环系统传递函数有两种方法:其一是化简法,应用输出等效原则将非标准形式变换为标准形式,然后化简方块图,求得闭环系统传递函数;其二是直接法,用下式求出整个闭环系统的传递函数,即

$$\Phi(s)=\frac{\text{前向通道各串联环节传递函数连乘积}}{1+\sum_{i=1}^{n}(\text{每一个负反馈回路的开环传递函数})} \tag{1.17}$$

式中,n 为反馈回路的数目(非独立闭环)。很明显,它是基本回路式(1.13) 在多回路中的推广,所以该公式也适用于标准形式闭环系统。

1.4 绝对稳定性与相对稳定性

一、稳定定义与充要条件

稳定性是指自动控制系统在受到扰动作用使平衡状态被破坏后,经过调节,能重新达到平衡状态的性能。当系统受到扰动(如负载转矩变化、电网电压变化等) 后,偏离了原来的平衡状态,若这种偏离不断扩大,即使扰动消失,系统也不能回到平衡状态,这种系统就是不稳定的;若通过系统自身的调节作用,使偏差逐渐减小,系统又逐渐恢复到平衡状态,那么,这种系统便是稳定的。

对于控制系统的稳定,可定义如下:

对于控制系统来说,在初始条件影响下,系统产生的过渡过程随时间的增长而逐渐衰减,并最后趋于零,则此系统定义为稳定。

如果此过程是发散的(单调发散或振荡发散),则此系统定义为不稳定。

这里要对定义中的初始条件有正确的理解。所谓初始条件,是指系统有扰动时,输出有变化,输出反映为 $c(t)$,$\dot{c}(t)$,$\ddot{c}(t)$,…,在把扰动去掉的瞬时(定义该瞬时时间为 $t=0$),扰动作用虽不存在,但该瞬时影响存在,即 $c(0)$,$\dot{c}(0)$,$\ddot{c}(0)$,… 仍存在,称 $c(0)$,$\dot{c}(0)$,$\ddot{c}(0)$,… 为 系统的初始条件。这样就完全排除外部影响,而能表现出系统内部自己的性质。

稳定的线性系统受到扰动后,均能回到原来的平衡状态,所以称线性系统的稳定为渐近稳定,它与初始条件无关。但在自然界中,纯粹的线性系统实并际并不存在,严格地说,实际系统均是非线性系统，只不过它们的非线性程度不同而已。因此，上述稳定定义是指未超出线性系统的范围。

据稳定的定义，若系统或元件为稳定，则当其输入端加一脉冲信号时，其对应输出信息 $c_0(t)$ 必随时间增长而衰减，即 $t \to \infty$，$c_0(t) \to 0$。由此可推出，系统或元件稳定的充要条件为：代表系统或元件传递函数的极点必须全部在[s]平面的左侧。

由于传递函数的极点就是特征方程式的根，因此，系统或元件稳定的充要条件可转述为：要求系统或元件特征方程式的所有根之实数部分均为负数。

二、系统的绝对稳定性

回答系统是否稳定的问题为绝对稳定性问题，可用时域法中的劳斯判据及频域法中的奈氏判据。

1. 劳斯判据

根据稳定的充要条件判断系统的稳定性，必解出系统特征方程式的根。对 $n > 4$ 的高阶系统，求根工作量很大且困难，为了不解出根而能判断系统的稳定性，常常希望用简便方法。

该方法是 1877 年由劳斯提出的，用特征方程的系数来判断系统稳定性的方法，称为劳斯判据，这种判据是稳定的充要条件。应用劳斯判据时，需要画出劳斯阵列表。

【劳斯阵列表构造方法】

首先将特征方程各项按 s 降幂方式排列，然后把特征方程各项系数排成两行，第一行由第 1,3,5,… 项系数组成，第二行由 2,4,6,… 项系数组成，而后各行系数按交叉相乘、相减、相除程序逐行计算，这种过程一直进行到第 n 行为止，第 $n+1$ 行仅第一列有值，该值等于特征方程的常数项 a_n。在劳斯表中，系数排列呈三角形。具体过程如下：

将系统的特征方程写成如下标准形式(以 4 阶为例)

$$D(s) = s^4 + a_1 s^3 + a_2 s^2 + a_3 s + a_4 = 0$$

列劳斯阵列表

$$\begin{array}{llll}
s^4 & 1 & a_2 & a_4 \\
s^3 & a_1 & a_3 & 0 \\
s^2 & \dfrac{a_1 \cdot a_2 - 1 \cdot a_3}{a_1} = b_1 & \dfrac{a_1 \cdot a_4 - 1 \times 0}{a_1} = b_2 & \\
s^1 & \dfrac{b_1 \cdot a_3 - a_1 \cdot b_2}{a_1} = d_1 & & \\
s^0 & a_4 & &
\end{array}$$

【劳斯判据结论】

在劳斯阵列表中，当第一列所有的元素值均大于零时，系统是稳定的；当第一列出现小于零的数值时，系统是不稳定的，且各值的符号改变的次数，就是系统特征方程的正根数目。

【劳斯判据的特点】

① 劳斯判据判断稳定,对开环系统与闭环系统均适用。

② 劳斯判据除可以确定参数全部已知的系统的稳定性外,还可以用来确定系统中的一个或两个参数变化对系统稳定性的影响,即确定其参数的取值范围。

③ 劳斯判据用来判别系统的绝对稳定性时较简捷,但不能指明关于系统质量的性能指标,即相对稳定性。

2. 奈氏判据

将要研究的奈奎斯特判据是根据系统开环幅相频率特性曲线判断系统稳定性的判据,而根据开环对数频率特性曲线来判断系统的稳定性,则为对数奈奎斯特判据。它是奈奎斯特判据的推广,它们都能确定系统的稳定裕度,并用以研究系统结构和参数对稳定裕度的影响,故应用很广,特别是对数奈奎斯特判据,使用更为方便。

【稳定判据的内容】

① 控制工程中广泛使用的奈氏稳定判据。如果开环传递函数 $G(s)H(s)$ 在[s]右半平面上有 P 个极点,当 ω 由 $-\infty$ 变化到 $+\infty$ 时,系统闭环稳定的充要条件为:开环幅相频率特性 $G(j\omega)H(j\omega)$ 逆时针包围点$(-1,j0)$ P 次。

② 经常应用的情况为单位负反馈闭环系统,即 $H(s)=1$;而且开环系统稳定,即开环传递函数 $G(s)$ 在[s]右半平面无极点($P=0$),这样的系统称最小相位系统。对此奈氏稳定判据为:

如果开环系统稳定,当 ω 由零变化到 $+\infty$ 时,闭环系统稳定的充分必要条件为:它的开环幅相频率特性不包围点$(-1,j0)$。

③ 如果开环传递函数包含有 ν 个积分环节,为应用上述判据,则应从特性曲线上与 ω 等于零对应的点开始,逆时针方向画 $\nu/4$ 个半径无穷大的圆,以形成封闭曲线。

开环系统幅相频率特性 $G(j\omega)$ 与其对数频率特性之间有对应关系:

① [G]平面上描述 $|G(j\omega)|=1$ 的单位圆与对数幅频特性零分贝线相对应。

② [G]平面上单位圆以外区域,对应对数幅频特性零分贝线以上的区域;[G]平面上单位圆内区域,与对数幅频特性的零分贝线以下的区域相对应。

③ [G]平面上的 $-\pi$ 角度线,对应对数相频特性的 $-\pi$ 线。

由上对应关系,将适用于最小相位系统的奈氏稳定判据用开环对数频率特性来陈述,即为**对数奈氏稳定判据**。其内容是:

如果系统开环传递函数在[s]右半平面无极点($P=0$),当 ω 由零变化到 ∞ 时,闭环系统稳定的充分必要条件为:在开环对数幅频特性 $20\lg|G(j\omega)|$ 不为负值的所有频段内,对数相频特性不穿越 $-\pi$ 线。

在已准确绘制的系统开环对数频率特性曲线即伯德图上,应用对数奈氏稳定判据便能迅速判定系统的稳定性。

三、系统的相对稳定性

1. 相对稳定性(稳定裕度)概念

系统设计中,不仅要求系统必须稳定(这是控制系统正常工作的必要条件),同时还关心系统的稳定程度。

奈氏稳定判据是依据开环幅相频率特性曲线绕点(-1,j0)的情况,判断系统的稳定性。

实际上,点(-1,j0)附近的开环幅相频率特性曲线还与系统的稳定程度有着密切关系。开环幅相频率特性曲线越靠近点(-1,j0),系统的稳定程度就越差;反之,系统的稳定程度就越好。开环幅相频率特性曲线通过点(-1,j0),系统处于临界状态,单位阶跃响应将出现持续的等幅振荡,因此可以用 $G(j\omega)H(j\omega)$ 轨迹对点(-1,j0)靠近程度来度量稳定程度。把在控制系统稳定基础上进一步来表征稳定程度高低的概念,称做控制系统的相对稳定性,通常以幅值裕度与相角裕度的形式来表示。如图 1.8 所示。

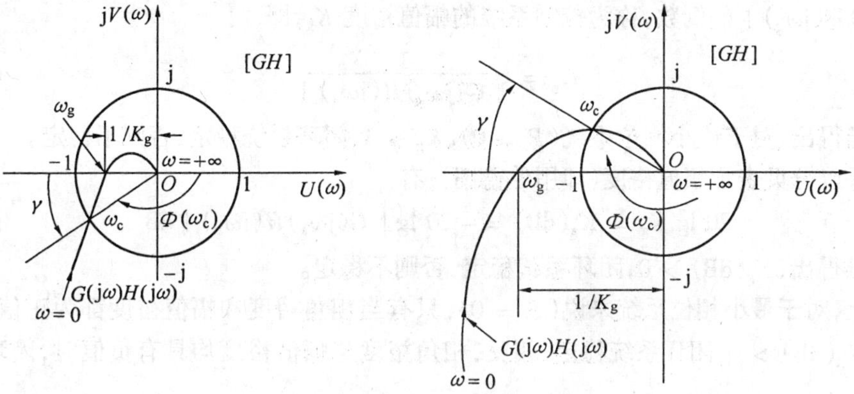

(a) 奈氏图

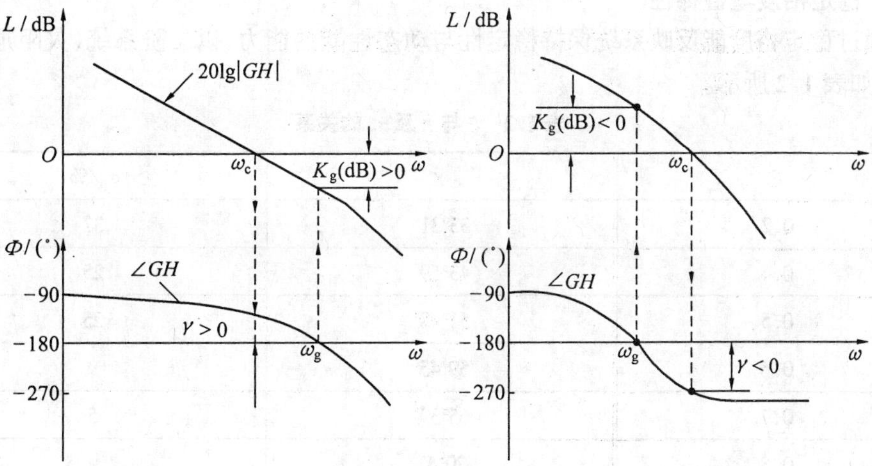

(b) 伯德图

图 1.8　稳定和不稳定系统的相角裕度和幅值裕度

2. 相角裕度与幅值裕度

(1) 相角裕度

定义 1.1　剪切频率 ω_c 是开环系统中幅频特性的幅值等于 1 时对应的频率值,即

$$|G(j\omega_c)H(j\omega_c)| = 1$$

从开环对数幅频特性来说,剪切频率 ω_c 是开环对数幅频特性 $20\lg|G(j\omega)H(j\omega)|$ 通过横轴处的频率,即 $20\lg|G(j\omega_c)H(j\omega_c)|=0$。

定义 1.2 从[GH]平面负实轴方向到原点与 ω_c 连线的夹角 γ,便是系统相角裕度。它表示了闭环系统达到临界稳定状态需增加的相移量。因此相角裕度

$$\gamma=\angle G(j\omega_c)H(j\omega_c)-(-180°)=180°+\angle G(j\omega_c)H(j\omega_c) \tag{1.18}$$

不难得出,如果开环传递函数在[s]右半平面无极点,即 $P=0$(称最小相位系统),且闭环系统如果稳定,则相角裕度 $\gamma>0$。

(2) 幅值裕度

定义 1.3 相移 $\angle G(j\omega)H(j\omega)=-\pi$,对应的频率为 ω_g,在此频率上,开环幅频特性 $|G(j\omega_g)H(j\omega_g)|$ 的倒数,称为控制系统的幅值裕度 K_g,即

$$K_g=\frac{1}{|G(j\omega_g)H(j\omega_g)|} \tag{1.19}$$

不难得出,对于最小相位系统($P=0$),$K_g>1$,闭环系统稳定,否则不稳定。

如果以分贝表示幅值裕度(即用伯德图),有

$$20\lg K_g=K_g(\text{dB})=-20\lg|G(j\omega_g)H(j\omega_g)|\ \text{dB} \tag{1.20}$$

不难得出,$K_g(\text{dB})>0$,闭环系统稳定,否则不稳定。

综上,对于最小相位系统来说($P=0$),只有当相角裕度和幅值裕度都为正值时,即 $\gamma>0$,$K_g(\text{dB})>0$,闭环系统稳定;相反,相角裕度与幅值裕度均具有负值时,闭环系统不稳定。

3. 稳定裕度与鲁棒性

通过稳定裕度能反映系统保持稳定性与动态性能的能力,以二阶系统(欠阻尼情况)为例,如表 1.2 所示。

表 1.2 ξ 与 γ 及 σ_p 的关系

ξ	γ	σ_p/%
0.2	33°31′	37
0.4	43°59′	25
0.5	51°48′	25
0.6	59°45′	9
0.7	65°39′	5
0.8	70°5′	2.5

由前面已知阻尼比一般取 $\xi=0.4\sim0.6$ 较好,由表 1.2 不难看出,其对应 $\sigma_p<30\%$ 为中等反应速度,其对应的相角裕度 $\gamma=40°\sim60°$。

如进一步分析,可得如下结论:为保证相角裕度 $\gamma=40°\sim60°$,系统开环对数幅频特性应以剪切斜率为 -20 dB/dec 的直线穿过横轴。

这个结论可以有条件地近似扩展到高阶系统中去,适用程度取决于高阶系统中是否存在一对共轭复数闭环主导极点。

对于系统幅值裕度为 $K_g(\mathrm{dB}) > 6$,即

$$20\lg K_g = 6 \tag{1.21}$$

有

$$K_g = 2 = \frac{1}{|G(\mathrm{j}\omega_g)H(\mathrm{j}\omega_g)|}$$

因此 $|G(\mathrm{j}\omega_g)H(\mathrm{j}\omega_g)| = \frac{1}{2}$,即 $|G(\mathrm{j}\omega_g)H(\mathrm{j}\omega_g)|$ 穿过 $-\pi$ 线交实轴于 $-\frac{1}{2}$ 处。

1.5　极点与系统性能

一、阶跃响应类型

由于系统的对象和元件通常都具有一定的惯性(如电磁惯性、机械惯性),又由于能源功率的限制,系统中的各种物理量(如电压、电流、位移、速度、温度等)的变化不可能突变。因此,系统从一个稳定状态过渡到另一个新的稳定状态,都需要经历一个过渡过程,它反映了系统的动态特性,通常用能描述过渡过程的特征值来表示。现以单位阶跃信号作用下的控制系统的过渡过程来说明。

1.一阶系统的阶跃响应

系统传递函数为

$$\Phi(s) = \frac{Y(s)}{U(s)} = \frac{1}{Ts+1} \tag{1.22}$$

(1) 单位阶跃响应

输入信号

$$u(t) = 1(t) \qquad U(s) = \frac{1}{s}$$

输出信号拉氏变换为

$$Y(s) = \Phi(s)U(s) = \frac{1}{Ts+1}\frac{1}{s} \xlongequal{\text{部分分式}} \frac{1}{s} - \frac{T}{Ts+1}$$

对上式进行拉氏反变换

$$y(t) = L^{-1}[Y(s)] = L^{-1}[\frac{1}{s} - \frac{T}{Ts+1}]$$

由于

$$L^{-1}[\frac{1}{s+a}] = \mathrm{e}^{-at}$$

所以

$$y(t) = 1 - \mathrm{e}^{-\frac{t}{T}} \tag{1.23}$$

按上式可以逐点求系统输出值,得到表 1.3。

表 1.3　一阶系统不同时间输出值

t	0	T	$2T$	$3T$	$4T$	$5T$
$y(t)$	0	0.632	0.865	0.95	0.982	0.993

按表 1.3 可得到一阶系统的过渡过程，如图 1.9 所示。

(2) 单位阶跃响应特点

① 当 $t = 0$ 时，该处切线的斜率等于$\frac{1}{T}$，即

$$\left.\frac{\mathrm{d}y(t)}{\mathrm{d}t}\right|_{t=0} = \left.\frac{1}{T}\mathrm{e}^{-\frac{t}{T}}\right|_{t=0} = \frac{1}{T}$$

随着时间的增长，过渡过程曲线斜率下降至零，T 表示了系统响应快慢，称为时间常数。时间常数越小，一阶系统过渡过程进行得越快。

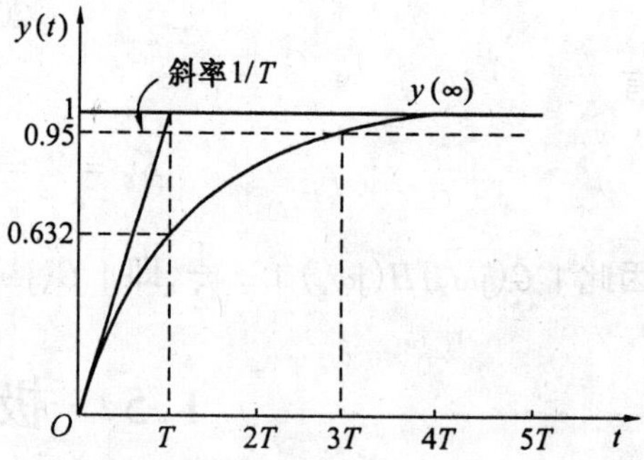

图 1.9　单位阶跃响应曲线

② 当 $t = T$ 时，$y(t) = 0.632$，这为用实验方法求取一阶系统的时间常数 T 提供了理论依据。

③ 理论上一阶系统过渡过程要完成全部变化量，需要无限长的时间。但当 $t > 3T$ 时，过渡过程已完成全部变化量的 95% 以上，所以工程上常取输出与信号差小于 5%，认为过渡过程结束，$t_s = 3T$；也以输出与信号差小于 2%，认为过渡过程结束，$t_s = 4T$。

由上述不难得到如下结论：

上述一阶系统具有一个参数 T 及一个稳定极点 $s_1 = -\frac{1}{T}$，其阶跃响应类型为稳定的单调上升过程。

2. 二阶系统的阶跃响应

由于二阶系统传递函数的多样性，为分析方便，可均化为二阶系统传递函数的标准形式。设一般二阶系统传递函数为

$$\Phi(s) = \frac{Y(s)}{U(s)} = \frac{c}{as^2 + bs + c} \tag{1.24}$$

进行如下处理

$$\Phi(s) = \frac{\frac{c}{a}}{s^2 + \frac{b}{a}s + \frac{c}{a}}$$

令 $\omega_n^2 = \sqrt{\frac{c}{a}}$，称为系统无阻尼自振频率，即

$$2\xi\omega_n = \frac{b}{a}$$

有

$$\xi = \frac{b}{2\omega_n a}$$

称为系统阻尼比，则有

$$\Phi(s) = \frac{\omega_n^2}{s^2 + 2\xi\omega_n s + \omega_n^2} \tag{1.25}$$

此即为二阶系统传递函数的标准形式。

其特征方程为

$$D(s) = s^2 + 2\xi\omega_n s + \omega_n^2 = 0 \tag{1.26}$$

两个极点为 $s_{1,2} = -\xi\omega_n \pm \omega_n\sqrt{\xi^2 - 1}$，说明阻尼比 ξ 取值不同，二阶系统极点也不相同，通常希望系统工作在欠阻尼状态下。

欠阻尼状态，即 $0 < \xi < 1$，此时极点为

$$s_{1,2} = -\xi\omega_n \pm j\omega_n\sqrt{1 - \xi^2} \tag{1.27}$$

它使系统具有适当振荡性及较短过渡过程。因此，一般均针对二阶系统在欠阻尼工作状态下的阶跃响应来研究，并且用反映其特点的特征值来描述，如图 1.10 所示。

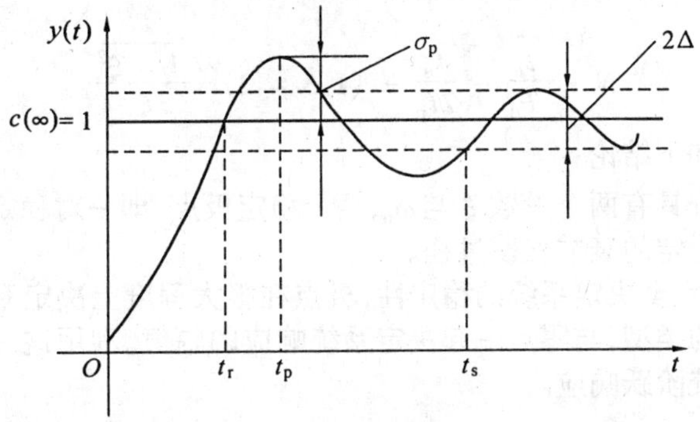

图 1.10　单位阶跃响应特性

① 系统上升时间 t_r。系统过渡过程首先达到新的状态需要的时间为上升时间 t_r，它是说明系统反应速度的。

$$t_r = \frac{\pi - \beta}{\omega_c} = \frac{\pi - \arctan\dfrac{\sqrt{1 - \xi^2}}{\xi}}{\omega_n\sqrt{1 - \xi^2}} \tag{1.28}$$

② 系统超调量 σ_p。对于稳定系统而言，系统过渡过程的第一次超调量为最大，取其为性能指标之一。

$$\sigma_p\% = e^{-\frac{\pi\xi}{\sqrt{1-\xi^2}}}100\% \tag{1.29}$$

它是说明系统阻尼性即振荡性的。阻尼大，振荡小，即超调量小，说明系统过渡过程进行得平稳。不同的控制系统，对超调量要求也不同，如一般调速系统要求 $\sigma_p = 10\% \sim 35\%$，轧钢机的初轧机要求 $\sigma_p < 10\%$。

③ 系统超调时间 t_p。对应系统超调量所需时间，也是说明系统反应速度的。

$$t_p = \frac{\pi}{\omega_n\sqrt{1 - \xi^2}} \tag{1.30}$$

④ 系统的过渡过程时间 t_s。系统的过渡过程时间是从给定输入作用于系统开始，到输出量进入离期望值的 ±5%（或 ±2%）区域所需时间。当 $t \geqslant t_s$ 时，则有

$$|y(t) - y(t_s)| \leqslant \Delta(\Delta = 0.05 \text{或} \Delta = 0.02)$$

即

$$\Delta = 0.05, t_s \approx \frac{3}{\xi\omega_n} = 3T, T = \frac{1}{\xi\omega_n}$$

$$\Delta = 0.02, t_s \approx \frac{4}{\xi\omega_n} = 4T, T = \frac{1}{\xi\omega_n} \tag{1.31}$$

这渡过程时间 t_s 是说明系统惯性的，反映了系统的反应速度，如连轧机 $t_s = 0.2 \sim 0.5$ s，造纸机 $t_s = 0.3$ s。

⑤ 系统振荡次数 N。它是指在过渡过程时间内，输出量在期望值上下摆动的次数。振荡次数 N 小，说明系统阻尼性好。如普通机床 $N = 2 \sim 3$ 次；造纸机传动 $N = 0$，即不允许有振荡。

$$N = \frac{t_s}{T_d} = \frac{t_s}{2t_p} = (1.5 \sim 2)\frac{\sqrt{1-\xi^2}}{\pi\xi} \tag{1.32}$$

由上不难得到如下结论：

欠阻尼二阶系统具有两个参数 ξ 与 ω_n，两个稳定极点，即一对稳定的共轭复数极点。其阶跃响应类型为稳定的衰减振荡过程。

综上所述，极点完全决定系统的稳定性，极点在很大程度上决定系统的动态性能，即极点决定系统响应的类型，与零点一起决定系统响应的幅值。利用这一概念，可以定量与定性地分析高阶系统阶跃响应。

二、闭环主导极点与主首极点

当用极点决定系统阶跃响应类型的概念去分析高阶系统动态性能时，需用闭环主导极点与闭环主首极点概念进行近似分析。

1. 主导极点

在高阶系统所有的闭环极点中，只有少数几个极点对系统响应起决定性影响，而其余极点影响较小，甚至甚微。把那些起主要作用的闭环极点称为主导极点，并用主导极点代替全部闭环极点来分析系统的动态性能，而非主导极点产生的动态过渡分量很快衰减。

具体确定的原则为：非主导极点比主导极点距虚轴远 5 倍以上。这样，绝大多数有实际意义的高阶系统，常可简化为低阶系统，通常简化为欠阻尼二阶系统，可用前面公式来估算，从而使高阶系统分析设计简便。而非主导极点对系统动态性能影响甚微，只在上升时间 t_r 这一段时间内有影响。如图 1.11 所示的 5 阶系统，很明显最右边三个极点均为主导极点，因此该系统完全可近似按三阶系统来处理。但是三个主导极点对系统阶跃响应如何影响，这需要用到另一个概念，即闭环主首极点。

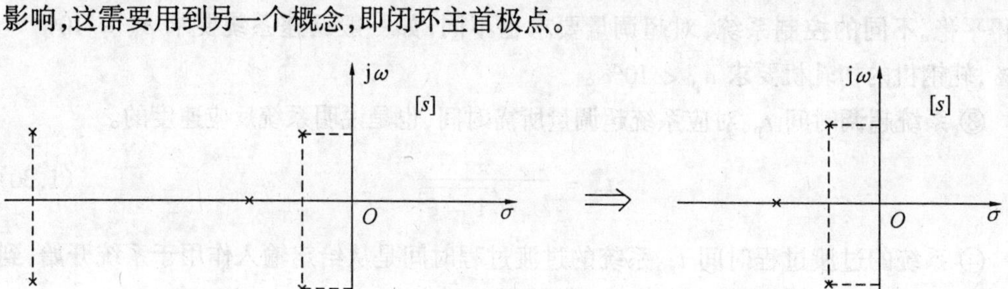

图 1.11 应用闭环主导极点

2. 主首极点

当系统闭环主导极点数大于2时，即 $n \geqslant 3$，其中最靠近虚轴的极点，对系统响应起着首要作用，即在整体上决定响应类型及走向，称之为闭环主首极点。而非主首极点对系统响应起次要作用，但不能忽略。主首极点的影响体现在响应的局部变化上，如图 1.12 所示。它的主首极点为一对共轭极点，所以阶跃响应类似二阶系统欠阻尼阶跃响应。但与纯欠阻尼二阶系统阶跃响应不同的是，由于非主首极点为一阶系统，其阶跃响应增大了惯性，响应特性右移。又如图 1.13 所示，它的主首极点为一负实数极点。

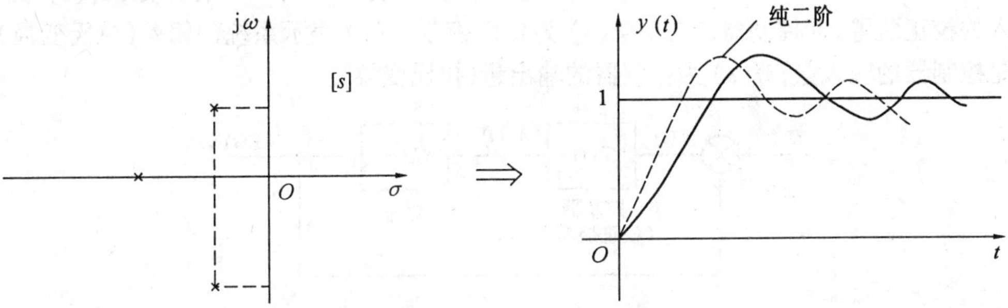

图 1.12　应用闭环主首极点的阶跃响应

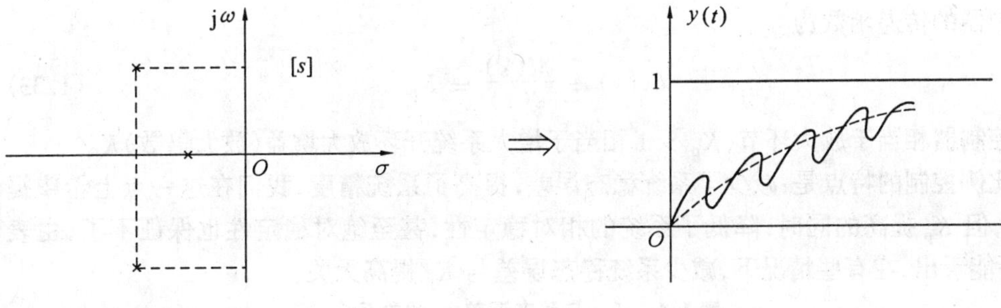

图 1.13　应用闭环主首极点的阶跃响应

所以，阶跃响应类型整体上为稳定单调上升过程，由于非主首极点为一对共轭极点，所以响应在上升过程中呈脉动形状。

三、设计的极点配置法

当控制系统的稳态、动态性能不能满足所要求的性能指标时，可对原系统进行校正与设计。

校正的方法是在原系统中，有目的地针对性能要求而加入某些元件或装置，人为地改变系统的构成，使之满足性能指标。根据校正装置在系统中加入的位置不同，分为串联校正与反馈校正(也称并联校正)。而在串联校正中，根据加入校正环节(装置) 对系统开环频率特性的影响，又可分为相位超前校正、相位滞后校正和相位滞后 - 超前校正。

设计的方法,是根据对系统性能指标的要求,确定预期的频率特性,并与经近似处理与简化的系统固有部分的频率特性进行比较,确定校正装置。

无论是校正还是设计,均是使校正装置即控制器应有合适的控制规律,使系统输出达到人们的要求,这是控制系统的核心问题。

1.控制规律的讨论

(1) 比例控制(P)

所谓比例控制,又称P控制,是控制器对系统偏差进行比例控制(变换),使系统满足所要求的性能指标,如图1.14所示。图中 $G_0(s)$ 表示原系统的开环固有部分;$G_c(s)$ 表示加入的校正装置,即控制器,在此 $G_c(s)$ 为比例控制;$\varepsilon(s)$ 表示系统的偏差(拉氏变换),也是控制器的输入量;$M(s)$ 为控制器的输出量(拉氏变换)。

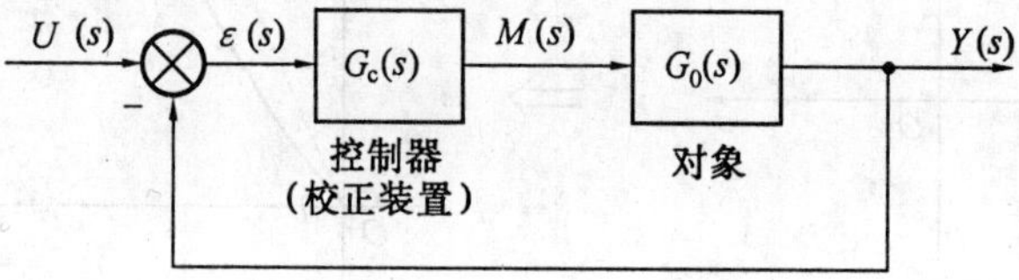

图1.14 加入校正装置的系统方块图

数学模型为

$$m(t) = K_p\varepsilon(t) \qquad K_p = 常数 > 1$$

则控制器的传递函数为

$$G_c(s) = \frac{M(s)}{\varepsilon(s)} = K_p \tag{1.33}$$

因此控制器相当于放大环节,$K_p > 1$ 相当于增大系统开环放大增益(放大倍数)K。

比例控制的特点是:减少了系统稳态误差,提高了系统精度,我们在这一点上希望提高 K_p,但 K_p 提高的同时,降低了系统的相对稳定性,甚至绝对稳定性也保证不了;由表1.4还能看出,在有些情况下,减少系统稳态误差与 K_p 提高无关。

表1.4 K、ν 与稳态误差 e_{ss} 的关系

类型 \ e_{ss} \ $r(t)$	$1(t)$	t	$\frac{t^2}{2}$
0型	$\frac{1}{1+K}$	∞	∞
1型	0	$\frac{1}{K}$	∞
2型	0	0	$\frac{1}{K}$

(2) 积分控制(I)

所谓积分控制,又称I控制,是控制器对系统偏差进行积分控制(变换),从而使系统满足要求的性能指标,其数学模型为

$$m(t) = \frac{1}{T_i}\int_0^t \varepsilon(t)\mathrm{d}t \qquad T_i = 常数(积分时间常数)$$

则控制器的传递函数为

$$G_c(s) = \frac{M(s)}{\varepsilon(s)} = \frac{1}{T_i s} = \frac{K_i}{s} \tag{1.34}$$

积分控制的特点是:使系统前向通道增加了积分环节,从而提高了系统类型(无差度增大);由表 1.4 可知,改善了系统稳态性能,但同样也降低了系统的相对稳定性,甚至破坏了系统的绝对稳定性,即对系统的动态特性不利。

(3) 比例 + 微分控制(PD)

所谓比例 + 微分控制,又称 PD 控制,是控制器对系统偏差进行比例 + 微分控制(变换),从而使系统满足要求的性能指标,其数学模型为

$$m(t) = K_p\,\varepsilon(t) + K_p T_d \frac{\mathrm{d}\varepsilon(t)}{\mathrm{d}t} \qquad T_d = 常数(微分时间常数)$$

则控制器的传递函数为

$$G_c(s) = \frac{M(s)}{\varepsilon(s)} = K_p(1 + T_d s) \qquad z = -\frac{1}{T_d} \tag{1.35}$$

比例 + 微分控制的特点可由传递函数看出,它引入了开环零点,从而增加了系统相角裕度,提高了系统相对稳定性,改善了动态性能。这一点,还可以从下面分析中得到进一步认识。

假定偏差信号 $\varepsilon(t) = t$,分析控制器的输出 $m(t)$,如图 1.15 所示。比例 + 微分的 PD 控制比比例控制提前 T_d 时刻,即具有“预见性”,提前的程度取决于微分部分的 T_d。

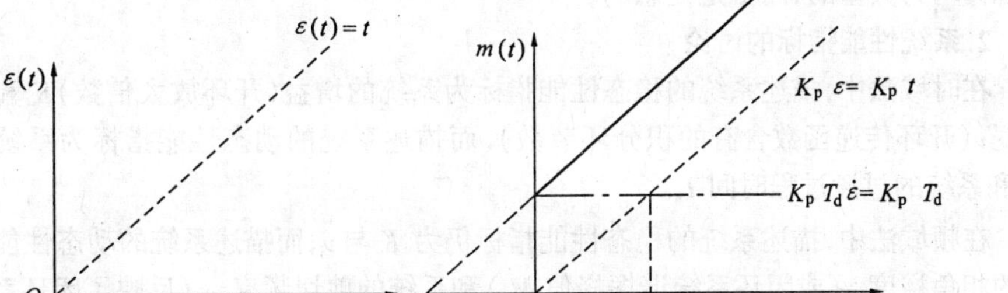

图 1.15　PD 控制器单位斜坡响应

但应用时,由于对动态有反应,而静态时控制输出为 0,等于断路,因此微分控制不能单独使用;微分对高频反应敏感,引入干扰对控制不利,易堵塞放大器。

(4) 比例 + 积分控制(PI)

所谓比例 + 积分控制,又称 PI 控制,是控制器对系统偏差进行比例 + 积分控制(变换),使系统满足要求的性能指标,其数学模型为

$$m(t) = K_p\varepsilon(t) + K_p\frac{1}{T_i}\int_0^t \varepsilon(t)\mathrm{d}t$$

则控制器的传递函数为

$$G_c(s)=\frac{M(s)}{\varepsilon(s)}=K_p(1+\frac{1}{T_i s})=K_p\frac{T_i s+1}{T_i s} \tag{1.36}$$

比例 + 积分控制的特点可由传递函数看出，其中前部分积分，提高了系统型号，改善了稳态性能；后部分比例 + 微分，改善了由积分引入引起的动态性能差。因此 PI 控制具有积分与比例 + 微分的控制作用。

(5) 比例 + 积分 + 微分控制(PID)

所谓比例 + 积分 + 微分控制，又称 PID 控制，是控制器对系统偏差进行比例 + 积分 + 微分控制(变换)，从而使系统满足要求的性能指标，其数学模型为

$$m(t)=K_p\varepsilon(t)+K_p\frac{1}{T_i}\int_0^t\varepsilon(t)\mathrm{d}t+K_pT_d\frac{\mathrm{d}\varepsilon(t)}{\mathrm{d}t}$$

则控制器的传递函数为

$$G_c(s)=\frac{M(s)}{\varepsilon(s)}=K_p(1+\frac{1}{T_i s}+T_d s)=$$

$$K_p\frac{T_dT_i s^2+T_i s+1}{T_i s}=K_p\frac{(\tau_1 s+1)(\tau_2 s+1)}{T_i s} \tag{1.37}$$

比例 + 积分 + 微分控制的特点可由传递函数看出，该控制引入了两个零点，使系统相角裕度大大提高，适用于大惯量系统。

从控制规律讨论中可见，基本规律为 PI 与 PD 及它们的组合，这就是工程设计上的 PID 控制。由于简单，易实现，并且在被控对象与周围环境无急剧大变化时，还具有自适应性与鲁棒性，因此它不因现代控制理论方法的出现被“冷落”，而仍受到人们的青睐。并在现代控制理论影响下，不断得到改造和充实。但它的局限性也是明显的。就设计而言，其控制规律均为典型的，而不是任意的。

2. 系统性能指标的讨论

在时域法中，描述系统的稳态性能指标为系统的增益(开环放大倍数)K 和系统的无差度 ν(开环传递函数含有的积分环节数)，而描述系统的动态性能指标为系统的超调量 σ_p 和系统的过渡过程时间 t_s。

在频域法中，描述系统的稳态性能指标仍为 K 与 ν，而描述系统的动态性能指标为系统的相角裕度 γ(或闭环系统谐振峰值 M_r) 和系统的剪切频率 ω_c(反映了闭环系统的截止频率 ω_b)。

对于给定系统($n\geqslant 3$)，上述两种性能指标可依据经验公式进行换算，即

$$\sigma_p=0.16+0.4(M_r-1) \qquad 1\leqslant M_r\leqslant 1.8 \tag{1.38}$$

$$t_s=\frac{\pi}{\omega_c}[2+1.5(M_r-1)+2.5(M_r-1)^2] \qquad 1\leqslant M_r\leqslant 1.8 \tag{1.39}$$

而闭环谐振峰值 M_r 与相角裕度 γ 有下面的近似关系，即

$$M_r=\frac{1}{\sin\gamma} \tag{1.40}$$

可将性能指标用更有代表性的形式表示，即

$$J=\{k,\nu;\sigma_p,t_s \text{ 或 } k,\nu;\gamma(M_r),\omega_c\} \tag{1.41}$$

控制规律使设计后的系统性能达到性能指标 J 的要求，由前面分析得知，系统的极点决定系统性能，所以控制规律的实现是使系统的极点重新配置。因此可以说，经典(古典)理论的设计本质上也是极点配置法，与现代控制理论极点配置区别在于，由于输出反馈的局限性，极点不能任意配置，从而决定控制规律是典型的。而状态反馈可以做到极点配置的任意性。

由于现代控制理论研究问题的多样性和情况的复杂性，虽然均是状态反馈的极点配置，但性能指标 J 不一样，使具体设计方法与思路也不一样。而随着研究问题的不同，J 的选取由简单走向复杂，更具有理论性与抽象性，通常以复杂的数学作为依托。但性能指标 J 的选取必须有物理意义及便于数学处理，可通过如下的不同性能指标对比有所了解。

本书第五章状态反馈与状态观测器中，性能指标 J 为给出的一组希望极点

$$\begin{aligned} f^*(s) &= s^n + a_1^* s^{n-1} + \cdots + a_{n-1}^* s + a_n^* \quad \text{状态反馈时} \\ f^0(s) &= s^n + a_1^0 s^{n-1} + \cdots + a_{n-1}^0 s + a_n^0 \quad \text{状态观测器时} \end{aligned} \tag{1.42}$$

本书第六章变分法与二次型最优控制中，性能指标 J 为积分形式，即

$$J = \theta[x(t),t]\Big|_{t_0}^{t_f} + \int_{t_0}^{t_f} \Phi[x(t),u(t),t]\mathrm{d}t \tag{1.43}$$

本书第七章李亚普诺夫稳定性理论与自适应控制中，性能指标 J 为

$$J = \lim_{\tau\to\infty} e(\tau) = 0 \quad \text{渐近稳定} \tag{1.44}$$

1.6　连续系统的离散化

一、采样(离散)系统

如果信号是定义在离散时间上的系统，则称为离散时间系统或采样数据系统。由于数字计算机的蓬勃发展，离散时间系统变得日益重要并得到广泛应用。

由上可定义输入信号和输出信号都是离散时间函数的系统，称为离散时间系统，简称离散系统，计算机控制系统就是离散时间系统的一个典型例子。实际上，离散时间系统(如数字计算机)常与连续时间系统连用，这样的系统常称为采样数据系统，简称采样系统或混合系统。但在大部分控制理论书籍中，并不对离散时间系统和采样数据系统进行严格地区分，而是有时称离散时间系统，有时又称采样数据系统，统称采样控制系统，即采样系统。

一般来说，采样系统对来自传感器的连续信息在某些规定的时间瞬时上取值。如果在有规律的间隔上，系统取到了离散信息，则这样的采样称为周期采样；反之，如果信息之间的间隔是时变的或随机的，则这种采样叫做非周期采样或随机采样。

采样控制系统的基本组成如图 1.16 所示。

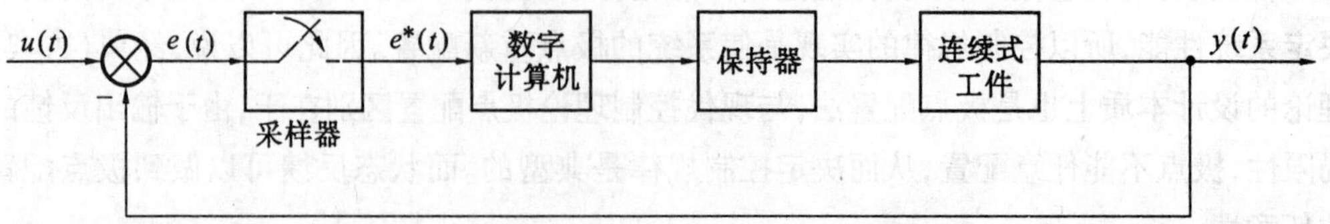

图 1.16　典型的采样控制系统方块图

由于数字计算机的广泛应用,人们把数字机作为控制系统的一个部件来使用,且日益普遍。用数字计算机作为控制器(校正装置),其效果比连续式的校正装置(补偿器)效果好,因此计算机控制系统得到日益发展与应用。

系统中采样器的作用是把连续信号变换为脉冲序列输给数字计算机,数字计算机对采样信号进行一系列运算后,把数字形式的结果输给保持器。保持器是一种信号复现装置,可以把送来的脉冲数据变换为连续信号输给连续式部件,从而使系统产生作用。

采样系统的研究方法可以采用 Z 变换法或状态空间法。通过数学工具 Z 变换,可以把研究连续系统的许多方法经过适当改变后,直接应用于采样系统。

采样系统的特点是,系统中一处或几处的信号是脉冲序列或数据序列,因此,一方面为了把连续信号变换为脉冲信号,需要使用采样器;另一方面,为了控制连续对象或元件,又需要使用保持器将脉冲信号变换为连续信号。

二、采样器

把连续信号变换为脉冲序列的装置称为采样器,又叫采样开关。采样器的采样过程,可以用一个周期闭合的采样开关 S 来表示,如图 1.17 所示。

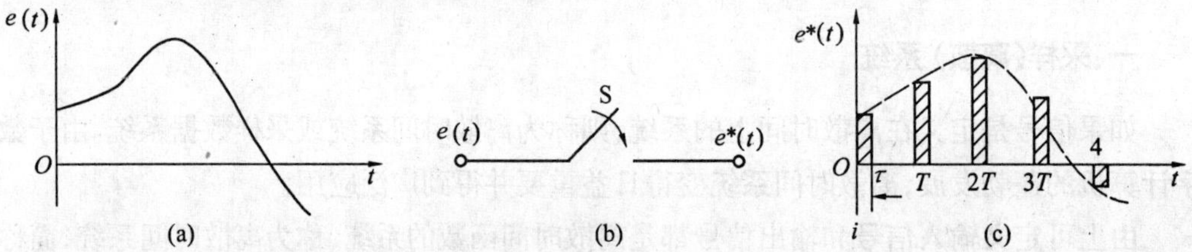

图 1.17　实际的采样过程

而对于具有有限脉冲宽度的采样系统来说,准确分析是非常复杂的,要设法简化。考虑到采样开关闭合时间 τ 非常小,通常为毫秒到微秒级,一般远小于采样周期 T 和系统连续部分最小时间常数。因此,实际分析时,可以认为 $\tau = 0$。这样采样器就可以用一个理想采样器来代替,如图 1.18 所示。

$\delta_T(t)$ 为理想单位脉冲序列,理想采样器输出信号 $e^*(t)$ 可认为是输入连续信号 $e(t)$ 调制在载波 $\delta_T(t)$ 上的结果,而其脉冲强度(即面积)用其高度表示,它们等于相应采样瞬时 $t = nT$ 时 $e(t)$ 的幅度,数学表达式为

$$e^*(t) = e(t)\delta_T(t) \tag{1.45}$$

因为理想单位脉冲序列 $\delta_T(t)$ 可表为

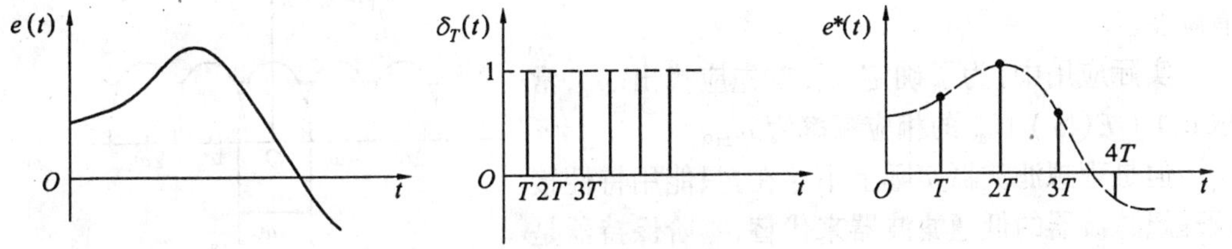

图 1.18　理想的采样过程

$$\delta_T(t) = \sum_{n=0}^{\infty}\delta(t - nT) \tag{1.46}$$

式中，$\delta(t - nT)$ 是出现时间 $t = nT$ 时强度为 1 的单位脉冲，所以输出

$$e^*(t) = e(t)\sum_{n=0}^{\infty}\delta(t - nT) \tag{1.47}$$

又因 $e(t)$ 数值仅在采样瞬时才能有意义，所以

$$e^*(t) = \sum_{n=0}^{\infty}e(nt)\delta(t - nT) \tag{1.48}$$

需注意，假定 $t < 0$ 时，$e(t) = 0$，因此脉冲序列从 0 开始，这在实际控制系统中通常是满足的。

三、香农采样定理

由于采样信号信息并不等于连续信号的全部信息，所以采样信号频谱与连续信号频谱相比，要发生变化。

连续信号是单一的连续频谱，ω_m 为其最高频率，而采样信号频谱则是以采样频率为周期的无穷多个频谱之和，如图 1.19 所示。

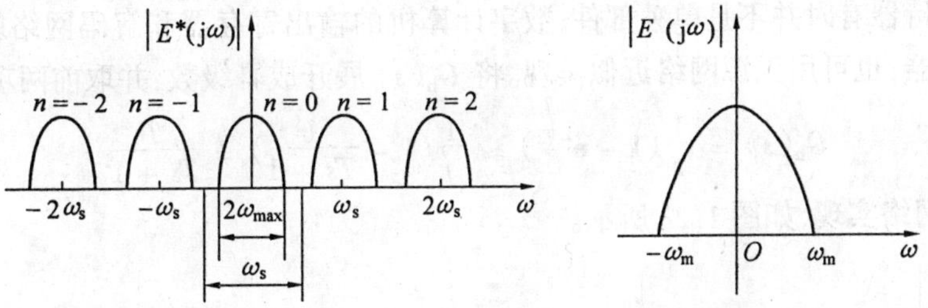

(a) 采样信号频谱 ($\omega_s > 2_m$)　　(b) 连续信号频谱

图 1.19　采样信号与连续信号频谱

由上述采样信号频谱可知，如果 $\omega_s < 2\omega_m$ 时，采样信号频谱中发生相互交叠情况，如图 1.20 所示。这样采样器输出信号发生畸变，因此，用一个理想滤波器也不能恢复原来连续信号的频谱，所以要从采样信号 $e^*(t)$ 中完全复现采样前的连续信号 $e(t)$，对于采样频率 ω_s 要有一定要求。即用香农采样定理：如果 $\omega_s = 2\pi/T$（T 为采样周期）大于 $2\omega_m$，即 $\omega_s > 2\omega_m$，则信号 $e(t)$ 可以圆满地从采样信号 $e^*(t)$ 恢复过来。

如果采样信号通过理想滤波器，那么在理想滤波器输出端，可以准确得到幅值为

$|E(j\omega)|/T$ 的频谱,除了幅值变化 $1/T$ 外,频谱没有畸变。

实际应用中,为了确定 ω_s,首先应找出 ω_m,常取 $0.1|E(j\omega)|_{max}$ 的相应频率为 ω_m。

但是理想滤波器实际上不存在,只能用特性接近理想滤波器的低通滤波器来代替,零阶保持器是常用的低通滤波器之一。

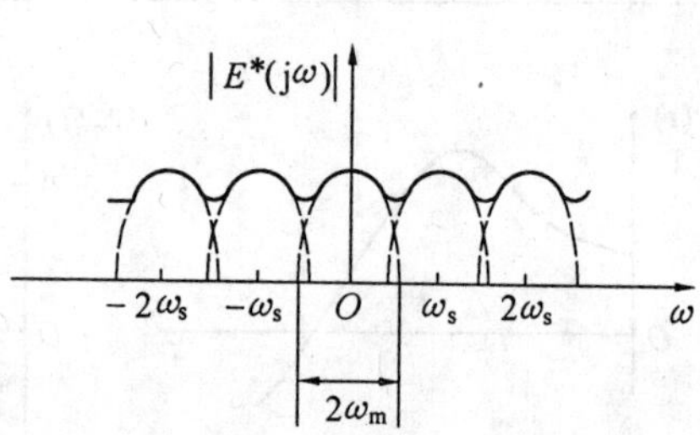

图 1.20 采样信号频谱($\omega_s < \omega_m$)

四、零阶保持器

零阶保持器是最简单的保持器,它能将采样信号转变成在两个连续采样瞬时时间内保持常量的信号。零阶保持器的输入输出信号关系如图 1.21 所示。

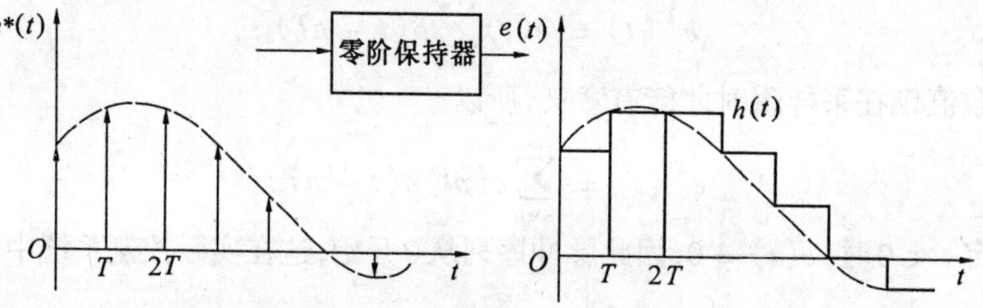

图 1.21 零阶保持器输入输出信号关系

由图 1.21 可知,零阶保持器的数学表达式为

$$e(t) = e(nT) \quad [nT \leqslant t < (n+1)T] \qquad n = 0,1,2,\cdots \tag{1.49}$$

对于零阶保持器,某瞬时输入为理想单位脉冲 $\delta(t)$,零阶保持器输出幅值为 1,持续时间为 T 的脉冲响应,可以把它看成两个阶跃函数之和。

零阶保持器频率特性如图 1.22 所示,可以看出,它基本上是低通滤波器。

零阶保持器有时并不是单独部件,数字计算机的输出寄存器和解码网络就构成了一个零阶保持器,也可用无源网络近似实现。将 $G_h(s)$ 展开成幂级数,并取前两项为

$$G_h(s) = \frac{1}{s}(1 - e^{-Ts}) \approx \frac{1}{s}\left(1 - \frac{1}{Ts+1}\right) = \frac{T}{Ts+1} \tag{1.50}$$

用 RC 网络实现,如图 1.23 所示。

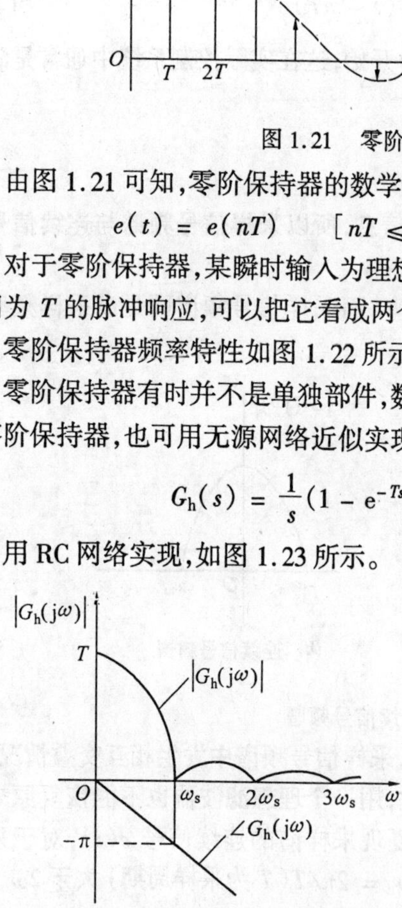

图 1.22 零阶保持器频率特性

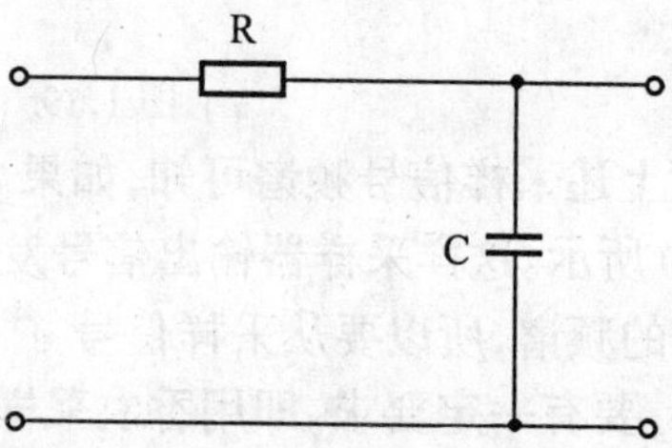

图 1.23 RC 无源网络

1.7　现代控制理论与经典控制理论比较

现代控制理论与经典控制理论比较如表 1.5 所示。

表 1.5　现代控制理论与经典控制理论比较

项目 \ 结论 \ 理论	经典控制理论	现代控制理论
对　象	单输入－单输出线性定常系统	线性与非线性、定常与时变、单变量与多变量、连续与离散系统
方　法	频域法	时域矩阵法
数学工具	拉氏变换	矩阵与向量空间理论
数学模型	传递函数	状态方程与输出方程
基本内容	时域法、频域法、根轨迹法、描述函数法、相平面法、代数与几何稳定判据、校正网络设计、Z 变换法	线性系统基础理论(包括系统的数学模型、运动的分析、稳定性的分析、能控性与能观测性、状态反馈与观测器)、系统辨识、最优控制、自适应控制、最佳滤波及鲁棒性控制
主要问题	稳定性问题	最优化问题
控制装置	无源与有源 RC 网络	数字计算机
着眼点	输出	状态
评　价	具体情况具体分析,适宜处理较简单系统的控制问题	具有优越性,更适合处理复杂系统的控制问题

小　结

本章主要讲述了两大问题,第一个问题是从在学习现代控制理论的基础部分时需要哪些经典控制理论的基本知识与概念的角度出发,提出了四个基本概念,即传递函数的概念、稳定性的概念、系统极点的概念及离散化条件的概念。这些概念将在本书第二章至第五章、第八章得到不同程度的引用与扩展。对于初学者掌握这些概念是必须需的,尤其是没有系统学习过经典控制理论的初学者。应当指出的是,对于四个基本概念中的传递函数与极点的概念要求更高,不仅是了解,而且要将它们的结论(公式) 记牢并会灵活运用。具体是指传递函数概念中的拉氏变换的基本定理,包括线性定理、微分定理、积分定理;典型函数的拉氏变换,包括单位阶跃函数、单位速度函数、衰减指数函数;传递函数的定义及典型环节的传递函数,包括放大环节、积分环节、惯性环节、执行环节(电机);求开环系统(串、并联)及闭环系统(标准形状)的传递函数;系统极点的概念具体要求是,极点如何确定,极点对系统性能有何影响,闭环主导(或主首)极点的确定与分析,系统校正的实质为极点配置。

本章的第二个问题是从经典控制理论与现代控制理论可比性(项目)出发,对学过的经典控制理论进行概念性总结,对将要学习的现代控制理论进行粗线条的展望,使读者对全局有个初步的了解。

第二章　状态方程与输出方程

2.1 引　　言

同经典控制理论中确定系统的数学模型——传递函数一样，在现代控制理论的分析和综合中，也要建立其在所谓状态空间中描述的数学模型，称为状态方程与输出方程。本章为此讲述两部分内容，第一部分阐述状态空间描述的概念，引出状态空间描述的表达形式，其中列写状态方程的三个步骤具有普遍性的意义，而第一步正确选择状态变量是关键，也是本章的基本点；第二部分为依据三种不同的已知条件(微分方程、传递函数与方块图)，讲述列写状态方程与输出方程的具体方法，这些方法均是依据列写状态方程的三个步骤而推导出来的。需指出的是，这三类的结果有的具有普遍意义，其结果可作为结论在一定范围内应用，有的则不然。

2.2 状态空间描述的概念

一、基本定义

在经典控制理论中，分析非线性系统所采用的相平面就是一个特殊的二维状态空间。

例 2.1　设有如图2.1所示的 RLC 网络，u 为输入变量，u_C 为输出变量。试求其数学描述。

解　可得到三种形式的数学描述。列方程

$$\begin{cases} C\dfrac{\mathrm{d}u_C}{\mathrm{d}t} = i \\ L\dfrac{\mathrm{d}i}{\mathrm{d}t} + Ri + u_C = u \end{cases} \tag{2.1}$$

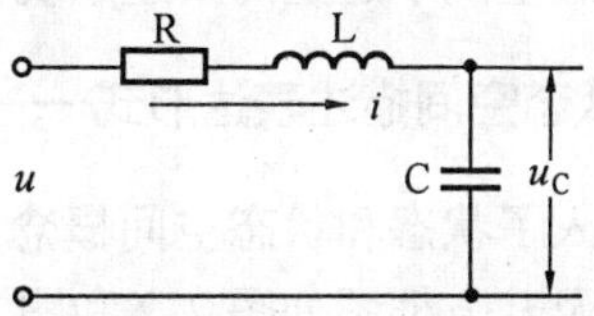

图 2.1　RLC 网络

消去中间量，得

$$LC\frac{\mathrm{d}^2u_C}{\mathrm{d}t^2} + RC\frac{\mathrm{d}u_C}{\mathrm{d}t} + u_C = u \tag{2.2}$$

用传递函数形式表示为

$$\frac{U_C(s)}{U(s)} = \frac{1}{LCs^2 + RCs + 1} \tag{2.3}$$

式(2.1)、(2.2)、(2.3)均可表示系统的状态。分析式(2.1)，可用它的两个一阶微分方程表示

$$\begin{cases} \dot{u}_C = \dfrac{\mathrm{d}u_C}{\mathrm{d}t} = \dfrac{1}{C}i \\ \dot{i} = \dfrac{\mathrm{d}i}{\mathrm{d}t} = -\dfrac{1}{L}u_C - \dfrac{R}{L}i + \dfrac{1}{L}u \end{cases}$$

用向量矩阵方程表示为

$$\begin{bmatrix} \dot{u}_C \\ \dot{i} \end{bmatrix} = \begin{bmatrix} 0 & \frac{1}{C} \\ -\frac{1}{L} & -\frac{R}{L} \end{bmatrix} \begin{bmatrix} u_C \\ i \end{bmatrix} + \begin{bmatrix} 0 \\ \frac{1}{L} \end{bmatrix} [u]$$

在此 RLC 网络中，若已知电流的初值 $i(t_0)$、电压的初值 $u_C(t_0)$以及 $t \geqslant t_0$ 时的输入电压 $u(t)$，则 $t \geqslant t_0$ 时的状态可完全确定，因此 $i(t)$、$u_C(t)$是这个系统的一组状态变量。

综上所述，可建立如下基本概念的定义：

(1) 状态变量

动力学系统的状态是指能完整地、确定地描述系统的时域行为的最小一组变量。如果给定了 $t = t_0$ 时刻这组变量的值和 $t \geqslant t_0$ 时输入的时间函数，那么系统在 $t \geqslant t_0$ 的任何瞬时的行为就完全确定了，这样的一组变量称为状态变量。

(2) 状态向量

以状态变量为元所组成的向量，称为状态向量。如 $x_1(t), x_2(t), \cdots, x_n(t)$是系统的一组状态变量，则状态向量就是以这组状态变量为分量的向量，即

$$\boldsymbol{X}(t) = \begin{bmatrix} x_1(t) \\ x_2(t) \\ \vdots \\ x_n(t) \end{bmatrix} \quad 或 \quad \boldsymbol{X}^{\mathrm{T}}(t) = [x_1(t) \quad x_2(t) \quad \cdots \quad x_n(t)]$$

(3) 状态空间

以状态变量 $x_1, x_2, \cdots, x_n$ 为坐标轴组成的 n 维正交空间，称为状态空间。状态空间中的每一点都代表了状态变量的惟一的、特定的一组值。

(4) 状态方程与输出方程

在状态空间中建立的描述系统性能的数学模型，称为状态方程与输出方程。

二、状态空间描述表达形式——状态方程与输出方程

在引入了状态和状态空间概念的基础上，建立被控过程在状态空间中的数学模型。被控过程及其方框图如图 2.2 和图 2.3 所示。

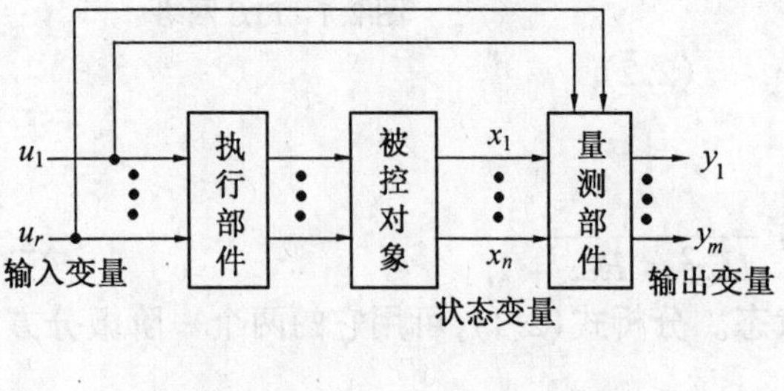

图 2.2 被控过程的动力学描述

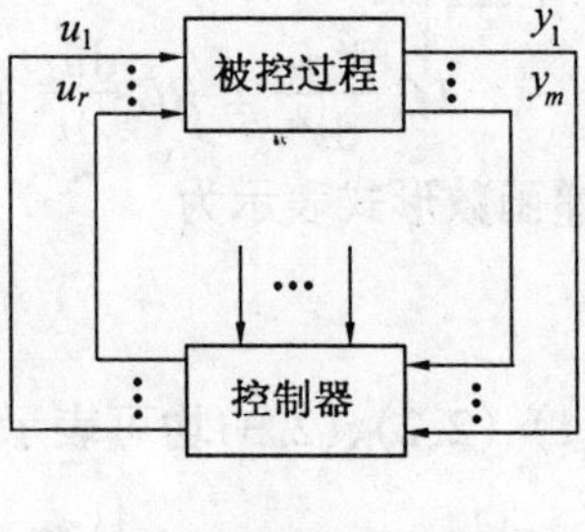

图 2.3 控制系统方框图

从动力学观点来看，一个基于反馈建立起来的控制系统由被控过程和控制器两部分组成。被控过程由执行机构、被控对象、量测机构组成。一般情况下，控制器是一台电子计算机。

由例 2.1 很容易得知，列写状态方程就是把一个高阶微分方程化为所确定的状态变量相应的一阶微分方程组，然后用向量矩阵形式表示。下面将按上述步骤举例列写状态方程，进而得出被控过程状态空间描述的形式与规律。

例 2.2　RCL 网络如图 2.4 所示。其中 $e(t)$ 为输入变量，$u_{R2}(t)$ 为输出变量，试求其状态空间描述。

解　(1) 确定状态变量

此网络 u_C 和 i_L 可构成最小变量组，当给定 u_C 和 i_L 的初始值和 $e(t)$ 后，网络各部分的电流和电压在 $t\geqslant 0$ 的过渡过程就完全确定了。所以可以选择 u_C 和 i_L 作为状态变量，它们组成的状态向量为 $\boldsymbol{X}=[u_C\quad i_L]$。

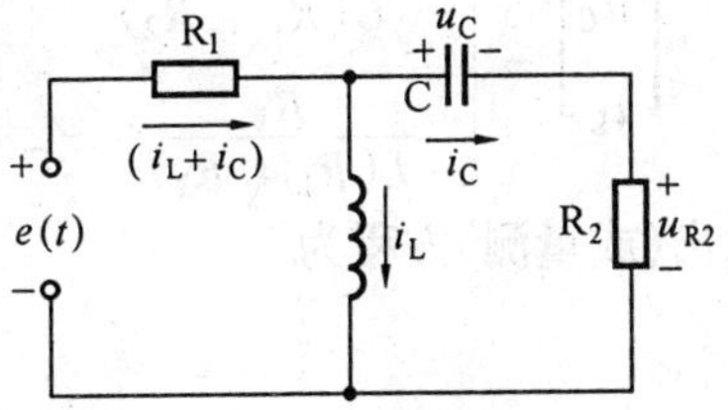

图 2.4　RLC 网络

(2) 列写网络方程并化为一阶微分方程组

取两个回路，根据克希霍夫定律可得

$$\begin{cases} R_1(i_L+i_C)+L\dfrac{\mathrm{d}i_L}{\mathrm{d}t}=e(t) & (2.4)\\ R_1(i_L+i_C)+u_C+R_2 i_C=e(t) & (2.5)\end{cases}$$

因为 i_C 不是所确定的状态变量，所以需将 $i_C=C\dfrac{\mathrm{d}u_C}{\mathrm{d}t}$ 代入式(2.4)、(2.5)中，消去 i_C，即

$$\begin{cases} R_1 i_L+R_1C\dfrac{\mathrm{d}u_C}{\mathrm{d}t}+L\dfrac{\mathrm{d}i_L}{\mathrm{d}t}=e(t) & (2.6)\\ R_1 i_L+R_1C\dfrac{\mathrm{d}u_C}{\mathrm{d}t}+u_C+R_2C\dfrac{\mathrm{d}u_C}{\mathrm{d}t}=e(t) & (2.7)\end{cases}$$

由式(2.7) 可得

$$(R_1+R_2)C\frac{\mathrm{d}u_C}{\mathrm{d}t}=-u_C-R_1 i_L+e(t)$$

即

$$\frac{\mathrm{d}u_C}{\mathrm{d}t}=-\frac{1}{C(R_1+R_2)}u_C-\frac{R_1}{C(R_1+R_2)}i_L+\frac{1}{C(R_1+R_2)}e(t) \tag{2.8}$$

由式(2.6) 可得

$$L\frac{\mathrm{d}i_L}{\mathrm{d}t}=-R_1C\frac{\mathrm{d}u_C}{\mathrm{d}t}-R_1 i_L+e(t)$$

将式(2.8) 代入上式，可得

$$L\frac{\mathrm{d}i_L}{\mathrm{d}t}=-R_1C\left\{-\frac{1}{C(R_1+R_2)}u_C-\frac{R_1}{C(R_1+R_2)}i_L+\frac{1}{C(R_1+R_2)}e(t)\right\}-R_1 i_L+e(t)=$$

$$\frac{R_1}{R_1+R_2}u_C+\frac{R_1^2}{R_1+R_2}i_L-\frac{R_1}{R_1+R_2}e(t)-\frac{(R_1^2+R_1R_2)}{R_1+R_2}i_L+$$

$$\frac{R_1+R_2}{R_1+R_2}e(t)=\frac{R_1}{R_1+R_2}u_C-\frac{R_1R_2}{R_1+R_2}i_L+\frac{R_2}{R_1+R_2}e(t)$$

即

$$\frac{\mathrm{d}i_L}{\mathrm{d}t}=\frac{R_1}{L(R_1+R_2)}u_C-\frac{R_1R_2}{L(R_1+R_2)}i_L+\frac{R_2}{L(R_1+R_2)}e(t) \tag{2.9}$$

(3) 状态空间描述

将式(2.8)、(2.9)用向量矩阵形式表示为

$$\begin{bmatrix}\dot{u}_C\\ \dot{i}_L\end{bmatrix}=\begin{bmatrix}-\frac{1}{C(R_1+R_2)} & -\frac{R_1}{C(R_1+R_2)}\\ \frac{R_1}{L(R_1+R_2)} & -\frac{R_1R_2}{L(R_1+R_2)}\end{bmatrix}\begin{bmatrix}u_C\\ i_L\end{bmatrix}+\begin{bmatrix}\frac{1}{C(R_1+R_2)}\\ \frac{R_2}{L(R_1+R_2)}\end{bmatrix}[e(t)] \tag{2.10}$$

输出(或量测)方程为

$$u_{R_2}=R_2i_C=R_2C\frac{\mathrm{d}u_C}{\mathrm{d}t}=-\frac{R_2}{R_1+R_2}u_C-\frac{R_1R_2}{R_1+R_2}i_L+\frac{R_2}{R_1+R_2}e(t)$$

即

$$[u_{R_2}]=\begin{bmatrix}-\frac{R_2}{R_1+R_2} & -\frac{R_1R_2}{R_1+R_2}\end{bmatrix}\begin{bmatrix}u_C\\ i_L\end{bmatrix}+\begin{bmatrix}\frac{R_2}{R_1+R_2}\end{bmatrix}[e(t)] \tag{2.11}$$

式(2.10)、(2.11)即为系统的状态方程与输出(或量测)方程,它们构成了被控过程的状态空间描述。

令

$$\boldsymbol{A}=\begin{bmatrix}-\frac{1}{C(R_1+R_2)} & -\frac{R_1}{C(R_1+R_2)}\\ \frac{R_1}{L(R_1+R_2)} & -\frac{R_1R_2}{L(R_1+R_2)}\end{bmatrix}$$

$$\boldsymbol{B}=\begin{bmatrix}\frac{1}{C(R_1+R_2)}\\ \frac{R_2}{L(R_1+R_2)}\end{bmatrix}$$

$$\boldsymbol{C}=\begin{bmatrix}-\frac{R_2}{R_1+R_2} & -\frac{R_1R_2}{R_1+R_2}\end{bmatrix}$$

$$D=\begin{bmatrix}\frac{R_2}{R_1+R_2}\end{bmatrix}$$

令状态向量

$$\boldsymbol{X}=\begin{bmatrix}u_C\\ i_L\end{bmatrix}\qquad \dot{\boldsymbol{X}}=\begin{bmatrix}\dot{u}_C\\ \dot{i}_L\end{bmatrix}$$

输入

$$u=e(t)$$

输出

$$y=u_{R_2}$$

因此状态空间描述的数学模型可表示为状态方程与输出方程,即

$$\begin{cases}\dot{X} = AX + Bu & \text{状态方程} \\ y = CX + Du & \text{输出方程(或量测方程)}\end{cases}$$

这就是 n 维线性定常系统的状态空间描述。系数矩阵 A 为 $n \times n$ 矩阵，输入系数矩阵 B 为 $n \times r$ 矩阵，输出系数矩阵 C 为 $m \times n$ 矩阵，系数矩阵 D 为 $m \times r$ 矩阵，它们对应的状态向量 X 为 n 维，输入向量 u 为 r 维，输出向量 y 为 m 维。

对于线性时变系统，系数矩阵 A、B、C、D 均与时间 t 有关，所以状态空间描述为

$$\begin{cases}\dot{X} = A(t)X + B(t)u \\ y = C(t)X + D(t)u\end{cases}$$

从以上结果不难看出，状态空间描述具有代表性。

用方框图表示，如图 2.5 所示。

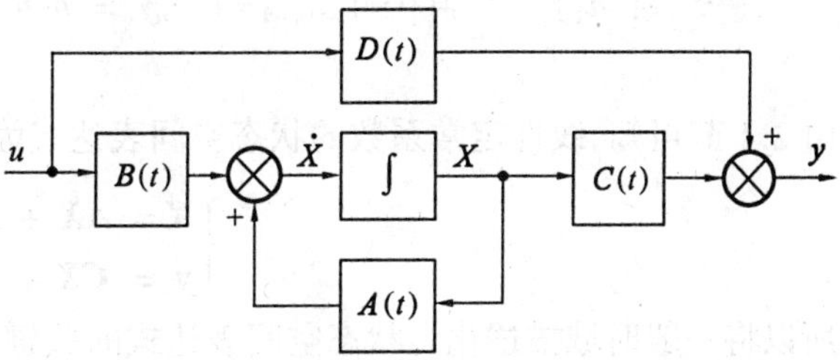

图 2.5　线性系统方框图

三、系统状态空间描述的特点

通过以上对状态空间描述的初步认识，可总结出如下几点：

① 状态空间描述考虑了“输入－状态－输出”这一过程，其中它考虑了被经典控制理论的输入－输出描述所忽略的状态，因此它揭示了问题的本质，即输入引起状态的变化，而状态决定了输出。

② 输入引起的状态变化是一个运动过程，数学上表现为向量微分方程，即状态方程。状态决定输出是一个变换过程，数学上表现为变换方程，即代数方程。

③ 系统的状态变量个数仅等于系统包含的独立贮能元件的个数(即物理解释)，因此一个 n 阶系统仅有 n 个状态变量可以选择(变量之间最大线性无关组即最小变量组)。

④ 对于给定的系统，状态变量的选择不是惟一的。如果 X 是系统的一个状态向量，只要矩阵 P 是非奇异的，那么 $\hat{X} = P^{-1}X$ 也是一个状态向量。

⑤ 一般来说，状态变量不一定是物理上可测量或可观察的量，但从便于控制系统的构成来说，把状态变量选为可测量或可观察的量更为合适。

⑥ 对于结构和参数已知的系统，建立状态方程的步骤是：首先选择状态变量，其次根据物理或其他方面的机理或定律列写微分方程，并将其化为状态变量的一阶微分方程组，最后将一阶微分方程组化为向量矩阵形式，即得状态空间描述。对于结构和参数未知的系统，通常只能通过辨识的途径建立状态方程。

⑦ 系统的状态空间分析法是时域内的一种矩阵运算方法，特别适合于用电子计算机来计算，有利于把工程技术人员从繁琐的计算中解脱出来，使他们在控制系统的分析与综合中从事更富有创造性的工作。

必须指出，确定最小的状态变量组以及与之对应的状态空间描述的形式、特点、它们之间的联系与转换等问题，需要进一步分析解决。

2.3 系统的一般时域描述化为状态空间描述

在经典控制理论中,通常控制系统的时域模型表征为输出和输入间的一个单变量高阶微分方程,它具有如下一般形式

$$y^{(n)} + a_1 y^{(n-1)} + \cdots + a_{n-1}\dot{y} + a_n y = b_0 u^{(n)} + b_1 u^{(n-1)} + \cdots + b_{n-1}\dot{u} + b_n u$$

由 2.1 节可知,线性定常系数的状态空间表达式为

$$\begin{cases} \dot{X} = AX + Bu \\ y = CX + Du \end{cases}$$

所以将一般时域描述化为状态空间表达式的关键问题是适当选择系统的状态变量,并由 $a_i(i=1,\cdots,n)$、$b_j(j=0,1,\cdots,n)$定出相应的系数矩阵 $\boldsymbol{A}$、$\boldsymbol{B}$、$\boldsymbol{C}$、$\boldsymbol{D}$。下面分两种情况进行讨论。

一、方程中不包含输入函数的导数

线性微分方程中的输入函数为 u,不包含各阶导数的微分方程形式为

$$y^{(n)} + a_1 y^{(n-1)} + \cdots + a_{n-1}\dot{y} + a_n y = b_n u$$

1. 选择状态变量

一个 n 阶系统,具有 n 个状态变量,因为当给定 $y(0),\dot{y}(0),\ddot{y}(0),\cdots,y^{(n-1)}(0)$和 $t\geqslant 0$的输入 $u(t)$时,系统在 $t\geqslant 0$ 时的运动状态就完全确定了,所以可以取 $y,\dot{y},\ddot{y},\cdots,y^{(n-1)}$为系统的一组状态变量,令

$$\begin{cases} x_1 = y \\ x_2 = \dot{y} \\ \vdots \\ x_n = y^{(n-1)} \end{cases}$$

2. 将高阶微分方程化为状态变量 $x_1,x_2,\cdots,x_n$ 的一阶微分方程组

$$\begin{cases} \dot{x}_1 = \dot{y} = x_2 \\ \dot{x}_2 = \ddot{y} = x_3 \\ \vdots \\ \dot{x}_{n-1} = y^{(n-1)} = x_n \\ \dot{x}_n = y^{(n)} = -a_n y - a_{n-1}\dot{y} - \cdots - a_1 y^{(n-1)} + b_n u = \\ -a_n x_1 - a_{n-1}x_2 - \cdots - a_1 x_n + b_n u \end{cases}$$

系统输出关系式为 $y = x_1$。

3. 将一阶微分方程组化为向量形式

状态方程

$$\begin{bmatrix}\dot{x}_1\\ \dot{x}_2\\ \vdots\\ \dot{x}_n\end{bmatrix}=\begin{bmatrix}0 & 1 & 0 & \cdots & 0\\ 0 & 0 & 1 & \cdots & 0\\ \vdots & \vdots & \vdots & & \vdots\\ -a_n & -a_{n-1} & -a_{n-2} & \cdots & -a_1\end{bmatrix}\begin{bmatrix}x_1\\ x_2\\ \vdots\\ x_n\end{bmatrix}+\begin{bmatrix}0\\ 0\\ \vdots\\ b_n\end{bmatrix}u$$

输出方程

$$y=\begin{bmatrix}1 & 0 & \cdots & 0\end{bmatrix}\begin{bmatrix}x_1\\ x_2\\ \vdots\\ x_n\end{bmatrix}$$

例 2.3　设系统输出 – 输入微分方程为

$$\dddot{y}+6\ddot{y}+11\dot{y}+6y=6u$$

若 $x_1=y, x_2=\dot{y}, x_3=\ddot{y}$，可导出状态方程和输出方程为

$$\begin{bmatrix}\dot{x}_1\\ \dot{x}_2\\ \dot{x}_3\end{bmatrix}=\begin{bmatrix}0 & 1 & 0\\ 0 & 0 & 1\\ -6 & -11 & -6\end{bmatrix}\begin{bmatrix}x_1\\ x_2\\ x_3\end{bmatrix}+\begin{bmatrix}0\\ 0\\ 6\end{bmatrix}u$$

$$y=\begin{bmatrix}1 & 0 & 0\end{bmatrix}\begin{bmatrix}x_1\\ x_2\\ x_3\end{bmatrix}$$

二、方程中包含输入函数的导数

线性微分方程为

$$y^{(n)}+a_1y^{(n-1)}+\cdots+a_{n-1}\dot{y}+a_ny=b_0u^{(n)}+b_1u^{(n-1)}+\cdots+b_{n-1}\dot{u}+b_nu$$

将上面的微分方程化为状态空间描述的方法同上，但遇到的新问题是，因为方程式右边出现了 u 的导数项，使状态空间中的运动出现无穷大的跃变，方程解的存在性和惟一性被破坏了，所以选择的状态变量要使导出的一阶微分方程组等式右边不出现 u 的导数项。为此，通常把状态变量取为输出 y 和输入 u 的各阶导数的适当组合。

1. 选择状态变量

$$\begin{cases}x_1=y-\beta_0u\\ x_2=\dot{y}-\beta_0\dot{u}-\beta_1u\\ x_3=\ddot{y}-\beta_0\ddot{u}-\beta_1u-\beta_2u\\ \vdots\\ x_n=y^{(n-1)}-\beta_0u^{(n-1)}-\beta_1u^{n-2}-\cdots-\beta_{n-2}\dot{u}-\beta_{n-1}u\\ x_{n+1}=y^{(n)}-\beta_0u^{(n)}-\beta_1u^{(n-1)}-\cdots-\beta_{n-1}\dot{u}-\beta_nu\end{cases}\tag{2.12}$$

式中的系数 $\beta_0, \beta_1, \cdots, \beta_n$ 待定，可由下面方法定出：

用 a_n, a_{n-1}, a_1 分别乘式(2.12)中相应方程的两端，并移项，得

$$\begin{cases} a_n y = a_n x_1 + a_n \beta_0 u \\ a_{n-1}\dot{y} = a_{n-1}x_2 + a_{n-1}\beta_0\dot{u} + a_{n-1}\beta_1 u \\ a_{n-2}\ddot{y} = a_{n-2}x_3 + a_{n-2}\beta_0\ddot{u} + a_{n-2}\beta_1\dot{u} + a_{n-2}\beta_2 u \\ \vdots \\ a_1 y^{(n-1)} = a_1 x_n + a_1\beta_0 u^{(n-1)} + \cdots + a_1\beta_{n-2}\dot{u} + a_1\beta_{n-1}u \\ y^{(n)} = x_{n+1} + \beta_0 u^{(n)} + \beta_1 u^{(n-1)} + \cdots + \beta_{n-1}\dot{u} + \beta_n u \end{cases}$$

不难看出，上述各方程左端相加等于线性微分方程的左端，因此，上述各方程右端相加也等于线性微分方程的右端。即

$$\{x_{n+1} + a_1 x_n + \cdots + a_{n-1}x_2 + a_n x_1\} + \{\beta_0 u^{(n)} + (\beta_1 + a_1\beta_0)u^{(n-1)} + (\beta_2 + a_1\beta_1 + a_2\beta_0)u^{(n-2)} + \cdots + (\beta_{n-1} + a_1\beta_{n-2} + \cdots + a_{n-2}\beta_1 + a_{n-1}\beta_0)\dot{u} + (\beta_n + a_1\beta_{n-1} + \cdots + a_{n-1}\beta_1 + a_n\beta_0)u\} = b_0 u^{(n)} + b_1 u^{(n-1)} + \cdots + b_{n-1}\dot{u} + b_n u$$

等式两边 $u^k(k=0,1,\cdots,n)$的系数应相等，所以

$$\begin{cases} \beta_0 = b_0 \\ \beta_1 = b_1 - a_1\beta_0 \\ \beta_2 = b_2 - a_1\beta_1 - a_2\beta_0 \\ \vdots \\ \beta_n = b_n - a_1\beta_{n-1} - \cdots - a_{n-1}\beta_1 - a_n\beta_0 \end{cases} \tag{2.13}$$

这就是由 a_i 和 b_j 计算 $\beta_k(k=0,1,\cdots,n)$的关系式。

2. 导出状态变量的一阶微分方程组和输出关系式

对式(2.12)求导，并考虑到式(2.13)中的

$$x_{n+1} + a_1 x_n + \cdots + a_{n-1}x_2 + a_n x_1 = 0$$

可得

$$\begin{cases} \dot{x}_1 = \dot{y} - \beta_0\dot{u} = x_2 + \beta_1 u \\ \dot{x}_2 = \ddot{y} - \beta_1\ddot{u} - \beta_1\dot{u} = x_3 + \beta_2 u \\ \vdots \\ \dot{x}_{n-1} = x_n + \beta_{n-1}u \\ \dot{x}_n = x_{n+1} + \beta_n u = -a_n x_1 - a_{n-1}x_2 - \cdots - a_1 x_n + \beta_n u \end{cases}$$

$$y = x_1 + \beta_0 u$$

3. 化为向量形式

状态方程

$$\begin{bmatrix} \dot{x}_1 \\ \dot{x}_2 \\ \vdots \\ \dot{x}_n \end{bmatrix} = \begin{bmatrix} 0 & 1 & 0 & \cdots & 0 \\ 0 & 0 & 1 & \cdots & 0 \\ \vdots & \vdots & \vdots & & \vdots \\ -a_n & -a_{n-1} & -a_{n-2} & \cdots & -a_1 \end{bmatrix} \begin{bmatrix} x_1 \\ x_2 \\ \vdots \\ x_n \end{bmatrix} + \begin{bmatrix} \beta_1 \\ \beta_2 \\ \vdots \\ \beta_n \end{bmatrix} [u] \tag{2.14}$$

输出方程

$$[y]=[1\quad 0\quad \cdots\quad 0]\begin{bmatrix}x_1\\x_2\\\vdots\\x_n\end{bmatrix}+[\beta_0][u]$$

例 2.4　系统输出－输入微分方程为

$$\dddot{y}+18\ddot{y}+192\dot{y}+640y=160\dot{u}+640u$$

系数 $a_1=18, a_2=192, a_3=640, b_0=b_1=0, b_2=160, b_3=640$。

按式(2.13)求出

$$\beta_0=b_0=0$$

$$\beta_1=b_1-a_1\beta_0=0$$

$$\beta_2=b_2-a_1\beta_1-a_2\beta_0=160$$

$$\beta_3=b_3-a_1\beta_2-a_2\beta_1-a_3\beta_0=640-18\times160=-2\,240$$

所以状态变量为

$$x_1=y-\beta_0u=y$$

$$x_2=\dot{y}-\beta_0\dot{u}-\beta_1u=\dot{y}$$

$$x_3=\ddot{y}-\beta_0\ddot{u}-\beta_1\dot{u}-\beta_2u=\ddot{y}-160u$$

可按前面推导得出的规律,直接写出状态方程和输出方程

$$\begin{bmatrix}\dot{x}_1\\\dot{x}_2\\\dot{x}_3\end{bmatrix}=\begin{bmatrix}0&1&0\\0&0&1\\-640&-192&-18\end{bmatrix}\begin{bmatrix}x_1\\x_2\\x_3\end{bmatrix}+\begin{bmatrix}0\\160\\-2\,240\end{bmatrix}[u]$$

$$[y]=[1\quad 0\quad 0]\begin{bmatrix}x_1\\x_2\\x_3\end{bmatrix}$$

2.4　系统的频域描述化为状态空间描述

控制系统的传递函数为

$$W(s)=\frac{Y(s)}{U(s)}=\frac{b_1s^{n-1}+\cdots+b_{n-1}s+b_n}{s^n+a_1s^{n-1}+\cdots+a_{n-1}s+a_n}\tag{2.15}$$

按其极点情况,用部分分式法可得与之相应的状态空间描述,这样,状态方程与控制系统的极点直接建立了联系,因此称之为状态方程的规范型。

一、控制系统传递函数的极点为两两相异

将式(2.15)化为部分分式的形式

$$W(s)=\frac{Y(s)}{U(s)}=\frac{k_1}{s-s_1}+\frac{k_2}{s-s_2}+\cdots+\frac{k_n}{s-s_n}$$

式中，$s_1,s_2,\cdots,s_n$ 为系统中两两相异的极点；$k_i(i=1,2,\cdots,n)$为待定常数，可按下式计算

$$k_i=\lim_{s\to s_i}W(s)(s-s_i) \tag{2.15.1}$$

所以

$$Y(s)=k_1\frac{1}{s-s_1}U(s)+k_2\frac{1}{s-s_2}U(s)+\cdots+k_n\frac{1}{s-s_n}U(s)$$

1. 选择状态变量

令

$$x_1(s)=\frac{1}{s-s_i}U(s) \qquad i=1,2,\cdots,n$$

为状态变量的拉氏变换式，则由此可导出

$$\begin{cases} x_1(s)=\dfrac{1}{s-s_1}U(s)\\ x_2(s)=\dfrac{1}{s-s_2}U(s)\\ \vdots\\ x_{n-1}(s)=\dfrac{1}{s-s_{n-1}}U(s)\\ x_n(s)=\dfrac{1}{s-s_n}U(s)\end{cases}$$

2. 化为状态变量的一阶方程组

$$\begin{cases} sx_1(s)=s_1x_1(s)+U(s)\\ sx_2(s)=s_2x_2(s)+U(s)\\ \vdots\\ sx_{n-1}(s)=s_{n-1}x_{n-1}(s)+U(s)\\ sx_n(s)=s_nx_n(s)+U(s)\end{cases}$$

$$Y(s)=k_1x_1(s)+k_2x_2(s)+\cdots+k_nx_n(s)$$

对上面各式进行拉氏反变换，得

$$\begin{cases} \dot{x}_1=s_1x_1+u\\ \dot{x}_2=s_2x_2+u\\ \vdots\\ \dot{x}_{n-1}=s_{n-1}x_{n-1}+u\\ \dot{x}_n=s_nx_n+u\end{cases}$$

$$y=k_1x_1+k_2x_2+\cdots+k_nx_n$$

3. 向量形式

$$\begin{bmatrix}\dot{x}_1\\ \dot{x}_2\\ \vdots\\ \dot{x}_n\end{bmatrix}=\begin{bmatrix}s_1 & & & 0\\ & s_2 & & \\ & & \ddots & \\ 0 & & & s_n\end{bmatrix}\begin{bmatrix}x_1\\ x_2\\ \vdots\\ x_n\end{bmatrix}+\begin{bmatrix}1\\ 1\\ \vdots\\ 1\end{bmatrix}u$$

$$y=[k_1\quad k_2\quad\cdots\quad k_n]\begin{bmatrix}x_1\\x_2\\\vdots\\x_n\end{bmatrix}\tag{2.15.2}$$

即状态方程为

$$\dot{X}=\begin{bmatrix}s_1 & & & 0\\ & s_2 & & \\ & & \ddots & \\ 0 & & & s_n\end{bmatrix}X+\begin{bmatrix}1\\\vdots\\1\end{bmatrix}u$$

称其为对角线规范型。

例 2.5　设 $W(s)=\dfrac{Y(s)}{U(s)}=\dfrac{6}{s^3+6s^2+11s+6}$,试求其状态空间描述。

解　其极点为 $s_1=-1,s_2=-2,s_3=-3$,而待定常数 $k_i(i=1,2,3)$为

$$k_1=\lim_{s\to-1}W(s)(s+1)=\lim_{s\to-1}\frac{6}{(s+2)(s+3)}=3$$

$$k_2=\lim_{s\to-2}W(s)(s+2)=\lim_{s\to-2}\frac{6}{(s+1)(s+3)}=-6$$

$$k_3=\lim_{s\to-3}W(s)(s+3)=\lim_{s\to-3}\frac{6}{(s+1)(s+2)}=3$$

因此,其相应的状态空间表达式为

$$\begin{bmatrix}\dot{x}_1\\\dot{x}_2\\\dot{x}_3\end{bmatrix}=\begin{bmatrix}-1 & 0 & 0\\0 & -2 & 0\\0 & 0 & -3\end{bmatrix}\begin{bmatrix}x_1\\x_2\\x_3\end{bmatrix}+\begin{bmatrix}1\\1\\1\end{bmatrix}u$$

$$y=[3\quad -6\quad 3]\begin{bmatrix}x_1\\x_2\\x_3\end{bmatrix}$$

二、控制系统传递函数的极点为重根

1. 传递函数的极点为一个重根

将式(2.15)化为部分分式的形式

$$W(s)=\frac{Y(s)}{U(s)}=\frac{k_{11}}{(s-s_1)^n}+\frac{k_{12}}{(s-s_1)^{n-1}}+\cdots+\frac{k_{1n}}{s-s_1}$$

式中,s_1 为 n 重极点;$k_{1i}(i=1,2,\cdots,n)$为待定常数,可按下式计算

$$k_{1i}=\lim_{s\to s_1}\frac{1}{(i-1)!}\frac{\mathrm{d}^{i-1}}{\mathrm{d}s^{i-1}}[W(s)(s-s_1)^n]\tag{2.16}$$

所以

$$Y(s)=k_{11}\frac{1}{(s-s_1)^n}U(s)+k_{12}\frac{1}{(s-s_1)^{n-1}}U(s)+\cdots+k_{1n}\frac{1}{s-s_1}U(s)$$

(1) 选择状态变量

$$x_1(s)=\frac{1}{(s-s_1)^n}U(s)=\frac{1}{(s-s_1)}\left\{\frac{1}{(s-s_1)^{n-1}}U(s)\right\}=\frac{1}{s-s_1}x_2(s)$$

$$x_2(s)=\frac{1}{(s-s_1)^{n-1}}U(s)=\frac{1}{(s-s_1)}\left\{\frac{1}{(s-s_1)^{n-2}}U(s)\right\}=\frac{1}{s-s_1}x_3(s)$$

$$\vdots$$

$$x_{n-1}(s)=\frac{1}{(s-s_1)^2}U(s)=\frac{1}{(s-s_1)}\left\{\frac{1}{(s-s_1)}U(s)\right\}=\frac{1}{s-s_1}x_n(s)$$

$$x_n(s)=\frac{1}{s-s_1}U(s)$$

(2) 化为状态变量的一阶方程组

$$\begin{cases}sx_1(s)=s_1x_1(s)+x_2(s)\\ sx_2(s)=s_1x_2(s)+x_3(s)\\ \vdots\\ sx_{n-1}(s)=s_1x_{n-1}(s)+x_n(s)\\ sx_n(s)=s_1x_n(s)+U(s)\end{cases}$$

$$Y(s)=k_{11}x_1(s)+k_{12}x_2(s)+\cdots+k_{1n}x_n(s)$$

对上面各式进行拉氏变换,得

$$\begin{cases}\dot{x}_1=s_1x_1+x_2\\ \dot{x}_2=s_1x_2+x_3\\ \vdots\\ \dot{x}_{n-1}=s_1x_{n-1}+x_n\\ \dot{x}_n=s_1x_n+u\end{cases}$$

$$y=k_{11}x_1+k_{12}x_2+\cdots+k_{1n}x_n$$

(3) 向量形式

$$\begin{bmatrix}\dot{x}_1\\ \dot{x}_2\\ \vdots\\ \dot{x}_n\end{bmatrix}=\begin{bmatrix}s_1 & 1 & & 0\\ & s_1 & \ddots & \\ & & \ddots & 1\\ 0 & & & s_1\end{bmatrix}\begin{bmatrix}x_1\\ x_2\\ \vdots\\ x_n\end{bmatrix}+\begin{bmatrix}0\\ 0\\ \vdots\\ 1\end{bmatrix}u \tag{2.17}$$

$$y=\begin{bmatrix}k_{11} & k_{12} & \cdots & k_{1n}\end{bmatrix}\begin{bmatrix}x_1\\ x_2\\ \vdots\\ x_n\end{bmatrix}$$

例 2.6 设 $W(s)=\dfrac{2s^2+5s+1}{(s-2)^3}$,三重极点为 $s=2$,待定常数 $k_{1i}(i=1,2,3)$ 为

$$k_{11}=\lim_{s\to2}W(s)(s-2)^3=\lim_{s\to2}(2s^2+5s+1)=19$$

$$k_{12} = \lim_{s \to 2} \frac{\mathrm{d}}{\mathrm{d}s}\{W(s)(s-2)^3\} = \lim_{s \to 2}(4s+5) = 13$$

$$k_{13} = \lim_{s \to 2} \frac{1}{2!} \frac{\mathrm{d}^2}{\mathrm{d}s^2}\{W(s)(s-2)^3\} = \frac{4}{2} = 2$$

因此,其相应的状态空间描述为

$$\begin{bmatrix} \dot{x}_1 \\ \dot{x}_2 \\ \dot{x}_3 \end{bmatrix} = \begin{bmatrix} 2 & 1 & 0 \\ 0 & 2 & 1 \\ 0 & 0 & 2 \end{bmatrix} \begin{bmatrix} x_1 \\ x_2 \\ x_3 \end{bmatrix} + \begin{bmatrix} 0 \\ 0 \\ 1 \end{bmatrix} u$$

$$y = \begin{bmatrix} 19 & 13 & 2 \end{bmatrix} \begin{bmatrix} x_1 \\ x_2 \\ x_3 \end{bmatrix}$$

2. 传递函数的极点为 k 个重根

设 s_1 为 l_1 重根,s_2 为 l_2 重根,$\cdots$,s_k 为 l_k 重根,且 $l_1 + l_2 + \cdots + l_k = n$。

由前述极点为一个重根的情况不难直接得出状态空间描述

$$\begin{bmatrix} \dot{x}_1 \\ \dot{x}_2 \\ \vdots \\ \dot{x}_{l_1} \\ \hdashline \dot{x}_{l_1+1} \\ \dot{x}_{l_1+2} \\ \vdots \\ \dot{x}_{l_1+l_2} \\ \hdashline \vdots \\ \hdashline \dot{x}_{n-l_k+1} \\ \dot{x}_{n-l_k+2} \\ \vdots \\ \dot{x}_n \end{bmatrix} = \begin{bmatrix} \begin{matrix} s_1 & 1 & & 0 \\ & s_1 & \ddots & \\ & & \ddots & 1 \\ 0 & & & s_1 \end{matrix} & & & \\ & \begin{matrix} s_2 & 1 & & 0 \\ & s_2 & \ddots & \\ & & \ddots & 1 \\ 0 & & & s_2 \end{matrix} & & \\ & & \ddots & \\ & & & \begin{matrix} s_k & 1 & & 0 \\ & s_k & \ddots & \\ & & \ddots & 1 \\ 0 & & & s_k \end{matrix} \end{bmatrix} \begin{bmatrix} x_1 \\ x_2 \\ \vdots \\ x_{l_1} \\ \hdashline x_{l_1+1} \\ x_{l_1+2} \\ \vdots \\ x_{l_1+l_2} \\ \hdashline \vdots \\ \hdashline x_{n-l_k+1} \\ x_{n-l_k+2} \\ \vdots \\ x_n \end{bmatrix} + \begin{bmatrix} 0 \\ 0 \\ \vdots \\ 1 \\ \hdashline 0 \\ 0 \\ \vdots \\ 1 \\ \hdashline \vdots \\ \hdashline 0 \\ 0 \\ \vdots \\ 1 \end{bmatrix}$$

及

$$y = [\, k_{11} \quad \cdots \quad k_{1l_1} \;\vdots\; k_{21} \quad \cdots \quad k_{2l_2} \;\vdots\; \quad \cdots \quad k_{k_1} \quad \cdots \quad k_{kl_k} \,] \begin{bmatrix} x_1 \\ \vdots \\ x_n \end{bmatrix}$$

令

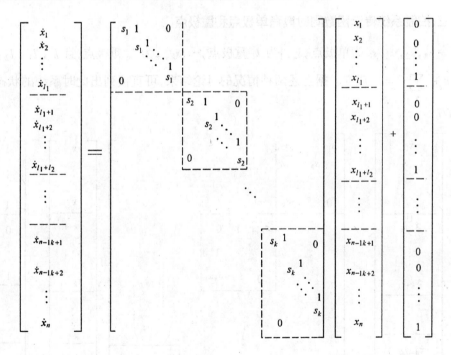

$$J_1=\begin{bmatrix} s_1 & 1 & & 0\\ & \ddots & \ddots & \\ & & & 1\\ 0 & & & s_1\end{bmatrix},\quad J_2=\begin{bmatrix} s_2 & 1 & & 0\\ & \ddots & \ddots & \\ & & & 1\\ 0 & & & s_2\end{bmatrix},\cdots,J_k=\begin{bmatrix} s_k & 1 & & 0\\ & \ddots & \ddots & \\ & & & 1\\ 0 & & & s_k\end{bmatrix}$$

$$B_1=\begin{bmatrix}0\\ \vdots\\ 1\end{bmatrix},B_2=\begin{bmatrix}0\\ \vdots\\ 1\end{bmatrix},\cdots,B=\begin{bmatrix}0\\ \vdots\\ 1\end{bmatrix}$$

$$C_1=[k_{11}\ \cdots\ k_{1l_1}],C_2=[k_{21}\ \cdots\ k_{2l_2}],C_k=[k_{k1}\ \cdots\ k_{kl_k}]$$

故

$$\dot{X}=\begin{bmatrix}J_1 & & & 0\\ & J_2 & & \\ & & \ddots & \\ 0 & & & J_k\end{bmatrix}X+\begin{bmatrix}B_1\\ \vdots\\ B_k\end{bmatrix}u$$

$$y=[C_1\ C_2\ \cdots\ C_k]X$$

此称 Jordan(约当)规范型。

三、控制系统传递函数同时具有单极点和重极点

令 $s_1,s_2,\cdots,s_k$ 为单极点，s_{k+1}为 l_1 重极点，$\cdots$，s_{k+m}为 l_m 重极点，且 $k+l_1+l_2+\cdots+l_m=k+\sum\limits_{i=1}^{m}l_i=n$ 成立。据上述两种情况的讨论结果，可直接列出此时系统的状态空间描述为

$$\begin{bmatrix}\dot{x}_1\\ \vdots\\ \dot{x}_k\\ \hline \dot{x}_{k+1}\\ \vdots\\ \dot{x}_{k+l_1}\\ \hline \vdots\\ \hline \dot{x}_{n-l_m+1}\\ \vdots\\ \dot{x}_n\end{bmatrix}=\begin{bmatrix}\begin{matrix}s_1 & & 0\\ & s_2\ \ddots & \\ 0 & & s_k\end{matrix} & & & \\ & \begin{matrix}s_{k+1} & 1 & 0\\ & \ddots & 1\\ 0 & & s_{k+1}\end{matrix} & & \\ & & \ddots & \\ & & & \begin{matrix}s_{k+m} & 1 & 0\\ & \ddots & 1\\ 0 & & s_{k+m}\end{matrix}\end{bmatrix}\begin{bmatrix}x_1\\ \vdots\\ x_k\\ \hline x_{k+1}\\ \vdots\\ x_{k+l_1}\\ \hline \vdots\\ \hline x_{n-l_m+1}\\ \vdots\\ x_n\end{bmatrix}+\begin{bmatrix}1\\ \vdots\\ 1\\ \hline 0\\ \vdots\\ 1\\ \hline \vdots\\ \hline 0\\ \vdots\\ 1\end{bmatrix}u$$

和

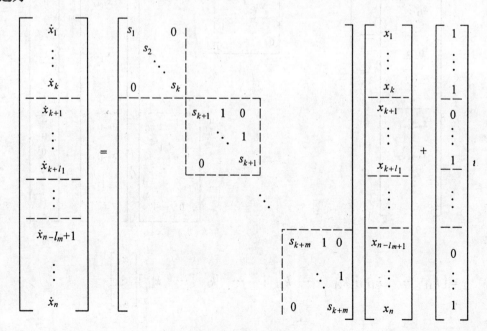

$$y = [k_1 \quad k_2 \quad \cdots \quad k_k \vdots k_{k+1,1} \quad \cdots \quad k_{k+1,l_1} \vdots \cdots \vdots k_{k+m,1} \quad \cdots \quad k_{k+m,l_m}] \begin{bmatrix} x_1 \\ \vdots \\ x_k \\ \vdots \\ x_n \end{bmatrix}$$

2.5　据状态变量图列写状态空间描述

一、状态变量图的概念

1. 状态变量图方法的思路

2.1 节对系统状态空间描述问题的讨论以及 2.2 节状态变量的启示，使我们更明确了选择独立储能元件的储能变量作为状态变量是较容易掌握的。因此在线性系统的传递函数确定后，可用方块图将其化为由积分器、放大器、比较器(即相加器)各环节组成的形式，取积分环节的输出作为状态变量，进而导出线性系统的状态空间描述，这就是本节的基本思想。

所谓状态变量图，是由积分器、放大器和加法器构成的图形表示，图中每个积分器的输出定为状态变量。状态变量图既描述了状态变量间的相互关系，又说明了状态变量的物理意义。可以说，状态变量图是系统相应方块图拉氏反变换的图形。

2. 一阶系统的状态空间描述

运动方程为

$$T\dot{y} + y = Ku$$

对其进行拉氏变换，得传递函数

$$\frac{Y(s)}{U(s)} = \frac{K}{Ts+1}$$

式中，y 为系统的输出函数；u 为系统的输入函数；T 为时间常数；K 为放大系数。上式可变化为

$$\frac{Y(s)}{U(s)} = \frac{K}{T} \frac{s^{-1}}{1 + \frac{1}{T}s^{-1}}$$

可以画出图 2.6 所示的一阶系统方块图，再将方块图改画成图 2.7 所示的时域一阶系统状态变量图。指定积分器的输出为状态变量 x_1，系统的输出函数 $y = x_1$。

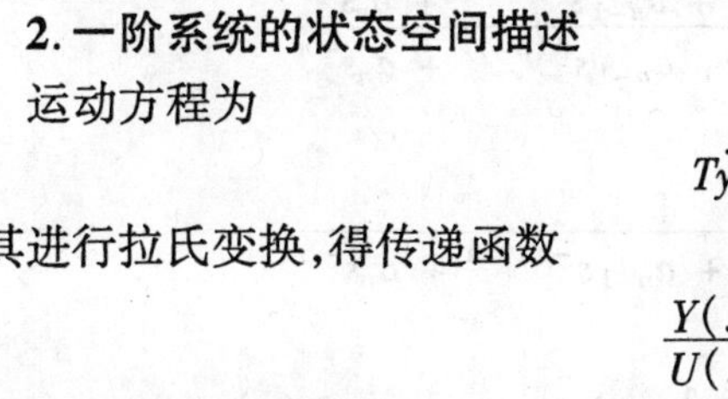

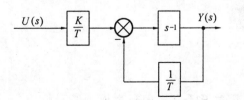

图 2.6　一阶系统方块图

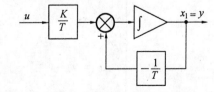

图 2.7　一阶系统状态变量图

由状态变量图写出系统的状态方程

$$\dot{x}_1 = -\frac{1}{T}x_1 + \frac{K}{T}u$$

系统的输出方程

$$y = x_1$$

3. 列写状态空间描述的步骤

① 对传递函数进行处理。

② 画系统相应的方块图，即系统均由比较环节、放大环节及积分环节构成。

③ 画系统的状态变量图。

④ 依据状态变量图，列写出系统状态方程与输出方程。

二、n 阶线性系统的状态空间描述

设 n 阶线性系统的传递函数为

$$\frac{Y(s)}{U(s)} = \frac{b_1 s^{n-1} + \cdots + b_{n-1}s + b_n}{s^n + a_1 s^{n-1} + \cdots + a_{n-1}s + a_n}$$

将上式分子分母同除以 s^n，得

$$\frac{Y(s)}{U(s)} = \frac{b_1 s^{-1} + \cdots + b_{n-1}s^{-(n-1)} + b_n s^{-n}}{1 + a_1 s^{-1} + \cdots + a_{n-1}s^{-(n-1)} + a_n s^{-n}}$$

求得输出函数的拉氏变换为

$$Y(s) = U(s)\frac{b_1 s^{-1} + \cdots + b_{n-1}s^{-(n-1)} + b_n s^{-n}}{1 + a_1 s^{-1} + \cdots + a_{n-1}s^{-(n-1)} + a_n s^{-n}}$$

令

$$\varepsilon(s) = U(s)\frac{1}{1 + a_1 s^{-1} + \cdots + a_{n-1}s^{-(n-1)} + a_n s^{-n}}$$

或

$$\varepsilon(s) = U(s) - a_1 s^{-1}\varepsilon(s) - a_2 s^{-2}\varepsilon(s) - \cdots - a_n s^{-n}\varepsilon(s) \tag{2.18}$$

可得

$$Y(s) = \varepsilon(s)(b_1 s^{-1} + \cdots + b_{n-1}s^{-(n-1)} + b_n s^{-n}) =$$
$$b_1 s^{-1}\varepsilon(s) + \cdots + b_{n-1}s^{-(n-1)}\varepsilon(s) + b_n s^{-n}\varepsilon(s) \tag{2.19}$$

根据式(2.18)、(2.19)可画出系统方块图(图 2.8)与系统状态变量图(图 2.9)。

由状态变量图很容易写出 n 阶线性系统的状态方程与输出方程，即

$$\begin{cases} \dot{x}_1 = x_2 \\ \dot{x}_2 = x_3 \\ \vdots \\ \dot{x}_{n-1} = x_n \\ \dot{x}_n = -a_n x_1 - a_{n-1}x_2 - \cdots - a_2 x_{n-1} - a_1 x_n + u \end{cases}$$

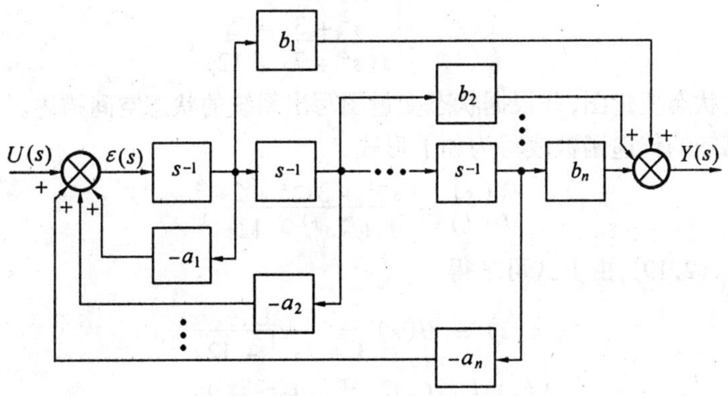

图 2.8　n 阶线性系统方块图

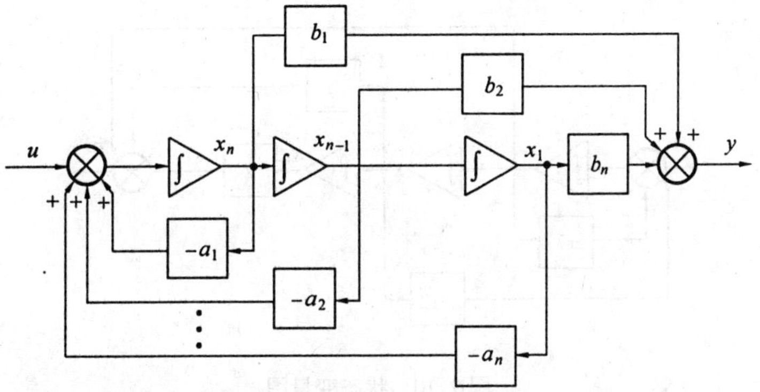

图 2.9　n 阶线性系统状态变量图

即

$$\begin{bmatrix} \dot{x}_1 \\ \dot{x}_2 \\ \vdots \\ \dot{x}_{n-1} \\ \dot{x}_n \end{bmatrix} = \begin{bmatrix} 0 & 1 & 0 & \cdots & 0 \\ 0 & 0 & 1 & \cdots & 0 \\ \vdots & \vdots & \vdots & & \vdots \\ 0 & 0 & 0 & \cdots & 1 \\ -a_n & -a_{n-1} & -a_{n-2} & \cdots & -a_1 \end{bmatrix} \begin{bmatrix} x_1 \\ x_2 \\ \vdots \\ x_{n-1} \\ x_n \end{bmatrix} + \begin{bmatrix} 0 \\ 0 \\ \vdots \\ 0 \\ 1 \end{bmatrix} u \tag{2.20}$$

输出方程为

$$y = b_n x_1 + b_{n-1} x_2 + \cdots + b_2 x_{n-1} + b_1 x_n$$

即

$$y = \begin{bmatrix} b_n & b_{n-1} & \cdots & b_2 & b_1 \end{bmatrix} \begin{bmatrix} x_1 \\ x_2 \\ \vdots \\ x_n \end{bmatrix} \tag{2.21}$$

例 2.7　设线性系统的传递函数为

$$\frac{Y(s)}{U(s)} = \frac{s^2 + 3s + 2}{s(s^2 + 7s + 12)}$$

试绘制系统的状态变量图,并根据状态变量图写出系统的状态空间描述。

解 将已知的传递函数改写为如下形式

$$\frac{Y(s)}{U(s)} = \frac{s^{-1} + 3s^{-2} + 2s^{-3}}{1 + 7s^{-1} + 12s^{-2}}$$

根据式(2.18)、(2.19),由上式可求得

$$\varepsilon(s) = U(s)\frac{1}{1 + 7s^{-1} + 12s^{-2}}$$

$$Y(s) = \varepsilon(s)(s^{-1} + 3s^{-2} + 2s^{-3})$$

绘制相应的系统状态变量图,如图2.10。图中状态变量 x_1、x_2、x_3 为积分器输出。

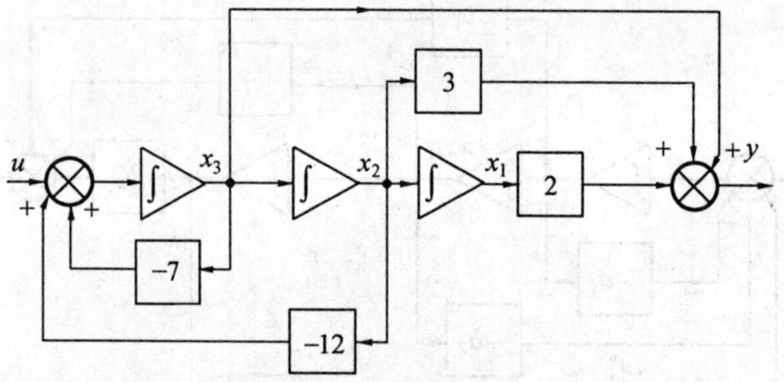

图2.10 状态变量图

由图2.10可直接写出系统的状态方程及输出方程分别为

$$\begin{bmatrix}\dot{x}_1\\ \dot{x}_2\\ \dot{x}_3\end{bmatrix} = \begin{bmatrix}0 & 1 & 0\\ 0 & 0 & 1\\ 0 & -12 & -7\end{bmatrix}\begin{bmatrix}x_1\\ x_2\\ x_3\end{bmatrix} + \begin{bmatrix}0\\ 0\\ 1\end{bmatrix}u$$

$$y = \begin{bmatrix}2 & 3 & 1\end{bmatrix}\begin{bmatrix}x_1\\ x_2\\ x_3\end{bmatrix}$$

2.6 据系统方块图导出状态空间描述

一、方块图方法的思路

当系统的描述是以方块图形式给出时,无需求出总的传递函数,可直接由方块图导出其相应的状态空间描述。这是由2.5节的状态变量图方法得到的启示,除积分环节外,一阶系统即惯性环节的输出,也是系统状态变量的拉氏变换。如果可将系统中二阶以上的环节化为由惯性环节与积分环节组成的话,则由方块图可直接导出状态方程与输出方程。显然这种方法所要求的条件比起2.5节"宽松"多了,而且其物理概念更清晰。

二、典型二阶系统状态空间描述

已知控制系统方块图如图 2.11 所示。

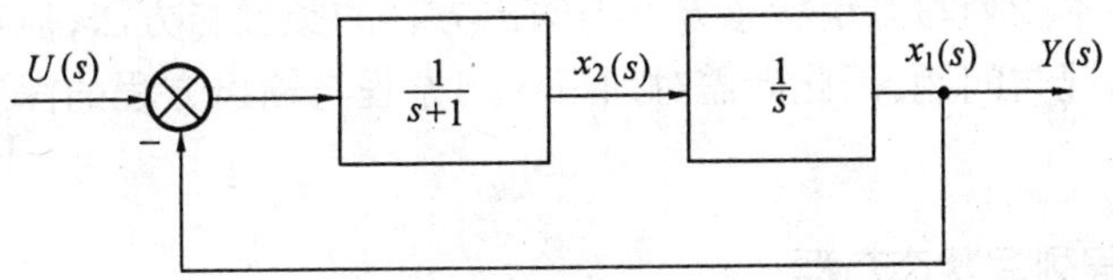

图 2.11　控制系统方块图

1. 列写每一典型环节的传递函数

由图有

$$\begin{cases} \dfrac{x_1(s)}{x_2(s)} = \dfrac{1}{s} \\ \dfrac{x_2(s)}{U(s)-x_1(s)} = \dfrac{1}{s+1} \end{cases}$$

2. 叉乘拉氏反变换得一阶微分方程组

由上方程可得

$$\begin{cases} sx_1(s) = x_2(s) \\ (s+1)x_2(s) = U(s) - x_1(s) \end{cases}$$

即

$$\begin{cases} sx_1(s) = x_2(s) \\ sx_2(s) = U(s) - x_1(s) - x_2(s) \end{cases}$$

拉氏反变换为

$$\begin{cases} \dot{x}_1 = x_2 \\ \dot{x}_2 = -x_1 - x_2 + u \end{cases}$$

输出由图可知为

$$y = x_1$$

3. 用向量矩阵形式表示

$$\begin{bmatrix} \dot{x}_1 \\ \dot{x}_2 \end{bmatrix} = \begin{bmatrix} 0 & 1 \\ -1 & -1 \end{bmatrix} \begin{bmatrix} x_1 \\ x_2 \end{bmatrix} + \begin{bmatrix} 0 \\ 1 \end{bmatrix} u$$

$$y = \begin{bmatrix} 1 & 0 \end{bmatrix} \begin{bmatrix} x_1 \\ x_2 \end{bmatrix}$$

三、导出状态空间描述的步骤

① 列写每一个组成系统的典型环节(均为积分环节与惯性环节)传递函数。

② 拉氏反变换得到一阶微分方程组。

③ 用向量矩阵表示得到状态方程与输出方程。

2.7 列写系统状态方程与输出方程示例

本章介绍了基本的列写系统状态方程与输出方程的类型与方法,但在实际操作中还会遇到许多实际情况与问题,因此尚需对列写状态方程与输出方程的深度与广度适当展开讨论。

一、由微分方程列写状态方程

我们所要研究的为线性系统或线性化后的系统,其方程为线性微分方程,其求解一般均有标准方法。线性系统的研究具有重要的实用意义,因此对线性系统与线性化后的系统应有一个初步的了解。

根据系统性质,运用相应的物理学、化学、生物学等规律列写的方程式,代表系统在运用过程中各变量间的相互关系,系统动态性能的这个微分方程式的数学表达式,叫数学模型。一个合理的数学模型,是指它既能正确地代表被控对象或系统的特性,即要求精确性,又必须是最简化的形式,即要求简化性。因此处理时,通常抓住主要因素(矛盾),忽略对系统特性影响较小的一些物理因素后,可以得到一个简化模型(起码适用于设计初步阶段)。大多数工程控制系统的简化数学模型是一个线性微分方程,这种控制系统称为线性系统。当微分方程的系数是常数时,相应的控制系统称为线性定常系统(或线性时不变系统)。当微分方程的系数是时间函数时,相应的控制系统称为线性时变系统。线性系统的重要特点是可以运用叠加原理,即几个外作用加于系统所产生的总响应,等于各个外作用单独作用时产生的响应之和。

如果系统中存在非线性特性,则需用非线性微分方程来描述,这种系统称为非线性系统。严格说,实际控制系统的元件都含有非线性,如伺服电动机需一定的启动电压;放大器有饱和;齿轮减速器有间隙存在等。所以在自然界中,真正的线性系统是不存在的,均为含有非线性特性的系统,虽然可用非线性微分方程描述,但求解很困难,除了可以用计算机进行数值计算外,大部分非线性系统,可以在一定工作范围内用线性系统模型近似,称为非线性模型的线性化。工程实践中,常常把非线性特性在工作点附近用台劳级数展开的方法进行线性化。所以线性化是研究非线性系统的一种常用方法,凡是可以进行线性化的系统,都可以用线性理论进行分析。

示例 1 设有一弹簧－质量－阻尼器机械系统如图 2.12所示。列写系统状态方程。

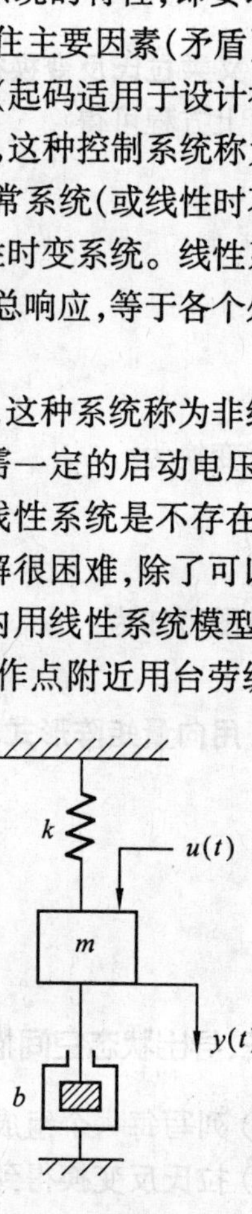

图 2.12 机械系统

图中阻尼器是一种产生黏性摩擦式阻尼的装置,由活塞和充满油液的缸体组成。它主要用来吸收系统的能量,被阻尼器吸收的能量转变为热量而消耗掉。图中用 b 表示黏性摩擦系数,k 表示弹簧刚度,m 表示质量。

该机械系统为二阶系统,外力 u 为系统输入量,质量的位移 y 为系统的输出量。由图 2.12 可得系统的微分方

程为

$$m\ddot{y} + b\ddot{y} + ky = u$$

即为

$$\ddot{y} + \frac{b}{m}\dot{y} + \frac{k}{m}y = \frac{1}{m}u$$

由式(2.14),可得状态方程

$$\begin{bmatrix} \dot{x}_1 \\ \dot{x}_2 \end{bmatrix} = \begin{bmatrix} 0 & 1 \\ -\frac{k}{m} & -\frac{b}{m} \end{bmatrix} \begin{bmatrix} x_1 \\ x_2 \end{bmatrix} + \begin{bmatrix} 0 \\ \frac{1}{m} \end{bmatrix} u$$

$$y = \begin{bmatrix} 1 & 0 \end{bmatrix} \begin{bmatrix} x_1 \\ x_2 \end{bmatrix}$$

示例 2　简化的悬浮系统如图2.13所示。列写其状态方程。

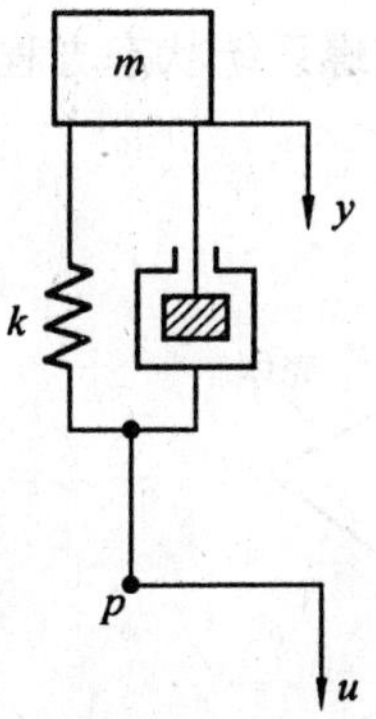

图 2.13　简化的悬浮系统

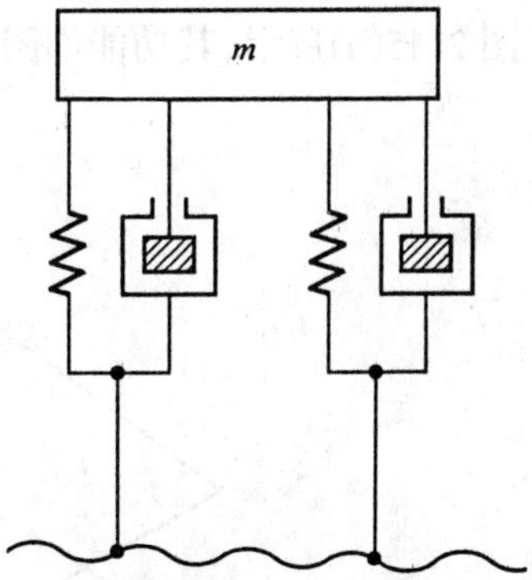

图 2.14　汽车悬浮系统

该悬浮系统的原型可表示为汽车悬浮系统,原理如图 2.14 所示。该系统的运动是由质心的平移运动和围质心的旋转运动组成的。整个系统的数学模型复杂,现以简化的悬浮系统为被控对象,列写数学模型。设点 p 上的运动为系统的输入量 u,车体的垂直运动为系统的输出量 y,可得系统运动方程为

$$m\ddot{y} + b(\dot{y} - \dot{u}) + k(y - u) = 0$$

即

$$m\ddot{y} + b\dot{y} + ky = b\dot{u} + ku$$

$$\ddot{y} + \frac{b}{m}\dot{y} + \frac{k}{m}y = \frac{b}{m}\dot{u} + \frac{k}{m}u \tag{2.22}$$

① 由式(2.22)可得

$$a_1 = \frac{b}{m}, a_2 = \frac{k}{m}; b_0 = 0, b_1 = \frac{b}{m}, b_2 = \frac{k}{m}$$

② 确定待定系数 $\beta_i(i = 0,1,2)$。由式(2.13)可得

$$\beta_0 = b_0 = 0$$

$$\beta_1 = b_1 - a_1\beta_0 = \frac{b}{m}$$

$$\beta_2 = b_2 - a_1\beta_1 - a_2\beta_0 = \frac{k}{m} - (\frac{b}{m})^2$$

③ 据(2.14)得状态方程与输出方程

$$\begin{bmatrix} \dot{x}_1 \\ \dot{x}_2 \end{bmatrix} = \begin{bmatrix} 0 & 1 \\ -\frac{k}{m} & -\frac{b}{m} \end{bmatrix} \begin{bmatrix} x_1 \\ x_2 \end{bmatrix} + \begin{bmatrix} \frac{b}{m} \\ \frac{k}{m} - (\frac{b}{m})^2 \end{bmatrix} u$$

$$y = [1 \quad 0] \begin{bmatrix} x_1 \\ x_2 \end{bmatrix}$$

示例 3 在航空航天的系统中,通常采用陀螺测量角运动。一个单自由度陀螺的原理图如图 2.15(a)所示,其功能如图 2.15(b)所示。列写陀螺系统状态方程。

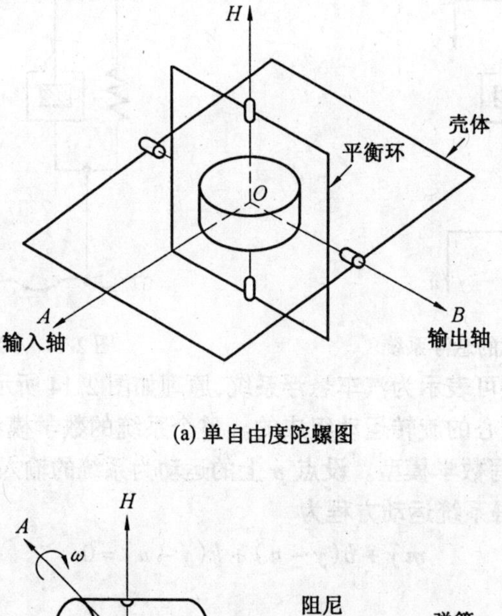

(a) 单自由度陀螺图

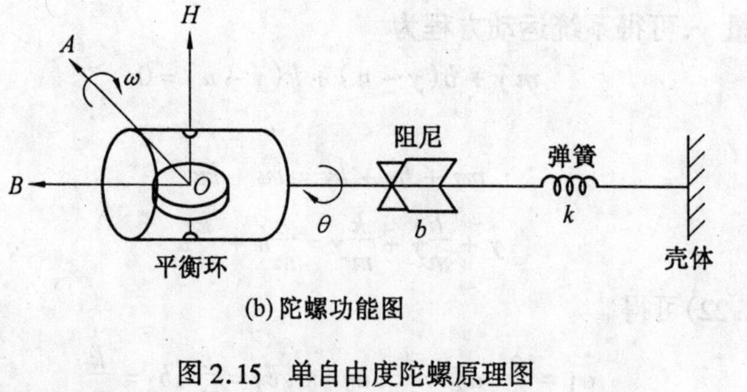

(b) 陀螺功能图

图 2.15 单自由度陀螺原理图

围绕输出轴的运动方程,可通过令角动量变化率等于外力矩之和的方法得到。围绕 OB 轴的角动量变化包括两部分,一部分是平衡环绕 OB 轴的加速度产生的变化 $J\ddot{\theta}$,另一部分是由自转角动量向量绕 OA 轴旋转产生的变化 $-H\omega\cos\theta$, θ 是一个很小的角度,通常不大于 ±0.25°。外力矩包括阻尼力矩 $-b\dot{\theta}$ 和弹簧力矩 $-k\theta$,这样陀螺系统的运动方程

为

$$J\ddot{\theta} - H\omega\cos\theta = -b\dot{\theta} - k\theta$$

即

$$J\ddot{\theta} + b\dot{\theta} + k\theta = H\omega\cos\theta$$

显然输入量为 $u=\omega$，输出量为 $y=\theta$，因为 θ 是一个很小的角度，所以可用 $\cos\theta\approx 1$，可得线性化运动方程为

$$J\ddot{y} + b\dot{y} + ky = Hu$$

即

$$\ddot{y} + \frac{b}{J}\dot{y} + \frac{k}{J}y = \frac{H}{J}u$$

据式(2.14)可得状态方程与输出方程

$$\begin{bmatrix} \dot{x}_1 \\ \dot{x}_2 \end{bmatrix} = \begin{bmatrix} 0 & 1 \\ -\frac{k}{J} & -\frac{b}{J} \end{bmatrix} \begin{bmatrix} x_1 \\ x_2 \end{bmatrix} + \begin{bmatrix} 0 \\ \frac{H}{J} \end{bmatrix} u$$

$$y = \begin{bmatrix} 1 & 0 \end{bmatrix} \begin{bmatrix} x_1 \\ x_2 \end{bmatrix}$$

示例 4　已知位置伺服控制系统原理如图2.16所示。列写系统状态方程与输出方程。

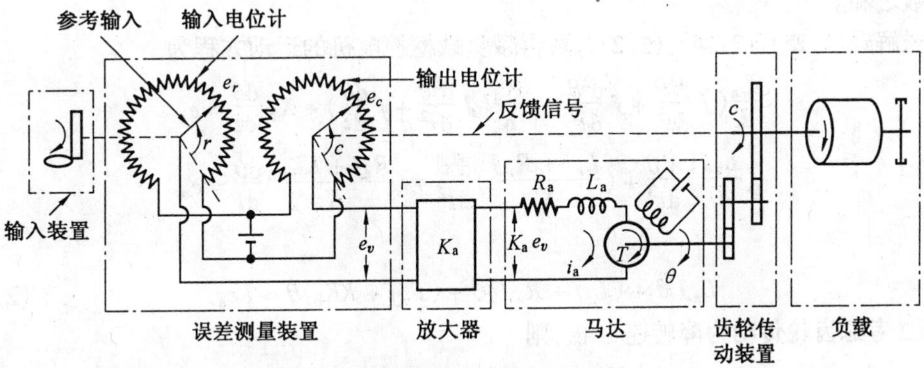

图 2.16　伺服系统原理图

解　该系统是控制工作机械负载的位置 c，使其与期望输入位置 r 一致。其工作原理为：

① 同一对电位计作为系统误差测量装置，它们将输入和输出位置转变为与位置成比例的电信号，即：

角误差　$e = r - c$

电信号　$e_v = e_r - e_c = k_0(r - c)$　(2.23)

式中，k_0 为误差测量装置的比例常数。

② 电位计输出端的误差信号 e_r，经增益常数为 K_a 的放大器放大为

$$e_a = K_a e_v = K_a k_0(r - c) \tag{2.24}$$

③ 放大器输出电压 e_a，作用到直流枢控电机的电枢绕组上。在分析该电路时，将负载连在一起考虑。据基尔霍夫第二定律有

$$e_a = L_a \frac{di_a}{dt} + R_a i_a + e_b \tag{2.25}$$

式中，e_b 为电机反电势。当磁通固定不变时，反电势与角速度$\frac{d\theta}{dt}$成正比，即

$$e_b = K_b \frac{d\theta}{dt} \tag{2.26}$$

式中，k_b 为反电势常数。

再确定电枢电流与 θ 的关系，由牛顿定律有

$$\sum T = J \frac{d^2\theta}{dt^2}$$

所以

$$\sum T = T_{电} - T_{阻} = Ki_a - f\frac{d\theta}{dt} = J\frac{d^2\theta}{dt^2}$$

得

$$i_a = \frac{1}{K}(J\frac{d^2\theta}{dt^2} + f\frac{d\theta}{dt}) \tag{2.27}$$

式中，T 为转矩；K 为电机力矩常数；J 为电机转动惯量与负载转动惯量折合到电机轴上的转动惯量之和；f 为电机黏性摩擦系数与负载黏性摩擦系数折合到电机轴上的黏性摩擦系数之和。

联解式(2.25)、(2.26)、(2.27)，可得带负载枢控电机的运动方程为

$$\frac{L_a}{K}(J\frac{d^3\theta}{dt^3} + f\frac{d^2\theta}{dt^2}) + \frac{R_a}{K}(J\frac{d^2\theta}{dt^2} + f\frac{d\theta}{dt}) + K_b\frac{d\theta}{dt} = e_a$$

$$(\frac{L_aJ}{K})\frac{d^3\theta}{dt^3} + (\frac{L_af + R_aJ}{K})\frac{d^2\theta}{dt^2} + (\frac{R_af + KK_b}{K})\frac{d\theta}{dt} = e_a$$

即

$$L_aJ\dddot{\theta} + (L_af + R_aJ)\ddot{\theta} + (R_af + KK_b)\dot{\theta} = Ke_a \tag{2.28}$$

④ 考虑齿轮传动为降转速 n 倍，则

$$c = \frac{1}{n}\theta \text{ 或 } \dot{c} = \frac{1}{n}\dot{\theta},\ \ddot{c} = \frac{1}{n}\ddot{\theta},\ \dddot{c} = \frac{1}{n}\dddot{c}$$

因此式(2.28)可写为

$$L_aJ\dddot{c} + (L_af + R_aJ)\ddot{c} + (R_af + KK_b)\dot{c} = \frac{K}{n}e_a \tag{2.29}$$

将式(2.23)、(2.24)、(2.29)联解，得系统的运动方程为

$$L_aJ\dddot{c} + (L_af + R_aJ)\ddot{c} + (R_af + KK_b)\dot{c} = \frac{K}{n}K_aK_0(r - c)$$

即

$$L_aJ\dddot{c} + (L_af + R_aJ)\ddot{c} + (R_af + KK_b)\dot{c} + \frac{KK_aK_0}{n}c = \frac{KK_aK_0}{n}r$$

一般电枢电极电感 $L_a \approx 0$，则有

$$R_aJ\ddot{c} + (R_af + KK_b)\dot{c} + \frac{KK_aK_0}{n}c = \frac{KK_aK_0}{n}r \tag{2.30}$$

⑤ 据式(2.14)、(2.30)可得状态方程与输出方程。设

$$a_1=\frac{R_a f+KK_b}{R_a J}$$

$$a_2=\frac{KK_a K_0}{nR_a J}$$

$$b_2=\frac{KK_a K_0}{nR_a J}$$

令输出 $y=c$,输入 $u=r$,则

$$\ddot{y}+a_1\dot{y}+a_2 y=b_2 u$$

状态方程与输出方程为

$$\begin{bmatrix}\dot{x}_1\\ \dot{x}_2\end{bmatrix}=\begin{bmatrix}0 & 1\\ -a_2 & -a_1\end{bmatrix}\begin{bmatrix}x_1\\ x_2\end{bmatrix}+\begin{bmatrix}0\\ b_2\end{bmatrix}u$$

$$y=\begin{bmatrix}1 & 0\end{bmatrix}\begin{bmatrix}x_1\\ x_2\end{bmatrix}$$

二、列写对角线规范型

由第一章的系统极点的概念得知,了解了系统的极点便可知道系统的基本性能,而对角线规范型中的系数矩阵 $\boldsymbol{A}$,将系统极点显示出来,这不仅对了解系统性能十分方便,而且对判定系统能控性与能观测性,以及了解多输入–多输出系统的极点配置情况均是很重要的。而它的难处在于,往往需要将一般形式的状态方程进行线性非奇异变换,得到系统对角线规范型。

示例 5　已知系统的传递函数为

$$W(s)=\frac{Y(s)}{U(s)}=\frac{2s+1}{s^3+7s^2+14s+8}$$

试求其对角线规范型。

解　(1) 求系统的极点

$$D(s)=s^3+7s^2+14s+8=0$$

解得系统的极点为 $s_1=-1,s_2=-2,s_3=-4$。

(2) 由式(2.15.1)求系数 $k_i(i=1,2,3)$

$$k_1=\lim_{s\to-1}W(s)(s+1)=\lim_{s\to-1}\frac{2s+1}{(s+2)(s+4)}=-\frac{1}{3}$$

$$k_2=\lim_{s\to-2}W(s)(s+2)=\lim_{s\to-2}\frac{2s+1}{(s+1)(s+4)}=\frac{3}{2}$$

$$k_3=\lim_{s\to-4}W(s)(s+4)=\lim_{s\to-4}\frac{2s+1}{(s+1)(s+2)}=-\frac{7}{6}$$

(3) 由式(2.15.2)可得对角线规范型

$$\begin{bmatrix}\dot{x}_1\\ \dot{x}_2\\ \dot{x}_3\end{bmatrix}=\begin{bmatrix}-1 & 0 & 0\\ 0 & -2 & 0\\ 0 & 0 & -4\end{bmatrix}\begin{bmatrix}x_1\\ x_2\\ x_3\end{bmatrix}+\begin{bmatrix}1\\ 1\\ 1\end{bmatrix}u$$

$$y = \begin{bmatrix} -\frac{1}{3} & \frac{3}{2} & -\frac{7}{6} \end{bmatrix} \begin{bmatrix} x_1 \\ x_2 \\ x_3 \end{bmatrix}$$

示例 6 已知系统传递函数为

$$W(s) = \frac{Y(s)}{U(s)} = \frac{4s^2 + 17s + 16}{s^3 + 7s^2 + 16s + 12}$$

试求其对角线规范型(约当规范型)。

解 (1) 求系统的极点

$$D(s) = s^3 + 7s^2 + 16s + 12 = 0$$

得系统极点为 $s_{1,2} = -2, s_3 = -3$。

(2) 由式(2.15.1)、(2.16)求系数 $K_i(i = 1,2,3)$

$$k_1 = k_{11} = \lim_{s \to -2} W(s)(s+2)^2 = \lim_{s \to -2} \frac{4s^2 + 17s + 16}{(s+3)} = -2$$

$$k_2 = k_{12} = \lim_{s \to -2} \frac{\mathrm{d}}{\mathrm{d}s}\{W(s)(s+2)^2\} = \lim_{s \to -2} \frac{\mathrm{d}}{\mathrm{d}s}\left\{\frac{4s^2 + 17s + 16}{(s+3)}\right\} = 3$$

$$k_3 = \lim_{s \to -3} W(s)(s+3) = \lim_{s \to -3} \frac{4s^2 + 17s + 16}{(s+2)^2} = 1$$

(3) 由式(2.15.2)、(2.17)得对角线规范型

$$\begin{bmatrix} \dot{x}_1 \\ \dot{x}_2 \\ \dot{x}_3 \end{bmatrix} = \begin{bmatrix} -2 & 1 & 0 \\ 0 & -2 & 0 \\ 0 & 0 & -3 \end{bmatrix} \begin{bmatrix} x_1 \\ x_2 \\ x_3 \end{bmatrix} + \begin{bmatrix} 0 \\ 1 \\ 1 \end{bmatrix} u$$

$$y = \begin{bmatrix} -2 & 3 & 1 \end{bmatrix} \begin{bmatrix} x_1 \\ x_2 \\ x_3 \end{bmatrix}$$

示例 7 已知系统传递函数为

$$W(s) = \frac{Y(s)}{U(s)} = \frac{2s^3 + 19s^2 + 49s^2 + 20}{s^3 + 6s^2 + 11s + 6}$$

试求其对角线规范型。

解 由式(2.16)可得系统的对角线规范型,但应用该结论(公式)的条件为传递函数分子中 s 最高次项阶次 m 小于分母中 s 最高次项阶次 n,即 $m < n$。而该示例的实际情况为 $m = n$,故不能简单套用公式,应当将给定传递函数进行等价变换,如图 2.17 所示。即使原传递函数等于某一常数 D 加上 $m < n$ 型的传递函数。则 $m < n$ 型传递函数可直接应用式(2.16)得到系统状态方程,而系统的输出方程则多一项 Du,具体如下。

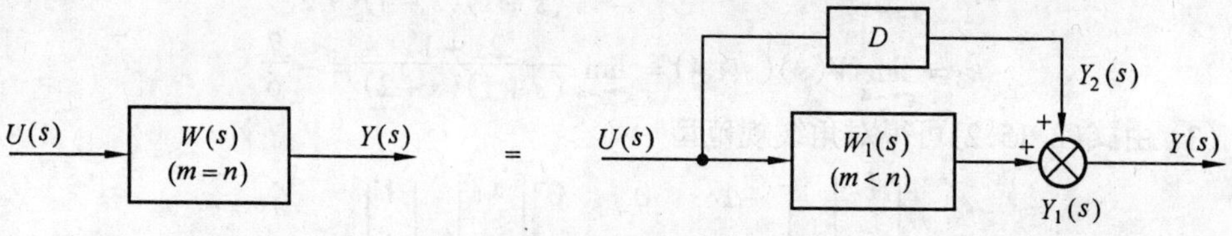

图 2.17 传递函数等价变换

(1) 将原系统传递函数进行等价变换，即

$$W(s)=\frac{Y(s)}{U(s)}=\frac{2s^3+19s^2+49s+20}{s^3+6s^2+11s+6}=$$

$$2+\frac{7s^2+27s+8}{s^3+6s^2+11s+6}=$$

$$2+W_1(s)=D+W_1(s) \tag{2.31}$$

所以

$$Y(s)=Y_1(s)+Y_2(s)=2U(s)+W_1(s)U(s)=DU(s)+W_1(s)U(s) \tag{2.32}$$

(2) 由 $W_1(s)=\dfrac{7s^2+27s+8}{s^3+6s^2+11s+6}$求状态方程。

① 求 $W_1(s)$极点

$$D(s)=s^3+6s^2+11s+6=0$$

得 $s_1=-1, s_2=2, s_3=-3$。

② 由式(2.15.2)得状态方程

$$\begin{bmatrix}\dot{x}_1\\\dot{x}_2\\\dot{x}_3\end{bmatrix}=\begin{bmatrix}-1&0&0\\0&-2&0\\0&0&-3\end{bmatrix}\begin{bmatrix}x_1\\x_2\\x_3\end{bmatrix}+\begin{bmatrix}1\\1\\1\end{bmatrix}u$$

③ 由式(2.15.1)求系数 $k_i(i=1,2,3)$

$$k_1=\lim_{s\to-1}W(s)(s+1)=\lim_{s\to-1}\frac{7s^2+27s+8}{(s+2)(s+3)}=-6$$

$$k_2=\lim_{s\to-2}W(s)(s+2)=\lim_{s\to-2}\frac{7s^2+27s+8}{(s+1)(s+3)}=-18$$

$$k_3=\lim_{s\to-3}W(s)(s+3)=\lim_{s\to-3}\frac{7s^2+27s+8}{(s+1)(s+2)}=-5$$

(3) 由式(2.32)可得输出方程。因为

$$Y(s)=W_1(s)U(s)+DU(s)$$

所以
$$y=[k_1\quad k_2\quad k_3]\begin{bmatrix}x_1\\x_2\\x_3\end{bmatrix}+Du=[-6\quad -18\quad -5]\begin{bmatrix}x_1\\x_2\\x_3\end{bmatrix}+2u$$

三、由状态变量图列写状态方程与输出方程

该方法得到的状态方程与输出方程形式很规范，是状态反馈设计中极为重要的工具，应切实掌握。

示例 8　已知系统传递函数为

$$W(s)=\frac{Y(s)}{U(s)}=\frac{3(4s^2+2s+14)}{2s^3+6s^2+10s+8}$$

试列写状态方程与输出方程。

解　(1) 对传递函数作简化

因为
$$W(s)=\frac{Y(s)}{U(s)}=3\,\frac{2s^2+s+7}{s^3+3s^2+5s+4}$$

所以 $$Y(s)=3U(s)\frac{2s^2+s+7}{s^3+3s^2+5s+4}$$

(2) 由式(2.20)、(2.21)得状态方程与输出方程

$$\begin{bmatrix}\dot{x}_1\\ \dot{x}_2\\ \dot{x}_3\end{bmatrix}=\begin{bmatrix}0&1&0\\0&0&1\\-4&-5&-3\end{bmatrix}\begin{bmatrix}x_1\\x_2\\x_3\end{bmatrix}+\begin{bmatrix}0\\0\\3\end{bmatrix}u$$

$$y=\begin{bmatrix}7&1&2\end{bmatrix}\begin{bmatrix}x_1\\x_2\\x_3\end{bmatrix}$$

示例 9 已知系统传递函数为

$$W(s)=\frac{Y(s)}{U(s)}=k\frac{b_0s^2+b_1s+b_2}{s^2+a_1s+a_2}$$

试列写状态方程与输出方程。

解 式(2.20)、(2.21)仅适用于 $m\leqslant n$ 的情况,而该题为 $m=n=2$,因此不能直接引用,要针对该题先画出状态变量图,然后再由图列写状态方程与输出方程。

① 对原系统传递函数进行“1”的处理。

$$W(s)=\frac{Y(s)}{U(s)}=k\frac{b_0+b_1s^{-1}+b_2s^{-2}}{1+a_1s^{-1}+a_2s^{-2}}$$

所以

$$Y(s)=\frac{kU(s)}{1+a_1s^{-1}+a_2s^{-2}}(b_0+b_1s^{-1}+b_2s^{-2})$$

令

$$\varepsilon(s)=\frac{kU(s)}{1+a_1s^{-1}+a_2s^{-2}}$$

有

$$\varepsilon(s)=kU(s)-a_1s^{-1}\varepsilon(s)-a_2s^{-2}\varepsilon(s)$$

将上式代入 $Y(s)$ 中,有

$$Y(s)=\varepsilon(s)(b_0+b_1s^{-1}+b_2s^{-2})=b_0\varepsilon(s)+b_1s^{-1}\varepsilon(s)+b_2s^{-2}\varepsilon(s)$$

② 所画状态变量图如图 2.18 所示。

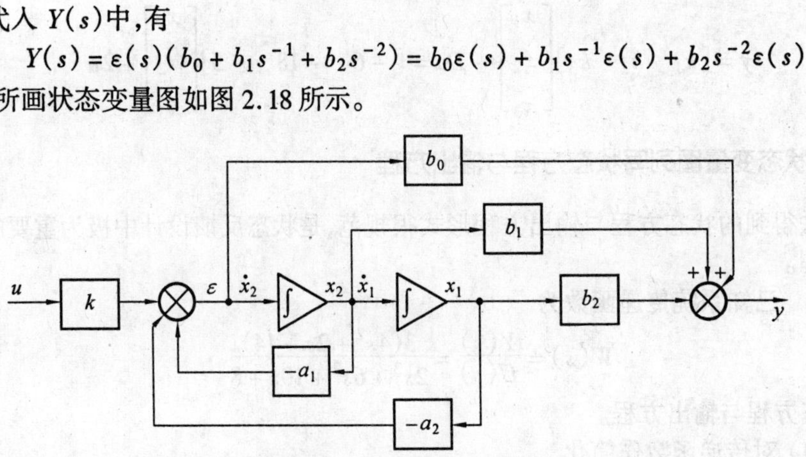

图 2.18 系统状态变量图

③ 由状态变量图列写状态方程与输出方程。由图有

$$\begin{cases}\dot{x}_1 = x_2 \\ \dot{x}_2 = -a_2x_1 - a_1x_2 + ku\end{cases}$$

$$y = b_2x_1 + b_1x_2 + b_0(ku - a_2x_1 - a_1x_2) = (b_2 - b_0a_2)x_1 + (b_1 - b_0a_1)x_2 + kb_0u$$

用向量矩阵表示为

$$\begin{bmatrix}\dot{x}_1 \\ \dot{x}_2\end{bmatrix} = \begin{bmatrix}0 & 1 \\ -a_2 & -a_1\end{bmatrix}\begin{bmatrix}x_1 \\ x_2\end{bmatrix} + \begin{bmatrix}0 \\ k\end{bmatrix}u \tag{2.33}$$

$$y = [b_2 - b_0a_2, b_1 - b_0a_1]\begin{bmatrix}x_1 \\ x_2\end{bmatrix} + kb_0u \tag{2.34}$$

由此可推广至 n 维类型系统，设 n 维系统传递函数为

$$W(s) = k\frac{b_0s^n + b_1s^{n-1} + \cdots + b_{n-1}s + b_n}{s^n + a_1s^{n+1} + \cdots + a_{n-1}s + a_n}$$

其状态方程与输出方程为

$$\begin{bmatrix}\dot{x}_1 \\ \dot{x}_2 \\ \vdots \\ \dot{x}_{n-1} \\ \dot{x}_n\end{bmatrix} = \begin{bmatrix}0 & 1 & 0 & \cdots & 0 \\ 0 & 0 & 1 & \cdots & 0 \\ \vdots & \vdots & \vdots & & \vdots \\ -a_n & -a_{n-1} & -a_{n-2} & \cdots & -a_2\end{bmatrix}\begin{bmatrix}x_1 \\ x_2 \\ \vdots \\ x_{n-1} \\ x_n\end{bmatrix} + \begin{bmatrix}0 \\ 0 \\ \vdots \\ 0 \\ k\end{bmatrix}u \tag{2.35}$$

$$y = [b_n - b_0a_n, b_{n-1} - b_0a_{n-1}, \cdots, b_1 - b_0a_1]\begin{bmatrix}x_1 \\ \vdots \\ x_n\end{bmatrix} + kb_0u \tag{2.36}$$

示例 10　已知系统传递函数为

$$W(s) = \frac{Y(s)}{U(s)} = \frac{2s^3 + 19s^2 + 49s + 20}{s^3 + 6s^2 + 11s + 6}$$

试列写系统状态方程与输出方程。

解　此题为 $m = n = 3$ 的情况，可按示例 9 的方法画状态变量图得状态方程与输出方程，也可由式(2.35)、(2.36)直接写出，还可采用列写对角线规范型中示例 7 的方法。

① 由式(2.35)、(2.36)可直接得状态方程与输出方程。由已知传递函数知

$$\begin{cases}k = 1 \\ b_0 = 2, b_1 = 19, b_2 = 49, b_3 = 20 \\ a_1 = 6, a_2 = 11, a_3 = 6\end{cases}$$

则状态方程为

$$\begin{bmatrix}\dot{x}_1 \\ \dot{x}_2 \\ \dot{x}_3\end{bmatrix} = \begin{bmatrix}0 & 1 & 0 \\ 0 & 0 & 1 \\ -6 & -11 & -6\end{bmatrix}\begin{bmatrix}x_1 \\ x_2 \\ x_3\end{bmatrix} + \begin{bmatrix}0 \\ 0 \\ 1\end{bmatrix}u$$

输出方程为

$$y=[b_3-b_0a_3,b_2-b_0a_2,b_1-b_0a_1]\begin{bmatrix}x_1\\x_2\\x_3\end{bmatrix}+kb_0u=$$

$$[8\quad 27\quad 7]\begin{bmatrix}x_1\\x_2\\x_3\end{bmatrix}+2u$$

② 将传递函数($m=n$)分为常数项与 $m<n$ 型传递函数之和,即

$$W(s)=\frac{Y(s)}{U(s)}=\frac{2s^3+19s^2+49s+20}{s^3+6s^2+11s+6}=2+\frac{7s^2+27s+8}{s^3+6s^2+11s+6}$$

则得状态方程与输出方程

$$\begin{bmatrix}\dot{x}_1\\\dot{x}_2\\\dot{x}_3\end{bmatrix}=\begin{bmatrix}0&1&0\\0&0&1\\-6&-11&-6\end{bmatrix}\begin{bmatrix}x_1\\x_2\\x_3\end{bmatrix}+\begin{bmatrix}0\\0\\1\end{bmatrix}u$$

$$y=[8\quad 27\quad 7]\begin{bmatrix}x_1\\x_2\\x_3\end{bmatrix}+2u$$

四、由方块图列写状态方程与输出方程

方块图作为系统数学模型的一种形式,反映了实际物理系统各组成部分(环节或装置)之间的变换关系与相互联系,因此状态反馈系统的最终设计,均必须在物理系统设计。因此给出(由方块图)原系统的状态方程与输出方程是必不可少的。

示例 11 已知系统方块图如图2.19所示。

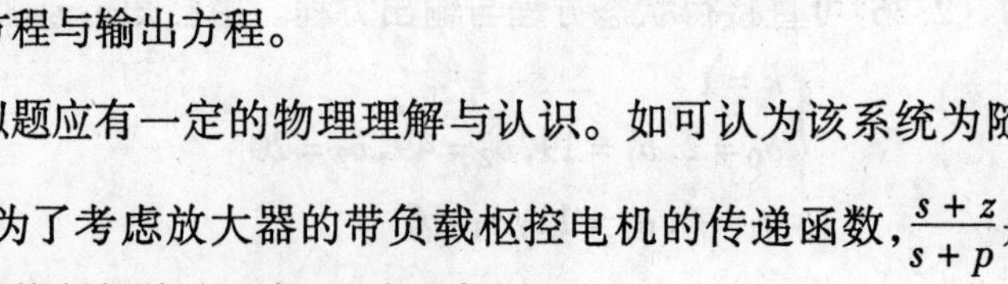

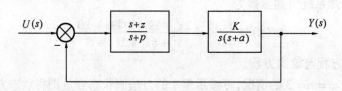

图 2.19 系统方块图

列写系统状态方程与输出方程。

解 对类似题应有一定的物理理解与认识。如可认为该系统为随动系统,$\frac{K}{s(s+a)}$泛指被控过程,为了考虑放大器的带负载枢控电机的传递函数,$\frac{s+z}{s+p}$是控制器(校正装置)的传递函数,控制规律为近似 PI 或近似 PD。

(1) 将系统中各环节传递函数化为基本形式,即均由积分环节与惯性环节组成。

因为

$$\frac{s+z}{s+p}=1+\frac{z-p}{s+p}\qquad \frac{K}{s(s+a)}=\frac{1}{s+a}\frac{K}{s}$$

所以图 2.19 可化为图 2.20。

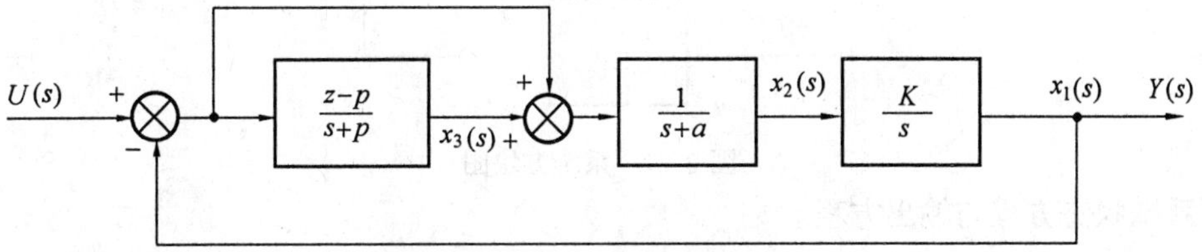

图 2.20　定义状态变量的方块图

(2) 列写每个环节的传递函数

$$\begin{cases}\dfrac{x_1(s)}{x_2(s)}=\dfrac{K}{s}\\[2ex] \dfrac{x_2(s)}{x_3(s)-x_1(s)+U(s)}=\dfrac{1}{s+a}\\[2ex] \dfrac{x_3(s)}{U(s)-x_1(s)}=\dfrac{z-p}{s+p}\end{cases}$$

又

$$Y(s)=x_1(s)$$

(3) 化为一阶微分方程组

对上式进行叉乘，得

$$\begin{cases}sx_1(s)=Kx_2(s)\\ sx_2(s)=-x_1(s)-ax_2(s)+x_3(s)+U(s)\\ sx_3(s)=-(z-p)x_1(s)-px_3(s)+(z-p)U(s)\end{cases}$$

进行拉氏反变换，有

$$\begin{cases}\dot{x}_1=Kx_2\\ \dot{x}_2=-x_1-ax_2+x_3+u\\ \dot{x}_3=-(z-p)x_1-px_3+(z-p)u\end{cases}$$

又

$$y=x_1$$

(4) 得状态方程与输出方程

$$\begin{bmatrix}\dot{x}_1\\ \dot{x}_2\\ \dot{x}_3\end{bmatrix}=\begin{bmatrix}0 & K & 0\\ -1 & -a & 1\\ -(z-p) & 0 & -p\end{bmatrix}\begin{bmatrix}x_1\\ x_2\\ x_3\end{bmatrix}+\begin{bmatrix}0\\ 1\\ z-p\end{bmatrix}u$$

$$y=\begin{bmatrix}1 & 0 & 0\end{bmatrix}\begin{bmatrix}x_1\\ x_2\\ x_3\end{bmatrix}$$

示例 12 已知系统方块图如图2.21所示。

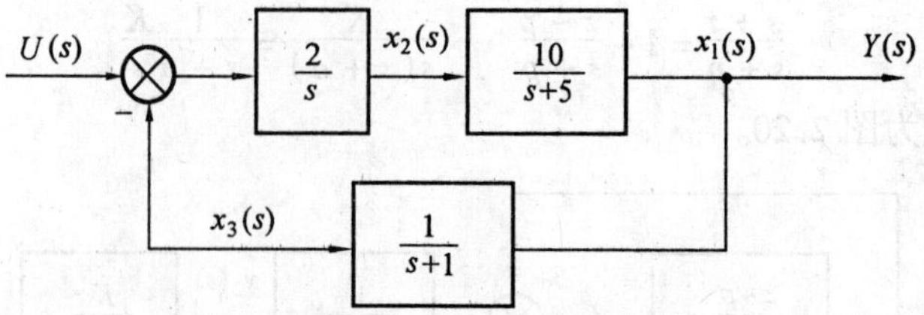

图 2.21 系统方块图

列写系统状态方程与输出方程。

解 该系统可理解由三部分组成，$\frac{10}{s+5}$为被控对象(过程)，$\frac{1}{s+1}$为传感器，$\frac{2}{s}$为控制器。

(1) 列每个环节传递函数

$$\begin{cases} \dfrac{x_1(s)}{x_2(s)} = \dfrac{10}{s+5} \\ \dfrac{x_2(s)}{U(s)-x_3(s)} = \dfrac{2}{s} \\ \dfrac{x_3(s)}{x_1(s)} = \dfrac{1}{s+1} \end{cases}$$

又

$$Y(s) = x_1(s)$$

(2) 化为一阶微分方程组

对上式叉乘整理，得

$$\begin{cases} sx_1(s) = -5x_1(s) + 10x_2(s) \\ sx_2(s) = -2x_3(s) + 2U(s) \\ x_3(s) = x_1(s) - x_3(s) \end{cases}$$

进行拉氏反变换，得

$$\begin{cases} \dot{x}_1 = -5x_1 + 10x_2 \\ \dot{x}_2 = -2x_2 + 2u \\ \dot{x}_3 = x_1 - x_3 \end{cases}$$

又

$$y = x_1$$

(3) 表示成向量矩阵形式

$$\begin{bmatrix} \dot{x}_1 \\ \dot{x}_2 \\ \dot{x}_3 \end{bmatrix} = \begin{bmatrix} -5 & 10 & 0 \\ 0 & 0 & -2 \\ 1 & 0 & -1 \end{bmatrix} \begin{bmatrix} x_1 \\ x_2 \\ x_3 \end{bmatrix} + \begin{bmatrix} 0 \\ 2 \\ 0 \end{bmatrix} u$$

$$y = \begin{bmatrix} 1 & 0 & 0 \end{bmatrix} \begin{bmatrix} x_1 \\ x_2 \\ x_3 \end{bmatrix}$$

示例 13　已知系统方块图如图2.22所示。

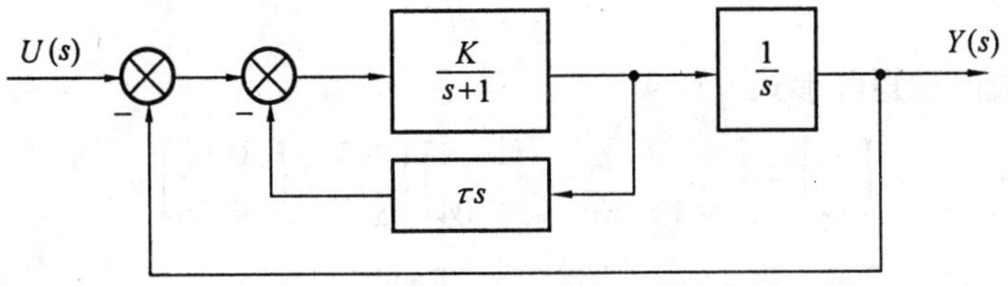

图 2.22　系统方块图

列写系统状态方程与输出方程。

解　本题可理解为原系统本为一般随动系统，如图 2.23 所示。分析表明系统性能不佳。

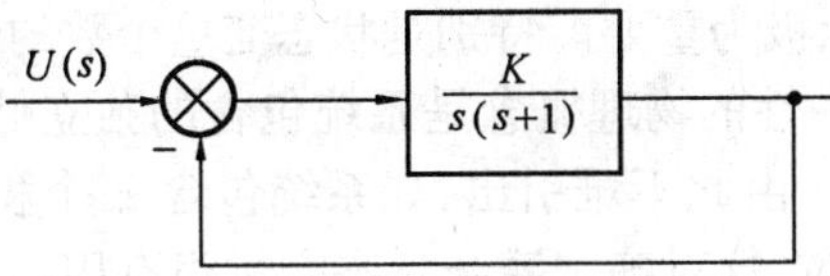

图 2.23　未校正的原系统方块图

为了改善系统性能，引入速度反馈（反馈校正）加以实现，通常通过测速机来实现，如图 2.24 所示。设计表明，当 $K=19.56$ rad/s、$\tau=0.155$ 时，该系统的超调量 $\sigma_p=20\%$，超调时间 $t_p=0.8$ s。

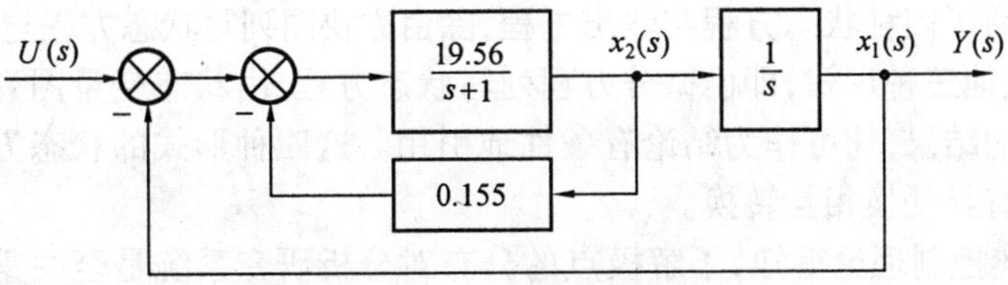

图 2.24　有速度反馈的系统方块图

(1) 列写每个环节的传递函数

$$\begin{cases}\dfrac{x_1(s)}{x_2(s)}=\dfrac{1}{s}\\[2ex]\dfrac{x_2(s)}{U(s)-x_1(s)-0.155x_2(s)}=\dfrac{19.56}{s+1}\end{cases}$$

又

$$Y(s)=x_1(s)$$

(2) 化为一阶微分方程组

对上式叉乘整理，得

$$\begin{cases}sx_1(s)=x_2(s)\\sx_2(s)=19.56U(s)-19.56x_1(s)-4.04x_2(s)\end{cases}$$

进行拉氏反变换，得

$$\begin{cases}\dot{x}_1=x_2\\\dot{x}_2=-19.56x_1-4.04x_2+19.56u\end{cases}$$

又

$$y = x_1$$

(3) 表示成向量矩阵形式

$$\begin{bmatrix} \dot{x}_1 \\ \dot{x}_2 \end{bmatrix} = \begin{bmatrix} 0 & 1 \\ -19.56 & -4.04 \end{bmatrix} \begin{bmatrix} x_1 \\ x_2 \end{bmatrix} + \begin{bmatrix} 0 \\ 19.56 \end{bmatrix} u$$

$$y = \begin{bmatrix} 1 & 0 \end{bmatrix} \begin{bmatrix} x_1 \\ x_2 \end{bmatrix}$$

小　结

(1) 状态空间描述的概念极为重要。特别是状态变量个数的惟一性及状态变量组的不惟一性。状态变量个数惟一性的物理概念是系统包含的独立储能元件个数，数学概念是 n 阶微分方程有 n 个变量。由此不难引出，如系统包含 n 个积分环节或惯性环节，那么统有 n 个状态变量与之对应，这对确定系统状态变量很有用。而由于状态变量组的不惟一性，系统才有众多的不同状态方程与输出方程形式。同一系统的不同状态方程中的状态变量组之间，存在着可进行线性非奇异变换的联系，通俗地说所有这些状态变量均是同一系统中的系列状态变量。

(2) 如上所述，选择不同的状态变量组，可有不同形式的状态方程与输出方程。本书在本章中先介绍了四种状态方程与输出方程，除由方块图列写状态方程与输出方程，要按步列写以外，其他三种形式，即由微分方程列写状态方程、由状态变量图列写状态方程及对角线规范型的结果，均可作为结论有条件地引用。这四种形式的状态方程与输出方程可通过线性非奇异变换相互转换。

(3) 由经典控制理论得知，了解极点的分布对分析研究系统是至关重要的。经典控制理论由传递函数分母部分为零可求得，即

$$f(s) = D(s) = s^n + a_1 s^{n-1} + \cdots + a_{n-1}s + a_n = 0$$

对现代控制理论上述认识依然是正确的，极点可通过状态方程中的系数矩阵求得，即

$$|s\boldsymbol{I} - \boldsymbol{A}| = 0$$

它与经典求法等效，有

$$f(s) = D(s) = |s\boldsymbol{I} - \boldsymbol{A}| = 0$$

得出 n 维系统的 n 个极点，又称 n 个特征值，系统矩阵 $\boldsymbol{A}$ 又称系统特征矩阵。

对于同一系统，特征值不因状态变量组不同，产生众多的状态方程与输出方程而改变，即系统的特征值不变，这就是对状态反馈很有用的特征值不变性原理，即

$$f(s) = |s\boldsymbol{I} - \boldsymbol{A}_1| = |s\boldsymbol{I} - \boldsymbol{A}_2| = |s\boldsymbol{I} - \boldsymbol{A}_3| = |s\boldsymbol{I} - \boldsymbol{A}_4| = \cdots$$

式中，$f(s)$ 为给定系统的期望特征多项式；$\boldsymbol{A}_1, \boldsymbol{A}_2, \boldsymbol{A}_3, \boldsymbol{A}_4, \cdots$ 为同一系统的众多特征矩阵。

该原理在第五章状态反馈与状态观测器中作为一种简单方法出现。

习　题

2.1 试求出用三阶微分方程 $a\dddot{x}(t) + b\ddot{x}(t) + c\dot{x}(t) + \mathrm{d}x(t) = u(t)$ 表示的系统的

状态方程。

答案

$$\begin{bmatrix}\dot{x}_1(t)\\ \dot{x}_2(t)\\ \dot{x}_3(t)\end{bmatrix}=\begin{bmatrix}0 & 1 & 0\\ 0 & 0 & 1\\ -\frac{d}{a} & \frac{c}{a} & -\frac{b}{a}\end{bmatrix}\begin{bmatrix}x_1(t)\\ x_2(t)\\ x_3(t)\end{bmatrix}+\begin{bmatrix}0\\ 0\\ \frac{1}{a}\end{bmatrix}u(t)$$

2.2　试求图2.25所示的 LRC 串联回路的状态方程与输出方程[取 $q(t)=i(t)\mathrm{d}t$ 和 $i(t)$ 为状态变量]。如果把 R 两端的电压 $e_R(t)$ 也当做输出来研究，求这时的输出方程。

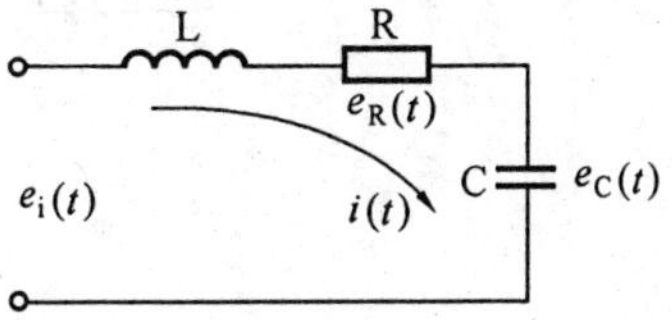

图 2.25　LRC 串联回路

答案

$$\begin{bmatrix}\dot{x}_1(t)\\ \dot{x}_2(t)\end{bmatrix}=\begin{bmatrix}0 & 1\\ -\frac{1}{LC} & -\frac{R}{L}\end{bmatrix}\begin{bmatrix}x_1(t)\\ x_2(t)\end{bmatrix}+\begin{bmatrix}0\\ \frac{1}{L}\end{bmatrix}u(t)$$

$$y(t)=\begin{bmatrix}\frac{1}{C} & 0\end{bmatrix}\begin{bmatrix}x_1(t)\\ x_2(t)\end{bmatrix}$$

$$\begin{bmatrix}y_1(t)\\ y_2(t)\end{bmatrix}=\begin{bmatrix}0 & R\\ \frac{1}{C} & 0\end{bmatrix}\begin{bmatrix}x_1(t)\\ x_2(t)\end{bmatrix}$$

2.3　试求图2.26所示串联回路的状态方程和输出方程。

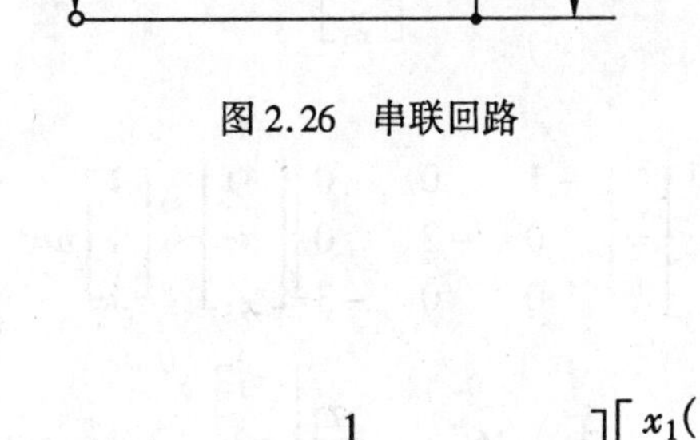

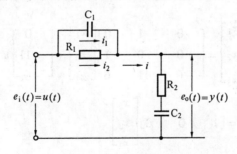

图 2.26　串联回路

答案

$$\begin{bmatrix}\dot{x}_1(t)\\ \dot{x}_2(t)\end{bmatrix}=$$

$$\begin{bmatrix}0 & 1\\ -\frac{1}{R_1R_2C_1C_2} & -\left(\frac{1}{R_1C_1}+\frac{1}{R_2C_1}+\frac{1}{R_1C_2}\right)\end{bmatrix}\begin{bmatrix}x_1(t)\\ x_2(t)\end{bmatrix}+\begin{bmatrix}0\\ \frac{1}{R_2}\end{bmatrix}u(t)$$

$$y(t)=\begin{bmatrix}0 & -\frac{1}{C_1}\end{bmatrix}\begin{bmatrix}x_1(t)\\ x_2(t)\end{bmatrix}+u(t)$$

2.4 描述系统的微分方程为 $\dddot{y}+3\ddot{y}+2\dot{y}=u$，试选取状态变量，导出系统的状态空间描述，并使得状态向量的系数矩阵为对角线矩阵。

答案

$$\begin{bmatrix}\dot{x}_1\\ \dot{x}_2\\ \dot{x}_3\end{bmatrix}=\begin{bmatrix}0&1&0\\0&0&1\\0&-2&-3\end{bmatrix}\begin{bmatrix}x_1\\x_2\\x_3\end{bmatrix}+\begin{bmatrix}0\\0\\1\end{bmatrix}u$$

$$y=[1\quad 0\quad 0]\begin{bmatrix}x_1\\x_2\\x_3\end{bmatrix}$$

$$\dot{\boldsymbol{X}}=\begin{bmatrix}0&0&0\\0&-1&0\\0&0&-2\end{bmatrix}\boldsymbol{X}+\begin{bmatrix}1\\1\\1\end{bmatrix}u$$

$$\boldsymbol{y}=[\frac{1}{2}\quad -1\quad \frac{1}{2}]\boldsymbol{X}$$

2.5 试写出图2.27所示系统的状态空间描述。

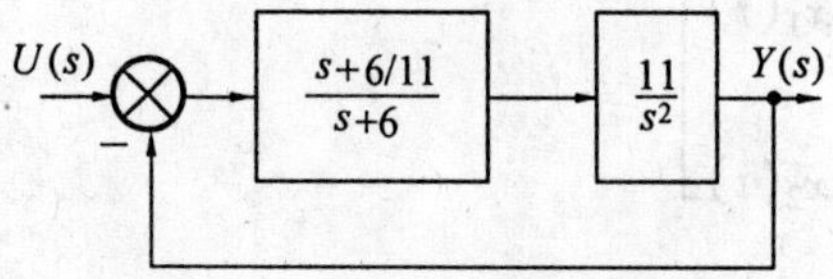

图 2.27 控制系统方块图

答案

$$\begin{bmatrix}\dot{x}_1\\ \dot{x}_2\\ \dot{x}_3\end{bmatrix}=\begin{bmatrix}0&1&0\\0&0&1\\-6&-11&-6\end{bmatrix}\begin{bmatrix}x_1\\x_2\\x_3\end{bmatrix}+\begin{bmatrix}0\\11\\-60\end{bmatrix}u$$

$$y=[1\quad 0\quad 0]\begin{bmatrix}x_1\\x_2\\x_3\end{bmatrix}$$

或

$$\begin{bmatrix}\dot{x}_1\\ \dot{x}_2\\ \dot{x}_3\end{bmatrix}=\begin{bmatrix}-1&0&0\\0&-2&0\\0&0&-3\end{bmatrix}\begin{bmatrix}x_1\\x_2\\x_3\end{bmatrix}+\begin{bmatrix}1\\1\\1\end{bmatrix}u$$

$$y=\left[-\frac{5}{2}\quad 16\quad -\frac{27}{2}\right]\begin{bmatrix}x_1\\x_2\\x_3\end{bmatrix}$$

2.6 求 $W(s)=\dfrac{2s^2+5s+1}{(s-1)(s-2)^3}$ 的状态空间描述。

答案

$$\begin{bmatrix}\dot{x}_1\\\dot{x}_2\\\dot{x}_3\\\dot{x}_4\end{bmatrix}=\begin{bmatrix}1&0&0&0\\0&2&1&0\\0&0&2&1\\0&0&0&2\end{bmatrix}\begin{bmatrix}x_1\\x_2\\x_3\\x_4\end{bmatrix}+\begin{bmatrix}1\\0\\0\\1\end{bmatrix}u$$

$$y=\begin{bmatrix}-8&19&-6&8\end{bmatrix}\begin{bmatrix}x_1\\x_2\\x_3\\x_4\end{bmatrix}$$

2.7　系统系数矩阵为

$$\boldsymbol{A}=\begin{bmatrix}0&1&-1\\-6&-11&6\\-6&-11&5\end{bmatrix}$$

将其化为规范型的变换矩阵。

答案

$$\boldsymbol{P}=\begin{bmatrix}1&1&1\\0&2&6\\1&4&9\end{bmatrix}$$

2.8　系统方块图如图2.28所示，以 x_1、x_2、x_3 作为状态变量，a、a_1、a_2、a_3 为标量，推导出状态空间描述。

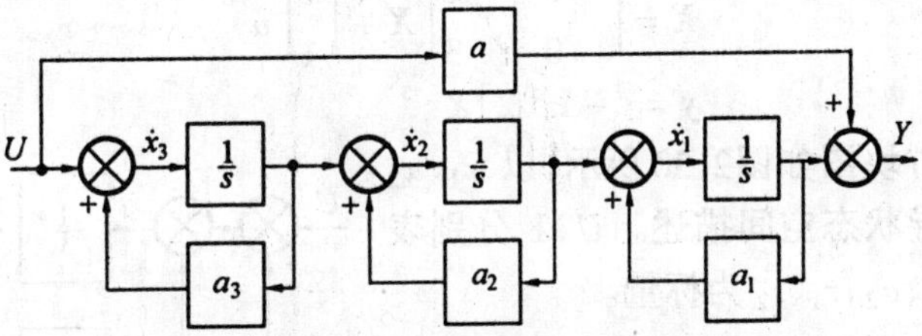

图 2.28　控制系统方块图

答案

$$\begin{bmatrix}\dot{x}_1\\\dot{x}_2\\\dot{x}_3\end{bmatrix}=\begin{bmatrix}a_1&1&0\\0&a_2&1\\0&0&a_3\end{bmatrix}\begin{bmatrix}x_1\\x_2\\x_3\end{bmatrix}+\begin{bmatrix}0\\0\\1\end{bmatrix}u$$

$$y=\begin{bmatrix}1&0&0\end{bmatrix}\begin{bmatrix}x_1\\x_2\\x_3\end{bmatrix}+au$$

2.9　系统方块图如图2.29 所示。

① 以 x_1、x_2 作为状态变量，推导出状态空间描述。

② 以 $x_1(0)$、$x_2(0)$为初始值，求出输出 y 的初始值$y(0)$、$\dot{y}(0)$。

答案

$$\begin{bmatrix}\dot{x}_1\\ \dot{x}_2\end{bmatrix}=\begin{bmatrix}-2 & 0\\ 0 & -3\end{bmatrix}\begin{bmatrix}x_1\\ x_2\end{bmatrix}+\begin{bmatrix}1\\ 1\end{bmatrix}u$$

$$y=[-2\quad 4]\begin{bmatrix}x_1\\ x_2\end{bmatrix}$$

$$y(0)=[-2\quad 4]X(0)=-2x_1(0)+4x_2(0)$$

$$\dot{y}(0)=[4\quad -12]X(0)+2u(0)=4x_1(0)-12x_2(0)+2u(0)$$

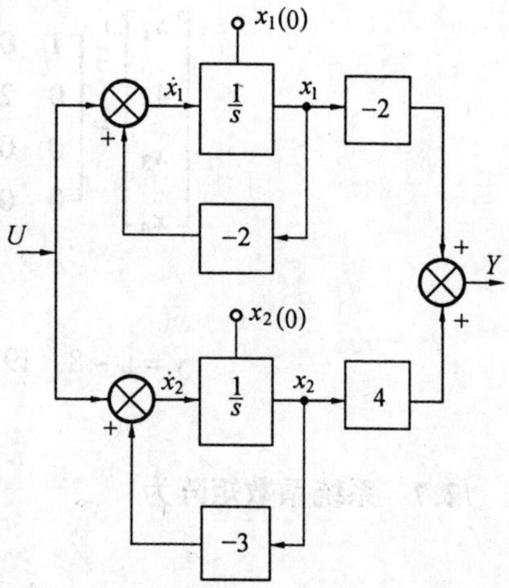

图 2.29　控制系统方块图

2.10　将标量微分方程式

$$\ddot{y}+5\dot{y}+6y=\dot{u}+u$$

化为状态空间描述，并画出其方块图。

① 普通型(由时域描述推导)。

② 规范型(由频域描述推导)。

答案

$$\dot{X}=\begin{bmatrix}0 & 1\\ -6 & -5\end{bmatrix}X+\begin{bmatrix}1\\ -4\end{bmatrix}u$$

$$y=[1\quad 0]X$$

$$\dot{X}=\begin{bmatrix}-2 & 0\\ 0 & -3\end{bmatrix}X+\begin{bmatrix}1\\ 1\end{bmatrix}u$$

$$y=[-1\quad 2]X$$

2.11　系统方块图如图2.30所示，以 x_1、x_2 作为状态变量推导状态空间描述。U、Y 分别表示输入与输出；a_1、a_2、r_1、r_2 为标量。

答案

$$\begin{bmatrix}\dot{x}_1\\ \dot{x}_2\end{bmatrix}=\begin{bmatrix}a_1 & r_2\\ r_1 & a_2\end{bmatrix}\begin{bmatrix}x_1\\ x_2\end{bmatrix}+\begin{bmatrix}1\\ 0\end{bmatrix}u$$

$$y=[r_1\quad 0]\begin{bmatrix}x_1\\ x_2\end{bmatrix}$$

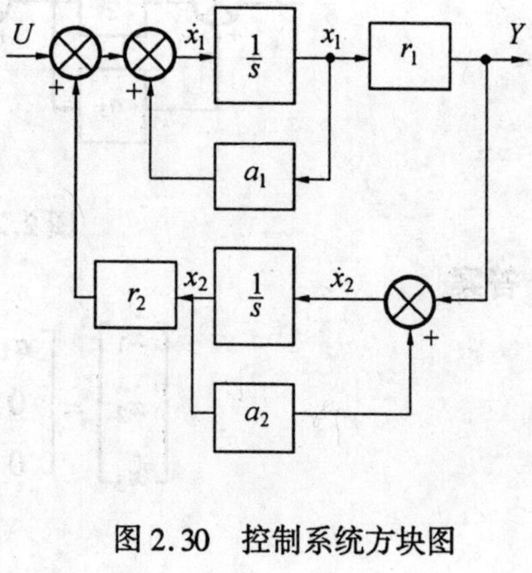

图 2.30　控制系统方块图

2.12　系统方块图如图2.31所示，以 x_1、x_2 作为状态变量，推导其状态空间表达式；以 $x_1(0)$、$x_2(0)$为初始值，求出 y 的初始值 $y(0)$、$\dot{y}(0)$。

答案

$$\dot{X}=\begin{bmatrix}-4 & 1\\ -3 & 0\end{bmatrix}X+\begin{bmatrix}1\\ 1\end{bmatrix}u$$

$$y=[1\quad 0]X$$

$$y(0) = x_1(0)$$
$$\dot{y}(0) = -4x_1(0) + x_2(0) + u(0)$$

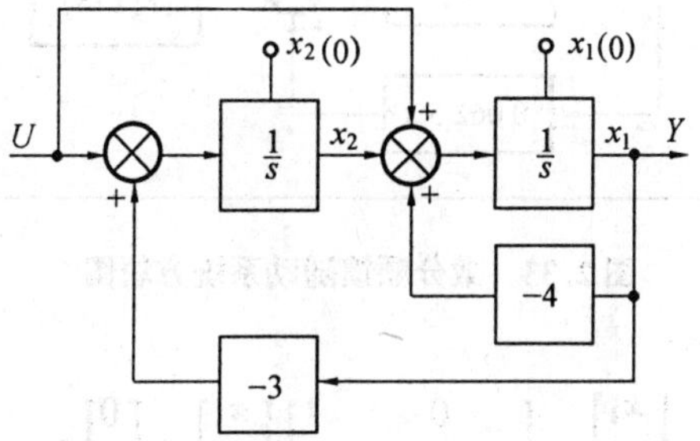

图 2.31　控制系统方块图

2.13　设系统的微分方程为

$$\dddot{y} + 3\ddot{y} + 2\dot{y} + y = \ddot{u} + 2\dot{u} + u$$

试写出系统的状态空间描述。

答案

$$\boldsymbol{A} = \begin{bmatrix} 0 & 1 & 0 \\ 0 & 0 & 1 \\ -1 & -2 & -3 \end{bmatrix} \quad \boldsymbol{B} = \begin{bmatrix} 0 \\ 0 \\ 1 \end{bmatrix} \quad \boldsymbol{C} = [1 \quad 2 \quad 1]$$

2.14　设系统的传递函数为

$$W(s) = \frac{s^2 + 4s + 5}{s^3 + 6s^2 + 11s + 6}$$

试写出它的对角线规范型。

答案

$$\boldsymbol{A} = \begin{bmatrix} -1 & 0 & 0 \\ 0 & -2 & 0 \\ 0 & 0 & -3 \end{bmatrix} \quad \boldsymbol{B} = \begin{bmatrix} 1 \\ 1 \\ 1 \end{bmatrix} \quad \boldsymbol{C} = [1 \quad -1 \quad 1]$$

2.15　已知随动系统如图2.32所示,试由微分方程列写系统状态方程与输出方程。

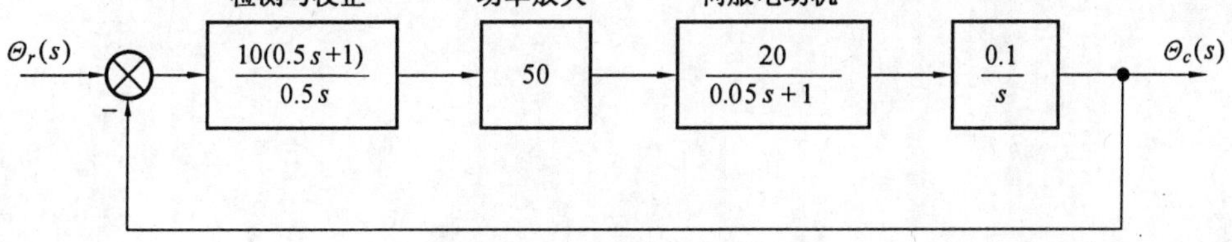

图 2.32　随动系统方块图

答案

$$\boldsymbol{A} = \begin{bmatrix} 0 & 1 & 0 \\ 0 & 0 & 1 \\ -4\times10^4 & -2\times10^4 & -20 \end{bmatrix} \quad \boldsymbol{B} = \begin{bmatrix} 0 \\ 2\times10^4 \\ -36\times10^4 \end{bmatrix} \quad \boldsymbol{C} = [1 \quad 0 \quad 0]$$

2.16 具有微分顺馈随动系统如图2.33所示,列写能控规范型与能观测规范型。

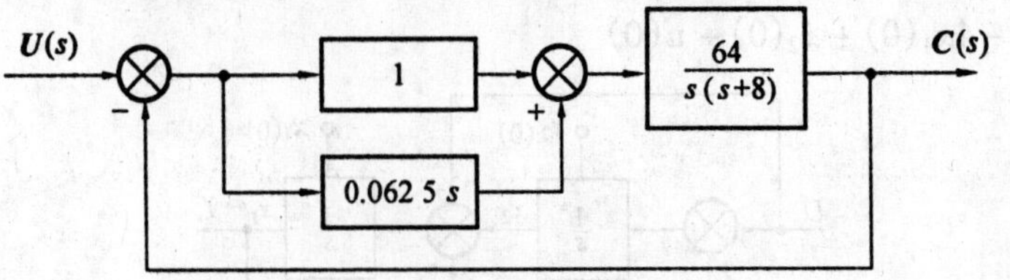

图 2.33 微分顺馈随动系统方块图

答案

$$\begin{bmatrix}\dot{x}_1\\ \dot{x}_2\end{bmatrix}=\begin{bmatrix}0 & 1\\ -64 & -12\end{bmatrix}\begin{bmatrix}x_1\\ x_2\end{bmatrix}+\begin{bmatrix}0\\ 1\end{bmatrix}u$$

$$y=\begin{bmatrix}64 & 4\end{bmatrix}\begin{bmatrix}x_1\\ x_2\end{bmatrix}$$

第三章　系统的运动与离散化

3.1 引　　言

本章在已知状态空间描述的数学模型——状态方程与输出方程的基础上，讲述了两个问题，一个问题为系统在控制信号作用下产生的响应(过渡过程)，在这里是研究状态的响应，即系统的运动；另一个问题为由于计算机进入控制领域，要求被控连续工作的控制系统适应离散工作方式，这就产生了线性系统的离散化问题。这两个问题归并在一章讲述，是由于矩阵指数的概念将它们连接一起，受控运动的结论(公式)，是推导离散化结论的依据。从操作性角度来说，熟练求解矩阵指数是本章的关键。

3.2 矩阵指数概念

一、线性定常系统的自由运动

线性定常系统在没有控制作用时，由初始条件引起的运动称为自由运动，如图 3.1 方框图所示。表征为齐次状态方程 $\dot{X}=AX$。在初始条件 $X(t_0)=X_0$、定义区间为$[t_0,\infty)$时，自由运动的解可表示为 $X=\boldsymbol{\Phi}(t-t_0)X_0$，其中 $\boldsymbol{\Phi}(t-t_0)$为 $n\times n$ 矩阵。它满足

$$\dot{\boldsymbol{\Phi}}(t-t_0)=A\boldsymbol{\Phi}(t-t_0) \qquad (3.1)$$
$$\boldsymbol{\Phi}(0)=I$$

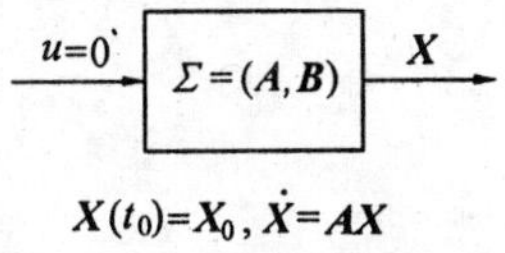

图 3.1　系统方框图

称 $\boldsymbol{\Phi}(t-t_0)$为系统的状态转移矩阵。

自由运动的解为 $X=\boldsymbol{\Phi}(t-t_0)X_0$，这可根据式(3.1)满足系统的状态方程和起始条件而得到证明，即

$$\dot{X}(t)=\dot{\boldsymbol{\Phi}}(t-t_0)X_0=A\boldsymbol{\Phi}(t-t_0)X_0=AX$$
$$X(t)\big|_{t=t_0}=\boldsymbol{\Phi}(t_0-t_0)X_0=\boldsymbol{\Phi}(0)X_0=X_0$$

由上可得：

① 自由运动的解 $X(t)=\boldsymbol{\Phi}(t-t_0)X_0$ 说明了自由运动的解可由状态转移矩阵表达为统一的形式。物理上的含义是：系统在 $t\geqslant t_0$ 的任一瞬时的状态 $X(t)$，仅仅是起始状态 X_0 的转移，这也是称 $\boldsymbol{\Phi}(t-t_0)$为状态转移矩阵的原因。

② 系统自由运动的状态由状态转移矩阵惟一决定，它包含了系统自由运动的全部信息。

③ 对于线性定常系统，状态转移矩阵为

$$\boldsymbol{\Phi}(t-t_0)=\mathrm{e}^{\boldsymbol{A}(t-t_0)}$$

二、矩阵指数定义

已知状态转移矩阵满足

$$\dot{\boldsymbol{\Phi}}(t-t_0)=\boldsymbol{A}\boldsymbol{\Phi}(t-t_0)$$
$$\boldsymbol{\Phi}(0)=\boldsymbol{I}$$

与通常的标量微分方程类似,设解 $\boldsymbol{\Phi}(t-t_0)$的形式为如下向量幂级数,即

$$\boldsymbol{\Phi}(t-t_0)=\boldsymbol{F}_0+\boldsymbol{F}_1(t-t_0)+\boldsymbol{F}_2(t-t_0)^2+\cdots \tag{3.2}$$

式中,$\boldsymbol{F}_0,\boldsymbol{F}_1,\cdots$为待定的矩阵,由方程与初始条件决定。

把式(3.2)代入 $\dot{\boldsymbol{\Phi}}(t-t_0)=\boldsymbol{A}\boldsymbol{\Phi}(t-t_0)$中,可导出

$$\boldsymbol{F}_1+2\boldsymbol{F}_2(t-t_0)+3\boldsymbol{F}_3(t-t_0)^2+\cdots=\boldsymbol{A}\{\boldsymbol{F}_0+\boldsymbol{F}_1(t-t_0)+\boldsymbol{F}_2(t-t_0)^2+\cdots\}$$

把初始条件 $\boldsymbol{\Phi}(0)=\boldsymbol{I}$(即 $t=t_0$ 时的状态转移矩阵)代入式(3.2),得

$$\boldsymbol{F}_0=\boldsymbol{I}$$

所以

$$\boldsymbol{F}_1+2\boldsymbol{F}_2(t-t_0)+3\boldsymbol{F}_3(t-t_0)^2+\cdots=\boldsymbol{A}\{\boldsymbol{I}+\boldsymbol{F}_1(t-t_0)+\boldsymbol{F}_2(t-t_0)^2+\cdots\}$$

等式两边对应项系数应相等,即

$$\begin{cases}\boldsymbol{F}_0=\boldsymbol{I}\\ \boldsymbol{F}_1=\boldsymbol{A}\\ \boldsymbol{F}_2=\dfrac{1}{2}\boldsymbol{A}\boldsymbol{F}_1=\dfrac{1}{2!}\boldsymbol{A}^2\\ \boldsymbol{F}_3=\dfrac{1}{3!}\boldsymbol{A}^3\\ \vdots\\ \boldsymbol{F}_k=\dfrac{1}{k!}\boldsymbol{A}^k\end{cases}$$

则式(3.2)变为

$$\boldsymbol{\Phi}(t-t_0)=\boldsymbol{I}+\boldsymbol{A}(t-t_0)+\frac{1}{2!}\boldsymbol{A}^2(t-t_0)^2+\cdots=\sum_{k=0}^{\infty}\frac{1}{k!}\boldsymbol{A}^k(t-t_0)^k$$

因标量指数定义为

$$\mathrm{e}^{a(t-t_0)}=1+a(t-t_0)+\frac{1}{2!}a^2(t-t_0)^2+\cdots=\sum_{k=0}^{\infty}\frac{1}{k!}a^k(t-t_0)^k$$

故定义矩阵指数为

$$\boldsymbol{\Phi}(t-t_0)=\mathrm{e}^{\boldsymbol{A}(t-t_0)} \tag{3.3}$$

三、矩阵指数的性质

① 可逆性(说明它是非奇异的):$\boldsymbol{\Phi}^{-1}(t-t_0)=\boldsymbol{\Phi}(t_0-t)$

证明 $\boldsymbol{\Phi}(t-t_0)\boldsymbol{\Phi}(t_0-t)=\mathrm{e}^{\boldsymbol{A}(t-t_0)}\mathrm{e}^{\boldsymbol{A}(t_0-t)}=\mathrm{e}^{\boldsymbol{A}\cdot 0}=\boldsymbol{I}$

② 分解性:$\boldsymbol{\Phi}(t_1+t_2)=\boldsymbol{\Phi}(t_1)\boldsymbol{\Phi}(t_2)$

证明　$\boldsymbol{\Phi}(t_1+t_2)=\mathrm{e}^{\boldsymbol{A}(t_1+t_2)}=\mathrm{e}^{\boldsymbol{A}t_1}\mathrm{e}^{\boldsymbol{A}t_2}=\boldsymbol{\Phi}(t_1)\boldsymbol{\Phi}(t_2)$

③ 传递性：$\boldsymbol{\Phi}(t_2-t_1)\boldsymbol{\Phi}(t_1-t_0)=\boldsymbol{\Phi}(t_2-t_0)$

证明　利用分解性来证明

$$\boldsymbol{\Phi}(t_2-t_1)\boldsymbol{\Phi}(t_1-t_0)=\boldsymbol{\Phi}(t_2)\boldsymbol{\Phi}(-t_1)\boldsymbol{\Phi}(t_1)\boldsymbol{\Phi}(-t_0)=$$
$$\boldsymbol{\Phi}(t_2)\boldsymbol{\Phi}(0)\boldsymbol{\Phi}(-t_0)=\boldsymbol{\Phi}(t_2)\boldsymbol{\Phi}(-t_0)=\boldsymbol{\Phi}(t_2-t_0)$$

应当指出，上述性质对线性时变系统也是适用的，即：

① $\boldsymbol{\Phi}^{-1}(t,t_0)=\boldsymbol{\Phi}(t_0,t)$

② $\boldsymbol{\Phi}(t_1,t_2)=\boldsymbol{\Phi}(t_1)\boldsymbol{\Phi}(t_2)$

③ $\boldsymbol{\Phi}(t_2,t_1)\boldsymbol{\Phi}(t_1,t_0)=\boldsymbol{\Phi}(t_2,t_0)$

3.3　矩阵指数的计算方法

对线性定常系统来说，$\boldsymbol{\Phi}(t-t_0)=\mathrm{e}^{\boldsymbol{A}(t-t_0)}$，$\boldsymbol{A}$ 为 $n\times n$ 矩阵，所以状态转移矩阵在这里也称矩阵指数，求自由运动的解就归结为求矩阵指数。

一、根据矩阵指数的定义求解

$$\mathrm{e}^{\boldsymbol{A}t}=\boldsymbol{I}+\boldsymbol{A}t+\frac{\boldsymbol{A}^2}{2!}t^2+\cdots=\sum_{k=0}^{\infty}\frac{\boldsymbol{A}^k}{k!}t^k \tag{3.4}$$

已知 $\boldsymbol{A}$，用乘法与加法即可求出 $\mathrm{e}^{\boldsymbol{A}t}$。其优点是运用计算机计算时，程序简单，容易编制；缺点是由于结果为无穷级数，所以收敛速度很难判断。此法的结果为数值而不是解析式，不适于手工计算。

二、用拉氏反变换法求解

由定义知

$$\mathrm{e}^{\boldsymbol{A}t}=\boldsymbol{I}+\boldsymbol{A}t+\frac{\boldsymbol{A}^2}{2!}t^2+\cdots=\sum_{k=0}^{\infty}\frac{1}{k!}\boldsymbol{A}^kt^k$$

取拉氏变换得

$$L[\mathrm{e}^{\boldsymbol{A}t}]=\frac{1}{s}+\frac{\boldsymbol{A}}{s^2}+\frac{\boldsymbol{A}^2}{s^3}+\cdots$$

仿标量情况

$$L[\mathrm{e}^{at}]=\frac{1}{s}+\frac{a}{s^2}+\frac{a^2}{s^3}+\cdots=(s-a)^{-1}$$

所以

$$L[\mathrm{e}^{\boldsymbol{A}t}]=(s\boldsymbol{I}-\boldsymbol{A})^{-1}$$

因此

$$\mathrm{e}^{\boldsymbol{A}t}=L^{-1}[(s\boldsymbol{I}-\boldsymbol{A})^{-1}] \tag{3.5}$$

三、将 $\mathrm{e}^{\boldsymbol{A}t}$ 化为 $\boldsymbol{A}$ 的有限多项式来求解

用第一种方法计算 $\mathrm{e}^{\boldsymbol{A}t}$，可归结为计算一个无穷项的矩阵和，这显然很不方便。根据

凯利－哈密尔顿(Cayley-Hamilton)定理,可将这个无穷级数化为 A 的有限项的表达式

$$e^{At} = a_0(t)I + a_1(t)A + \cdots + a_{n-1}(t)A^{n-1} = \sum_{k=0}^{n-1} a_k(t)\cdot A^k \tag{3.6}$$

式中,$a_0(t),a_1(t),\cdots,a_{n-1}(t)$为 t 的函数。下面按 A 的特征值形态分别讨论:

① A 的特征值$\lambda_1,\lambda_2,\cdots,\lambda_n$ 两两相异,则

$$\begin{bmatrix} a_0(t) \\ a_1(t) \\ \vdots \\ a_{n-1}(t) \end{bmatrix} = \begin{bmatrix} 1 & \lambda_1 & \lambda_1^2 & \cdots & \lambda_1^{n-1} \\ 1 & \lambda_2 & \lambda_2^2 & \cdots & \lambda_2^{n-1} \\ \vdots & \vdots & \vdots & & \vdots \\ 1 & \lambda_n & \lambda_n^2 & \cdots & \lambda_n^{n-1} \end{bmatrix} \begin{bmatrix} e^{\lambda_1 t} \\ e^{\lambda_2 t} \\ \vdots \\ e^{\lambda_n t} \end{bmatrix} \tag{3.7}$$

② A 的特征值为λ_1(n 重根),则

$$\begin{bmatrix} a_{n-1}(t) \\ a_{(n-2)}(t) \\ \vdots \\ a_1(t) \\ a_0(t) \end{bmatrix} = \begin{bmatrix} 0 & 0 & \cdots & & 1 \\ 0 & 0 & \cdots & 1 & (n-1)\lambda_1 \\ \vdots & \vdots & \ddots & & \vdots \\ & & & & \frac{(n-1)(n-2)}{2!}\lambda_1^{n-3} \\ 0 & 1 & 2\lambda_1 & \cdots & \frac{n-1}{1!}\lambda_1^{n-2} \\ 1 & \lambda_1 & \lambda_1^2 & \cdots & \lambda_1^{n-1} \end{bmatrix}^{-1} \begin{bmatrix} \frac{1}{(n-1)!}t^{n-1}e^{\lambda_1 t} \\ \frac{1}{(n-2)!}t^{n-2}e^{\lambda_1 t} \\ \vdots \\ \frac{1}{1!}te^{\lambda_1 t} \\ e^{\lambda_1 t} \end{bmatrix} \tag{3.8}$$

例 3.1 求 $A = \begin{bmatrix} 0 & 1 \\ -2 & -3 \end{bmatrix}$时的矩阵指数 e^{At}。

解 (1) 用第一种方法求解

$$e^{At} = I + At + \frac{A^2}{2!}t^2 + \cdots =$$

$$\begin{bmatrix} 1 & 0 \\ 0 & 1 \end{bmatrix} + \begin{bmatrix} 0 & 1 \\ -2 & -3 \end{bmatrix}t + \begin{bmatrix} 0 & 1 \\ -2 & -3 \end{bmatrix}^2 \frac{t^2}{2!} + \cdots =$$

$$\begin{bmatrix} 1 & 0 \\ 0 & 1 \end{bmatrix} + \begin{bmatrix} 0 & 1 \\ -2 & -3 \end{bmatrix}t + \begin{bmatrix} -2 & -3 \\ 6 & 7 \end{bmatrix}\frac{t^2}{2!} + \cdots =$$

$$\begin{bmatrix} (1 + 0\cdot t - 2\cdot\frac{t^2}{2!} + \cdots) & (0 + t - 3\cdot\frac{t^2}{2!} + \cdots) \\ (0 - 2t + 6\cdot\frac{t^2}{2!} + \cdots) & (1 - 3t + 7\cdot\frac{t^2}{2!} + \cdots) \end{bmatrix} =$$

$$\begin{bmatrix} 2(1 - t + \frac{t^2}{2!} - \cdots) - (1 - 2t + 4\frac{t^2}{2!} - \cdots) \\ -2(1 - t + \frac{t^2}{2!} - \cdots) + 2(1 - 2t + 4\frac{t^2}{2!} - \cdots) \end{bmatrix}$$

$$\begin{bmatrix} \cdots & (1 - t + \frac{t^2}{2!} - \cdots) - (1 - 2t + 4\frac{t^2}{2!} - \cdots) \\ \cdots & -(1 - t + \frac{t^2}{2} - \cdots) + 2(1 - 2t + 4\frac{t^2}{2!} - \cdots) \end{bmatrix} =$$

$$\begin{bmatrix} 2e^{-t} - e^{-2t} & e^{-t} - e^{-2t} \\ -2e^{-t} + 2e^{-2t} & -e^{-t} + 2e^{-2t} \end{bmatrix}$$

(2) 用第二种方法求解

$$e^{At} = L^{-1}\{(s\boldsymbol{I} - \boldsymbol{A})^{-1}\}$$

$$(s\boldsymbol{I} - \boldsymbol{A}) = \begin{bmatrix} s & -1 \\ 2 & s+3 \end{bmatrix}$$

$$|s\boldsymbol{I} - \boldsymbol{A}| = \begin{bmatrix} s & -1 \\ 2 & s+3 \end{bmatrix} = s^2 + 3s + 2 = (s+1)(s+2)$$

$$(s\boldsymbol{I} - \boldsymbol{A})^{-1} = \frac{\mathrm{adj}(s\boldsymbol{I} - \boldsymbol{A})}{|s\boldsymbol{I} - \boldsymbol{A}|} = \frac{1}{(s+1)(s+2)}\begin{bmatrix} s+3 & 1 \\ -2 & s \end{bmatrix} =$$

$$\begin{bmatrix} \frac{s+3}{(s+1)(s+2)} & \frac{1}{(s+1)(s+2)} \\ \frac{2}{(s+1)(s+2)} & \frac{s}{(s+1)(s+2)} \end{bmatrix}$$

故得

$$e^{At} = L^{-1}\{(s\boldsymbol{I} - \boldsymbol{A})^{-1}\} = \begin{bmatrix} L^{-1}\left(\frac{s+3}{(s+1)(s+2)}\right) & L^{-1}\left(\frac{1}{(s+1)(s+2)}\right) \\ L^{-1}\left(\frac{-2}{(s+1)(s+2)}\right) & L^{-1}\left(\frac{s}{(s+1)(s+2)}\right) \end{bmatrix} =$$

$$\begin{bmatrix} L^{-1}\left(\frac{2}{s+1} - \frac{1}{s+2}\right) & L^{-1}\left(\frac{1}{s+1} - \frac{1}{s+2}\right) \\ L^{-1}\left(\frac{-2}{s+1} + \frac{2}{s+2}\right) & L^{-1}\left(\frac{-1}{s+1} + \frac{2}{s+2}\right) \end{bmatrix} =$$

$$\begin{bmatrix} 2e^{-t} - e^{-2t} & e^{-t} - e^{-2t} \\ -2e^{-t} + 2e^{-2t} & -e^{-t} + 2e^{-2t} \end{bmatrix}$$

(3) 用第三种方法求解

$$e^{At} = a_0(t)\boldsymbol{I} + a_1(t)\boldsymbol{A}$$

式中

$$\begin{bmatrix} a_0(t) \\ a_1(t) \end{bmatrix} = \begin{bmatrix} 1 & \lambda_1 \\ 1 & \lambda_2 \end{bmatrix}^{-1} \begin{bmatrix} e^{\lambda_1 t} \\ e^{\lambda_2 t} \end{bmatrix}$$

因为

$$|\lambda \boldsymbol{I} - \boldsymbol{A}| = \begin{vmatrix} \lambda & -1 \\ 2 & \lambda+3 \end{vmatrix} = \lambda^2 + 3\lambda + 2 = (\lambda+1)(\lambda+2)$$

所以

$$\lambda_1 = -1, \lambda_2 = -2$$

$$\begin{vmatrix} 1 & \lambda_1 \\ 1 & \lambda_2 \end{vmatrix} = \begin{vmatrix} 1 & -1 \\ 1 & -2 \end{vmatrix} = -1$$

$$\begin{bmatrix} 1 & \lambda_1 \\ 1 & \lambda_2 \end{bmatrix}^{-1} = \frac{1}{-1}\begin{bmatrix} -2 & 1 \\ -1 & 1 \end{bmatrix} = \begin{bmatrix} 2 & -1 \\ 1 & -1 \end{bmatrix}$$

$$\begin{bmatrix} a_0(t) \\ a_1(t) \end{bmatrix} = \begin{bmatrix} 2 & -1 \\ 1 & -1 \end{bmatrix}\begin{bmatrix} e^{-t} \\ e^{-2t} \end{bmatrix} = \begin{bmatrix} 2e^{-t} & -e^{-2t} \\ e^{-t} & -e^{-2t} \end{bmatrix}$$

故

$$e^{At} = (2e^{-t} - e^{-2t})\begin{bmatrix} 1 & 0 \\ 0 & 1 \end{bmatrix} + (e^{-t} - e^{-2t})\begin{bmatrix} 0 & 1 \\ -2 & -3 \end{bmatrix} =$$

$$\begin{bmatrix} (2e^{-t} - e^{-2t}) & 0 \\ 0 & (2e^{-t} - e^{-2t}) \end{bmatrix} + \begin{bmatrix} 0 & e^{-t} - e^{-2t} \\ -2(e^{-t} - e^{-2t}) & -3(e^{-t} - e^{-2t}) \end{bmatrix} =$$

$$\begin{bmatrix} 2e^{-t} - e^{-2t} & e^{-t} - e^{-2t} \\ -2(e^{-t} - e^{-2t}) & -e^{-t} + 2e^{-2t} \end{bmatrix} = \begin{bmatrix} 2e^{-t} - e^{-2t} & e^{-t} - e^{-2t} \\ -2e^{-t} + 2e^{-2t} & -e^{-t} + 2e^{-2t} \end{bmatrix}$$

3.4 线性定常系统的受控运动

线性定常系统在控制作用下的运动,称为受控运动。数学表征为非齐次状态方程,如图3.2方框图所示。

结论:若非齐次状态方程 $\dot{\boldsymbol{X}} = \boldsymbol{AX} + \boldsymbol{Bu}$、$\boldsymbol{X}(t_0) = \boldsymbol{X}_0$ 的解存在,则必具有如下形式,即

$$t_0 = 0 \text{ 时} \quad \boldsymbol{X}(t) = \boldsymbol{\Phi}(t)\boldsymbol{X}_0 + \int_0^t \boldsymbol{\Phi}(t-\tau)\boldsymbol{Bu}(\tau)\mathrm{d}\tau \qquad t \in [0, \infty)$$

$$t_0 \neq 0 \text{ 时} \quad \boldsymbol{X}(t) = \boldsymbol{\Phi}(t-t_0)\boldsymbol{X}_0 + \int_{t_0}^t \boldsymbol{\Phi}(t-\tau)\boldsymbol{Bu}(\tau)\mathrm{d}\tau \qquad t \in [t, \infty)$$

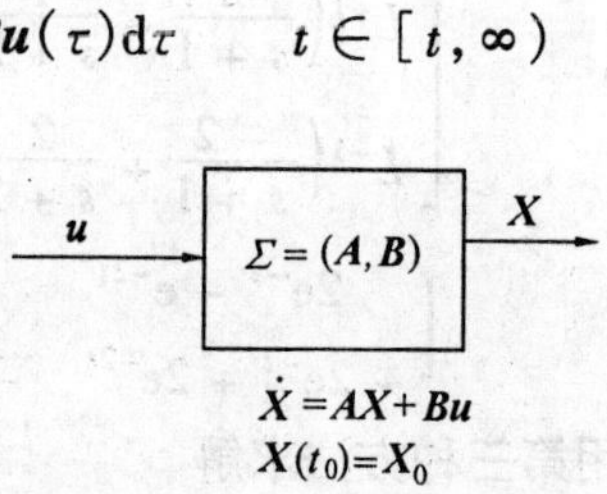

图 3.2 系统方框图

证明 先把状态方程 $\dot{\boldsymbol{X}} = \boldsymbol{AX} + \boldsymbol{Bu}$ 写成

$$\dot{\boldsymbol{X}} - \boldsymbol{AX} = \boldsymbol{Bu}$$

上式两边左乘 $e^{-\boldsymbol{A}t}$,得

$$e^{-\boldsymbol{A}t}(\dot{\boldsymbol{X}} - \boldsymbol{AX}) = \frac{\mathrm{d}}{\mathrm{d}t}(e^{-\boldsymbol{A}t}\boldsymbol{X}) = e^{-\boldsymbol{A}t}\boldsymbol{Bu}$$

对上式进行由 $0 \to t$ 的积分,得

$$[e^{-\boldsymbol{A}\tau}\boldsymbol{X}(\tau)]\Big|_0^t = \int_0^t e^{-\boldsymbol{A}\tau}\boldsymbol{Bu}(\tau)\mathrm{d}\tau$$

化简为

$$e^{-\boldsymbol{A}t}\boldsymbol{X}(t) = \boldsymbol{X}(0) + \int_0^t e^{-\boldsymbol{A}\tau}\boldsymbol{Bu}(\tau)\mathrm{d}\tau$$

因此上式两边再左乘 $e^{\boldsymbol{A}t}$,且有 $e^{\boldsymbol{A}t}e^{\boldsymbol{A}t} = \boldsymbol{I}$,则

$$\boldsymbol{X}(t) = e^{\boldsymbol{A}t}\boldsymbol{X}_0 + \int_0^t e^{\boldsymbol{A}(t-\tau)}\boldsymbol{Bu}(\tau)\mathrm{d}\tau =$$

$$\boldsymbol{\Phi}(t)\boldsymbol{X}_0+\int_0^t\boldsymbol{\Phi}(t-\tau)\boldsymbol{Bu}(\tau)\mathrm{d}\tau\qquad t\in[0,\infty)$$

同样

$$\boldsymbol{X}(t)=\boldsymbol{\Phi}(t-t_0)\boldsymbol{X}_0+\int_{t_0}^t\boldsymbol{\Phi}(t-\tau)\boldsymbol{Bu}(\tau)\mathrm{d}\tau\qquad t\in[t_0,\infty)$$

显而易见,线性系统的运动由两部分构成,第一部分为起始状态的转移项,第二部分为控制作用下的受控项,这样的构成说明了运动的响应满足线性系统的叠加原理。由于第二部分存在,从表面上看,可以通过选择 $\boldsymbol{u}(t)$ 使 $\boldsymbol{X}(t)$ 的轨线满足要求。但实际上,尚需判断控制作用是否对所有状态产生影响才行。这就是第四章所要讲述的能控性问题。

例 3.2　系统状态方程为

$$\begin{bmatrix}\dot{x}_1\\ \dot{x}_2\end{bmatrix}=\begin{bmatrix}0 & 1\\ -2 & -3\end{bmatrix}\begin{bmatrix}x_1\\ x_2\end{bmatrix}+\begin{bmatrix}0\\ 1\end{bmatrix}u\qquad t\geqslant 0$$

式中,$u(t)=1(t)$为单位阶跃函数。求方程的解。

解　此系统的状态转移矩阵在例 3.1 中已求得为

$$\boldsymbol{\Phi}(t)=\mathrm{e}^{At}=\begin{bmatrix}2\mathrm{e}^{-t}-\mathrm{e}^{-2t} & \mathrm{e}^{-t}-\mathrm{e}^{-2t}\\ -2\mathrm{e}^{-t}+2\mathrm{e}^{-2t} & -\mathrm{e}^{-t}+2\mathrm{e}^{-2t}\end{bmatrix}$$

因此

$$\boldsymbol{X}(t)=\boldsymbol{\Phi}(t)\boldsymbol{X}_0+\int_0^t\boldsymbol{\Phi}(t-\tau)\boldsymbol{Bu}(\tau)\mathrm{d}\tau\qquad t\in[0,\infty)$$

$$\begin{bmatrix}x_1(t)\\ x_2(t)\end{bmatrix}=\begin{bmatrix}2\mathrm{e}^{-t}-\mathrm{e}^{-2t} & \mathrm{e}^{-t}-\mathrm{e}^{-2t}\\ -2\mathrm{e}^{-t}+2\mathrm{e}^{-2t} & \mathrm{e}^{-t}+2\mathrm{e}^{-2t}\end{bmatrix}\begin{bmatrix}x_1(0)\\ x_2(0)\end{bmatrix}+$$

$$\int_0^t\begin{bmatrix}2\mathrm{e}^{-(t-\tau)}-\mathrm{e}^{-2(t-\tau)} & \mathrm{e}^{-(t-\tau)}-\mathrm{e}^{-2(t-\tau)}\\ 2\mathrm{e}^{-(t-\tau)}+2\mathrm{e}^{-2(t-\tau)} & -\mathrm{e}^{-(t-\tau)}+2\mathrm{e}^{-2(t-\tau)}\end{bmatrix}\begin{bmatrix}0\\ 1\end{bmatrix}\mathrm{d}\tau$$

上式第一项,即转移项为

$$*=\begin{bmatrix}(2\mathrm{e}^{-t}-\mathrm{e}^{-2t})x_1(0)+(\mathrm{e}^{-t}-\mathrm{e}^{-2t})x_2(0)\\ (-2\mathrm{e}^{-t}+2\mathrm{e}^{-2t})x_1(0)+(-\mathrm{e}^{-t}+2\mathrm{e}^{-2t})x_2(0)\end{bmatrix}$$

上式第二项,即受控项为

$$**=\int_0^t\begin{bmatrix}\mathrm{e}^{-(t-\tau)}-\mathrm{e}^{-2(t-\tau)}\\ -\mathrm{e}^{-(t-\tau)}+2\mathrm{e}^{-2(t-\tau)}\end{bmatrix}\mathrm{d}\tau=\begin{bmatrix}\int_0^t\{\mathrm{e}^{-(t-\tau)}-\mathrm{e}^{-2(t-\tau)}\}\mathrm{d}\tau\\ \int_0^t\{-\mathrm{e}^{-(t-\tau)}+2\mathrm{e}^{-2(t-\tau)}\}\mathrm{d}\tau\end{bmatrix}=$$

$$\begin{bmatrix}\left.(\mathrm{e}^{-t}\mathrm{e}^{\tau}-\frac{1}{2}\mathrm{e}^{-2t}\mathrm{e}^{2\tau})\right|_0^t\\ \left.(-\mathrm{e}^{t}\mathrm{e}^{\tau}+\mathrm{e}^{-2t}\mathrm{e}^{2\tau})\right|_0^t\end{bmatrix}=\begin{bmatrix}\frac{1}{2}-\mathrm{e}^{-t}+\frac{1}{2}\mathrm{e}^{-2t}\\ \mathrm{e}^{-t}-\mathrm{e}^{-2t}\end{bmatrix}$$

故

$$\begin{bmatrix}x_1(t)\\ x_2(t)\end{bmatrix}=\begin{bmatrix}(2\mathrm{e}^{-t}-\mathrm{e}^{-2t})x_1(0)+(\mathrm{e}^{-t}-2\mathrm{e}^{-2t})x_2(0)+(\frac{1}{2}-\mathrm{e}^{-2t}+\frac{1}{2}\mathrm{e}^{-2t})\\ (-2\mathrm{e}^{-t}+2\mathrm{e}^{-2t})x_1(0)+(-\mathrm{e}^{-t}+2\mathrm{e}^{-2t})x_2(0)+(\mathrm{e}^{-t}-\mathrm{e}^{-2t})\end{bmatrix}$$

例 3.3 (1) 试用状态转移矩阵求解下列二阶微分方程

$$\frac{d^2z}{dz^2}+2\frac{dz}{dt}+z=0$$

解 ① 化为状态方程,令

$$x_1=z,\ x_2=\dot{z}=\dot{x}_1$$

则

$$\begin{cases}\dot{x}_1=x_2\\ \dot{x}_2=-x_1-2\xi x_2\end{cases}$$

即

$$\begin{bmatrix}\dot{x}_1\\ \dot{x}_2\end{bmatrix}=\begin{bmatrix}0 & 1\\ -1 & -2\xi\end{bmatrix}\begin{bmatrix}x_1\\ x_2\end{bmatrix}$$

② 根据 $X(t)=\boldsymbol{\Phi}(t-t_0)X(t_0)$ 求解,因为

$$\boldsymbol{\Phi}(t-t_0)=e^{A}(t-t_0)$$

$$|sI-A|=\begin{vmatrix}s & 1\\ 1 & s+2\xi\end{vmatrix}=s^2+2\xi s+1$$

$$(sI-A)^{-1}=\frac{1}{s^2+2\xi s+1}\begin{bmatrix}s+2\xi & 1\\ -1 & s\end{bmatrix}=\begin{bmatrix}\dfrac{s+2\xi}{s^2+2\xi s+1} & \dfrac{1}{s^2+2\xi s+1}\\ \dfrac{-1}{s^2+2\xi s+1} & \dfrac{s}{s^2+2\xi s+1}\end{bmatrix}$$

所以

$$\boldsymbol{\Phi}(t-t_0)=e^{A}t=L^{-1}[(sI-A)^{-1}]=$$

$$\begin{bmatrix}e^{-\xi(t-t_0)}\left(\cos\sqrt{1-\xi^2}(t-t_0)-\dfrac{\xi}{\sqrt{1-\xi}}\sin\sqrt{1-\xi^2}(t-t_0)\right) & -\dfrac{e^{-\xi(t-t_0)}}{\sqrt{1-\xi^2}}\sin\sqrt{1-\xi^2}(t-t_0)\\ -\dfrac{e^{-\xi(t-t_0)}}{\sqrt{1-\xi^2}}\sin\sqrt{1-\xi^2}(t-t_0) & -e^{-\xi(t-t_0)}\left(\cos\sqrt{1-\xi^2}(t-t_0)+\dfrac{\xi}{\sqrt{1-\xi^2}}\sin\sqrt{1-\xi^2}(t-t_0)\right)\end{bmatrix}$$

因此

$$\begin{bmatrix}x_1(t)\\ x_2(t)\end{bmatrix}=\begin{bmatrix}e^{-\xi(t-t_0)}\left(\cos\sqrt{1-\xi^2}(t-t_0)-\dfrac{\xi}{\sqrt{1-\xi^2}}\sin\sqrt{1-\xi^2}(t-t_0)\right)x_1(t_0)-\\ \dfrac{e^{\xi(t-t_0)}}{\sqrt{1-\xi^2}}\sin\sqrt{1-\xi^2}(t-t_0)x_1(t_0)-\end{bmatrix}$$

$$
\begin{bmatrix}
\dfrac{e^{-\xi(t-t_0)}}{\sqrt{1-\xi^2}}\sin\sqrt{1-\xi^2}(t-t_0)x_2(t_0) \\
e^{-\xi(t-t_0)}\left(\cos\sqrt{1-\xi^2}(t-t_0)+\dfrac{\xi}{1-\xi^2}\sin\sqrt{1-\xi^2}(t-t_0)\right)x_2(t_0)
\end{bmatrix}
$$

故方程的解为

$$
z(t)=x_1(t)=x_1(t_0)e^{-\xi(t-t_0)}\left(\cos\sqrt{1-\xi^2}(t-t_0)-\frac{\xi}{\sqrt{1-\xi^2}}\sin\sqrt{1-\xi^2}(t-t_0)\right)-x_2(t_0)\frac{e^{-\xi(t-t_0)}}{\sqrt{1-\xi^2}}\sin\sqrt{1-\xi^2}(t-t_0)
$$

(2) 求上述的二阶系统在已知初始条件下,受控制作用 $u(t)$后所作运动的解。

解　微分方程为

$$
\frac{d^2z}{dt^2}+2\xi\frac{dz}{dt}+z=u(t)
$$

取状态变量 $x_1=z,x_2=\dot{z}=\dot{x}_1$,则

$$
\begin{cases}
\dot{x}_1=x_2\\
\dot{x}_2=x_1-2\xi x_2+u(t)
\end{cases}
$$

$$
z=x_1
$$

即

$$
\begin{bmatrix}\dot{x}_1\\ \dot{x}_2\end{bmatrix}=\begin{bmatrix}0 & 1\\ -1 & -2\xi\end{bmatrix}\begin{bmatrix}x_1\\ x_2\end{bmatrix}+\begin{bmatrix}0\\ 1\end{bmatrix}u
$$

$$
z=\begin{bmatrix}1 & 0\end{bmatrix}\begin{bmatrix}x_1\\ x_2\end{bmatrix}
$$

因状态转移矩阵已在(1)中求出,故可直接写出

$$
\boldsymbol{x}(t)=\boldsymbol{\Phi}(t-t_0)x_0+\int_{t_0}^{t}\boldsymbol{\Phi}(t-\tau)\boldsymbol{B}u(\tau)d\tau=\boldsymbol{\Phi}(t-t_0)x_0+
$$

$$
\begin{bmatrix}
\displaystyle\int_{t_0}^{t}\frac{e^{-\xi(t-\tau)}}{\sqrt{1-\xi^2}}\sin\sqrt{1-\xi^2}(t-\tau)u(\tau)d\tau\\
\displaystyle\int_{t_0}^{t}-e^{-\xi(t-\tau)}\left(\cos\sqrt{1-\xi^2}(t-\tau)+\frac{\xi}{\sqrt{1-\xi^2}}\sin\sqrt{1-\xi^2}(t-\tau)\right)u(\tau)d\tau
\end{bmatrix}
$$

3.5　线性定常离散系统的状态空间描述

在此以前,我们分析的都是连续时间系统,它的特点是用时间上连续的信号去控制系统。采样控制系统是将信号按时间分割,在离散的时间瞬时,用采样控制信号去控制系统。随着计算机应用技术的发展,采样控制的重要性正与日俱增。

采样控制系统的数学描述在时间变量上是不连续的,故被称为离散时间系统,但是分析连续时间系统的数学描述中的一些方法在离散时间系统里也是适用的。

在经典控制理论中,离散时间系统的动力学特性通常是用输出量和输入量采样值间的一个高阶差分方程来描述。对周期性采样的线性定常系统而言,这个差分方程具有如下的一般形式

$$y(k+n)+a_1y(k+n-1)+\cdots+a_{n-1}y(k+1)+a_ny(k)=$$
$$b_0u(k+n)+b_1(k+n-1)+\cdots+b_nu(k)\qquad k=0,1,2,\cdots \tag{3.9}$$

式中,k 表示系统运动过程的第 k 个采样时刻。

也可以用经过 Z 变换导出的反映输出输入特性的脉冲传递函数作为系统的频域描述。这个脉冲传递函数的一般形式为

$$W(z)=\frac{Y(z)}{U(z)}=\frac{b_0z^n+b_1z^{n-1}+\cdots+b_n}{z^n+a_1z^{n-1}+\cdots+a_n} \tag{3.10}$$

但是,和连续系统一样,基于输出输入特性的描述,无论是差分方程还是脉冲传递函数,都不能完全反映离散时间系统的动力学性质。

一、将标量差分方程化为状态空间描述

把式(3.9)的标量差分方程化为相应的状态空间描述的变换过程,和把标量微分方程化为状态空间描述的变换过程是完全类同的,分两种情况讨论。

1. 差分方程的输入函数中不包含差分的情况

此时标量差分方程具有如下形式

$$y(k+n)+a_1y(k+n-1)+\cdots+a_{n-1}y(k+1)+a_ny(k)=b_nu(k)$$

(1) 选择状态变量

$$\begin{cases}x_1(k)=y(k)\\x_2(k)=y(k+1)\\x_3(k)=y(k+2)\\\vdots\\x_n(k)=y(k+n-1)\end{cases}$$

(2) 化为一阶差分方程组

$$\begin{cases}x_1(k+1)=y(k+1)=x_2(k)\\x_2(k+1)=y(k+2)=x_3(k)\\\vdots\\x_{n-1}(k+1)=y(k+n-1)=x_n(k)\\x_n(k+1)=y(k+n)=\\\quad -a_ny(k)-a_{n-1}y(k+1)-\cdots-a_1y(k+n-1)+b_nu(k)=\\\quad -a_nx_1(k)-a_{n-1}x_2(k)-\cdots-a_1x_n(k)+b_nu(k)\end{cases}$$

及

$$y(k)=x_1(k)$$

(3) 相应的状态空间表达式

$$\begin{bmatrix} x_1(k+1) \\ x_2(k+1) \\ \vdots \\ x_{n-1}(k+1) \\ x_n(k+1) \end{bmatrix} = \begin{bmatrix} 0 & 1 & 0 & \cdots & 0 \\ 0 & 0 & 1 & \cdots & 0 \\ \vdots & \vdots & \vdots & & \vdots \\ 0 & 0 & 0 & \cdots & 1 \\ -a_n & -a_{n-1} & -a_{n-2} & \cdots & -a_1 \end{bmatrix} \begin{bmatrix} x_1(k) \\ x_2(k) \\ \vdots \\ x_{n-1}(k) \\ x_n(k) \end{bmatrix} + \begin{bmatrix} 0 \\ 0 \\ \vdots \\ 0 \\ b_n \end{bmatrix} u$$

及

$$y = \begin{bmatrix} 1 & 0 & \cdots & 0 \end{bmatrix} \begin{bmatrix} x_1(k) \\ x_2(k) \\ \vdots \\ x_n(k) \end{bmatrix}$$

可表示为

$$\boldsymbol{X}(k+1) = \boldsymbol{G}(k)\boldsymbol{X}(k) + \boldsymbol{H}(k)\boldsymbol{u}(k)$$
$$\boldsymbol{y}(k) = \boldsymbol{C}(k)\boldsymbol{X}(k) + \boldsymbol{D}(k)\boldsymbol{u}(k)$$

或

$$\boldsymbol{X}(k+1) = \boldsymbol{G}_k\boldsymbol{X}_k + \boldsymbol{H}_k\boldsymbol{u}_k$$
$$\boldsymbol{y}(k) = \boldsymbol{C}_k\boldsymbol{X}_k + \boldsymbol{D}_k\boldsymbol{u}_k$$

或用方框图描述,如图 3.3 所示。

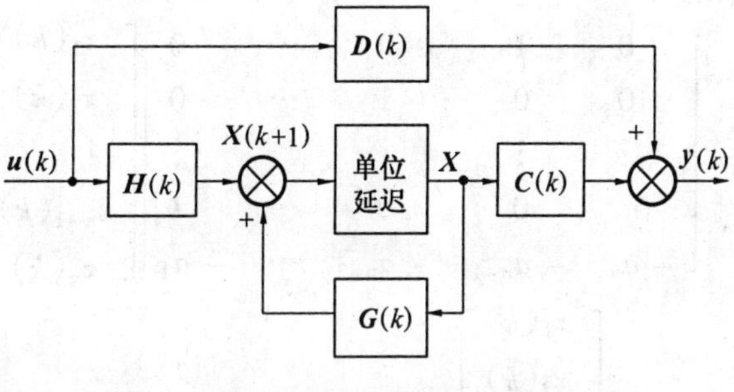

图 3.3　离散系统方框图

2. 差分方程的输入函数中包含差分的情况

此时差分方程为

$$y(k+n) + a_1 y(k+n-1) + \cdots + a_{n-1} y(k+1) + a_n y(k) =$$
$$b_0 u(k+n) + b_1 u(k+n-1) + \cdots + b_n u(k)$$

其处理方法同连续系统一样。选择状态变量,使导出的一阶差分方程等式右边不出现输入函数 u 的差分项。

选择状态变量

$$\begin{cases} x_1(k) = y(k) - h_0u(k) \\ x_2(k) = x_1(k+1) - h_1u(k) \\ x_3(k) = x_2(k+1) - h_2u(k) \\ \vdots \\ x_n(k) = x_{n-1}(k+1) - h_{n-1}u(k) \end{cases} \tag{3.11}$$

其中,待定系数 $h_0,h_1,\cdots,h_{n-1}$及 h_n 的计算关系式为

$$\begin{cases} h_0 = b_0 \\ h_1 = b_1 - a_1h_0 \\ h_2 = b_2 - a_1h_1 - a_2h_0 \\ \vdots \\ h_n = b_n - a_1h_{n-1} - \cdots - a^{n-1}h_1 - a_nh_0 \end{cases} \tag{3.12}$$

由式(3.11)可导出

$$\begin{cases} x_1(k+1) = x_2(k) + h_1u(k) \\ x_2(k+1) = x_3(k) + h_2u(k) \\ \vdots \\ x_{n-1}(k+1) = x_n(k) + h_{n-1}u(k) \\ x_n(k+1) = -a_nx_1(k) - a_{n-1}x_2(k) - \cdots - a_1x_n(k) + h_nu(k) \end{cases}$$

$$y(k) = x_1(k) + h_0u(k)$$

得相应的状态空间描述为

$$\begin{bmatrix} x_1(k+1) \\ x_2(k+1) \\ \vdots \\ x_n(k+1) \end{bmatrix} = \begin{bmatrix} 0 & 1 & 0 & \cdots & 0 \\ 0 & 0 & 1 & \cdots & 0 \\ \vdots & \vdots & \vdots & & \vdots \\ 0 & 0 & 0 & \cdots & 1 \\ -a_n & -a_{n-1} & -a_{n-2} & \cdots & -a_1 \end{bmatrix} \begin{bmatrix} x_1(k) \\ x_2(k) \\ \vdots \\ x_{n-1}(k) \\ x_n(k) \end{bmatrix} + \begin{bmatrix} h_1 \\ h_2 \\ \vdots \\ h_{n-1} \\ h_n \end{bmatrix} u(k)$$

$$y(k) = [1 \quad 0 \quad \cdots \quad 0] \begin{bmatrix} x_1(k) \\ x_2(k) \\ \vdots \\ x_n(k) \end{bmatrix} + h_0u(k)$$

二、将脉冲传递函数化为状态空间描述

脉冲传递函数为

$$W(z) = \frac{Y(z)}{U(z)} = \frac{b_1z^{n-1} + \cdots + b_{n-1}z + b_n}{z^n + a_1z^{n-1} + \cdots + a_{n-1}z + a_n}$$

1. 脉冲传递函数的极点为两两相异

令 $W(z)$的极点为 $z_1,z_2,\cdots,z_n$,用部分分式法,$W(z)$可表示为

$$W(z) = \frac{Y(z)}{U(z)} = \frac{k_1}{z - z_1} + \frac{k_2}{z - z_2} + \cdots + \frac{k_n}{z - z_n}$$

其中

$$k_i = \lim_{z \to z_i} W(z)(z - z_i) \qquad i = 1,2,\cdots,n$$

因此，相应的状态空间描述为

$$\begin{bmatrix} x_1(k+1) \\ x_2(k+1) \\ \vdots \\ x_n(k+1) \end{bmatrix} = \begin{bmatrix} z_1 & & & 0 \\ & z_2 & & \\ & & \ddots & \\ 0 & & & z_n \end{bmatrix} \begin{bmatrix} x_1(k) \\ x_2(k) \\ \vdots \\ x_n(k) \end{bmatrix} + \begin{bmatrix} 1 \\ 1 \\ \vdots \\ 1 \end{bmatrix} u(k)$$

$$y(k) = \begin{bmatrix} k_1 & k_2 & \cdots & k_n \end{bmatrix} \begin{bmatrix} x_1(k) \\ \vdots \\ x_n(k) \end{bmatrix}$$

2. 脉冲传递函数的极点为重极点

令 z_1 为 $W(z)$ 的重极点，用部分分式法，$W(z)$ 可表示为

$$W(z) = \frac{Y(z)}{U(z)} = \frac{k_{11}}{(z - z_1)^n} + \frac{k_{12}}{(z - z_2)^{n-1}} + \cdots + \frac{k_{1n}}{(z - z_1)}$$

式中 $$k_{1i} = \lim_{z \to z_1} \frac{1}{(i-1)!} \cdot \frac{\mathrm{d}^{i-1}}{\mathrm{d}z^{i-1}} [W(z)(z - z_1)^n] \qquad i = 1,2,\cdots,n$$

因此，相应的状态空间描述为

$$\begin{bmatrix} x_1(k+1) \\ x_2(k+1) \\ \vdots \\ x_n(k+1) \end{bmatrix} = \begin{bmatrix} z_1 & 1 & & 0 \\ & z_1 & 1 & \\ & & \ddots & 1 \\ 0 & & & z_1 \end{bmatrix} \begin{bmatrix} x_1(k) \\ x_2(k) \\ \vdots \\ x_n(k) \end{bmatrix} + \begin{bmatrix} 0 \\ 0 \\ \vdots \\ 1 \end{bmatrix} u(k)$$

$$y(k) = \begin{bmatrix} k_{11} & k_{12} & \cdots & k_{1n} \end{bmatrix} \begin{bmatrix} x_1(k) \\ \vdots \\ x_n(k) \end{bmatrix}$$

3.6　线性定常离散系统受控运动

离散系统受控运动，即离散时间状态方程求解，主要有两类，一类是矩阵差分方程的迭代法；另一类是 Z 变换法。

一、迭代法

迭代法对于线性定常及线性时变离散时间系统的状态方程都适用。

对于定常离散时间系统的状态方程，由于 $\boldsymbol{G}$、$\boldsymbol{H}$ 都是定常矩阵，状态方程

$$\boldsymbol{X}(k+1) = \boldsymbol{G}\boldsymbol{X}(k) + \boldsymbol{H}\boldsymbol{u}(k) \tag{3.13}$$

在任意的采样时刻 $k(k>0)$ 的解可用迭代法求得。即先令 $k=0$，由已知条件 $\boldsymbol{X}(0)$、$\boldsymbol{u}(0)$ 可求出 $\boldsymbol{X}(1)$；再令 $k=1$，由求得的 $\boldsymbol{X}(1)$ 和已知的 $\boldsymbol{u}(1)$，可求出 $\boldsymbol{X}(2)$。如此逐次取代，即可将 $\boldsymbol{X}(k)$ 的表达式求出。这种数值解法便于在计算机上进行。

将 $k=0,1,2,\cdots,k-1$ 逐次代入式(3.13)后,得

$$
\begin{aligned}
X(1) &= GX(0) + Hu(0) \\
X(2) &= GX(1) + Hu(1) = G^2X(0) + GHu(0) + Hu(1) \\
X(3) &= GX(2) + Hu(2) = G^3X(0) + G^2Hu(0) + GHu(1) + Hu(2) \\
&\vdots
\end{aligned}
$$

因此

$$
X(k) = G^kX(0) + \sum_{i=0}^{k-1} G^{k-i-1}Hu(i) \tag{3.14}
$$

解的讨论:

① 解的表达式的状态轨线是状态空间中的一条离散轨线,它与连续系统状态方程的解很相似。解的第一部分 $G^kX(0)$ 只与系统的初始状态有关,它是由起始状态引起的自由运动分量;第二部分是由输入的各次采样信号引起的受控分量,其值与控制作用 $\boldsymbol{u}$ 的大小、性质及系统的结构有关。

② 在输入引起的响应中,第 k 个时刻的状态只取决于所有此刻前的输入采样值,与第 k 个时刻的输入采样值无关。这说明惯性是一切实际物理系统的基本特性。

③ 与前面讲过的连续时间系统的解对照,可以看出,在离散时间系统中,状态转移矩阵就是 G^k,即

$$
\Phi(k) = G^k
$$

显然,它也是

$$
\begin{aligned}
\Phi(k+1) &= G\Phi(k) \\
\Phi(0) &= I
\end{aligned}
$$

的惟一解。

利用状态转移矩阵 $\Phi(k)$ 可将解式(3.14)写成

$$
\begin{aligned}
X(k) = {} & \Phi(k)X(0) + \sum_{i=0}^{k-1}\Phi(k-i-1)Hu(i) = \\
& \Phi(k)X(0) + \sum_{i=0}^{k-1}\Phi(i)Hu(k-i-1) = \\
& \Phi(k)X(0) + \Phi(k-1)Hu(0) + \Phi(k-2)Hu(1) + \cdots + \\
& \Phi(1)Hu(k-2) + \Phi(0)Hu(k-1)
\end{aligned}
$$

也可表示为矩阵形式

$$
\begin{bmatrix} X(1) \\ X(2) \\ \vdots \\ X(k) \end{bmatrix} = \begin{bmatrix} \Phi(1) \\ \Phi(2) \\ \vdots \\ \Phi(k) \end{bmatrix} X(0) + \begin{bmatrix} \Phi(0) & 0 & \cdots & 0 \\ \Phi(1)H & \Phi(0)H & \cdots & 0 \\ \vdots & \vdots & & \\ \Phi(k-1)H & \Phi(k-2)H & \cdots & \Phi(0)H \end{bmatrix} \begin{bmatrix} u(0) \\ u(1) \\ \vdots \\ u(k-1) \end{bmatrix}
$$

相应的系统输出方程为

$$
\begin{aligned}
y(k) = {} & CX(k) + Du(k) = \\
& C\Phi(k)X(0) + C\sum_{i=0}^{k-1}\Phi(k-i-1)Hu(i) + Du(k)
\end{aligned}
$$

虽然上面解式的计算很繁琐,但在计算机上计算却是非常方便的。

二、Z 变换法

定常离散系统的状态方程可采用 Z 变换法求解。

定常离散系统的状态方程是

$$\boldsymbol{X}(k+1)=\boldsymbol{G}\boldsymbol{X}(k)+\boldsymbol{H}u(k)$$

对上式两边进行 Z 变换,可得

$$z\boldsymbol{X}(z)-z\boldsymbol{X}(0)=\boldsymbol{G}\boldsymbol{X}(z)+\boldsymbol{H}U(z)$$

或

$$(z\boldsymbol{I}-\boldsymbol{G})\boldsymbol{X}(z)=z\boldsymbol{X}(0)+\boldsymbol{H}U(z)$$

因此

$$\boldsymbol{X}(z)=(z\boldsymbol{I}-\boldsymbol{G})^{-1}z\boldsymbol{X}(0)+(z\boldsymbol{I}-\boldsymbol{G})^{-1}\boldsymbol{H}U(z)$$

取上式两边进行 Z 反变换,可得

$$\boldsymbol{X}(k)=Z^{-1}[(z\boldsymbol{I}-\boldsymbol{G})^{-1}z]\boldsymbol{X}(0)+Z^{-1}[(z\boldsymbol{I}-\boldsymbol{G})^{-1}\boldsymbol{H}U(z)] \tag{3.15}$$

比较式(3.14)与式(3.15)知

$$\boldsymbol{G}^k=Z^{-1}[(z\boldsymbol{I}-\boldsymbol{G})^{-1}z] \tag{3.16}$$

$$\sum_{i=0}^{k-1}\boldsymbol{G}^{k-i-1}\boldsymbol{H}u(i)=Z^{-1}[(z\boldsymbol{I}-\boldsymbol{G})^{-1}\boldsymbol{H}U(z)] \tag{3.17}$$

例 3.4　已知定常离散时间系统的状态方程为

$$\boldsymbol{X}(k+1)=\boldsymbol{G}\boldsymbol{X}(k)+\boldsymbol{H}u(k)$$

式中

$$\boldsymbol{G}=\begin{bmatrix}0 & 1\\ -0.16 & -1\end{bmatrix}\qquad \boldsymbol{H}=\begin{bmatrix}1\\ 1\end{bmatrix}$$

给定初始状态为

$$\boldsymbol{X}(0)=\begin{bmatrix}1\\ -1\end{bmatrix}$$

以及 $k=0,1,2,\cdots$时,$u(k)=1$。试用迭代法求解 $\boldsymbol{X}(k)$。

解　利用式(3.14),得

$$\boldsymbol{X}(1)=\boldsymbol{G}\boldsymbol{X}(0)+\boldsymbol{H}u(0)=\begin{bmatrix}0 & 1\\ -0.16 & -1\end{bmatrix}\begin{bmatrix}1\\ -1\end{bmatrix}+\begin{bmatrix}1\\ 1\end{bmatrix}=\begin{bmatrix}0\\ 1.84\end{bmatrix}$$

$$\boldsymbol{X}(2)=\boldsymbol{G}\boldsymbol{X}(1)+\boldsymbol{H}u(1)=\begin{bmatrix}0 & 1\\ -0.16 & -1\end{bmatrix}\begin{bmatrix}0\\ 1.84\end{bmatrix}+\begin{bmatrix}1\\ 1\end{bmatrix}=\begin{bmatrix}2.84\\ -0.84\end{bmatrix}$$

$$\boldsymbol{X}(3)=\boldsymbol{G}\boldsymbol{X}(2)+\boldsymbol{H}u(2)=\begin{bmatrix}0 & 1\\ -0.16 & -1\end{bmatrix}\begin{bmatrix}2.84\\ -0.84\end{bmatrix}+\begin{bmatrix}1\\ 1\end{bmatrix}=\begin{bmatrix}0.16\\ 1.386\end{bmatrix}$$

因此

$$X(k)=\begin{bmatrix}X_1(k)\\X_2(k)\end{bmatrix}=\begin{bmatrix}1 & 0 & 2.84 & 0.16 & \cdots\\-1 & 1.84 & 0.84 & 1.386 & \cdots\end{bmatrix}$$

显然迭代法求得的是一个序列解，而不是一个封闭解。

例 3.5 用 Z 变换法求例 3.4 的状态方程的状态转移矩阵及解。状态方程为

$$\boldsymbol{X}(k+1)=\boldsymbol{G}\boldsymbol{X}(k)+\boldsymbol{H}u(k)$$

式中

$$\boldsymbol{G}=\begin{bmatrix}0 & 1\\-0.16 & -1\end{bmatrix},\quad \boldsymbol{H}=\begin{bmatrix}1\\1\end{bmatrix},\quad \boldsymbol{X}(0)=\begin{bmatrix}1\\-1\end{bmatrix},u(k)=1\qquad k=0,1,2,\cdots$$

解 由式(3.16)知

$$\boldsymbol{\Phi}(k)=\boldsymbol{G}^k=Z^{-1}[(z\boldsymbol{I}-\boldsymbol{G})^{-1}z]$$

(1) 计算$(z\boldsymbol{I}-\boldsymbol{G})^{-1}$

$$\det(z\boldsymbol{I}-\boldsymbol{G})=\begin{vmatrix}z & -1\\0.16 & z+1\end{vmatrix}=z^2+z+0.16=(z+0.2)(z+0.8)$$

$$(z\boldsymbol{I}-\boldsymbol{G})^{-1}=\frac{1}{(z+0.2)(z+0.8)}\begin{bmatrix}z+1 & 1\\-0.16 & z\end{bmatrix}=$$

$$\begin{bmatrix}\frac{z+1}{(z+0.2)(z+0.8)} & \frac{1}{(z+0.2)(z+0.8)}\\ \frac{-0.16}{(z+0.2)(z+0.8)} & \frac{z}{(z+0.2)(z+0.8)}\end{bmatrix}=$$

$$\begin{bmatrix}\frac{\frac{4}{3}}{z+0.2}-\frac{\frac{1}{3}}{z+0.8} & \frac{\frac{5}{3}}{z+0.2}-\frac{\frac{5}{3}}{z+0.8}\\ \frac{\frac{0.8}{3}}{z+0.2}+\frac{\frac{0.8}{3}}{z+0.8} & \frac{\frac{1}{3}}{z+0.2}+\frac{\frac{4}{3}}{z+0.8}\end{bmatrix}$$

考虑到

$$Z^{-1}\left[\frac{z}{z+a}\right]=(-a)^k$$

所以

$$\boldsymbol{\Phi}(k)=\boldsymbol{G}^k=Z^{-1}[(z\boldsymbol{I}-\boldsymbol{G})^{-1}z]=$$

$$Z^{-1}\begin{bmatrix}\frac{4}{3}\left(\frac{z}{z+0.2}\right)-\frac{1}{3}\left(\frac{z}{z+0.8}\right) & \frac{5}{3}\left(\frac{z}{z+0.2}\right)-\frac{5}{3}\left(\frac{z}{z+0.8}\right)\\ -\frac{0.8}{3}\left(\frac{z}{z+0.2}\right)+\frac{0.8}{3}\left(\frac{z}{z+0.8}\right) & -\frac{1}{3}\left(\frac{z}{z+0.2}\right)+\frac{4}{3}\left(\frac{z}{z+0.8}\right)\end{bmatrix}=$$

$$\begin{bmatrix}\frac{4}{3}(-0.2)^k-\frac{1}{3}(-0.8)^k & \frac{5}{3}(-0.2)^k-\frac{5}{3}(-0.8)^k\\ -\frac{0.8}{3}(-0.2)^k+\frac{0.3}{3}(-0.8)^k & -\frac{5}{3}(-0.2)^k+\frac{4}{3}(-0.8)^k\end{bmatrix}$$

(2) 计算 $\boldsymbol{X}(k)$

因为 $u(k)=1$，所以 $U(z)=\frac{z}{z-1}$，则

$$zX(0)+HU(z)=\begin{bmatrix} z \\ -z \end{bmatrix}+\begin{bmatrix} \dfrac{z}{z-1} \\ \dfrac{z}{z-1} \end{bmatrix}=\begin{bmatrix} \dfrac{z^2}{z-1} \\ \dfrac{-z^2+2z}{z-1} \end{bmatrix}$$

根据式(3.15),得

$$X(z)=(zI-G)^{-1}[zX(0)+HU(z)]=$$

$$\begin{bmatrix} \dfrac{(z^2+2)z}{(z+0.2)(z+0.8)(z-1)} \\ \dfrac{(-z^2+1.84z)z}{(z+0.2)(z+0.8)(z-1)} \end{bmatrix}=$$

$$\begin{bmatrix} -\dfrac{\frac{17}{6}z}{z+0.2}+\dfrac{\frac{22}{9}z}{z+0.8}+\dfrac{\frac{25}{18}z}{z-1} \\ \dfrac{\frac{3.4}{6}z}{z+0.2}-\dfrac{\frac{17.6}{9}z}{z+0.8}+\dfrac{\frac{7}{18}z}{z-1} \end{bmatrix}$$

因此

$$X(k)=\begin{bmatrix} -\frac{17}{6}(-0.2)^k+\frac{22}{9}(-0.8)^k+\frac{25}{18} \\ \frac{3.4}{6}(-0.2)^k-\frac{17.6}{9}(-0.8)^k+\frac{7}{17} \end{bmatrix}$$

显然,Z 变换法求得的是封闭形式的解析解,将 $k=0,1,2,3,\cdots$ 代入 $X(k)$,所得结果与前例一样。

3.7　线性连续系统的离散化

离散系统过去常称做数据采样系统,因为在控制系统中有了采样器,所以原来的连续时间系统就变成了离散时间系统。最初使用采样器主要是为了对工业系统的产品指标实行质量检查,用以作为进一步改善系统控制的依据,就系统的控制作用来说,它还是被动式的,而且达不到实时控制的目的。20 世纪 60 年代以后,计算机进入控制领域,使控制系统的状况大为改观。但计算机所需要的输入信号和其输出的控制信号都是数字式的,即在时间上是离散的,因此现代控制系统就其在时间上的特性来说,很多是离散时间系统。当计算机的运算速度极高,采样器的采样周期极短时,离散系统可近似用连续系统的特性来描述。

总之,计算机不仅作为计算工具对连续系统的状态方程求解,而且作为控制手段对连续受控对象进行计算机控制。因为计算机是在离散形式下工作,所以上述问题都要将连续系统变换为离散系统,以适应计算机的工作。这就归结为连续系统状态方程的离散化问题。

基本假定如第一章 1.6 节所述:

① 离散方式是普通的周期性采样。采样是等间隔进行的,采样周期为 T;采样脉冲

宽度远小于采样周期,因而可忽略不计;在采样间隔内函数值为零值。

② 采样周期 T 的选择满足香农(Shanon)采样定理,即离散函数可以圆满地复原为连续函数的条件为:$\omega_s > 2\omega_c$ 或 $T < \pi/\omega_c$,其中 $\omega_s = 2\pi/T$ 为采样频率,ω_c 为连续函数频谱的上限频率。

③ 保持器为零阶保持器。

一、时变系统状态方程的离散化

定理 3.1 时变系统状态方程

$$\begin{aligned}\dot{\boldsymbol{X}}(t) &= \boldsymbol{A}(t)\boldsymbol{X}(t) + \boldsymbol{B}(t)\boldsymbol{u}(t)\\ \boldsymbol{y}(t) &= \boldsymbol{C}(t)\boldsymbol{X}(t) + \boldsymbol{D}(t)\boldsymbol{u}(t)\end{aligned}$$

满足上述基本假定,则其离散化方程为

$$\begin{aligned}\boldsymbol{X}(k+1) &= \boldsymbol{G}(k)\boldsymbol{X}(k) + \boldsymbol{H}(k)\boldsymbol{u}(k)\\ \boldsymbol{y}(k) &= \boldsymbol{C}(k)\boldsymbol{X}(k) + \boldsymbol{D}(k)\boldsymbol{u}(k)\end{aligned}$$

两者系数矩阵关系为

$$\begin{aligned}\boldsymbol{G}(k) &= \boldsymbol{G}(kT) = \boldsymbol{\Phi}[(k+1)T, kT]\\ \boldsymbol{H}(k) &= \boldsymbol{H}(kT) = \int_{kT}^{(k+1)T} \boldsymbol{\Phi}((k+1)T,\tau)\boldsymbol{B}(\tau)\mathrm{d}\tau\\ \boldsymbol{C}(k) &= [\boldsymbol{C}(t)]_{t=kT}\\ \boldsymbol{D}(k) &= [\boldsymbol{D}(t)]_{t=kT}\end{aligned}$$

式中,$\boldsymbol{\Phi}(t,t_0)$为连续系统的状态转移矩阵。

证明 状态方程 $\dot{\boldsymbol{X}}(t) = \boldsymbol{A}(t)\boldsymbol{X}(t) + \boldsymbol{B}(t)\boldsymbol{u}(t)$在区间$[t_0, t_0]$存在惟一解,即为

$$\boldsymbol{X}(t) = \boldsymbol{\Phi}(t,t_0)\boldsymbol{X}_0 + \int_{t_0}^{t} \boldsymbol{\Phi}(t,\tau)\boldsymbol{B}(\tau)\boldsymbol{u}(\tau)\mathrm{d}\tau \tag{3.18}$$

将式(3.18)离散化:

将 $t = (k+1)T$、$t_0 = 0$ 代入式(3.18),得

$$\boldsymbol{X}[(k+1)T] = \boldsymbol{\Phi}[(k+1)T,0)]\boldsymbol{X}_0 + \int_0^{(k+1)T} \boldsymbol{\Phi}[(k+1)T,\tau]\boldsymbol{B}(\tau)\boldsymbol{u}(\tau)\mathrm{d}\tau \tag{3.19}$$

再将 $t = kT$、$t_0 = 0$ 代入式(3.18),得

$$\boldsymbol{X}(kT) = \boldsymbol{\Phi}(kT,0)\boldsymbol{X}_0 + \int_0^{kT} \boldsymbol{\Phi}(kT,\tau)\boldsymbol{B}(\tau)\boldsymbol{u}(\tau)\mathrm{d}\tau$$

用 $\boldsymbol{\Phi}[(k+1)T, kT]$乘上式两端,得

$$\begin{aligned}\boldsymbol{\Phi}[(k+1)T,kT]\boldsymbol{X}(kT) = {} & \boldsymbol{\Phi}[(k+1)T,kT]\boldsymbol{\Phi}(kT,0)\boldsymbol{X}_0 + {}\\ & \int_0^{kT} \boldsymbol{\Phi}[(k+1)T,kT]\boldsymbol{\Phi}(kT,\tau)\boldsymbol{B}(\tau)\boldsymbol{u}(\tau)\mathrm{d}\tau\end{aligned}$$

考虑状态转移矩阵 $\boldsymbol{\Phi}(t,t_0)$ 的传递性质,有

$$\begin{aligned}\boldsymbol{\Phi}[(k+1)T,kT]\boldsymbol{X}(kT) = {} & \boldsymbol{\Phi}[(K+1)T,0]\boldsymbol{X}_0 + {}\\ & \int_0^{kT} \boldsymbol{\Phi}[(k+1)T,\tau]\boldsymbol{B}(\tau)\boldsymbol{u}(\tau)\mathrm{d}\tau\end{aligned} \tag{3.20}$$

式(3.19)减式(3.20),有

$$\boldsymbol{X}[(k+1)T]=\boldsymbol{\Phi}[(k+1)T,kT]\boldsymbol{X}(kT)+\int_{kT}^{(k+1)T}\boldsymbol{\Phi}[(k+1)T,\tau]\boldsymbol{B}(\tau)\boldsymbol{u}(\tau)\mathrm{d}\tau$$

由于采样保持器为零阶保持器,$\boldsymbol{u}(\tau)=\boldsymbol{u}(kT),\tau\in[kT,(k+1)T]$,因此

$$\boldsymbol{X}[(k+1)T]=\boldsymbol{\Phi}[(k+1)T,kT]\boldsymbol{X}(kT)+\left\{\int_{kT}^{(k+1)T}\boldsymbol{\Phi}[(k+1)T,\tau]\boldsymbol{B}(\tau)\mathrm{d}\tau\right\}\boldsymbol{u}(kT)$$

令

$$\boldsymbol{G}(k)=\boldsymbol{G}(kT)=\boldsymbol{\Phi}[(k+1)T,kT] \tag{3.21}$$

$$\boldsymbol{H}(k)=\boldsymbol{H}(kT)=\int_{kT}^{(k+1)T}\boldsymbol{\Phi}[(k+1)T,\tau]\boldsymbol{B}(\tau)\mathrm{d}\tau$$

得

$$\boldsymbol{X}(k+1)=\boldsymbol{G}(k)\boldsymbol{X}(k)+\boldsymbol{H}(k)\boldsymbol{u}(k)$$

对于输出方程 $\boldsymbol{y}(t)=\boldsymbol{C}(t)\boldsymbol{X}(t)+\boldsymbol{D}(t)\boldsymbol{u}(t)$的离散化,以 $t=kT$ 代入,得

$$\boldsymbol{y}(kT)=\boldsymbol{C}(kT)\boldsymbol{X}(kT)+\boldsymbol{D}(kT)\boldsymbol{u}(kT)$$

由于线性时变连续状态方程的状态转移矩阵在一般情况下不能写成解析式,为此采用近似的方法,取

$$\dot{\boldsymbol{X}}(kT)\approx\frac{1}{T}\{\boldsymbol{X}[(k+1)T]-\boldsymbol{X}(kT)\} \tag{3.22}$$

式中,T 为采样周期。将式(3.22)看做等式并代入状态方程中,再令 $t=kT$,则有

$$\dot{\boldsymbol{X}}(t)=\dot{\boldsymbol{X}}(kT)=\frac{1}{T}\{\boldsymbol{X}[(k+1)T]-\boldsymbol{X}(kT)\}=\boldsymbol{A}(kT)\boldsymbol{X}(kT)+\boldsymbol{B}(kT)\boldsymbol{u}(kT)$$

或

$$\begin{aligned}\boldsymbol{X}[(k+1)T]&=[1+T\boldsymbol{A}(kT)]\boldsymbol{X}(kT)+T\boldsymbol{B}(kT)\boldsymbol{u}(kT)=\\&\boldsymbol{G}(kT)\boldsymbol{X}(kT)+\boldsymbol{H}(kT)\boldsymbol{u}(kT)\end{aligned} \tag{3.23}$$

式中

$$\begin{aligned}\boldsymbol{G}(kT)&=1+T\boldsymbol{A}(kT)\\\boldsymbol{H}(kT)&=T\boldsymbol{B}(kT)\end{aligned} \tag{3.24}$$

显然,采样周期 T 愈小,近似的精度愈高。

例 3.6 时变系统的状态方程为

$$\dot{\boldsymbol{X}}(t)=\boldsymbol{A}(t)\boldsymbol{X}(t)+\boldsymbol{B}(t)\boldsymbol{u}(t)$$

式中

$$\boldsymbol{A}(t)=\begin{bmatrix}0 & 5(1-\mathrm{e}^{-5t})\\0 & 5\mathrm{e}^{-5t}\end{bmatrix},\quad \boldsymbol{B}(t)=\begin{bmatrix}5 & 5\mathrm{e}^{-5t}\\0 & 5(1-\mathrm{e}^{-5t})\end{bmatrix}$$

试求离散化方程,并求当输入和初始条件分别为

$$\boldsymbol{u}(t)=\begin{bmatrix}0\\1\end{bmatrix},\boldsymbol{X}(0)=\begin{bmatrix}0\\0\end{bmatrix}$$

时,采样时刻的状态近似值。

解 取 $T=0.2$ s,由式(3.23)有

$$G(kT)=1+TA(kT)=\begin{bmatrix}1&0\\0&1\end{bmatrix}+0.2\begin{bmatrix}0&5(1-e^{-5(kT)})\\0&5e^{-5(kT)}\end{bmatrix}=$$

$$\begin{bmatrix}1&0\\0&1\end{bmatrix}+\begin{bmatrix}0&1-e^{-k}\\0&e^{-k}\end{bmatrix}=\begin{bmatrix}1&1-e^{-k}\\0&1+e^{-k}\end{bmatrix}$$

$$H(kT)=TB(kT)=0.2\begin{bmatrix}5&5e^{-5(kT)}\\0&5(1-e^{-5(kT)})\end{bmatrix}=\begin{bmatrix}1&e^{-k}\\0&1-e^{-k}\end{bmatrix}$$

于是离散化方程为

$$\begin{bmatrix}x_1(k+1)T\\x_2(k+1)T\end{bmatrix}=\begin{bmatrix}1&1-e^{-k}\\0&1+e^{-k}\end{bmatrix}\begin{bmatrix}x_1(kT)\\x_2(kT)\end{bmatrix}+\begin{bmatrix}1&e^{-k}\\0&1-e^{-k}\end{bmatrix}\begin{bmatrix}u_1(kT)\\u_2(kT)\end{bmatrix}$$

取 $T=0.2$ s,且用迭代法求解

$$\begin{bmatrix}x_1(0.2)\\x_2(0.2)\end{bmatrix}=\begin{bmatrix}1&0\\0&2\end{bmatrix}\begin{bmatrix}0\\0\end{bmatrix}+\begin{bmatrix}1&1\\0&0\end{bmatrix}\begin{bmatrix}0\\1\end{bmatrix}=\begin{bmatrix}1\\0\end{bmatrix}$$

$$\begin{bmatrix}x_1(0.4)\\x_2(0.4)\end{bmatrix}=\begin{bmatrix}1&0.632\\0&1.368\end{bmatrix}\begin{bmatrix}1\\0\end{bmatrix}+\begin{bmatrix}1&0.368\\0&0.632\end{bmatrix}\begin{bmatrix}0\\1\end{bmatrix}=\begin{bmatrix}1.368\\0.632\end{bmatrix}$$

$$\begin{bmatrix}x_1(0.6)\\x_2(0.6)\end{bmatrix}=\begin{bmatrix}1&0.865\\0&1.135\,3\end{bmatrix}\begin{bmatrix}1.368\\0.632\end{bmatrix}+\begin{bmatrix}1&0.135\\0&0.865\end{bmatrix}\begin{bmatrix}0\\1\end{bmatrix}=\begin{bmatrix}2.05\\1.582\end{bmatrix}$$

$$\vdots$$

二、定常系统状态方程的离散化

定理 3.2 线性定常系统

$$\begin{cases}\dot{X}=AX+Bu\\y=CX+Du\end{cases}$$

满足上述基本假定,则其离散化方程为

$$\begin{cases}X(k+1)=GX(k)+Hu(k)\\y(k)=CX(k)+Du(k)\end{cases}\qquad k=0,1,2,\cdots$$

式中,G、H、C、D 为常矩阵,且

$$\begin{aligned}G&=e^{AT}\\H&=\left(\int_0^T e^{At}\,dt\right)B\end{aligned}\tag{3.25}$$

证明 因为定常系统是时变系统的特例,所以时变系统离散化定理对其适用,因此由式(3.21)得

$$G=\Phi[(k+1)T-kT]=\Phi(T)=e^{AT}$$

$$H=\int_{kT}^{(k+1)T}\Phi[(k+1)T-\tau]B\,d\tau=\left\{\int_{kT}^{(k+1)T}\Phi[(k+1)T-\tau]\,d\tau\right\}B$$

令 $t=(k+1)T-\tau$,有 $dt=-d\tau$,所以 kT 到 $(k+1)T$ 对 τ 的积分变为 T 到 0 对 t 的积分,因此

$$H = \left[-\int_T^0 \boldsymbol{\Phi}(t)\mathrm{d}t\right]\boldsymbol{B} = \left(\int_0^T \mathrm{e}^{\boldsymbol{A}t}\mathrm{d}t\right)\boldsymbol{B}$$

例 3.7　定常系统

$$\begin{bmatrix} \dot{x}_1 \\ \dot{x}_2 \end{bmatrix} = \begin{bmatrix} 0 & 1 \\ 0 & -2 \end{bmatrix}\begin{bmatrix} x_1 \\ x_2 \end{bmatrix} + \begin{bmatrix} 0 \\ 1 \end{bmatrix}u$$

试求离散化后状态空间描述。

解　先求 $\boldsymbol{G} = \mathrm{e}^{\boldsymbol{A}T} = L^{-1}[(s\boldsymbol{I}-\boldsymbol{A})^{-1}]_{t=T}$,因为

$$|s\boldsymbol{I}-\boldsymbol{A}| = \begin{vmatrix} s & -1 \\ 0 & s+2 \end{vmatrix} = s(s+2)$$

$$(s\boldsymbol{I}-\boldsymbol{A})^{-1} = \frac{1}{s(s+2)}\begin{bmatrix} s+2 & 1 \\ 0 & s \end{bmatrix}$$

所以

$$\boldsymbol{G} = L^{-1}\begin{bmatrix} \dfrac{1}{s} & \dfrac{1}{s(s+2)} \\ 0 & \dfrac{1}{s+2} \end{bmatrix}_{t=T} = \begin{bmatrix} 1 & \dfrac{1}{2}(1-\mathrm{e}^{-2T}) \\ 0 & \mathrm{e}^{-2T} \end{bmatrix}$$

再求

$$\boldsymbol{H} = \left(\int_0^T \mathrm{e}^{\boldsymbol{A}t}\mathrm{d}t\right)\cdot\boldsymbol{B}$$

式中

$$\int_0^T \mathrm{e}^{\boldsymbol{A}t}\mathrm{d}t = \int_0^T \begin{bmatrix} 1 & \dfrac{1}{2}(1-\mathrm{e}^{-2t}) \\ 0 & \mathrm{e}^{-2t} \end{bmatrix}\mathrm{d}t = \begin{bmatrix} T & \dfrac{1}{2}T + \dfrac{1}{4}\mathrm{e}^{-2T} - \dfrac{1}{4} \\ 0 & -\dfrac{1}{2}\mathrm{e}^{-2T} + \dfrac{1}{2} \end{bmatrix}$$

所以

$$\boldsymbol{H} = \begin{bmatrix} T & \dfrac{1}{2}T + \dfrac{1}{4}\mathrm{e}^{-2T} - \dfrac{1}{4} \\ 0 & -\dfrac{1}{2}\mathrm{e}^{-2T} + \dfrac{1}{2} \end{bmatrix}\begin{bmatrix} 0 \\ 1 \end{bmatrix} = \begin{bmatrix} \dfrac{1}{2}T + \dfrac{1}{4}\mathrm{e}^{-2T} - \dfrac{1}{4} \\ \dfrac{1}{2}\mathrm{e}^{-2T} + \dfrac{1}{2} \end{bmatrix} = \begin{bmatrix} \dfrac{1}{2}\left(T + \dfrac{\mathrm{e}^{-2T}-1}{2}\right) \\ \dfrac{1}{2}(1-\mathrm{e}^{-2T}) \end{bmatrix}$$

故离散化状态方程为

$$\begin{bmatrix} x_1(k+1) \\ x_2(k+1) \end{bmatrix} = \begin{bmatrix} 1 & \dfrac{1}{2}(1-\mathrm{e}^{-2T}) \\ 0 & \mathrm{e}^{-2T} \end{bmatrix}\begin{bmatrix} x_1(k) \\ x_2(k) \end{bmatrix} + \begin{bmatrix} \dfrac{1}{2}\left(T + \dfrac{\mathrm{e}^{-2T}-1}{2}\right) \\ \dfrac{1}{2}(1-\mathrm{e}^{-2T}) \end{bmatrix}u(k)$$

假使采样周期为 1 s,即 $T=1$,则上述状态方程可写为

$$\begin{bmatrix} x_1(k+1) \\ x_2(k+2) \end{bmatrix} = \begin{bmatrix} 1 & 0.432 \\ 0 & 0.135 \end{bmatrix}\begin{bmatrix} x_1(k) \\ x_2(k) \end{bmatrix} + \begin{bmatrix} 0.284 \\ 0.432 \end{bmatrix}u(k)$$

例 3.8　系统方块图如图3.4所示。

对象部分由模拟元件组成。如果是采样控制系统,可将采样开关及零阶保持器理解为系统实际的环节;如果是连续系统,只是想通过计算机分析此系统,也可以将采样开关及零阶保持器理解为假想的环节。试求系统的开环及闭环离散化状态方程。

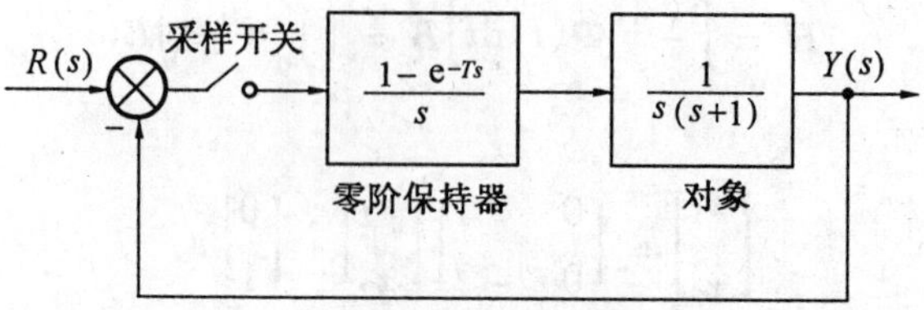

图 3.4 控制系统方块图

解

(1) 求系统开环离散化状态方程

先求系统开环连续时间状态方程：

根据被控对象的传递函数，由方块图列写开环状态方程和输出方程，即为

$$\begin{bmatrix}\dot{x}_1\\ \dot{x}_2\end{bmatrix}=\begin{bmatrix}0 & 1\\ 0 & -1\end{bmatrix}\begin{bmatrix}x_1\\ x_2\end{bmatrix}+\begin{bmatrix}0\\ 1\end{bmatrix}u$$

$$y=\begin{bmatrix}1 & 0\end{bmatrix}\begin{bmatrix}x_1\\ x_2\end{bmatrix}$$

即

$$\boldsymbol{A}=\begin{bmatrix}0 & 1\\ 0 & -1\end{bmatrix},\boldsymbol{B}=\begin{bmatrix}0\\ 1\end{bmatrix},\boldsymbol{C}=\begin{bmatrix}1 & 0\end{bmatrix}$$

其次求离散化方程：

计算 $e^{\boldsymbol{A}T}=L^{-1}[(s\boldsymbol{I}-\boldsymbol{A})^{-1}]$

$$\det(s\boldsymbol{I}-\boldsymbol{A})=\begin{vmatrix}s & -1\\ 0 & s+1\end{vmatrix}=s(s+1),\mathrm{adj}(s\boldsymbol{I}-\boldsymbol{A})=\begin{bmatrix}s+1 & 1\\ 0 & s\end{bmatrix}$$

所以

$$(s\boldsymbol{I}-\boldsymbol{A})^{-1}=\frac{\mathrm{adj}(s\boldsymbol{I}-\boldsymbol{A})}{\det(s\boldsymbol{I}-\boldsymbol{A})}=\begin{bmatrix}\frac{1}{s} & \frac{1}{s(s+1)}\\ 0 & \frac{1}{s+1}\end{bmatrix}$$

得

$$e^{\boldsymbol{A}T}=\begin{bmatrix}1 & 1-e^{-T}\\ 0 & e^{-T}\end{bmatrix}$$

再计算

$$\boldsymbol{H}(T)=\left(\int_0^T e^{\boldsymbol{A}t}\mathrm{d}t\right)\boldsymbol{B}=\int_0^T\begin{bmatrix}1 & 1-e^{-t}\\ 0 & e^{-T}\end{bmatrix}\begin{bmatrix}0\\ 1\end{bmatrix}\mathrm{d}t=$$

$$\int_0^T\begin{bmatrix}1-e^{-t}\\ e^{-t}\end{bmatrix}\mathrm{d}t=\begin{bmatrix}T-1+e^{-T}\\ 1-e^{-T}\end{bmatrix}$$

故得系统开环的离散状态方程和输出方程为

$$\begin{bmatrix}x_1(k+1)\\ x_2(k+1)\end{bmatrix}=\begin{bmatrix}1 & 1-e^{-T}\\ 0 & e^{-T}\end{bmatrix}\begin{bmatrix}x_1(k)\\ x_2(k)\end{bmatrix}+\begin{bmatrix}T-1+e^{-T}\\ 1-e^{-T}\end{bmatrix}u(k)$$

$$y(k)=\begin{bmatrix}1 & 0\end{bmatrix}\begin{bmatrix}x_1(k)\\x_2(k)\end{bmatrix}$$

假定 $T=1$ s,则

$$G(T)=\begin{bmatrix}1 & 0.632\\0 & 0.368\end{bmatrix}\qquad H(T)=\begin{bmatrix}0.368\\0.632\end{bmatrix}$$

$$\begin{bmatrix}x_1(k+1)\\x_2(k+1)\end{bmatrix}=\begin{bmatrix}1 & 0.632\\0 & 0.368\end{bmatrix}\begin{bmatrix}x_1(k)\\x_2(k)\end{bmatrix}+\begin{bmatrix}0.368\\0.632\end{bmatrix}u(k)$$

$$y(k)=\begin{bmatrix}1 & 0\end{bmatrix}\begin{bmatrix}x_1(k)\\x_2(k)\end{bmatrix}$$

(2)求闭环离散化状态方程与输出方程

由图 3.4 可知,闭环后

$$u(k)=r(k)-y(k)=r(k)-\boldsymbol{C}\boldsymbol{X}(k)$$

所以,闭环离散化状态方程为

$$\begin{aligned}\boldsymbol{X}(k+1)=\boldsymbol{G}(T)\boldsymbol{X}(k)+\boldsymbol{H}(T)u(k)=\\ \boldsymbol{G}(T)\boldsymbol{X}(k)+\boldsymbol{H}(T)[r(k)-\boldsymbol{C}\boldsymbol{X}(k)]=\\ [\boldsymbol{G}(T)-\boldsymbol{H}(T)\boldsymbol{C}]\boldsymbol{X}(k)+\boldsymbol{H}(T)r(k)\end{aligned}$$

将 $\boldsymbol{G}$、$\boldsymbol{H}$、$\boldsymbol{C}$ 代入,得

$$\begin{bmatrix}x_1(k+1)\\x_2(k+1)\end{bmatrix}=\begin{bmatrix}2-T-e^{-T} & 1-e^{-T}\\e^{-T}-1 & e^{-T}\end{bmatrix}\begin{bmatrix}x_1(k)\\x_2(k)\end{bmatrix}+\begin{bmatrix}T-1+e^{-T}\\1-e^{-T}\end{bmatrix}r(k)$$

$$y(k)=\begin{bmatrix}1 & 0\end{bmatrix}\begin{bmatrix}x_1(k)\\x_2(k)\end{bmatrix}$$

以 $T=1$ s 代入,得

$$\begin{bmatrix}x_1(k+1)\\x_2(k+1)\end{bmatrix}=\begin{bmatrix}0.632 & 0.632\\-0.632 & 0.368\end{bmatrix}\begin{bmatrix}x_1(k)\\x_2(k)\end{bmatrix}+\begin{bmatrix}0.368\\0.632\end{bmatrix}r(k)$$

$$y(k)=\begin{bmatrix}1 & 0\end{bmatrix}\begin{bmatrix}x_1(k)\\x_2(k)\end{bmatrix}$$

小　　结

① 线性系统的离散化,从数学角度方面要给出离散化后系统的状态方程及输出方程,实际上是确定离散状态方程的系数矩阵 $\boldsymbol{G}$ 与 $\boldsymbol{H}$,而要确定 $\boldsymbol{G}$、$\boldsymbol{H}$ 得明了矩阵指数概念与求法。本章介绍的求矩阵指数的三种方法中,很明显第二种方法即通过拉氏反变换方法求矩阵指数,易为人们掌握,为广大工程技术人员所采用。

② 线性系统离散化后能否良好运行,关键是离散化中采样周期 T 的选取,这一点无论是物理概念上,还是数学推导中都是显而易见的。为此再进行如下讨论。

(i) 古典理论中离散系统(采样系统)求系统脉冲传递函数的过程,就是离散化过程,得到脉冲传递函数后,可按本章 3.5 节中的方法写出系统离散状态方程。与前面讲述的

时域中的离散化是两种方法,数学推理均严格。当连续系统的控制信号 $u(t)$ 为分段常值(以采样周期 T 将时间分割成等时间区段)时,对于开环系统,不论采样周期 T 如何选取,采样时刻 kT 的输出值以连续系统数学描述计算和以离散化方程计算是一样的。

(ii) 若控制信号 $u(t)$ 不是分段常值,即使是开环系统,也有一个采样周期 T 的选取问题,因为用分段常值信号来代替随时间 t 连续变化的信号有一个近似的问题,所以采样周期选得愈小,近似精度愈高。

(iii) 对于闭环系统,如果是先求出开环离散化方程,再求闭环离散方程时,则不论控制信号 $u(t)$ 是否为分段常值,都必须适当地选取周期 T 的值。同时还要考虑与被控对象的频带间的关系,这是因为闭环采样控制系统只是在采样瞬时才构成闭环控制,在两采样时刻中间,闭环系统实际处于开环状态,所以采样周期 T 选得过大,即采样频率过低时,系统大部分时间处于开环控制状态,必然得不到准确的控制结果,甚至使原来渐近稳定的系统出现大幅度振荡。这说明在构成采样控制系统时,采样周期 T 的选择不但需要考虑输入信号的频带,即采样定理规定的 $\omega_c = 2\pi \dfrac{1}{T} > 2\omega_c$($\omega_c$ 是输入信号的最宽频带),而且还要适当考虑与被控对象的频带间的关系。

如本章 3.4 所示,系统状态运动是由初始状态的自由项与控制作用的受控项组成的,要使状态达到期望轨线,仅有控制作用 u 不行,还必须检验系统本身是否具有如下特性,即系统使控制作用对每一个状态均能施加作用,这就是现代控制理论中的重要概念——能控性问题。

习 题

3.1 系统状态方程为

$$\begin{bmatrix} \dot{x}_1 \\ \dot{x}_2 \end{bmatrix} = \begin{bmatrix} 0 & 1 \\ -3 & -2 \end{bmatrix} \begin{bmatrix} x_1 \\ x_2 \end{bmatrix}$$

初始条件为

$$\begin{bmatrix} x_1(0) \\ x_2(0) \end{bmatrix} = \begin{bmatrix} 1 \\ -1 \end{bmatrix}$$

试求 $x_1(t)$、$x_2(t)$。

3.2 系统状态方程为

$$\begin{bmatrix} \dot{x}_1 \\ \dot{x}_2 \\ \dot{x}_3 \end{bmatrix} = \begin{bmatrix} 2 & 1 & 0 \\ 0 & 2 & 1 \\ 0 & 0 & 2 \end{bmatrix} \begin{bmatrix} x_1 \\ x_2 \\ x_3 \end{bmatrix}$$

试求用初始条件 $x_1(0)$、$x_2(0)$、$x_3(0)$ 表示的解。

答案

$$\begin{bmatrix}\dot{x}_1(t)\\ \dot{x}_2(t)\\ \dot{x}_3(t)\end{bmatrix}=\begin{bmatrix}e^{2t} & te^{2t} & \frac{1}{2}t^2e^{2t}\\ 0 & te^{2t} & te^{2t}\\ 0 & 0 & e^{2t}\end{bmatrix}\begin{bmatrix}x_1(0)\\ x_2(0)\\ x_3(0)\end{bmatrix}$$

3.3　系统状态方程为

$$\begin{bmatrix}\dot{x}_1\\ \dot{x}_2\end{bmatrix}=\begin{bmatrix}0 & 1\\ -2 & -3\end{bmatrix}\begin{bmatrix}x_1\\ x_2\end{bmatrix}+\begin{bmatrix}2\\ 0\end{bmatrix}u$$

初始条件为

$$\begin{bmatrix}x_1(0)\\ x_2(0)\end{bmatrix}=\begin{bmatrix}0\\ 1\end{bmatrix}$$

式中

$$u(t)=0 \qquad t<0$$

$$u(t)=e^{-t} \qquad t\geqslant 0$$

试求 $x_1(t)$、$x_2(t)$。

答案

$$\begin{bmatrix}x_1(t)\\ x_2(t)\end{bmatrix}=\begin{bmatrix}(4t-1)e^{-t}+e^{-2t}\\ (3-4t)e^{-t}-2e^{-2t}\end{bmatrix}$$

3.4　系统状态方程为

$$\begin{bmatrix}\dot{x}_1\\ \dot{x}_2\end{bmatrix}=\begin{bmatrix}0 & 1\\ -1 & 0\end{bmatrix}\begin{bmatrix}x_1\\ x_2\end{bmatrix}+\begin{bmatrix}0\\ 1\end{bmatrix}u$$

初始条件为

$$\begin{bmatrix}x_1(0)\\ x_2(0)\end{bmatrix}=\begin{bmatrix}1\\ 0\end{bmatrix}$$

试求：① 没有施加控制作用 u 时，系统状态方程的解。

② 施加控制作用 u 时，系统的运动状态如何。

答案

① $X(t)=\begin{bmatrix}\cos t\\ -\sin t\end{bmatrix}$

② $X(t)=\begin{bmatrix}\cos t & \sin t\\ -\sin t & \cos t\end{bmatrix}\begin{bmatrix}C_1+\int_0^t -(\sin t)u\,dt\\ C_2+\int_0^t(\cos t)u\,dt\end{bmatrix}$

3.5　时变系统的状态方程为

$$\begin{bmatrix}\dot{x}_1\\ \dot{x}_2\end{bmatrix}=\begin{bmatrix}0 & 1\\ -1 & t\end{bmatrix}\begin{bmatrix}x_1\\ x_2\end{bmatrix},\ \boldsymbol{\Phi}(0,0)=1$$

试求系统的状态转移矩阵 $\boldsymbol{\Phi}(t,0)$。

答案

$$\boldsymbol{\Phi}(t,0)=\begin{bmatrix}1-\int_0^t\int_0^{\xi}\varepsilon^{\frac{1}{2}\tau^2}\mathrm{d}\tau\mathrm{d}\varepsilon & t\\ -\int_0^t\varepsilon^{\frac{1}{2}\tau^2}\mathrm{d}\tau & 1\end{bmatrix}$$

3.6 系统 $\dot{\boldsymbol{X}}=\boldsymbol{AX}$ 的状态转移阵为

$$\boldsymbol{\Phi}(t,0)=\begin{bmatrix}2\mathrm{e}^{-t}-\mathrm{e}^{-2t} & 2(\mathrm{e}^{-2t}-\mathrm{e}^{-t})\\ \mathrm{e}^{-t}-\mathrm{e}^{-2t} & 2\mathrm{e}^{-2t}-\mathrm{e}^{-t}\end{bmatrix}$$

试求系数矩阵 $\boldsymbol{A}$。

答案

$$\boldsymbol{A}=\frac{\mathrm{d}}{\mathrm{d}t}\boldsymbol{\Phi}(t,0)\Big|_{t=0}=\begin{bmatrix}0 & -2\\ 1 & -3\end{bmatrix}$$

3.7 系数矩阵

$$\boldsymbol{A}=\begin{bmatrix}0&1&0&0\\0&0&1&0\\0&0&0&1\\0&0&0&0\end{bmatrix}$$

分别用下面方法求其状态转移矩阵 $\boldsymbol{\Phi}(t,0)=\mathrm{e}^{\boldsymbol{A}t}$。

① $\mathrm{e}^{\boldsymbol{A}t}$的级数展开法(定义)。

② 解矩阵法(拉氏反变换)。

答案

① $$\boldsymbol{A}^2=\begin{bmatrix}0&0&1&0\\0&0&0&1\\0&0&0&0\\0&0&0&0\end{bmatrix},\boldsymbol{A}^3=\begin{bmatrix}0&0&0&1\\0&0&0&0\\0&0&0&0\\0&0&0&0\end{bmatrix},\boldsymbol{A}^4=\boldsymbol{A}^5=\cdots=0$$

$$\mathrm{e}^{\boldsymbol{A}t}=\boldsymbol{I}+\boldsymbol{A}t+\frac{\boldsymbol{A}^2t^2}{2!}+\frac{\boldsymbol{A}^3t^3}{3!}=\begin{bmatrix}1&t&\frac{t^2}{2!}&\frac{t^3}{3!}\\0&1&t&\frac{t^2}{2!}\\0&0&1&t\\0&0&0&1\end{bmatrix}$$

② $$(s\boldsymbol{I}-\boldsymbol{A})^{-1}=\begin{bmatrix}s&-1&0&0\\0&s&-1&0\\0&0&s&-1\\0&0&0&s\end{bmatrix}^{-1}=\begin{bmatrix}\frac{1}{s}&\frac{1}{s^2}&\frac{1}{s^3}&\frac{1}{s^4}\\0&\frac{1}{s}&\frac{1}{s^2}&\frac{1}{s^3}\\0&0&\frac{1}{s}&\frac{1}{s^2}\\0&0&0&\frac{1}{s}\end{bmatrix}$$

$$e^{At}=\begin{bmatrix}1 & t & \frac{t^2}{2!} & \frac{t^3}{3!}\\ 0 & 1 & t & \frac{t^2}{2!}\\ 0 & 0 & 1 & t\\ 0 & 0 & 0 & 1\end{bmatrix}$$

3.8　系统状态方程为

$$\dot{X}=\begin{bmatrix}0 & 1\\ -ab & -(a+b)\end{bmatrix}X+\begin{bmatrix}0\\1\end{bmatrix}u$$

分别求脉冲输入、斜坡输入时的系统响应($a\neq b$)。

答案

$$X_{脉}=\begin{bmatrix}\frac{1}{b-a}(e^{-at}-e^{-bt})\\ \frac{1}{b-a}(be^{-bt}-ae^{-at})\end{bmatrix}$$

$$X_{斜}=\begin{bmatrix}\frac{e^{-at}-1}{a^2}+\frac{e^{-bt}-1}{b^2}+\frac{1}{b-a}\left(\frac{1}{a}t-\frac{1}{b}t\right)\\ \frac{1-e^{-at}}{a}+\frac{1-be^{-bt}}{b}\end{bmatrix}$$

3.9　求解方程

$$\dot{X}=\begin{bmatrix}0 & 0\\ -3 & -4\end{bmatrix}X+\begin{bmatrix}1\\0\end{bmatrix}\delta(t),X(0)=0$$

式中,$\delta(t)$代表脉冲函数。

答案

$$X=\begin{bmatrix}-\frac{1}{2}e^{-3t}+\frac{1}{2}e^{-t}\\ \frac{3}{2}e^{-3t}-\frac{1}{2}e^{-t}\end{bmatrix}$$

3.10　求解方程

$$\begin{cases}\dot{x}_1=x_2 & x_1(0)=1\\ \dot{x}_2=-x_1-2x_2+\sin t+\cos t & x_2(0)=0\end{cases}$$

答案

$$\begin{bmatrix}x_1\\x_2\end{bmatrix}=\begin{bmatrix}\frac{3}{2}e^{-t}+te^{-t}+\frac{1}{2}\sin t-\frac{1}{2}\cos t\\ -\frac{5}{2}e^{-t}+te^{-t}-\frac{1}{2}\cos t-\frac{1}{2}\sin t+3\end{bmatrix}$$

3.11　验证

$$\dot{X}=\begin{bmatrix}2 & -e^{-t}\\ e^{-t} & 1\end{bmatrix}X$$

的状态转移矩阵为

$$\boldsymbol{\Phi}(t,0)=\begin{bmatrix} e^{2t}\cos t & -e^{2t}\sin t \\ e^{t}\sin t & e^{t}\cos t \end{bmatrix}$$

并求出 $\boldsymbol{\Phi}(t,1)$。

答案

$$\boldsymbol{\Phi}(t,1)=\begin{bmatrix} e^{2(t-1)}\cos(t-1) & -e^{-2(t-1)}\sin(t-1) \\ e^{t-1}\sin(t-1) & e^{t-1}\cos(t-1) \end{bmatrix}$$

3.12 设系统的运动方程为

$$y(k+3)+3y(k+2)+2y(k+1)+y(k)=u(k+2)+2u(k+1)+u(k)$$

试写出系统的状态空间描述。

答案

$$\boldsymbol{G}=\begin{bmatrix} 0 & 1 & 0 \\ 0 & 0 & 1 \\ -1 & -2 & -3 \end{bmatrix} \quad \boldsymbol{H}=\begin{bmatrix} 1 \\ 2 \\ 1 \end{bmatrix} \quad \boldsymbol{C}=[1 \quad 0 \quad 0]$$

3.13 已知单变量离散系统的脉冲传递函数是

$$W(z)=\frac{Y(z)}{U(z)}=\frac{z^2+2z+1}{z^2+5z+6}$$

试求其对角线规范型。

答案

$$\begin{bmatrix} x_1(k+1) \\ x_2(k+1) \end{bmatrix}=\begin{bmatrix} -2 & 0 \\ 0 & -3 \end{bmatrix}\begin{bmatrix} x_1(k) \\ x_2(k) \end{bmatrix}+\begin{bmatrix} 1 \\ 1 \end{bmatrix}u(k)$$

$$y(k)=[1 \quad -4]\begin{bmatrix} x_1(k) \\ x_2(k) \end{bmatrix}+u(k)$$

3.14 系统的连续时间状态方程为

$$\begin{bmatrix} \dot{x}_1 \\ \dot{x}_2 \end{bmatrix}=\begin{bmatrix} 0 & 1 \\ 0 & 0 \end{bmatrix}\begin{bmatrix} x_1 \\ x_2 \end{bmatrix}+\begin{bmatrix} 0 \\ 1 \end{bmatrix}$$

试将其离散化,并写出离散的状态方程。

答案

$$\begin{bmatrix} x_1(k+1) \\ x_2(k+1) \end{bmatrix}=\begin{bmatrix} 1 & T \\ 0 & 1 \end{bmatrix}\begin{bmatrix} x_1(k) \\ x_2(k) \end{bmatrix}+\begin{bmatrix} \frac{1}{2}T^2 \\ T \end{bmatrix}u(k)$$

3.15 系统状态方程为

$$\begin{bmatrix} \dot{x}_1 \\ \dot{x}_2 \end{bmatrix}=\begin{bmatrix} 0 & 1 \\ -1 & -2\xi \end{bmatrix}\begin{bmatrix} x_1 \\ x_1 \end{bmatrix}+\begin{bmatrix} 0 \\ 1 \end{bmatrix}u$$

设采样周期 $T=1$ s,阻尼系数 $\xi=1$,求系统离散状态方程。

答案

$$\begin{bmatrix} x_1(k+1) \\ x_2(k+1) \end{bmatrix}=\begin{bmatrix} 0.736 & 0.328 \\ -0.368 & 0 \end{bmatrix}\begin{bmatrix} x_1(k) \\ x_2(k) \end{bmatrix}+\begin{bmatrix} 0.264 \\ 0.368 \end{bmatrix}u(k)$$

3.16　有下列方程组

$$\begin{cases} x_1(k+1)=1.01[(1-0.004)x_1(k)+0.02x_2(k)] \\ x_2(k+1)=1.01[(0.04x_1(k)+(1-0.02)x_2(k)] \end{cases}$$

初始条件为

$$\begin{cases} x_1(0)=10\times 10^6 \\ x_2(0)=90\times 10^6 \end{cases}$$

试求 $\boldsymbol{X}(10)$。

答案

$$\boldsymbol{X}(10)\begin{bmatrix} \frac{1}{2}(1.01)^k(10^8)-\frac{0.7}{3}(0.949\,4)^k(10^8) \\ \frac{2}{3}(1.01)^k(10^8)+\frac{0.7}{7}(0.949\,4)^k(10)^8 \end{bmatrix}_{k=10}=\begin{bmatrix} 22.94\times 10^6 \\ 87.46\times 10^6 \end{bmatrix}$$

3.17　系统的连续时间状态方程为

$$\begin{bmatrix} \dot{x}_1 \\ \dot{x}_2 \end{bmatrix}=\begin{bmatrix} -2 & 2 \\ 5 & 5 \end{bmatrix}\begin{bmatrix} x_1 \\ x_2 \end{bmatrix}+\begin{bmatrix} 0 \\ 1 \end{bmatrix}u$$

$$y=[1\quad 0]\begin{bmatrix} x_1 \\ x_2 \end{bmatrix}$$

设采样周期 $T=0.1$ s,求系统离散状态方程。

答案

$$\boldsymbol{G}=\begin{bmatrix} \frac{5}{7}+\frac{2}{7}e^{-7T} & \frac{2}{7}-\frac{2}{7}e^{7T} \\ \frac{5}{7}-\frac{5}{7}e^{-7T} & \frac{2}{7}+\frac{5}{7}e^{-7T} \end{bmatrix}=\begin{bmatrix} 0.856 & 0.144 \\ 0.36 & 0.64 \end{bmatrix}$$

$$\boldsymbol{H}=\begin{bmatrix} \frac{5}{7}T-\frac{2}{49}e^{-7T}+\frac{2}{49} \\ \frac{5}{7}T-\frac{5}{49}e^{-7T}+\frac{5}{49} \end{bmatrix}=\begin{bmatrix} 0.092 \\ 0.02 \end{bmatrix}$$

第四章　系统的能控性与能观测性

4.1　引　　言

系统的能控性与能观测性是系统的内在性质，与外界无关。由于经典控制理论是研究系统的输出的分析与综合的，故将系统能控性与能观测性问题掩盖了。而现代控制理论是研究系统状态的分析与综合的，故将系统能控性与能观测性问题突显出来。这两个概念是现代控制理论的最基本概念，也是系统进行最优化设计的前提。本章分别介绍了能控性判据与能观测性判据的三种方法(形式)，其中通过能控性矩阵与能观测性矩阵判别的方法是最基本的。在能控与能观的基础上，进行状态反馈的最优化设计，需要借助系统的能控规范型与能观测规范型，这正是本章要介绍的第二部分内容。

4.2　能控性和能观测性的概念

能控性和能观测性是系统的一种特性。这两个概念是卡尔曼在 20 世纪 60 年代提出的，是现代控制理论中的两个基本概念。能控性是检查每一状态分量能否被 $\boldsymbol{u}(t)$ 控制，是指控制作用对系统的影响能力；能观测性表示由量测量 $\boldsymbol{y}$ 能否判断状态 $\boldsymbol{X}$，它反映由系统输出量确定系统状态的可能性。因此，能控性和能观测性从状态的控制能力和状态的识别能力两个方面反映系统本身的内在特性。实际上，现代控制理论中研究的许多问题，如最优控制、最佳估计等，都以能控性和能观测性作为其解存在的条件。

实现能控与能观测面临的一个问题是，控制作用是否可使系统在有限的时间内，从起始状态导引到要求的状态；另一个问题是，通过观测有限时间内的输出量而识别出系统的起始状态，从而识别系统的状态。

能控性与能观测性之所以成为现代控制理论中的基本问题，是因为它着眼于对状态的控制。而经典控制理论是着眼于输出控制，受控过程可表示为一个复杂的高阶微分方程

$$y^{(n)} + a_1 y^{(n-1)} + \cdots + a_{n-1}\dot{y} + a_n y = b_0 u^{(n)} + b_1 u^{(n-1)} + \cdots + b_{n-1}\dot{u} + b_n u$$

因为被控量 y 与控制作用 u 之间存在着明显的依赖关系，所以理论及实践上并不面临能否控制、能否观测的问题。但就系统的状态而言，这个问题仍客观存在，只是由于着眼于输出控制而被掩盖了。在现代控制理论中，用状态空间方程来描述系统，通过对系统的状态方程及输出方程的分析，可以判明系统的能控性和能观测性。也就是说，能控性、能观测性条件由系统的状态方程和输出方程的系数矩阵决定。因此能控性与能观测性定义如

下：

1. 能控性定义

线性系统 $\dot{X}=A(t)X+B(t)u$，在 t_0 时刻的任意初值 $X(t_0)=X_0$，对 $t_a>t_0, t_a\in J$（J 为系统的时间定义域），可找到容许控制 u（其元在 $[t_0,t_a]$ 上平方可积），使 $X(t_a)=0$，则称系统在 $[t_0,t_a]$ 上是状态能控的。

由该定义出发，可以加深对能控性的理解。

① 系统的初始状态 X_0 是状态空间中任意非零的有限点，目标状态 $X(t_a)$ 为状态空间的原点。

② 把系统从初始状态引向目标状态的控制作用 u，必满足状态方程解存在惟一性的条件。

③ 把系统从初始状态引向目标状态的时间定义域为一个有限区间 $[t_0,t_a]$。

2. 能观测性的定义

线性系统

$$\begin{cases}\dot{X}=A(t)X+B(t)u\\ y=C(t)X\end{cases}$$

在 t_0 时刻存在 $t_a>t_0\in J$（J 为系统时间定义域），根据在 $[t_0,t_a]$ 的量测值 $y(t)$，在 $t\in[t_0,t_a]$ 区间内能够惟一地确定系统在 t_0 时刻的任意初始状态 X_0，则称系统在 $[t_0,t_a]$ 上是状态能观测的。

能观测性是研究状态和输出量的关系，即通过对输出量在有限时间内的量测，能否把系统的状态识别出来。实质上，可归结为初始状态的识别问题。

4.3　线性定常系统的能控性判据

一、状态能控性判据的第一种形式

定理4.1　系统 $\Sigma=(A,B)$，即

$$\dot{X}=AX+Bu$$
$$y=CX+Du$$

状态完全能控的充分必要条件是其能控性矩阵

$$Q_k=[B \vdots AB \vdots \cdots \vdots A^{n-1}B]$$

满秩，即

$$\text{rank}[B \vdots AB \vdots \cdots \vdots A^{n-1}B]=n$$

证明　设系统 $\Sigma=(A,B)$ 的状态完全能控，则任意非零 $X_0\in X$ 必为能控状态，已知其解为

$$X(t)=\Phi(t-t_0)X_0+\int_{t_0}^{t}\Phi(t-\tau)Bu(\tau)\mathrm{d}\tau$$

根据定义,如果系统在$[t_0,t_a]$上完全能控,那么就有

$$0=\Phi(t_a-t_0)X_0+\int_{t_0}^{t_a}\Phi(t_a-\tau)Bu(\tau)\mathrm{d}\tau$$

所以

$$-X_0=\Phi^{-1}(t_a-t_0)\int_{t_0}^{t_a}\Phi(t_a-\tau)Bu(\tau)\mathrm{d}\tau$$

又由状态转移矩阵的性质 $\Phi^{-1}(t_a-t_0)=\Phi(t_0-t_a)$及传递性,有

$$-X_0=\int_{t_0}^{t_a}\Phi(t_0-\tau)Bu(\tau)\mathrm{d}\tau \tag{4.1}$$

式中,$\Phi(t_0-\tau)=\mathrm{e}^{A(t_0-\tau)}$,根据凯利-哈密尔顿定理,可以把 $\mathrm{e}^{A(t_0-\tau)}$的无穷幂级数化为 A 的有限项表达式,A 为 $n\times n$ 矩阵,则

$$\Phi(t_0-\tau)=\mathrm{e}^{A(t_0-\tau)}=$$
$$a_0(\tau)I+a_1(\tau)A+\cdots+a_{n-1}(\tau)A^{n-1}=$$
$$\sum_{k=0}^{n-1}a_k(\tau)\cdot A^k$$

代入式(4.1),有

$$-X_0=\int_{t_0}^{t_a}\sum_{k=0}^{n-1}a_k(\tau)A^kBu(\tau)\mathrm{d}\tau=$$
$$\sum_{k=0}^{n-1}A^k\cdot B\int_{t_0}^{t_a}a_k(\tau)u(\tau)\mathrm{d}\tau$$

令 $\beta_k=\int_{t_0}^{t_a}a_k(\tau)u(\tau)\mathrm{d}\tau$,因 u 为 r 维向量,则 β_k 也必为 r 维向量,即

$$\beta_k=\begin{bmatrix}\beta_{k1}\\ \beta_{k2}\\ \vdots\\ \beta_{kr}\end{bmatrix}=\begin{bmatrix}\int_{t_0}^{t_a}a_k(\tau)u_1(\tau)\mathrm{d}\tau\\ \int_{t_0}^{t_a}a_k(\tau)u_2(\tau)\mathrm{d}\tau\\ \vdots\\ \int_{t_0}^{t_a}a_k(\tau)u_r(\tau)\mathrm{d}\tau\end{bmatrix}$$

式中,$\beta_{ki}(i=1,2,\cdots,r)$为 β_k 的元,为标量。所以

$$-X_0=\sum_{k=0}^{n-1}A^kB\begin{bmatrix}\beta_{k1}\\ \beta_{k2}\\ \vdots\\ \beta_{kr}\end{bmatrix}=\sum_{k=0}^{n-1}A^k[b_1\quad b_2\quad\cdots\quad b_r]\begin{bmatrix}\beta_{k1}\\ \beta_{k2}\\ \vdots\\ \beta_{kr}\end{bmatrix}=$$

$$\sum_{k=0}^{n-1}(\beta_{k1}A^k b_1+\beta_{k2}A^k b_2+\cdots+\beta_{kr}A^k b_r)=$$

$$[b_1\ \cdots\ b_r \vdots Ab_1\ \cdots\ Ab_r \vdots \cdots \vdots A^{n-1}b_1\ \cdots\ A^{n-1}b_r]\begin{bmatrix}\beta_{01}\\ \vdots \\ \beta_{0r}\\ \cdots \\ \vdots \\ \cdots \\ \beta_{(n-1)1}\\ \vdots \\ \beta_{(n-1)r}\end{bmatrix}=$$

$$[B \vdots AB \vdots \cdots \vdots A^{n-1}B]\begin{bmatrix}\beta_{01}\\ \vdots \\ \beta_{0r}\\ \cdots \\ \vdots \\ \cdots \\ \beta_{(n-1)1}\\ \vdots \\ \beta_{(n-1)r}\end{bmatrix}$$

上式表明,任意一个能控状态 X_0 都可表示为向量 $b_1,b_2,\cdots,A^{n-1}b_r$ 的线性组合,因为 n 维向量中,有且仅有 n 个向量是线性无关的,所以向量 $b_1,b_2,\cdots,A^{n-1}b_r$ 中最多只有 n 个向量是线性无关的。如果不是这样,设有 $p>n$ 个向量是线性无关的。那么任意的能控状态 X_0 必可惟一地表示这些线性无关的向量的线性组合,而它们的集合为 $p<n$ 的假设不能成立,即 $b_1,b_2,\cdots,A^{n-1}b_r$ 中线性无关的向量个数的下限为 n,从而证明了 X 中的任意 X_0 均为能控状态,即 $\Sigma=(A,B)$ 为状态完全能控的充分必要条件是:$b_1,b_2,\cdots,A^{n-1}b_r$ 中有且仅有 n 个线性无关的向量,即 $\mathrm{rank}[B \vdots AB \vdots \cdots \vdots A^{n-1}B]=n$。

综上所述,由第二章知,一个 n 阶系统有且仅有 n 个状态变量可以选择,所以从物理概念上看,能控性矩阵 Q_k 的秩表示可以控制的状态数目;从控制工程上看,能控性问题实质上是讨论调节的可实现问题。

推论　对于单输入情况,求解可得到相应的控制作用 u,使状态变量从任意 X_0 移到原点,则矩阵 $Q_k=[B \vdots AB \vdots \cdots \vdots A^{n-1}B]$必须是正则矩阵,即非奇异矩阵,换句话说,矩阵 Q_k 的逆存在,即$|Q_k|\neq 0$。而$|Q_k|\neq 0$,表示了矩阵 $Q_k=[B \vdots AB \vdots \cdots \vdots A^{n-1}B]$有且仅有 n 个向量是线性无关的,也就是 Q_k 的秩为 n,即 $\mathrm{rank}[B \vdots AB \vdots \cdots \vdots A^{n-1}B]=n$。

因此可以把$|Q_k| \neq 0$,作为单输入情况下的能控性判据。

对于多输入情况,Q_k不是方矩阵,不能用此结论。但因为有下列关系,即

$$\text{rank}\ Q_k = \text{rank}\ Q_k Q_k^T$$

因此,可以把$|Q_k Q_k^T| \neq 0$作为多输入情况下的能控性判据。

例 4.1 考察如下系统的能控性

$$\begin{bmatrix} \dot{x}_1 \\ \dot{x}_2 \\ \dot{x}_3 \end{bmatrix} = \begin{bmatrix} -1 & -2 & -2 \\ 0 & -1 & 1 \\ 1 & 0 & -1 \end{bmatrix} \begin{bmatrix} x_1 \\ x_2 \\ x_3 \end{bmatrix} + \begin{bmatrix} 2 \\ 0 \\ 1 \end{bmatrix} u$$

解 显然

$$\boldsymbol{B} = \begin{bmatrix} 2 \\ 0 \\ 1 \end{bmatrix}, \boldsymbol{AB} = \begin{bmatrix} -1 & 2 & -2 \\ 0 & -1 & 1 \\ 1 & 0 & -1 \end{bmatrix} \begin{bmatrix} 2 \\ 0 \\ 1 \end{bmatrix} = \begin{bmatrix} -4 \\ 1 \\ 1 \end{bmatrix}, \boldsymbol{A}^2\boldsymbol{B} = \begin{bmatrix} 0 \\ 0 \\ -5 \end{bmatrix}$$

所以

$$\boldsymbol{Q}_k = [\boldsymbol{B} \vdots \boldsymbol{AB} \vdots \boldsymbol{A}^2\boldsymbol{B}] = \begin{bmatrix} 2 & -4 & 0 \\ 0 & 1 & 0 \\ 1 & 1 & -5 \end{bmatrix}$$

$$\text{rank}\ \boldsymbol{Q}_k = 3$$

故此系统的状态完全可控。

例 4.2 试判断线性定常系统

$$\begin{bmatrix} \dot{x}_1 \\ \dot{x}_2 \\ \dot{x}_3 \end{bmatrix} = \begin{bmatrix} 1 & 3 & 2 \\ 0 & 2 & 0 \\ 0 & 1 & 3 \end{bmatrix} \begin{bmatrix} x_1 \\ x_2 \\ x_3 \end{bmatrix} + \begin{bmatrix} 2 & 1 \\ 1 & 1 \\ -1 & -1 \end{bmatrix} \begin{bmatrix} u_1 \\ u_2 \end{bmatrix}$$

是否具有能控性。

解 该系统的能控性矩阵的秩为

$$\text{rank}[\boldsymbol{B} \quad \boldsymbol{AB} \quad \boldsymbol{A}^2\boldsymbol{B}] = \text{rank} \begin{bmatrix} 2 & 1 & 3 & 2 & 5 & 4 \\ 1 & 1 & 2 & 2 & 4 & 4 \\ -1 & -1 & -2 & -2 & -4 & -4 \end{bmatrix} =$$

$$\text{rank} \begin{bmatrix} 2 & 1 & 3 & 2 & 5 & 4 \\ 1 & 1 & 2 & 2 & 4 & 4 \\ 0 & 0 & 0 & 0 & 0 & 0 \end{bmatrix} = 2 < 3$$

因为该系统能控性矩阵的秩小于系统的阶次,所以给定的线性定常系统不具有能控性。

在此特别指出,当计算的行数小于列数的矩阵秩时,应用下列关系式是较方便的,即

$$\text{rank}[\boldsymbol{B} \vdots \boldsymbol{AB} \vdots \cdots \vdots \boldsymbol{A}^{n-1}\boldsymbol{B}] =$$
$$\text{rank}[(\boldsymbol{B} \vdots \boldsymbol{AB} \vdots \cdots \vdots \boldsymbol{A}^{n-1}\boldsymbol{B})(\boldsymbol{B} \vdots \boldsymbol{AB} \vdots \cdots \vdots \boldsymbol{A}^{n-1}\boldsymbol{B})^T] \tag{4.2}$$

式(4.2)右端矩阵是 $n\times n$ 方阵,计算方矩阵的秩是较简单的。

根据式(4.2)重新判断例 4.2 的能控性,有

$$\mathrm{rank}[\boldsymbol{B}\vdots\boldsymbol{AB}\vdots\cdots\vdots\boldsymbol{A}^{n-1}\boldsymbol{B}]=$$

$$\mathrm{rank}\begin{bmatrix}2&1&3&2&5&4\\1&1&2&2&4&4\\-1&-1&-2&-2&-4&-4\end{bmatrix}\begin{bmatrix}2&1&-1\\1&1&-1\\3&2&-2\\2&2&-2\\5&4&-4\\4&4&-4\end{bmatrix}=$$

$$\mathrm{rank}\begin{bmatrix}59&49&49\\49&42&42\\-49&-42&-42\end{bmatrix}=\mathrm{rank}\begin{bmatrix}59&49&49\\49&42&42\\0&0&0\end{bmatrix}=2<3$$

所得结果与按 3×6 矩阵式计算得的秩完全相同。

例 4.3　试判断线性定常系统

$$\begin{bmatrix}\dot{x}_1\\\dot{x}_2\\\dot{x}_3\end{bmatrix}=\begin{bmatrix}1&2&-1\\0&1&0\\1&0&3\end{bmatrix}\begin{bmatrix}x_1\\x_2\\x_3\end{bmatrix}+\begin{bmatrix}1&0\\0&1\\0&0\end{bmatrix}\begin{bmatrix}u_1\\u_2\end{bmatrix}$$

是否具有能控性。

解　计算该系统的能控性矩阵的秩,即

$$\mathrm{rank}[\boldsymbol{B}\vdots\boldsymbol{AB}\vdots\cdots\vdots\boldsymbol{A}^{n-1}\boldsymbol{B}]=\mathrm{rank}\begin{bmatrix}1&0&1&2&0&4\\0&1&0&1&0&1\\0&0&1&0&4&2\end{bmatrix}=3$$

故该系统具有能控性。

在此特别指出,因为多输入系统的能控性矩阵是一个 $n\times nr$ 矩阵,在判断是否满秩时,并非一定需要将能控性矩阵算完,而是算到哪一步发现 $\mathrm{rank}[\boldsymbol{B}\vdots\boldsymbol{AB}\vdots\cdots\vdots\boldsymbol{A}^{n-1}\boldsymbol{B}]=n$ 满足了,就可在哪一步停下来。

下面重新判断例 4.3 的能控性,即

$$\mathrm{rank}[\boldsymbol{B}\vdots\boldsymbol{AB}]=\mathrm{rank}\begin{bmatrix}1&0&1&2\\0&1&0&1\\0&0&1&0\end{bmatrix}=3$$

就可以判断出该多输入系统具有能控性了,而无需再往下计算 $\mathrm{rank}[\boldsymbol{B}\vdots\boldsymbol{AB}\vdots\boldsymbol{A}^2\boldsymbol{B}]$。

二、状态能控性判据的第二种形式

上述第一种形式判据使用很方便,但当 $\mathrm{rank}\ \boldsymbol{Q}_{\mathrm{k}}<n$,状态不完全能控时,具体不知道哪个状态失控,这个问题第二种形式的判据给予了回答。

定理 4.2　设系统 $\Sigma=(\boldsymbol{A},\boldsymbol{B})$ 具有两两相异的特征值 $\lambda_1,\lambda_2,\cdots,\lambda_n$,则系统状态完全能控的充分必要条件是系统经线性非奇异变换后的对角线规范型

$$\dot{\hat{X}}=\begin{bmatrix}\lambda_1 & & & 0\\ & \lambda_2 & & \\ & & \ddots & \\ 0 & & & \lambda_n\end{bmatrix}\hat{X}+\hat{B}u$$

中，$\hat{B}$ 不包含元素全为 0 的行。

很明显，此法的优点在于变换后将不可控部分确定下来，它的不足之处是变换复杂。

例 4.4 考察如下系统的能控性：

① $$\begin{bmatrix}\dot{\hat{x}}_1\\ \dot{\hat{x}}_2\\ \dot{\hat{x}}_3\end{bmatrix}=\begin{bmatrix}-7 & 0 & 0\\ 0 & -5 & 0\\ 0 & 0 & -1\end{bmatrix}\begin{bmatrix}\hat{x}_1\\ \hat{x}_2\\ \hat{x}_3\end{bmatrix}+\begin{bmatrix}2\\ 5\\ 7\end{bmatrix}u$$

② $$\begin{bmatrix}\dot{\hat{x}}_1\\ \dot{\hat{x}}_2\\ \dot{\hat{x}}_3\end{bmatrix}=\begin{bmatrix}-7 & 0 & 0\\ 0 & -5 & 0\\ 0 & 0 & -1\end{bmatrix}\begin{bmatrix}\hat{x}_1\\ \hat{x}_2\\ \hat{x}_3\end{bmatrix}+\begin{bmatrix}2\\ 0\\ 9\end{bmatrix}u$$

③ $$\begin{bmatrix}\dot{\hat{x}}_1\\ \dot{\hat{x}}_2\\ \dot{\hat{x}}_3\end{bmatrix}=\begin{bmatrix}-7 & 0 & 0\\ 0 & -5 & 0\\ 0 & 0 & -1\end{bmatrix}\begin{bmatrix}\hat{x}_1\\ \hat{x}_2\\ \hat{x}_3\end{bmatrix}+\begin{bmatrix}0 & 1\\ 4 & 0\\ 7 & 5\end{bmatrix}\begin{bmatrix}u_1\\ u_2\end{bmatrix}$$

显然，①、③状态完全能控；②状态不完全能控，且为第二个状态 $\hat{x}_2$ 不能控。

定理 4.3 设系统 $\Sigma=(\boldsymbol{A},\boldsymbol{B})$ 具有重特征值，λ_1（m_1 重），λ_2（m_2 重），…，λ_k（m_k 重），$\sum_{i=1}^{k}m_i=n$，$\lambda_i\neq\lambda_j(i\neq j)$，则系统状态完全能控的充分必要条件是，经非奇异变换后的约当规范形式为

$$\dot{\hat{X}}=\begin{bmatrix}J_1 & & & 0\\ & J_2 & & \\ & & \ddots & \\ 0 & & & J_k\end{bmatrix}\hat{X}+\hat{B}u$$

其中 $\hat{B}$ 与每个约当小块 $J_i(i=1,2,\cdots,k)$ 的最后一行相应的所有行元素不完全为零。

例 4.5 考察如下系统的能控性：

① $$\begin{bmatrix}\dot{\hat{x}}_1\\ \dot{\hat{x}}_2\\ \dot{\hat{x}}_3\end{bmatrix}=\begin{bmatrix}-4 & 1 & 0\\ 0 & -4 & 0\\ 0 & 0 & -2\end{bmatrix}\begin{bmatrix}\hat{x}_1\\ \hat{x}_2\\ \hat{x}_3\end{bmatrix}+\begin{bmatrix}0\\ 4\\ 3\end{bmatrix}u$$

② $$\begin{bmatrix}\dot{\hat{x}}_1\\ \dot{\hat{x}}_2\\ \dot{\hat{x}}_3\end{bmatrix}=\begin{bmatrix}-4 & 1 & 0\\ 0 & -4 & 0\\ 0 & 0 & -2\end{bmatrix}\begin{bmatrix}\hat{x}_1\\ \hat{x}_2\\ \hat{x}_3\end{bmatrix}+\begin{bmatrix}4 & 2\\ 0 & 0\\ 3 & 0\end{bmatrix}\begin{bmatrix}u_2\\ u_2\end{bmatrix}$$

③ $$\begin{bmatrix}\dot{\hat{x}}_1\\ \dot{\hat{x}}_2\\ \dot{\hat{x}}_3\\ \dot{\hat{x}}_4\end{bmatrix}=\left[\begin{array}{cc|cc}-4 & 1 & & 0\\ 0 & -4 & & \\ \hline & & -1 & 1\\ & 0 & 0 & -1\end{array}\right]\begin{bmatrix}\hat{x}_1\\ \hat{x}_2\\ \hat{x}_3\\ \hat{x}_4\end{bmatrix}+\begin{bmatrix}1 & 0 & 1\\ 0 & 0 & 2\\ 0 & 0 & 0\\ 0 & 1 & 0\end{bmatrix}\begin{bmatrix}u_2\\ u_2\\ u_3\end{bmatrix}$$

显然,①状态完全能控;②状态不完全能控,且状态 $\hat{x}_2$ 不能控;③状态完全能控。

三、状态能控性判据的第三种形式

1. 由状态空间描述确定传递函数

单输入-单输出线性定常系统为

$$\begin{cases}\dot{X}=AX+Bu\\ y=CX+Du\end{cases}$$

式中,X 为 n 维状态向量;u 和 y 为输入和输出标量;A 为 $n\times n$ 常矩阵;B 为 $n\times 1$ 常矩阵;C 为 $1\times n$ 常矩阵;D 为 1×1 常矩阵,即常数。

设初始条件为0,对上式取拉氏变换,有

$$\begin{cases}sX(s)=AX(s)+BU(s)\\ Y(s)=CX(s)+DU(s)\end{cases}$$

根据传递函数的定义,由上式可得

$$W(s)=\frac{Y(s)}{U(s)}=C(sI-A)^{-1}B+D=$$

$$C\frac{\mathrm{adj}(sI-A)}{|sI-A|}B+D=$$

$$\frac{C\mathrm{adj}(sI-A)B+D(|sI-A|)}{|sI-A|}$$

如 $D=0$,则

$$W(s)=\frac{Y(s)}{U(s)}=C\frac{\mathrm{adj}(sI-A)}{|sI-A|}B \tag{4.3}$$

式中,adj$(sI-A)$表示特征矩阵 $sI-A$ 的伴随矩阵。式(4.3)等于经典控制理论中的

$$W(s)=\frac{Y(s)}{U(s)}=\frac{b_1s^{n-1}+\cdots+b_{n-1}s+b_n}{s^n+a_1s^{n-1}+\cdots+a_{n-1}s+a_n}$$

因此,可得出如下结论:

① 传递函数的分母多项式等于系数矩阵 A 的特征多项式。

② 传递函数的极点就是系统或者说系数矩阵 A 的特征值。

③ 单输入-单输出线性定常系统稳定的充要条件是 $W(s)$的极点均具有负实部;在状态空间表达式中,就是要求系数矩阵 A 的所有特征值均具有负实部。

根据传递函数的定度义,定义状态-输入的传递函数为

$$(sI-A)^{-1}B \tag{4.4}$$

定义状态－输出的传递函数为

$$C(sI-A)^{-1}$$

2. 能控性判据的 s 域形式

定理 4.4 线性定常单输入－单输出系统，状态完全能控的充分必要条件是，其状态－输入的传递函数

$$(sI-A)^{-1}B$$

无相消因子，即无零极相消现象。

4.4 线性定常系统的能观测性判据

一、状态能观测性判据的第一种形式

定理4.5 系统 $\Sigma=(A,C)$，即

$$\begin{cases}\dot{X}=AX\\ y=CX\end{cases} \tag{4.5}$$

状态完全能观测的充分必要条件是其能观测性矩阵

$$Q_g=[C^T \vdots A^TC^T \vdots \cdots \vdots (A^T)^{n-1}C^T]$$

满秩，即

$$Q_g^T=\begin{bmatrix}C\\ CA\\ \vdots\\ CA^{n-1}\end{bmatrix}$$

满秩。

证明 已知

$$\begin{cases}\dot{X}=AX\\ y=CX\end{cases}$$

则输出可表示为 $y(t)=Ce^{At}X(0)$，由于

$$e^{At}=\sum_{k=0}^{n-1}a_k(t)A^k$$

于是

$$y(t)=\sum_{k=0}^{n-1}a_k(t)CA^kX(0)$$

或者写成

$$y(t)=a_0(t)CX(0)+a_1(t)CAX(0)+\cdots+a_{n-1}CA^{n-1}X(0) \tag{4.6}$$

如果系统是完全能观测的，那么在 $0\leqslant t\leqslant t_a$ 时间间隔内，当输出 $y(t)$ 给定后，就应从式(4.6)中惟一地确定出 $X(0)$，这就说明了要求 $n\times m$ 矩阵

$$\begin{bmatrix} C \\ CA \\ \vdots \\ CA^{n-1} \end{bmatrix}$$

的秩为 n。上述条件可改写成下面形式，当 $n\times m$ 矩阵

$$[C^{\mathrm{T}} \vdots A^{\mathrm{T}}C^{\mathrm{T}} \vdots \cdots \vdots (A^{\mathrm{T}})^{n-1}C^{\mathrm{T}}]$$

的秩为 n，或者具有 n 个线性无关的列向量时，系统就是完全能观测的。

从物理概念上看，能观测性矩阵的秩表示可观测状态的数目。状态能观测性的实质可以归结为对系统初始状态的识别问题。

推论　对单输出系统，求解 X_0 的充分必要条件为，能观测性矩阵

$$Q_g=[C^{\mathrm{T}} \vdots A^{\mathrm{T}}C^{\mathrm{T}} \vdots \cdots \vdots (A^{\mathrm{T}})^{n-1}C^{\mathrm{T}}]$$

是正则矩阵，即非奇异矩阵。换句话说，$|Q_g|\neq 0$ 是系统能观测的充分且必要条件。而 $|Q_g|\neq 0$ 表示了矩阵

$$Q_g=[C^{\mathrm{T}} \quad A^{\mathrm{T}}C^{\mathrm{T}} \quad \cdots \quad (A^{\mathrm{T}})^{n-1}C^{\mathrm{T}}]$$

有且仅有 n 个向量是线性独立的，也就是 Q_g 的秩为 n。因此对单输出系统，可以把 $|Q_g|\neq 0$ 作为其能观测性判据。

同样，对多输出系统，Q_g 不是方阵，但有如下关系，即

$$\mathrm{rank}\ Q_g=\mathrm{rank}\ Q_gQ_g^{\mathrm{T}}$$

因此，可把 $|Q_gQ_g^{\mathrm{T}}|\neq 0$ 作为多输出系统能观测性判据。

例 4.6　系统的动力学方程为

$$\begin{bmatrix} \dot{x}_1 \\ \dot{x}_2 \\ \dot{x}_3 \end{bmatrix}=\begin{bmatrix} 0 & 1 & 0 \\ 0 & 0 & 1 \\ -6 & -11 & -6 \end{bmatrix}\begin{bmatrix} x_1 \\ x_2 \\ x_3 \end{bmatrix}+\begin{bmatrix} 0 \\ 0 \\ 1 \end{bmatrix}u$$

$$y=[4 \quad 5 \quad 1]\begin{bmatrix} x_1 \\ x_2 \\ x_3 \end{bmatrix}$$

试判明能观测性。

解　显然

$$C=[4 \quad 5 \quad 1]$$

$$CA=[4 \quad 5 \quad 1]\begin{bmatrix} 0 & 1 & 0 \\ 0 & 0 & 1 \\ -6 & -11 & -6 \end{bmatrix}=[-6 \quad -7 \quad -1]$$

$$CA^2=[-6 \quad -7 \quad -1]\begin{bmatrix} 0 & 1 & 0 \\ 0 & 0 & 1 \\ -6 & -11 & -6 \end{bmatrix}=[6 \quad 5 \quad -1]$$

能观测性矩阵为

$$Q_g^{\mathrm{T}} = \begin{bmatrix} C \\ CA \\ CA^2 \end{bmatrix} = \begin{bmatrix} 4 & 5 & 1 \\ -6 & -7 & -1 \\ 6 & 5 & -1 \end{bmatrix}$$

Q_g 中第二列减去第一列就等于第三列,所以

$$\operatorname{rank} Q_g = 2 < 3$$

因此,系统不是状态完全能观测的。

例4.7 系统的动力学方程是

$$\begin{bmatrix} \dot{x}_1 \\ \dot{x}_2 \end{bmatrix} = \begin{bmatrix} 2 & -1 \\ 1 & -3 \end{bmatrix} \begin{bmatrix} x_1 \\ x_2 \end{bmatrix} + \begin{bmatrix} -1 \\ 1 \end{bmatrix} u$$

$$\begin{bmatrix} y_1 \\ y_2 \end{bmatrix} = \begin{bmatrix} 1 & 0 \\ -1 & 0 \end{bmatrix} \begin{bmatrix} x_1 \\ x_2 \end{bmatrix}$$

试确定系统的能观测性。

解 显然

$$CA = \begin{bmatrix} 1 & 0 \\ -1 & 0 \end{bmatrix} \begin{bmatrix} 2 & -1 \\ 1 & -3 \end{bmatrix} = \begin{bmatrix} 2 & -1 \\ -2 & 1 \end{bmatrix}$$

能观测性矩阵为

$$Q_g^{\mathrm{T}} = \begin{bmatrix} C \\ \vdots \\ CA \end{bmatrix} = \begin{bmatrix} 1 & 0 \\ -1 & 0 \\ 2 & -1 \\ -2 & 1 \end{bmatrix}$$

不难看出,它的秩为 2,所以系统是能观测的。

例 4.8 设系统的方块图如图4.1所示,试判断其能控性与能观测性。

解 系统方程为

$$\begin{cases} \dot{x}_1 = x_2 + u \\ \dot{x}_2 = -x_1 - 2x_2 - u \end{cases}$$

$$\begin{cases} y_1 = x_1 \\ y_2 = x_1 + x_2 \end{cases}$$

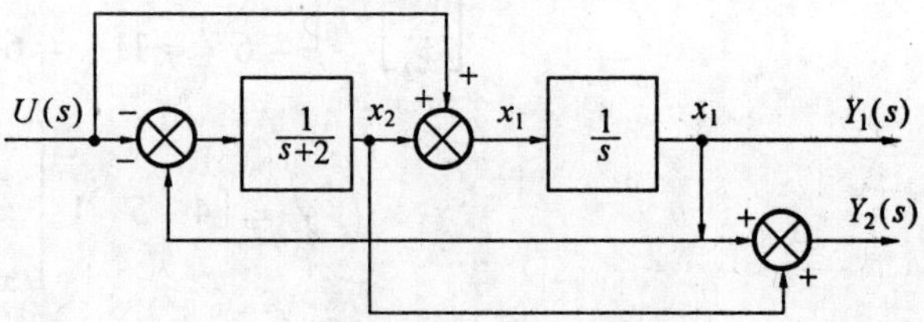

图 4.1 系统方块图

即

$$\dot{X} = AX + Bu$$
$$y = CX$$

其中

$$A = \begin{bmatrix} 0 & 1 \\ -1 & -2 \end{bmatrix}, B = \begin{bmatrix} 1 \\ -1 \end{bmatrix}, C = \begin{bmatrix} 1 & 0 \\ 1 & 1 \end{bmatrix}$$

系统能控性矩阵为

$$Q_k = [B \vdots AB] = \begin{bmatrix} 1 & -1 \\ -1 & 1 \end{bmatrix}$$

其秩不等于 2,故系统不是状态完全能控的。

系统能观测性矩阵为

$$Q_g=[C^{\mathrm{T}} \vdots A^{\mathrm{T}}C^{\mathrm{T}}]=\begin{bmatrix}1&1&0&-1\\0&1&1&-1\end{bmatrix}$$

其秩等于2,故系统是能观测的。

二、状态能观测性判据的第二种形式

定理4.6　设系统 $\Sigma=(A,C)$ 具有两两相异的特征值 $\lambda_1,\lambda_2,\cdots,\lambda_n$,则系统状态完全能观测的充分必要条件是系统经线性非奇异变换后的对角线规范型

$$\dot{\hat{X}}=\begin{bmatrix}\lambda_1&&&0\\&\lambda_2&&\\&&\ddots&\\0&&&\lambda_n\end{bmatrix}\hat{X}$$

$$y=\hat{C}\hat{X}$$

其中,$\hat{C}$ 不包含元素全为0的列。

例4.9　考察如下系统的能观测性

① $\begin{bmatrix}\dot{\hat{x}}_1\\\dot{\hat{x}}_2\\\dot{\hat{x}}_3\end{bmatrix}=\begin{bmatrix}-7&&0\\&-5&\\0&&-1\end{bmatrix}\begin{bmatrix}\hat{x}_1\\\hat{x}_2\\\hat{x}_3\end{bmatrix}$　　$y=[0\quad 4\quad 5]\begin{bmatrix}\hat{x}_1\\\hat{x}_2\\\hat{x}_3\end{bmatrix}$

② $\begin{bmatrix}\dot{\hat{x}}_1\\\dot{\hat{x}}_2\\\dot{\hat{x}}_3\end{bmatrix}=\begin{bmatrix}-7&&0\\&-5&\\0&&-1\end{bmatrix}\begin{bmatrix}\hat{x}_1\\\hat{x}_2\\\hat{x}_3\end{bmatrix}$　　$\begin{bmatrix}y_1\\y_2\end{bmatrix}=\begin{bmatrix}3&2&0\\0&3&1\end{bmatrix}\begin{bmatrix}\hat{x}_1\\\hat{x}_2\\\hat{x}_3\end{bmatrix}$

显然,①是状态不完全能观测的;②是状态完全能观测的。

定理4.7　系统 $\Sigma=(A,C)$ 具有重特征值 $\lambda_1(m_1$ 重$),\lambda_2(m_2$ 重$),\cdots,\lambda_n(m_n$ 重$)$,$\sum_{i=1}^{n}m_i=n$, $\lambda_i\neq\lambda_j(i\neq j)$,则系统状态完全能观测的充分必要条件是经非奇异变换后的Jordan规范型为

$$\dot{\hat{X}}=\begin{bmatrix}J_1&&&0\\&J_2&&\\&&\ddots&\\0&&&J_n\end{bmatrix}\hat{X}\qquad \text{其中}\quad J_i=\begin{bmatrix}\lambda_i&1&&0\\&\ddots&\ddots&\\&&\ddots&1\\0&&&\lambda_i\end{bmatrix}$$

$$y=\hat{C}\hat{X}$$

其中 $\hat{C}$ 与每个约当小块 $J_i(i=1,2,\cdots,n)$ 的首行相对应的各列元素不全为零。

例4.10　考察如下系统的能观测性。

① $$\begin{bmatrix} \dot{\hat{x}}_1 \\ \dot{\hat{x}}_2 \\ \dot{\hat{x}}_3 \\ \dot{\hat{x}}_4 \\ \dot{\hat{x}}_5 \end{bmatrix} = \begin{bmatrix} 3 & 1 & 0 & & \\ 0 & 3 & 1 & \multicolumn{2}{c}{0} \\ 0 & 0 & 3 & & \\ & & & -2 & 1 \\ & 0 & & 0 & -2 \end{bmatrix} \begin{bmatrix} \hat{x}_1 \\ \hat{x}_2 \\ \hat{x}_3 \\ \hat{x}_4 \\ \hat{x}_5 \end{bmatrix} \qquad \begin{bmatrix} y_1 \\ y_2 \end{bmatrix} = \begin{bmatrix} 1 & 1 & 1 & 1 & 0 \\ 1 & 1 & 1 & 0 & 0 \end{bmatrix} \begin{bmatrix} \hat{x}_1 \\ \hat{x}_2 \\ \hat{x}_3 \\ \hat{x}_4 \\ \hat{x}_5 \end{bmatrix}$$

② $$\begin{bmatrix} \dot{\hat{x}}_1 \\ \dot{\hat{x}}_2 \\ \dot{\hat{x}}_3 \\ \dot{\hat{x}}_4 \end{bmatrix} = \begin{bmatrix} 2 & 1 & \multicolumn{2}{c}{0} \\ 0 & 2 & & \\ & & 3 & 1 \\ \multicolumn{2}{c}{0} & 0 & 3 \end{bmatrix} \begin{bmatrix} \hat{x}_1 \\ \hat{x}_2 \\ \hat{x}_3 \\ \hat{x}_4 \end{bmatrix} \qquad \begin{bmatrix} y_1 \\ y_2 \end{bmatrix} = \begin{bmatrix} 0 & 1 & 1 & 0 \\ 0 & 1 & 1 & 1 \end{bmatrix} \begin{bmatrix} \hat{x}_1 \\ \hat{x}_2 \\ \hat{x}_3 \\ \hat{x}_4 \end{bmatrix}$$

显然，①是状态完全能观测的；②是状态不完全能观测的。

三、状态能观测性判据的第三种形式

定理 4.8 线性定常单输入－单输出系统，状态完全能观测的充分必要条件是，其状态－输出的传递函数

$$\boldsymbol{C}(s\boldsymbol{I}-\boldsymbol{A})^{-1}$$

无相消因子，即无零极相消现象。

综合本章 4.3 节与 4.4 节中的第三种判别系统能控、能观的判据，可以有如下结论：

(1) 线性定常单输入－单输出系统

定理 4.9 线性定常单输入－单输出系统，状态完全能控、能观的充分必要条件为，它的输入输出间的传递函数

$$W(s)=\frac{Y(s)}{U(s)}=\boldsymbol{C}(s\boldsymbol{I}-\boldsymbol{A})^{-1}\cdot\boldsymbol{B}$$

无零极相消现象。如有零极相消现象时，再分别用 4.3 节与 4.4 节的第三种形式来鉴别。

(2) 关于零极点相消的理解

现代控制理论不希望有零极相消现象，否则不能实现最优控制，而经典控制理论“希望”零极点对消，甚至近似相消，表面上两者极为矛盾，如认真剖析会发现，经典控制理论对消的零极点均是稳定的，即均位于[s]平面左半部，虽然其对应状态失控，但其对系统的影响会随着时间增大而衰减，使设计系统仍能工作。虽性能不可能最优，但毕竟结构简单，实现容易。

4.5　线性离散定常系统的能控性与能观测性判据

一、线性离散定常系统的能控性判据

$$\begin{cases} X(k+1) = GX(k) + Hu(k) \\ y(k) = CX(k) + Du(k) \end{cases} \qquad k = 0,1,\cdots,n-1$$

离散时间系统的能控性概念和连续时间系统的能控性概念类似。如果对任意初态 $X(0) = X_0$,可找到一个容许控制 $u(k)$,经过有限个采样周期,使 $X(k) = 0$,则称此状态是完全能控的。离散定常系统 $\Sigma = (G,H)$状态完全能控的充分必要条件是能控性矩阵

$$Q_k = [H \vdots GH \vdots \cdots \vdots G^{n-1}H]$$

满秩,即

$$\text{rank}[H \vdots GH \vdots \cdots \vdots G^{n-1}H] = n$$

例 4.11　系统的状态方程为

$$\begin{bmatrix} x_1(k+1) \\ x_2(k+1) \\ x_3(k+1) \end{bmatrix} = \begin{bmatrix} 1 & 0 & 0 \\ 0 & 2 & -2 \\ -1 & 1 & 0 \end{bmatrix} \begin{bmatrix} x_1(k) \\ x_2(k) \\ x_3(k) \end{bmatrix} + \begin{bmatrix} 1 \\ 0 \\ 1 \end{bmatrix} u(k)$$

试判定系统的状态能控性。

解　显然

$$H = \begin{bmatrix} 1 \\ 0 \\ 1 \end{bmatrix}, GH = \begin{bmatrix} 1 & 0 & 0 \\ 0 & 2 & -2 \\ -1 & 1 & 0 \end{bmatrix} \begin{bmatrix} 1 \\ 0 \\ 1 \end{bmatrix} = \begin{bmatrix} 1 \\ -2 \\ -1 \end{bmatrix}$$

$$G^2H = \begin{bmatrix} 1 & 0 & 0 \\ 0 & 2 & -2 \\ -1 & 1 & 0 \end{bmatrix} \begin{bmatrix} 1 \\ -2 \\ -1 \end{bmatrix} = \begin{bmatrix} 1 \\ -2 \\ -3 \end{bmatrix}$$

因此

$$Q_k = [H \vdots GH \vdots G^2H] = \begin{bmatrix} 1 & 1 & 1 \\ 0 & -2 & -2 \\ 1 & -1 & -3 \end{bmatrix}$$

$$\text{rank}[H \vdots GH \vdots G^2H] = 3$$

故系统是状态能控的。

例 4.12

$$H = \begin{bmatrix} 1 & 0 \\ 0 & 1 \\ 0 & 0 \end{bmatrix}, GH = \begin{bmatrix} 1 & 2 \\ 0 & 1 \\ 1 & 0 \end{bmatrix}, G^2H = \begin{bmatrix} 0 & 4 \\ 0 & 1 \\ 4 & 2 \end{bmatrix}$$

因此

$$Q_k = [H \vdots GH \vdots G^2H] = \begin{bmatrix} 1 & 0 & 1 & 2 & 0 & 4 \\ 0 & 1 & 0 & 1 & 0 & 1 \\ 0 & 0 & 1 & 0 & 4 & 2 \end{bmatrix}$$

容易看出 Q_k 的三个行向量是线性无关的，于是

$$\text{rank}[H \vdots GH \vdots G^2H]=3$$

这说明此多输入系统是状态完全能控的。

例 4.13 设连续时间系统的状态方程为

$$\begin{bmatrix}\dot{\hat{x}}_1\\ \dot{\hat{x}}_2\end{bmatrix}=\begin{bmatrix}0 & 0\\ -\omega_2 & 0\end{bmatrix}\begin{bmatrix}\hat{x}_1\\ \hat{x}_2\end{bmatrix}+\begin{bmatrix}0\\ 1\end{bmatrix}u$$

试判别此系统和将其离散化后的离散系统的状态能控性。

解 显然

$$A=\begin{bmatrix}0 & 1\\ -\omega^2 & 0\end{bmatrix},\quad B=\begin{bmatrix}0\\ 1\end{bmatrix},\quad AB=\begin{bmatrix}1\\ 0\end{bmatrix}$$

因此，能控性矩阵

$$Q_k=[B \vdots AB]=\begin{bmatrix}0 & 1\\ 1 & 0\end{bmatrix}$$

的秩为 2，故系统是状态完全能控的。

将系统方程离散化，设采样周期为 T，则

$$G=e^{AT}=L^{-1}[(sI-A)^{-1}]=L^{-1}\begin{bmatrix}\dfrac{s}{s^2+\omega^2} & \dfrac{1}{s^2+\omega^2}\\ \dfrac{-\omega^2}{s^2+\omega^2} & \dfrac{s}{s^2+\omega^2}\end{bmatrix}=\begin{bmatrix}\cos\omega T & \dfrac{\sin\omega T}{\omega}\\ -\omega\sin\omega T & \cos\omega T\end{bmatrix}$$

$$H=\int_0^T e^{At}B\,dt=\int_0^T\begin{bmatrix}\cos\omega T & \dfrac{\sin\omega T}{\omega}\\ -\omega\sin\omega T & \cos\omega T\end{bmatrix}\begin{bmatrix}0\\ 1\end{bmatrix}dt=\begin{bmatrix}\dfrac{1-\cos\omega T}{\omega_2}\\ \dfrac{\sin\omega T}{\omega}\end{bmatrix}$$

而

$$GH=\begin{bmatrix}\cos\omega T & \dfrac{\sin\omega T}{\omega}\\ -\omega\sin\omega T & \cos\omega T\end{bmatrix}\begin{bmatrix}\dfrac{1-\cos\omega T}{\omega^2}\\ \dfrac{\sin\omega T}{\omega}\end{bmatrix}=\begin{bmatrix}\dfrac{\cos\omega T-\cos^2\omega T+\sin^2\omega T}{\omega^2}\\ \dfrac{2\sin\omega T\cos\omega T-\sin\omega T}{\omega}\end{bmatrix}$$

于是，能控性矩阵为

$$Q_k=[H \vdots GH]=\begin{bmatrix}\dfrac{1-\cos\omega T}{\omega^2} & \dfrac{\cos\omega T-\cos^2\omega T+\sin^2\omega T}{\omega^2}\\ \dfrac{\sin\omega T}{\omega} & \dfrac{2\sin\omega T\cos\omega T-\sin\omega T}{\omega}\end{bmatrix}$$

$$|Q_k|=\frac{2}{\omega^3}\sin\omega T(\cos\omega T-1)$$

为使 $|Q_k|\neq 0$，应保证采样周期 $T\neq\dfrac{k\pi}{\omega}(k=0,1,2,\cdots)$。由此可见，将原来是状态完全能控的连续系统离散化后，如采样周期选择不当，也可能使离散化的系统不是状态完全能控的了。

二、线性离散定常系统的能观测性判据

如果根据有限个采样周期内测量的 $\boldsymbol{y}(k)$，可以惟一地确定出系统的任意初始状态 $\boldsymbol{X}_0$，则称 $\boldsymbol{X}_0$ 为能观测状态，即系统为状态完全能观测。线性离散定常系统 $\Sigma=(\boldsymbol{G},\boldsymbol{C})$状态完全能观测的充要条件是能观测性矩阵

$$\boldsymbol{Q}_g=[\boldsymbol{C}^{\mathrm{T}} \vdots \boldsymbol{G}^{\mathrm{T}}\boldsymbol{C}^{\mathrm{T}} \vdots \cdots \vdots (\boldsymbol{G}^{\mathrm{T}})^{n-1}\boldsymbol{C}^{\mathrm{T}}]$$

满秩，即

$$\mathrm{rank}[\boldsymbol{C}^{\mathrm{T}} \vdots \boldsymbol{G}^{\mathrm{T}}\boldsymbol{C}^{\mathrm{T}} \vdots \cdots \vdots (\boldsymbol{G}^{\mathrm{T}})^{n-1}\boldsymbol{C}^{\mathrm{T}}]=n$$

例 4.14　设线性离散定常系统的方程为

$$\boldsymbol{X}(k+1)=\begin{bmatrix} 2 & 0 & 0 \\ -1 & -2 & 0 \\ 0 & 1 & 2 \end{bmatrix}\boldsymbol{X}(k)$$

$$\boldsymbol{y}(k)=\begin{bmatrix} 1 & 0 & 0 \\ 0 & 1 & 0 \end{bmatrix}\boldsymbol{X}(k)$$

试判断系统是否具有能观测性。

解　由于

$$\mathrm{rank}[\boldsymbol{C}^{\mathrm{T}} \vdots \boldsymbol{G}^{\mathrm{T}}\boldsymbol{C}^{\mathrm{T}}]=\mathrm{rank}\begin{bmatrix} 1 & 0 & 2 & -1 \\ 0 & 1 & 0 & -2 \\ 0 & 0 & 3 & 0 \end{bmatrix}=3$$

故给定系统具有能观测性。

4.6　能控规范型和能观测规范型

规范型的研究是线性系统理论的一个重要方面，它揭示了系统代数结构的本质特点，同时为系统的辨识、实现、极点配置、动态补偿等问题提供了重要的分析研究工具。

一、问题的提法

考察 n 维线性定常系统

$$\begin{cases} \dot{\boldsymbol{X}}=\boldsymbol{A}\boldsymbol{X}+\boldsymbol{B}u \\ y=\boldsymbol{C}\boldsymbol{X} \end{cases}$$

如果 $\Sigma=(\boldsymbol{A},\boldsymbol{B})$是完全能控的，则必有

$$\mathrm{rank}[\boldsymbol{B} \vdots \boldsymbol{A}\boldsymbol{B} \vdots \cdots \vdots \boldsymbol{A}^{n-1}\boldsymbol{B}]=$$
$$\mathrm{rank}[\boldsymbol{b}_1 \ \cdots \ \boldsymbol{b}_r \ \vdots \ \boldsymbol{A}\boldsymbol{b}_1 \ \cdots \ \boldsymbol{A}\boldsymbol{b}_r \vdots \cdots \vdots \ \boldsymbol{A}^{n-1}\boldsymbol{b}_1 \ \cdots \ \boldsymbol{A}^{n-1}\boldsymbol{b}_r]=n$$

这表明上述能控性矩阵中，有且仅有 n 维列向量是线性无关的。因此，如果取这些线性无关的列向量的某种线性组合，仍可得出一组线性无关的列向量，可构成状态空间的一组基底，并且仅当系统是完全能控时才容许这样做。这样，所谓能控规范型，就是指能控对$(\boldsymbol{A},\boldsymbol{B})$在上述基底下所具有的标准形式。同样，若假定系统 $\Sigma=(\boldsymbol{A},\boldsymbol{C})$是完全能观测

的,那么有

$$\mathrm{rank}[\quad C^{\mathrm{T}} \vdots A^{\mathrm{T}}C^{\mathrm{T}} \vdots \cdots \vdots (A^{\mathrm{T}})^{n-1}C^{\mathrm{T}}] =$$

$$\mathrm{rank}[C_1^{\mathrm{T}}\cdots C_m{}^{\mathrm{T}} \vdots A^{\mathrm{T}}C_1{}^{\mathrm{T}}\cdots A^{\mathrm{T}}C_m{}^{\mathrm{T}} \vdots \cdots \vdots (A^{\mathrm{T}})^{n-1}(C_1{}^{\mathrm{T}})\cdots(A^{\mathrm{T}})^{n-1}C_m^{\mathrm{T}}] = n$$

上式表明,系统的能观测性矩阵,有且仅有 n 维列向量是线性无关的,从而也可导出一组基底,能观测对(A,C)在这组基底下的表现,称为能观测规范型。

对于单输入-单输出系统,其能控性矩阵$[B \vdots AB \vdots \cdots \vdots A^{n-1}B]$和能观测矩阵$[C^{\mathrm{T}} \vdots A^{\mathrm{T}}C^{\mathrm{T}} \vdots \cdots \vdots (A^{\mathrm{T}})^{n-1}C^{\mathrm{T}}]$只有惟一的一组线性无关的向量,因此当$(A,B)$表示为能控规范型和$(A,C)$表示为能观测规范型时,其表示方法将是惟一的。而对多输入-多输出系统,把(A,B)和(A,C)化为规范型,可以有不同的选择基底的方法,因而其表示方法将不是惟一的。

二、单输入-单输出系统的能控规范型

定理 4.10　设单输入线性定常系统的状态方程为

$$\begin{cases}\dot{X} = AX + Bu \\ y = CX\end{cases}$$

式中,X 为 $n\times1$ 向量;A 为 $n\times n$ 矩阵;B 为 $n\times1$ 矩阵;u 为标量。若系统具有能控性,即其 $n\times n$ 能控性矩阵

$$Q_{\mathrm{k}} = [B \vdots AB \vdots \cdots \vdots A^{n-1}B]$$

非奇异,则存在非奇异变换

$$\hat{X} = PX$$

或

$$X = P^{-1}\hat{X} \tag{4.7}$$

可将状态方程化为能控规范型

$$\begin{cases}\dot{\hat{X}} = \hat{A}\hat{X} + \hat{B}u \\ y = \hat{C}\hat{X}\end{cases} \tag{4.8}$$

式中

$$\hat{A} = \begin{bmatrix} 0 & 1 & 0 & \cdots & 0 \\ 0 & 0 & 1 & \cdots & 0 \\ \vdots & \vdots & \vdots & & \vdots \\ -a_n & -a_{n-1} & -a_{n-2} & \cdots & -a_1 \end{bmatrix},\quad \hat{B} = \begin{bmatrix} 0 \\ 0 \\ \vdots \\ 1 \end{bmatrix} \tag{4.9}$$

而 $\hat{C}$ 为任意的 $1\times n$ 矩阵。

变换矩阵

$$P = \begin{bmatrix} P_1 \\ P_1A \\ \vdots \\ P_1A^{n-1} \end{bmatrix} \tag{4.10}$$

式中　$$P_1 = [0 \quad 0 \quad \cdots \quad 1][B \vdots AB \vdots \cdots \vdots A^{n-1}B]^{-1}$$

证明　令

$$X=\begin{bmatrix}x_1(t)\\x_2(t)\\\vdots\\x_n(t)\end{bmatrix},\quad \hat{X}=\begin{bmatrix}\hat{x}_1(t)\\\hat{x}_2(t)\\\vdots\\\hat{x}_n(t)\end{bmatrix}$$

$$P=\begin{bmatrix}p_{11}&p_{12}&\cdots&p_{1n}\\p_{21}&p_{22}&\cdots&p_{2n}\\\vdots&\vdots&&\vdots\\p_{n1}&p_{n2}&\cdots&p_{nn}\end{bmatrix}=\begin{bmatrix}P_1\\P_2\\\vdots\\P_n\end{bmatrix}$$

式中，$P_i=[p_{i1}\quad p_{i2}\quad\cdots\quad p_{in}](i=1,2,\cdots,n)$，于是。由式(4.7)可得

$$\hat{x}_1(t)=p_{11}x_1(t)+p_{12}x_2(t)+\cdots+p_{1n}x_n(t)=P_1X(t)$$

先证明 P：将此式两边对时间求导，并考虑式(4.8)、(4.9)得

$$\dot{\hat{x}}_1(t)=\hat{x}_2(t)=P_1\dot{X}(t)=P_1AX(t)+P_1Bu(t)$$

因为式(4.7)表明 $\hat{X}(t)$ 只是 $X(t)$ 的函数，所以上式中 $P_1B=0$，于是

$$\dot{\hat{x}}_{1_1}(t)=\hat{x}_2(t)=P_1AX(t)$$

将此式再一次对时间求导，并考虑 $P_1AB=0$，可得

$$\dot{\hat{x}}_2(t)=\hat{x}_3(t)=P_1A^2X(t)$$

重复上述过程，并考虑 $P_1A^{n-2}B=0$，可得

$$\dot{\hat{x}}_{n-1}(t)=\hat{x}_n(t)=P_1A^{n-1}X(t)$$

于是式(4.7)可写成

$$\hat{X}(t)=PX(t)=\begin{bmatrix}P_1\\P_1A\\\vdots\\P_1A^{n-1}\end{bmatrix}X(t)$$

式中

$$P=\begin{bmatrix}P_1\\P_1A\\\vdots\\P_1A^{n-1}\end{bmatrix}$$

P_1 必须满足下列条件

$$P_1B=P_1AB=\cdots=P_1A^{n-2}B=0\tag{4.11}$$

再证明 P_1：将式(4.7)对时间求导，可得

$$\dot{\hat{X}}(t)=P\dot{X}(t)=PAX(t)+PBu(t)=PAP^{-1}\hat{X}+PBu(t)\tag{4.12}$$

$$y = CX = CP^{-1}\hat{X}$$

将式(4.12)与式(4.8)作比较,得

$$\hat{A} = PAP^{-1}$$
$$\hat{B} = PB$$
$$\hat{C} = CP^{-1}$$

考虑到式(4.11)与式(4.9),下式必须成立,即

$$PB = \begin{bmatrix} P_1B \\ P_1AB \\ \vdots \\ P_1A^{n-1}B \end{bmatrix} = \begin{bmatrix} 0 \\ 0 \\ \vdots \\ 1 \end{bmatrix}$$

或写成

$$P_1[B \vdots AB \vdots A^2B \vdots \cdots \vdots A^{n-1}B] = [0 \quad 0 \quad \cdots \quad 1]$$

因此,$Q_k = [B \vdots AB \vdots A^2B \vdots \cdots \vdots A^{n-1}B]$为非奇异矩阵,则

$$P_1 = [0 \quad 0 \quad \cdots \quad 1][B \vdots AB \vdots A^2B \vdots \cdots \vdots A^{n-1}B]^{-1} = [0 \quad 0 \quad \cdots \quad 1]Q_k^{-1}$$

故当根据上式确定出 P_1 后,由式(4.10)即可确定变换矩阵 P。

例 4.15　设线性定常系统用下式描述

$$\dot{X}(t) = AX(t) + Bu(t)$$

式中

$$A = \begin{bmatrix} 1 & -1 \\ 0 & -1 \end{bmatrix}, \quad B = \begin{bmatrix} 1 \\ 1 \end{bmatrix}$$

试将状态方程化为能控规范型。

解　系统的能控性矩阵

$$Q_k = [B \vdots AB] = \begin{bmatrix} 1 & 0 \\ 1 & -1 \end{bmatrix}$$

为非奇异,故系统可化为能控规范型,即

$$P_1 = [0 \quad 1]Q_k^{-1} = [1 \quad -1]$$

变换矩阵为

$$P = \begin{bmatrix} P_1 \\ P_1A \end{bmatrix} = \begin{bmatrix} 1 & -1 \\ 1 & 0 \end{bmatrix}$$

因此

$$\hat{A} = PAP^{-1} = \begin{bmatrix} 1 & 1 \\ 1 & 0 \end{bmatrix}, \quad \hat{B} = PB = \begin{bmatrix} 0 \\ 1 \end{bmatrix}$$

故

$$\dot{\hat{X}} = \hat{A}\hat{X} + Bu = \begin{bmatrix} 0 & 1 \\ 1 & 0 \end{bmatrix}\hat{X} + \begin{bmatrix} 0 \\ 1 \end{bmatrix}u$$

例 4.16　将下列系统的状态方程

$$\dot{X}(t)=\begin{bmatrix}1 & 0\\ -1 & 2\end{bmatrix}X(t)+\begin{bmatrix}-1\\ 1\end{bmatrix}u(t)$$

化为能控规范型。

解　系统能控性矩阵

$$Q_k=[B \vdots AB]=\begin{bmatrix}-1 & -1\\ 1 & 3\end{bmatrix}$$

为非奇异，其逆阵为

$$Q_k^{-1}=\begin{bmatrix}\frac{3}{2} & -\frac{1}{2}\\ \frac{1}{2} & \frac{1}{2}\end{bmatrix}$$

故

$$P_1=[0 \quad 1]Q_k^{-1}=[\frac{1}{2} \quad \frac{1}{2}]$$

变换矩阵为

$$P=\begin{bmatrix}P_1\\ P_1A\end{bmatrix}=\begin{bmatrix}\frac{1}{2} & \frac{1}{2}\\ 0 & 1\end{bmatrix}$$

$$P^{-1}=\begin{bmatrix}2 & -1\\ 0 & 1\end{bmatrix}$$

因此，系统的状态方程可化为

$$\dot{\hat{X}}(t)=PAP^{-1}X(t)+PBu(t)=$$

$$\begin{bmatrix}\frac{1}{2} & \frac{1}{2}\\ 0 & 1\end{bmatrix}\begin{bmatrix}1 & 0\\ -1 & 2\end{bmatrix}\begin{bmatrix}2 & -1\\ 0 & 1\end{bmatrix}X(t)+$$

$$\begin{bmatrix}\frac{1}{2} & \frac{1}{2}\\ 0 & 0\end{bmatrix}\begin{bmatrix}-1\\ 1\end{bmatrix}u(t)=\begin{bmatrix}0 & 1\\ -2 & 3\end{bmatrix}\hat{X}(t)+\begin{bmatrix}0\\ 1\end{bmatrix}u(t)$$

三、单输入－单输出系统的能观测规范型

定理 4.11　设系统的状态方程为

$$\begin{cases}\dot{X}(t)=AX(t)+Bu(t)\\ y(t)=CX(t)\end{cases} \tag{4.13}$$

式中，$X(t)$为 $n\times1$ 向量；A 为 $n\times n$ 矩阵；B 为 $n\times1$ 矩阵；C 为 $1\times n$ 矩阵。若系统具有能观测性，即其 $n\times n$ 能观测性矩阵

$$Q_g^{T}=\begin{bmatrix}C\\ CA\\ \vdots\\ CA^{n-1}\end{bmatrix}$$

是非奇异的，则存在非奇异变换

$$X(t)=T\hat{X}(t) \tag{4.14}$$

或

$$\hat{X}(t)=T^{-1}X(t)$$

可将系统方程化为能观测规范型

$$\begin{cases}\dot{\hat{X}}(t)=\hat{A}\hat{X}(t)+Bu(t)\\ y(t)=\hat{C}\hat{X}(t)\end{cases}$$

式中

$$\hat{A}=\begin{bmatrix}0 & 0 & \cdots & 0 & -a_n\\ 1 & 0 & \cdots & 0 & -a_{n-1}\\ 0 & 1 & \cdots & 0 & -a_{n-2}\\ \vdots & \vdots & & \vdots & \vdots\\ 0 & 0 & \cdots & 0 & -a_2\\ 0 & 0 & \cdots & 1 & -a_1\end{bmatrix},\quad \hat{C}=[0\ \ \cdots\ \ 1]$$

而 $\hat{B}$ 为任意的 $n\times 1$ 矩阵。

变换矩阵

$$T=[T_1\ \ AT_1\ \ \cdots\ \ A^{n-1}T_1]$$

式中

$$T_1=\begin{bmatrix}C\\ CA\\ \vdots\\ CA^{n-1}\end{bmatrix}^{-1}\begin{bmatrix}0\\ 0\\ \vdots\\ 1\end{bmatrix} \tag{4.15}$$

证明　令非奇异变换为

$$X(t)=T\hat{X}(t)=[T_1\ \ AT_1\ \ \cdots\ \ A^{n-1}T_1]\hat{X}(t)$$

将其代入式(4.13)，得

$$[T_1\ \ AT_1\ \ \cdots\ \ A^{n-1}T_1]\dot{\hat{X}}(t)=A[T_1\ \ AT_1\ \ \cdots\ \ A^{n-1}T_1]\hat{X}(t)+Bu(t)=$$
$$[AT_1\ \ \cdots\ \ A^nT_1]\hat{X}(t)+Bu(t)$$

先证 $\hat{A}$：利用凯利－哈密尔顿定理，由最小多项式的性质可得

$$A^n=-a_1A^{n-1}-a_2A^{n-2}-\cdots-a_nI$$

将此式代入上式，得

$$[T_1\ \ AT_1\ \ \cdots\ \ A^{n-1}T_1]\begin{bmatrix}\dot{\hat{x}}_1(t)\\ \dot{\hat{x}}_2(t)\\ \vdots\\ \dot{\hat{x}}_n(t)\end{bmatrix}=$$

$$[\boldsymbol{AT}_1 \quad \boldsymbol{A}^2\boldsymbol{T}_1 \quad \cdots \quad \boldsymbol{A}^{n-1}\boldsymbol{T}_1(-a_n\boldsymbol{I}-a_{n-1}\boldsymbol{A}\cdots-a_1\boldsymbol{A}^{n-1})\boldsymbol{T}_1]\begin{bmatrix}\hat{x}_1(t)\\ \hat{x}_2(t)\\ \vdots \\ \hat{x}_n(t)\end{bmatrix}+\boldsymbol{B}u(t)=$$

$$[\boldsymbol{T}_1 \quad \boldsymbol{AT}_1 \quad \boldsymbol{A}^2\boldsymbol{T}_1 \quad \cdots \quad \boldsymbol{A}^{n-1}\boldsymbol{T}_1]\begin{bmatrix}-a_n\hat{x}_n\\ \hat{x}_1-a_{n-1}\hat{x}_n\\ \vdots \\ \hat{x}_{n-1}-a_1\hat{x}_n\end{bmatrix}+\boldsymbol{B}u(t)$$

上式等号两边同乘以 $\boldsymbol{T}^{-1}$后,得

$$\begin{bmatrix}\dot{\hat{x}}_1(t)\\ \dot{\hat{x}}_2(t)\\ \vdots \\ \dot{\hat{x}}_n(t)\end{bmatrix}=\begin{bmatrix}-a_n\hat{x}_n\\ \hat{x}_1-a_{n-1}\hat{x}_n\\ \vdots \\ \hat{x}_{n-1}-a_1\hat{x}_n\end{bmatrix}+\boldsymbol{T}^{-1}\boldsymbol{B}u(t)=$$

$$\begin{bmatrix}0 & 0 & \cdots & 0 & -a_n\\ 1 & 0 & \cdots & 0 & -a_{n-1}\\ 0 & 1 & \cdots & 0 & -a_{n-2}\\ \vdots & \vdots & & \vdots & \vdots\\ 0 & 0 & \cdots & 0 & -a_2\\ 0 & 0 & \cdots & 1 & -a_1\end{bmatrix}\begin{bmatrix}\hat{x}_1\\ \hat{x}_2\\ \hat{x}_3\\ \vdots \\ \hat{x}_n\end{bmatrix}+\boldsymbol{T}^{-1}\boldsymbol{B}u(t)$$

这就是能观测规范型的状态方程。

将式(4.14)代入原输出方程,即可得能观测规范型的输出方程。

再证 $\hat{\boldsymbol{C}}$:对式(4.14)求导,得

$$\dot{\hat{\boldsymbol{X}}}(t)=\boldsymbol{T}^{-1}\dot{\boldsymbol{X}}(t)=\boldsymbol{T}^{-1}\boldsymbol{AX}(t)+\boldsymbol{T}^{-1}\boldsymbol{B}u(t)= \tag{4.16}$$

$$\boldsymbol{T}^{-1}\boldsymbol{AT}\hat{\boldsymbol{X}}(t)+\boldsymbol{T}^{-1}\boldsymbol{B}u(t)$$

$$y(t)=\boldsymbol{CX}(t)=\boldsymbol{CT}\hat{\boldsymbol{X}}(t)=$$

$$\boldsymbol{C}[\boldsymbol{T}_1 \quad \boldsymbol{AT}_1 \quad \cdots \quad \boldsymbol{A}^{n-1}\boldsymbol{T}_1]\hat{\boldsymbol{X}}(t)=$$

$$[\boldsymbol{CT}_1 \quad \boldsymbol{CAT}_1 \quad \cdots \quad \boldsymbol{CA}^{n-1}\boldsymbol{T}_1]\hat{\boldsymbol{X}}(t)$$

将式(4.16)与能观测规范型比较,得

$$\hat{\boldsymbol{A}}=\boldsymbol{T}^{-1}\boldsymbol{AT}, \quad \hat{\boldsymbol{B}}=\boldsymbol{T}^{-1}\boldsymbol{B}, \quad \hat{\boldsymbol{C}}=\boldsymbol{CT}$$

又由式(4.15)可知

$$\begin{bmatrix}\boldsymbol{C}\\ \boldsymbol{CA}\\ \vdots \\ \boldsymbol{CA}^{n-1}\end{bmatrix}\boldsymbol{T}_1=\begin{bmatrix}0\\ 0\\ \vdots \\ 1\end{bmatrix}$$

于是得

$$CT_1 = CAT = \cdots = CA^{n-2}T_1 = 0, CA^{n-1}T_1 = 1$$

代入前述输出方程后,得

$$y(t) = [0 \quad 0 \quad \cdots \quad 1]\hat{X}(t)$$

例 4.17 设系统的状态方程为

$$\dot{X}(t) = \begin{bmatrix} 1 & -1 \\ 0 & 2 \end{bmatrix} X(t)$$

$$y(t) = [-1 \quad -\frac{1}{2}]X(t)$$

试将其变换为能观测规范型。

解 能观测性矩阵

$$Q_g^{\mathrm{T}} = \begin{bmatrix} C \\ \vdots \\ CA \end{bmatrix} = \begin{bmatrix} -1 & -\frac{1}{2} \\ -1 & 0 \end{bmatrix}$$

非奇异,由此可求出

$$T_1 = \begin{bmatrix} -1 & -\frac{1}{2} \\ -1 & 0 \end{bmatrix}^{-1} \begin{bmatrix} 0 \\ 1 \end{bmatrix} = \begin{bmatrix} -1 \\ 2 \end{bmatrix}$$

变换矩阵

$$T = [T_1 \quad AT_1] = \begin{bmatrix} -1 & -3 \\ 2 & 4 \end{bmatrix}$$

则

$$\dot{\hat{X}}(t) = T^{-1}AT\hat{X}(t) =$$

$$\begin{bmatrix} -1 & -3 \\ 2 & 4 \end{bmatrix}^{-1} \begin{bmatrix} 1 & -1 \\ 0 & 2 \end{bmatrix} \begin{bmatrix} -1 & -3 \\ 2 & 4 \end{bmatrix} \hat{X}(t) =$$

$$\frac{1}{2} \begin{bmatrix} 4 & 3 \\ -2 & -1 \end{bmatrix} \begin{bmatrix} 1 & -1 \\ 0 & 2 \end{bmatrix} \begin{bmatrix} -1 & -3 \\ 2 & 4 \end{bmatrix} \hat{X}(t) = \begin{bmatrix} 0 & -2 \\ 1 & 3 \end{bmatrix} \hat{X}(t)$$

$$y(t) = CT\hat{X}(t) = [-1 \quad -\frac{1}{2}] \begin{bmatrix} -1 & -3 \\ 2 & 4 \end{bmatrix} \hat{X}(t) = [0 \quad 1]\hat{X}(t)$$

四、由状态变量图确定能控与能观测规范型

由上述单输入-单输出系统的能控与能观测规范型定理,再联系第二章由状态变量图列写系统状态空间描述,即状态方程与输出方程,会看到两种方法结果一致。因此,对线性定常的单输入-单输出系统能控与能观测规范型,由系统传递函数出发,用能控能观测第三种形式判据,如无零极相消现象,则按状态变量图的方法(结论)可直接得到相应状态方程与输出方程,即能控规范型,并由此可得到相应的能观测规范型。

定理 4.12 设单输入系统具有能控性,且传递函数为

$$W(s) = \frac{Y(s)}{U(s)} = \frac{b_1 s^{n-1} + \cdots + b_{n-1}s + b_n}{s^n + a_1 s^{n-1} + \cdots + a_{n-1}s + a_n}$$

则其能控规范型为

$$\dot{\hat{X}} = \hat{A}\hat{X} + \hat{B}u$$
$$y = \hat{C}\hat{X}$$

式中

$$\hat{A} = \begin{bmatrix} 0 & 1 & 0 & \cdots & 0 \\ 0 & 0 & 1 & \cdots & 0 \\ \vdots & \vdots & \vdots & & \vdots \\ -a_n & -a_{n-1} & -a_{n-2} & \cdots & -a_1 \end{bmatrix} \quad \hat{B} = \begin{bmatrix} 0 \\ 0 \\ \vdots \\ 1 \end{bmatrix}$$

$$\hat{C} = [\, b_n \quad b_{n-1} \quad b_{n-2} \quad \cdots \quad b_1 \,]$$

定理 4.13　设单输出系统具有能观性，且传递函数为

$$W(s) = \frac{Y(s)}{U(s)} = \frac{b_1 s^{n-1} + \cdots + b_{n-1}s + b_n}{s^n + a_1 s^{n-1} + \cdots + a_{n-1}s + a_n}$$

则其能观规范型为

$$\dot{\hat{X}} = \hat{A}\hat{X} + \hat{B}u$$
$$y = \hat{C}\hat{X}$$

式中

$$\hat{A} = \begin{bmatrix} 0 & 0 & \cdots & 0 & -a_n \\ 1 & 0 & \cdots & 0 & -a_{n-1} \\ 0 & 1 & \cdots & 0 & -a_{n-2} \\ \vdots & \vdots & & \vdots & \vdots \\ 0 & 0 & \cdots & 0 & -a_2 \\ 0 & 0 & \cdots & 1 & -a_1 \end{bmatrix} \quad \hat{B} = \begin{bmatrix} b_n \\ b_{n-1} \\ b_{n-1} \\ \vdots \\ b_1 \end{bmatrix}$$

$$\hat{C} = [0 \quad 0 \quad \cdots \quad 1]$$

4.7　系统的能控性与能观测性的对偶原理

设系统 Σ_1 的方程为

$$\begin{cases} \dot{X} = AX + Bu \\ y = CX \end{cases}$$

式中，X 为 n 维状态向量；u 为 r 维控制向量；y 为 m 维输出向量；A 为 $n \times n$ 矩阵；B 为 $n \times r$ 矩阵；C 为 $m \times n$ 矩阵。设系统 Σ_2 的方程为

$$\begin{cases} \dot{Z} = A^{T}Z + C^{T}V \\ W = B^{T}Z \end{cases}$$

式中，Z 为 n 维状态向量；V 为 r 维控制向量；W 为 m 维输出向量；A^{T} 为 A 的共轭转置矩阵；B^{T} 为 B 的共轭转置矩阵；C^{T} 为 C 的共轭转置矩阵。

试就以上两个系统的能控性和能观测性的条件作比较。

1. 状态完全能控的充要条件

对于系统 Σ_1 的 $n\times nr$ 矩阵的秩,要求为

$$\text{rank}\ \boldsymbol{Q}_{\text{k}}=\text{rank}[\boldsymbol{B}\ \vdots\ \boldsymbol{AB}\ \vdots\ \cdots\ \vdots\ \boldsymbol{A}^{n-1}\boldsymbol{B}]=n$$

对于系统 Σ_2 的 $n\times nm$ 矩阵的秩,要求为

$$\text{rank}\ \boldsymbol{Q}_{\text{k}}=\text{rank}[\boldsymbol{C}^{\text{T}}\ \vdots\ \boldsymbol{A}^{\text{T}}\boldsymbol{C}^{\text{T}}\ \vdots\ \cdots\ \vdots\ (\boldsymbol{A}^{\text{T}})^{n-1}\boldsymbol{C}^{\text{T}}]=n$$

2. 状态完全能观测的充要条件

对于系统 Σ_1 的 $n\times nm$ 矩阵的秩,要求为

$$\text{rank}\ \boldsymbol{Q}_{\text{g}}=\text{rank}[\boldsymbol{C}^{\text{T}}\ \vdots\ \boldsymbol{A}^{\text{T}}\boldsymbol{C}^{\text{T}}\ \vdots\ \cdots\ \vdots\ (\boldsymbol{A}^{\text{T}})^{n-1}\boldsymbol{C}^{\text{T}}]=n$$

对于系统 Σ_2 的 $n\times nr$ 矩阵的秩,要求为

$$\text{rank}\ \boldsymbol{Q}_{\text{g}}=\text{rank}[\boldsymbol{B}\ \vdots\ \boldsymbol{AB}\ \vdots\ \cdots\ \vdots\ \boldsymbol{A}^{n-1}\boldsymbol{B}]=n$$

由上述条件清楚地看到,系统 Σ_1 的状态完全能控的条件和系统 Σ_2 的状态完全能观测的条件相同;而系统 Σ_1 的状态完全能观测的条件与系统 Σ_2 的状态完全能控的条件相同。就系统 Σ_1 和 Σ_2 的系数矩阵来说,系统 Σ_2 的系数矩阵 $\boldsymbol{A}^{\text{T}}$、$\boldsymbol{B}^{\text{T}}$ 和 $\boldsymbol{C}^{\text{T}}$ 分别是系统 Σ_1 的系数矩阵 $\boldsymbol{A}$、$\boldsymbol{B}$ 和 $\boldsymbol{C}$ 的共轭转置矩阵,且 $\boldsymbol{B}$ 与 $\boldsymbol{C}^{\text{T}}$ 和 $\boldsymbol{C}$ 与 $\boldsymbol{B}^{\text{T}}$ 在方程中相互易位。

上述关系即称做系统的能控性和能观测性的对偶特性,利用这一关系,可以对系统的能控性和能观测性作相互校验。

上述系统间的置换关系如图 4.2 所示。

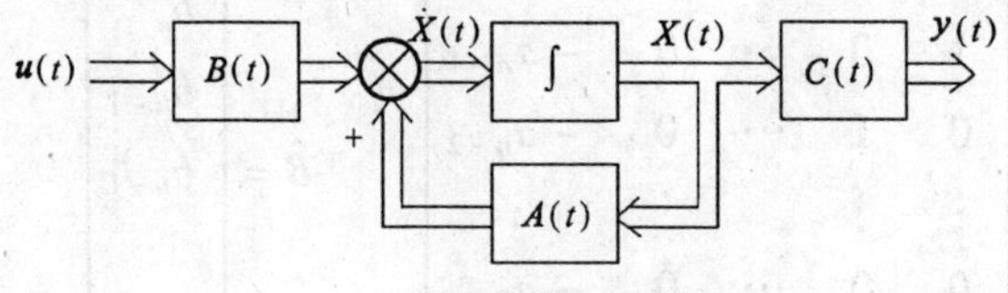

(a) 系统 Σ_1 方框图

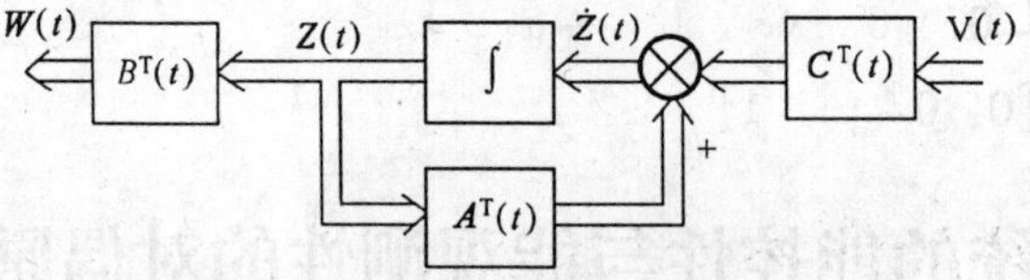

(b) 系统 Σ_2 方框图

图 4.2 能控性与能观测性的对偶原理示意图

事实上,系统的能控性与能观测性的对偶特性,只是线性系统的对偶原理的体现之一。

小 结

1. 系统的能控性与能观测性是现代控制理论的两个基本概念,是系统内在特性的体现。当系统的状态方程与输出方程确定后,该系统的能控性与能观测性也就随之确定下来,能控性取决于 $\boldsymbol{A}$、$\boldsymbol{B}$,能观测性取决于 $\boldsymbol{A}$、$\boldsymbol{C}$。

2. 三种判定系统能控性与能观测性的方法各有特点。通过能控性矩阵与能观测性矩

阵来判定能控与能观的方法，适用于任何线性定常系统，但不足是当系统不完全能控与能观时，该法不能指明哪些状态是不能控与不能观的。而通过对角规范型判定的方法，就克服了这一缺点，能指明哪些状态是不能控与不能观的。而这种方法的缺点是，要将给定的状态方程经线性非奇异变换化为对角线规范型，这一工作显然有时较复杂。通过传递函数来判定的方法，简单易掌握，缺点是适用面太小，仅仅适用于线性定常单输入－单输出系统，如果将零极相消的方法应用于多输入－多输出系统，需再进行研究，本章未展开讨论。

3. 单输入－单输出能控规范型与能观测规范型，一方面可通过线性非奇异变换确定，另一方面当给出系统传递函数且系统能控能观前提下，完全可通过第二章中通过状态变量图方法列写出状态方程与输出方程，即为能控规范型，再应用能控与能观测对偶性原理，写出能观测规范型。后一种方法简单易掌握。应当指出的是单输入－单输出能控规范型与能观测规范型，能有条件地应用于多输入－多输出系统，因为多输入－多输出系统可通过矩阵分解化为若干相互独立的单输入－单输出系统，本章也未展开讨论。

习　题

4.1　试判定下列系统是否具有能控性。

① $\begin{bmatrix}\dot{x}_1\\ \dot{x}_2\end{bmatrix}=\begin{bmatrix}1 & 0\\ -1 & 2\end{bmatrix}\begin{bmatrix}x_1\\ x_2\end{bmatrix}+\begin{bmatrix}1\\ 0\end{bmatrix}u$

② $\begin{bmatrix}\dot{x}_1\\ \dot{x}_2\\ \dot{x}_3\end{bmatrix}=\begin{bmatrix}-3 & 1 & 0\\ 0 & -3 & 0\\ 0 & 0 & -1\end{bmatrix}\begin{bmatrix}x_1\\ x_2\\ x_3\end{bmatrix}+\begin{bmatrix}1 & -1\\ 0 & 0\\ 2 & 0\end{bmatrix}\begin{bmatrix}u_1\\ u_2\end{bmatrix}$

③ $\begin{bmatrix}\dot{x}_1\\ \dot{x}_2\\ \dot{x}_3\end{bmatrix}=\begin{bmatrix}1 & 0 & 0\\ 0 & 2 & -2\\ -1 & -1 & 0\end{bmatrix}\begin{bmatrix}x_1\\ x_2\\ x_3\end{bmatrix}+\begin{bmatrix}1\\ 0\\ 0\end{bmatrix}u$

④ $\begin{bmatrix}\dot{x}_1\\ \dot{x}_2\\ \dot{x}_3\\ \dot{x}_4\end{bmatrix}=\begin{bmatrix}-2 & 0 & 0 & 0\\ 0 & -5 & 1 & 0\\ 0 & 0 & -5 & 1\\ 0 & 0 & 0 & -5\end{bmatrix}\begin{bmatrix}x_1\\ x_2\\ x_3\\ x_4\end{bmatrix}+\begin{bmatrix}2\\ 0\\ 0\\ 1\end{bmatrix}u$

⑤ $\begin{bmatrix}\dot{x}_1\\ \dot{x}_2\\ \dot{x}_3\end{bmatrix}=\begin{bmatrix}-4 & 0 & 0\\ 0 & -4 & 2\\ 0 & 0 & 1\end{bmatrix}\begin{bmatrix}x_1\\ x_2\\ x_3\end{bmatrix}+\begin{bmatrix}1\\ 2\\ 1\end{bmatrix}u$

答案　①能控；②不能控；③能控；④能控；⑤不能控。

4.2　试判定下列系统是否具有能观测性。

① $\begin{bmatrix}\dot{x}_1\\ \dot{x}_2\end{bmatrix}=\begin{bmatrix}-1 & 0\\ 0 & -2\end{bmatrix}\begin{bmatrix}x_1\\ x_2\end{bmatrix}$，$y=\begin{bmatrix}1 & 0\end{bmatrix}\begin{bmatrix}x_1\\ x_2\end{bmatrix}$

② $\begin{bmatrix}\dot{x}_1\\ \dot{x}_2\end{bmatrix}=\begin{bmatrix}2 & -1\\ 2 & -1\end{bmatrix}\begin{bmatrix}x_1\\ x_2\end{bmatrix}$，$y=\begin{bmatrix}1 & 1\end{bmatrix}\begin{bmatrix}x_1\\ x_2\end{bmatrix}$

③ $\begin{bmatrix}\dot{x}_1\\ \dot{x}_2\\ \dot{x}_3\end{bmatrix}=\begin{bmatrix}2 & 1 & 0\\ 0 & 2 & 0\\ 0 & 0 & -3\end{bmatrix}\begin{bmatrix}x_1\\ x_2\\ x_3\end{bmatrix}$，$y=\begin{bmatrix}0 & 1 & 1\end{bmatrix}\begin{bmatrix}x_1\\ x_2\\ x_3\end{bmatrix}$

④ $\begin{bmatrix}\dot{x}_1\\ \dot{x}_2\\ \dot{x}_3\end{bmatrix}=\begin{bmatrix}1 & 0 & -1\\ -1 & -2 & 0\\ 3 & 0 & 1\end{bmatrix}\begin{bmatrix}x_1\\ x_2\\ x_3\end{bmatrix}$，$y=\begin{bmatrix}1 & 0 & 0\\ 0 & -1 & 0\end{bmatrix}\begin{bmatrix}x_1\\ x_2\\ x_3\end{bmatrix}$

⑤ $\begin{bmatrix}\dot{x}_1\\ \dot{x}_2\\ \dot{x}_3\\ \dot{x}_4\end{bmatrix}=\begin{bmatrix}-2 & 1 & 0 & 0\\ 0 & -2 & 0 & 0\\ 0 & 0 & -3 & 1\\ 0 & 0 & 0 & -3\end{bmatrix}\begin{bmatrix}x_1\\ x_2\\ x_3\\ x_4\end{bmatrix}$，$y=\begin{bmatrix}1 & 0 & 0 & 0\\ 0 & 0 & -1 & 0\end{bmatrix}\begin{bmatrix}x_1\\ x_2\\ x_3\\ x_4\end{bmatrix}$

答案　① 不能观测；② 能观测；③ 不能观测；④ 能观测；⑤ 能观测。

4.3　有并联电路如图4.3所示，外加电压 u 为输入，总电流为输出，选电容器上电压 x_1 和流过电感的电流 x_2 为状态变量。

① 判定此系统的能控性与能观测性。

② 当 $R_1=R_2$、$R_1^2C=L$ 时，系统有何特性。

答案　① 当 $R_1R_2C=L$ 时，系统不能控，也不能观测。

② 当 $R_1=R_2$、$R_1^2C=L$ 时，系统的阻抗变成常数。

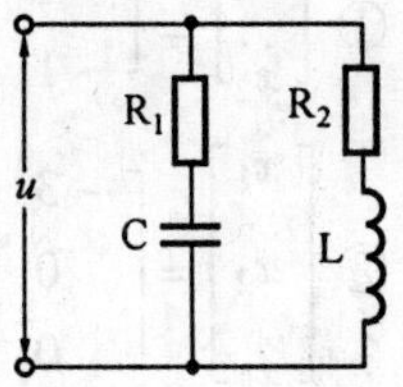

图 4.3　电路图

4.4　如果下述二阶系统

$$\dot{X}=\begin{bmatrix}a & 1\\ -1 & 0\end{bmatrix}X+\begin{bmatrix}b\\ -1\end{bmatrix}u$$

具有能控性，试确定常数 a 和 b 的关系。

答案　$b^2-ab+1\neq 0$。

4.5　如果下述二阶系统

$$\begin{cases}\dot{X}=\begin{bmatrix}a & 1\\ -1 & 0\end{bmatrix}X+\begin{bmatrix}b\\ -1\end{bmatrix}u\\ y=\begin{bmatrix}1 & -1\end{bmatrix}X\end{cases}$$

具有完全能控与完全能观测性，试确定 a 和 b 的关系。

答案　$b-a\neq 1$。

4.6　设系统的传递函数为

$$W(s)=\frac{s+a}{s^2+7s^2+14s+8}$$

a 为何值时，系统将不能控或不能观测。

4.7　设有一个三阶系统

$$\begin{bmatrix}\dot{x}_1\\ \dot{x}_2\\ \dot{x}_3\end{bmatrix}=\begin{bmatrix}\lambda & 1 & 0\\ 0 & \lambda & 0\\ 0 & 0 & \lambda\end{bmatrix}\begin{bmatrix}x_1\\ x_2\\ x_3\end{bmatrix}+\begin{bmatrix}a\\ b\\ c\end{bmatrix}u$$

能否适当地选择常数 a、b 和 c，使系统具有能控性。

如果输出方程为

$$y=[a\quad b\quad c]\begin{bmatrix}x_1\\ x_2\\ x_3\end{bmatrix}$$

能否适当地选择常数 a、b 和 c，使系统具有能观测性。

答案　均不能。

4.8　试证系统

$$\begin{bmatrix}\dot{x}_1\\ \dot{x}_2\\ \dot{x}_3\end{bmatrix}=\begin{bmatrix}20 & -1 & 0\\ 4 & 16 & 0\\ 12 & 6 & 18\end{bmatrix}\begin{bmatrix}x_1\\ x_2\\ x_3\end{bmatrix}+\begin{bmatrix}a\\ b\\ c\end{bmatrix}u$$

不论 a、b、c 取何值均不能控。

4.9　试将方程

$$\dot{\boldsymbol{X}}=\begin{bmatrix}-1 & 0\\ 1 & -2\end{bmatrix}\boldsymbol{X}+\begin{bmatrix}1\\ -1\end{bmatrix}u$$

化为能控规范型。

答案

$$\dot{\hat{\boldsymbol{X}}}=\begin{bmatrix}1 & 0\\ -2 & -3\end{bmatrix}\hat{\boldsymbol{X}}+\begin{bmatrix}0\\ 1\end{bmatrix}u$$

4.10　试将方程

$$\dot{\boldsymbol{X}}=\begin{bmatrix}1 & 0\\ -2 & 4\end{bmatrix}\boldsymbol{X},\quad y=[-1\quad 1]\boldsymbol{X}$$

化为能观测规范型。

答案

$$\dot{\boldsymbol{X}}=\begin{bmatrix}0 & -4\\ -1 & 5\end{bmatrix}\hat{\boldsymbol{X}},\quad y=[0\quad 1]\hat{\boldsymbol{X}}$$

4.11　系统 $\dot{\boldsymbol{X}}=\boldsymbol{AX}+\boldsymbol{B}u,\ y=\boldsymbol{CX}$

$$\boldsymbol{A}=\begin{bmatrix}-2 & 2 & -1\\ 0 & -2 & 0\\ 1 & -4 & 0\end{bmatrix},\quad \boldsymbol{B}=\begin{bmatrix}0\\ 0\\ 1\end{bmatrix},\quad \boldsymbol{C}=[1\quad -1\quad 1]$$

① 判别系统的能控性与能观测性。

② 试求传递函数。

答案 不能控、不能观测；$W(s)=\dfrac{1}{s+1}$。

4.12 系统 $\dot{X}=AX+Bu$，$y=CX$

$$A=\begin{bmatrix}-2 & 2 & -1\\ 0 & -2 & 0\\ 1 & -4 & 0\end{bmatrix},\quad B=\begin{bmatrix}0\\0\\1\end{bmatrix},\quad C=\begin{bmatrix}1 & -1 & 1\end{bmatrix}$$

① 化为规范型。

② 判明能控与能观测的状态变量个数。

答案

① $\dot{X}=\begin{bmatrix}-1 & 1 & 0\\ 0 & -1 & 0\\ 0 & 0 & -2\end{bmatrix}\hat{X}+\begin{bmatrix}0\\1\\0\end{bmatrix}u$

$y=\begin{bmatrix}0 & 1 & 1\end{bmatrix}\hat{X}$

② 个数都为 2。

4.13 系统 $\dot{X}=AX+Bu$，$y=CX$，其中

$$A=\begin{bmatrix}0 & 1 & 0\\ 0 & 0 & 1\\ -24 & -26 & -9\end{bmatrix},\quad B=\begin{bmatrix}0\\0\\1\end{bmatrix},\quad C=\begin{bmatrix}2 & 1 & 0\end{bmatrix}$$

① 化为规范型。

② 判明能控、能观测的状态变量个数。

答案

① $\hat{A}=\begin{bmatrix}-2 & 0 & 0\\ 0 & -3 & 0\\ 0 & 0 & -4\end{bmatrix}$，$\hat{B}=\begin{bmatrix}\frac{1}{2}\\ -1\\ \frac{1}{2}\end{bmatrix}$，$\hat{C}=\begin{bmatrix}0 & -1 & -3\end{bmatrix}$

② 能控状态变量个数为 3，能观测状态变量个数为 2。

4.14 能控且能观测的两个单输入系统为 Σ_1、Σ_2，且

Σ_1：$\dot{x}_1=A_1x_1+B_1u$，$y_1=C_1x_1$

Σ_2：$\dot{x}_2=A_2x_2+B_2u$，$y_2=C_2x_2$

式中 $A_1=\begin{bmatrix}0 & 1\\ -3 & -4\end{bmatrix}$，$B_1=\begin{bmatrix}0\\1\end{bmatrix}$，$C_1=\begin{bmatrix}2 & 1\end{bmatrix}$

$A_2=-1$，$B_2=1$，$C_2=1$

① 按图 4.4 的并联形式推导，对于

$$X=\begin{bmatrix}x_1\\x_2\end{bmatrix}$$

的状态方程式。

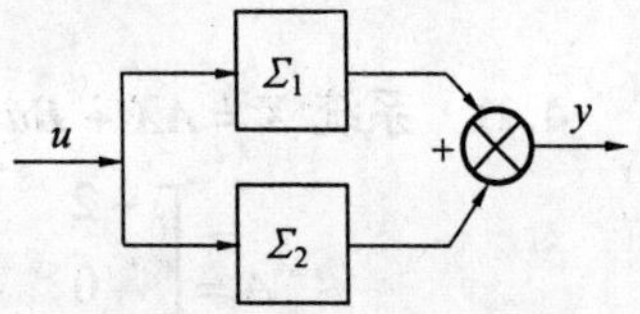

图 4.4 并联形式系统

② 判别系统的能控性、能观测性。

③ 用上述结果求系统 Σ_1、Σ_2 的传递函数。

答案

① $\boldsymbol{A}=\left[\begin{array}{cc:c}0 & 1 & 0\\ -3 & -4 & 0\\ \hdashline 0 & 0 & -1\end{array}\right]$，$\boldsymbol{B}=\begin{bmatrix}0\\1\\ \vdots\\1\end{bmatrix}$，$\boldsymbol{C}=[2\quad 1 \vdots 1]$

4.15　已知系统的状态方程，判断系统的能控性和能观测性。

① $\begin{bmatrix}\dot{x}_1\\ \dot{x}_2\end{bmatrix}=\begin{bmatrix}0 & 1\\ 0 & t\end{bmatrix}\begin{bmatrix}x_1\\ x_2\end{bmatrix}+\begin{bmatrix}0\\1\end{bmatrix}u$

$y=[0\quad 1]\begin{bmatrix}x_1\\ x_2\end{bmatrix}$

② $\dot{\boldsymbol{X}}=\begin{bmatrix}0 & 1 & 0\\ 0 & 0 & 1\\ -2 & -4 & -3\end{bmatrix}\boldsymbol{X}+\begin{bmatrix}1 & 0\\ 0 & 1\\ -1 & 1\end{bmatrix}\boldsymbol{u}$

$\boldsymbol{y}=\begin{bmatrix}0 & 1 & -1\\ 1 & 2 & 1\end{bmatrix}\boldsymbol{X}$

4.16　系统的状态方程为

$$\begin{bmatrix}\dot{x}_1(t)\\ \dot{x}_2(t)\end{bmatrix}=\begin{bmatrix}-3 & 0\\ 0 & -5\end{bmatrix}\begin{bmatrix}x_1(t)\\ x_2(t)\end{bmatrix}+\begin{bmatrix}1 & a\\ 1 & 2\end{bmatrix}\begin{bmatrix}u_1(t)\\ u_2(t)\end{bmatrix}$$

式中，a 为常数。当 a 取不同值时，讨论系统的能控性如何？

4.17　已知单输入－单输出系统的传递函数为

$$\frac{Y(s)}{U(s)}=\frac{K}{(s+a)^2(s+c)(s+d)}$$

式中，a、c、d 的值各不相同。试求上述系统的状态方程，并讨论其能控性如何？

答案　系统是状态能控的。

4.18　已知时变系统的状态方程为

$$\begin{bmatrix}\dot{x}_1\\ \dot{x}_2\end{bmatrix}=\begin{bmatrix}-1 & 0\\ 0 & -2\end{bmatrix}\begin{bmatrix}x_1\\ x_2\end{bmatrix}+\begin{bmatrix}\mathrm{e}^{-t}\\ \mathrm{e}^{-2t}\end{bmatrix}u$$

试判断其能控性如何，并说明其依据。

答案　是不能控的。

4.19　如图4.5所示，通过各支路的电流分别为 x_1、x_2 和 x_3，三个支路的时间常数分别为 $\tau_1=R_1C_1$、$\tau_2=R_2C_2$ 和 $\tau_3=R_3C_3$，$u(t)$为电源电压。①试列写电路的状态方程；②求其能控的条件。

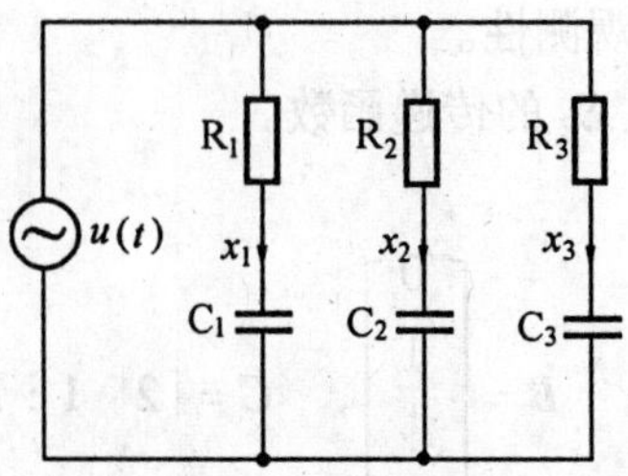

图4.5 电路图

答案

$$
① \begin{bmatrix} \dot{x}_1 \\ \dot{x}_2 \\ \dot{x}_3 \end{bmatrix} = \begin{bmatrix} -\dfrac{1}{\tau_1} & 0 & 0 \\ 0 & -\dfrac{1}{\tau_2} & 0 \\ 0 & 0 & -\dfrac{1}{\tau_3} \end{bmatrix} \begin{bmatrix} x_1 \\ x_2 \\ x_3 \end{bmatrix} + \begin{bmatrix} \dfrac{1}{\tau_1} \\ \dfrac{1}{\tau_2} \\ \dfrac{1}{\tau_3} \end{bmatrix} u
$$

② 能控的条件为 $\tau_1 \neq \tau_2 \neq \tau_3$。

4.20 已知控制系统如图4.6所示，试判别该系统的能控性与能观测性。

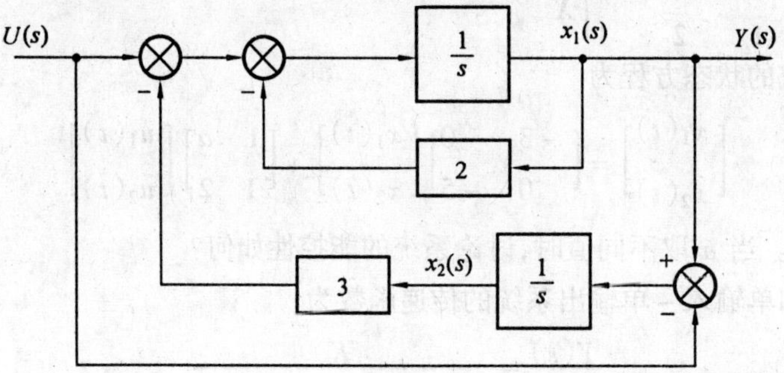

图4.6 控制系统方块图

答案

$$|Q_k| = 2 \qquad |Q_g| = -3$$

第五章　状态反馈与状态观测器

5.1 引　言

本书前几章是对系统进行分析，得出对已知系统的性能评价，如果对系统的性能不满意或未达到期望要求，就要对已知系统进行综合，经典控制理论称为校正或设计。本书从本章开始陆续对已知系统进行各种综合的研究。

综合是对于给定的受控系统确定其控制规律，即设计控制器的结构与参数，使其控制过程满足事先规定的性能指标。任何综合都要对两个方面问题加以关注，其一是综合的性能指标，其二是综合的方法。这两个问题本书是采取依次解决的思路来处理的。本章是在常规性能指标下讨论综合问题的。具体地说性能指标为经典范围的，即给出一组希望极点，这种指标是学过经典控制理论的人们所熟知的，这样在本章集中主要精力解决第二个问题，即人们不太熟知的现代控制理论综合方法——状态反馈的极点配置法，而下一章变分法与二次型最优控制，则在学习了第五章状态反馈与状态观测器，已对极点配置法有了基本了解后，集中研究最优化性能指标。

本章讲述的两部分内容为状态反馈与状态观测器，理论上由分离定理可证明状态反馈的确定与状态观测器的设计可分别独立进行，并且构成带状态观测器的状态反馈闭环系统。这里构成系统的操作性关键为，确定状态反馈与设计状态观测器的两种希望极点，应满足闭环主导极点的概念，即观测器的希望极点与虚轴距离，比状态反馈的希望极点与虚轴距离远 5 倍以上（含 5 倍）。

5.2 状 态 反 馈

控制系统最基本的形式是由受控系统和反馈控制规律所构成的反馈系统。在经典控制理论中，习惯于采用输出反馈；而在现代控制理论中，通常采用状态反馈。

一、闭环系统状态空间描述

状态反馈方框图如图 5.1 所示。

对受控系统 $\Sigma_0=(\boldsymbol{A},\boldsymbol{B},\boldsymbol{C},\boldsymbol{D})$，用状态向量的线性反馈 $\boldsymbol{V}^*=\boldsymbol{KX}$ 构成的闭环系统，称为状态反馈系统。

受控系统 $\Sigma_0=(\boldsymbol{A},\boldsymbol{B},\boldsymbol{C},\boldsymbol{D})$的方程为

$$\begin{cases}\dot{\boldsymbol{X}}=\boldsymbol{AX}+\boldsymbol{BV}\\ \boldsymbol{y}=\boldsymbol{CX}+\boldsymbol{DV}\end{cases}$$

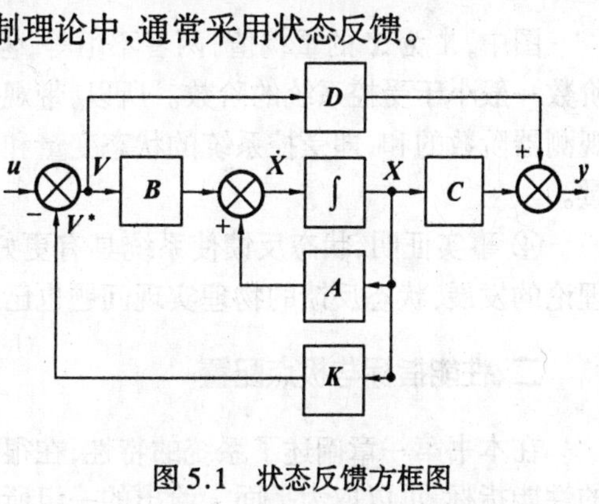

图 5.1　状态反馈方框图

线性反馈规律为

$$V = u - KX$$

因此,通过状态反馈构成的闭环系统的状态方程和输出方程为

$$\begin{cases} \dot{X} = (A - BK)X + Bu \\ y = (C - DK)X + Du \end{cases} \tag{5.1}$$

一般 $D = 0$,式(5.1)可简化为

$$\begin{cases} \dot{X} = (A - BK)X + Bu \\ y = CX \end{cases} \tag{5.2}$$

常表示为 $\Sigma_K = (A - BK, B, C)$。其传递函数矩阵为

$$W_K(s) = C(sI - A + BK)^{-1}B \tag{5.3}$$

应当指出:

① 反馈的引入并不增加新的状态变量,即闭环系统和开环系统具有相同的阶数。

② 反馈闭环系统能保持反馈引入前的能控性,但又不一定保持原系统的能观测性,即闭环后需重新判定。

③ 在工程实现的某些方面,常常遇到一定的困难。因此在某些情况下,还需将上述反馈形式推广为更一般的形式,即带观测器的状态反馈闭环系统,如图 5.2 所示。这是因为人们要实现状态反馈的一个基本前提是,状态变量 $x_1, x_2, \cdots, x_n$ 必须是物理上可量测的。当状态变量不可量测时,设法由输出 y 和控制 V 把系统的状态 X 构造出来,即采用观测器来获得状态的量测量,以实现状态反馈。

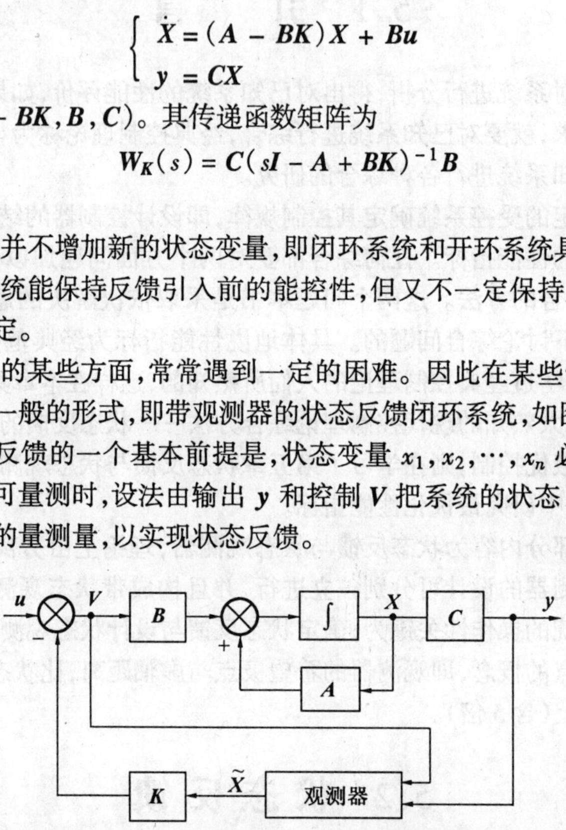

图 5.2 带观测器的状态反馈系统

图中,$\tilde{X}$ 为 X 的重构值,两者不恒等,但是渐近相等的,观测器也是一个线性系统,其阶数一般小于受控系统的阶数。所以,带观测器的状态反馈系统,其阶数等于受控系统和观测器阶数的和,即受控系统的状态变量和观测器的状态变量组成了闭环系统的状态变量。

④ 事实证明,状态反馈使系统具有更好的特性,而且随着观测器理论和卡尔曼滤波理论的发展,状态反馈的物理实现问题也已基本解决。

二、性能指标与极点配置

在本书第一章阐述了系统的特性,在很大程度上是由系统极点决定的,因此系统设计的性能指标,可以取为平面 s 给出的一组所希望的极点,即 $s_1, s_2, \cdots, s_n$,组成希望特征多

项式,即

$$f^*(s) = s^n + a_1^* s^{n-1} + \cdots + a_{n-1}^* s + a_n^*$$

应当说,这种性能指标形式仍为经典范畴的形式,而设计方法为现代意义的极点配置法。

所谓极点配置法,就是通过状态反馈阵 $\boldsymbol{K}$ 的选择,使闭环系统($\boldsymbol{A}-\boldsymbol{BK},\boldsymbol{B},\boldsymbol{C}$)的极点,即($\boldsymbol{A}-\boldsymbol{BK}$)的特征值恰好处于所希望的一组极点的位置上。第一章指出经典控制理论中采用的综合方法(校正及设计),无论是根轨迹法还是频率法,本质上也是一种极点配置法。但与现代的极点配置法的本质区别是,现代极点配置具有任意性,而古典极点配置具有局限性。

选取希望极点也是较复杂的问题,它所要遵循的基本原则如下:

对于一个 n 维控制系统,可以而且必须给定 n 个希望的极点。

所希望的极点可以为实数或复数,但是当以复数形式给出时,必须以共轭复数对形式出现,即物理上是可实现的。

选取所希望极点的位置,需要研究它们对系统品质的影响,以及它们与零点分布状况的关系,从工程实际的角度加以选取。

在所希望极点的选取中,还必须考虑抗干扰和低灵敏度方面的要求,即应当具有较强的抑制干扰的能力,以及较低的对系统参数变动的灵敏度。

在综合时,需要解决极点配置的理论问题与方法问题。

5.3　单输入－单输出状态反馈系统的极点配置法

一、极点配置定理

定理5.1　对单输入－单输出系统,$\Sigma_0=(\boldsymbol{A},\boldsymbol{B},\boldsymbol{C})$,给定任意 n 个极点 $s_1,s_2,\cdots,s_n$,可以是实数或共轭复数。以这 n 个极点为零根的多项式为

$$f^*(s) = \prod_{i=1}^{n}(s-s_i) = s^n + a_1^* s^{n-1} + \cdots + a_{n-1}^* s + a_n^*$$

那么存在 $1\times n$ 矩阵 $\boldsymbol{K}$,使闭环系统 $\Sigma_K=(\boldsymbol{A}-\boldsymbol{BK},\boldsymbol{B},\boldsymbol{C})$ 以 $s_1,s_2,\cdots,s_n$ 为极点,即

$$\det[s\boldsymbol{I}-(\boldsymbol{A}-\boldsymbol{BK})] = \prod_{i=1}^{n}(s-s_i) = s^n + a_1^* s^{n-1} + \cdots + a_{n-1}^* s + a_n^*$$

的充分必要条件为受控系统 $\Sigma_0=(\boldsymbol{A},\boldsymbol{B},\boldsymbol{C})$ 是完全能控的。

二、定理证明

仅证明充分性,即证:如系统 $\Sigma_0=(\boldsymbol{A},\boldsymbol{B},\boldsymbol{C})$ 完全能控,则

$$\det[s\boldsymbol{I}-(\boldsymbol{A}-\boldsymbol{BK})] = f^*(s)$$

因为特征值对非奇异变换为不变量,所以不妨设完全能控系统 $\Sigma_0=(\boldsymbol{A},\boldsymbol{B},\boldsymbol{C})$ 有能控规范型,即

$$\hat{A}=\begin{bmatrix}0 & 1 & \cdots & 0\\ 0 & 0 & \cdots & \vdots\\ \vdots & \vdots & & \vdots\\ 0 & 0 & \cdots & 1\\ -a_n & -a_{n-1} & \cdots & -a_1\end{bmatrix},\quad \hat{B}=\begin{bmatrix}0\\ \vdots\\ 1\end{bmatrix},\quad \hat{C}=[b_n \quad b_{n-1} \quad \cdots \quad b_1]$$

其传递函数为

$$W_0(s)=\frac{b_1s^{n-1}+b_2s^{n-2}+\cdots+b_{n-1}s+b_n}{s^n+a_1s^{n-1}+\cdots+a_{n-1}s+a_n}$$

设状态反馈矩阵为 $\hat{K}=[\hat{k}_n \quad \hat{k}_{n-1} \quad \cdots \quad \hat{k}_1]$,于是有

$$\hat{A}-\hat{B}\hat{K}=\begin{bmatrix}0 & 1 & \cdots & 0\\ \vdots & \vdots & & \vdots\\ 0 & 0 & \cdots & 1\\ -(a_n+\hat{k}_n) & -(a_{n-1}+\hat{k}_{n-1}) & \cdots & -(a_1+\hat{k}_1)\end{bmatrix}$$

这样,闭环系统 $\Sigma_K=(\hat{A}-\hat{B}\hat{K},\hat{B},\hat{C})$的传递函数为

$$W_K(s)=\frac{b_1s^{n-1}+b_2s^{n-2}+\cdots+b_{n-1}s+b_n}{s^n+(a_1+\hat{k}_1)s^{n-1}+\cdots+(a_{n-1}+\hat{k}_{n-1})s+(a_n+\hat{k}_n)}$$

因此,只需取

$$\begin{cases}a_n+\hat{k}_n=a_n^*\\ \vdots\\ a_1+\hat{k}_1=a_1^*\end{cases}$$

所以取矩阵 $\hat{K}$ 为

$$\hat{K}=[a_n^*-a_n \quad a_{n-1}^*-a_{n-1} \quad \cdots \quad a_1^*-a_1] \tag{5.4}$$

就可使

$$\det[s\boldsymbol{I}-(\hat{A}-\hat{B}\hat{K})]=f^*(s)$$

即以任意给定的 $s_1,s_2,\cdots,s_n$ 为极点。

下面对上述定理作进一步讨论:

① 上述定理的证明是构造性的,即同时给出了状态反馈矩阵的结构。

② 比较证明过程中列出的 $W_0(s)$即可看出,对完全能控的单输入-单输出系统,引入状态反馈,任意配置极点,并不改变其零点的形态,这表明在按状态反馈组成的闭环系统中,其闭环零点和开环零点是等同的。

③ 设 $\Sigma_0=(A,B,C)$为完全能控且完全能观测的,不妨设 A、B、C 已具有能控规范型,即

$$\hat{A}=\begin{bmatrix}0 & 1 & \cdots & 0\\ \vdots & \vdots & & \vdots\\ 0 & 0 & \cdots & 1\\ -a_n & -a_{n-1} & \cdots & -a_1\end{bmatrix},\quad \hat{B}=\begin{bmatrix}0\\ \vdots\\ 0\\ 1\end{bmatrix},\quad \hat{C}=[b_n \quad b_{n-1} \quad \cdots \quad b_1]$$

则状态反馈系统 $\Sigma_K=(\hat{A}-\hat{B}\hat{K},\hat{B},\hat{C})$保持完全能观测的充分必要条件为

$$b_n \neq 0, b_1 = b_2 = \cdots = b_{n-1} = 0$$

也即 Σ_0 为无零点系统。

④ 对于 n 维受控系统，当采用状态反馈时，可以调节的参数共有 n 个，即 k_n，$k_{n-1}\cdots, k_1$。这显然比基本型输出反馈中只能调节一个参数（开环放大系数）要方便得多。

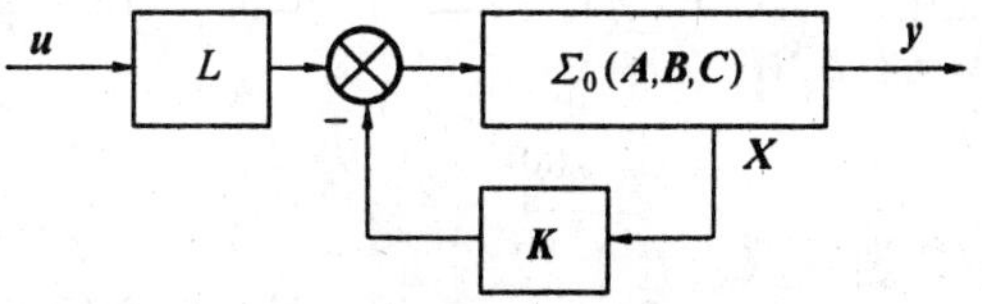

图 5.3　带有输入变换的状态反馈系统方框图

⑤ 当控制系统工作于伺服状态时，除了按极点配置法确定反馈矩阵 $\boldsymbol{K}$ 外，通常还引入输入变换放大器 L，如图 5.3 所示。此时，系统的闭环传递函数为

$$W_K(s) = \frac{L(b_1 s^{n-1} + \cdots + b_{n-1}s + b_n)}{s^n + (a_1 + k_1)s^{n-1} + \cdots + (a_{n-1} + k_{n-1})s + (a_n + k_n)} \tag{5.5}$$

三、极点配置方法

1. 当 $n \geqslant 3$ 时，能控规范型方法

① 对单输入－单输出系统在$(\hat{A}, \hat{B}, \hat{C})$为能控规范型的情况下，状态反馈矩阵 $\hat{K}$ 为

$$\hat{K} = [\hat{k}_n \quad \hat{k}_{n-1} \quad \cdots \quad \hat{k}_1] = [a_n^* - a_n \quad a_{n-1}^* - a_{n-1} \quad \cdots \quad a_1^* - a_1]$$

式中，$a_i(i = 1,2,\cdots,n)$为受控系统特征多项式的系数；$a_i^*(i = 1,2,\cdots,n)$为以 $s_1, s_2, \cdots, s_n$（所希望的极点）为零根的多项式的系数。

② 如果对受控系统的一般形式(A, B, C)作非奇异变换 $X = P\hat{X}$（或 $\hat{X} = P^{-1}X$），得能控规范型$(\hat{A}, \hat{B}, \hat{C})$，则有如下关系

$$A = P\hat{A}P^{-1}, \quad B = P\hat{B}, \quad C = \hat{C}P^{-1} \tag{5.6}$$

则

$$A - BK = P(\hat{A} - \hat{B}\hat{K})P^{-1} = P\hat{A}P^{-1} - P\hat{K}\hat{B}P^{-1}$$

所以

$$K = \hat{K}P^{-1} = [a_n^* - a_n \quad a_{n-1}^* - a_{n-1} \quad \cdots \quad a_1^* - a_1]P^{-1} \tag{5.7}$$

2. 当 $n \leqslant 3$ 时，特征值不变性原理方法

当系统阶次较低，即 $n < 3$ 时，可以不通过能控规范型求反馈阵 K，而可直接由反映物理系统的 A、B 求系统反馈阵 K，无需经过线性非奇异变换，使设计工作简单易行。当然 A 矩阵在特定情况下，$n = 3$，有时也可用此简单方法。其公式由第二章得知，即为

$$f^*(s) = \det(sI - A + BK) = |sI - A + BK|$$

式中，$f^*(s)$为系统希望极点组成的特征多项式；$|sI - A + BK|$为状态反馈后的闭环系统特征多项式；A、B 为物理系统的矩阵。

例 5.1　给定图5.4(a)的受控系统，其传递函数

$$W_0(s) = \frac{1}{s(s+6)(s+12)}$$

综合指标为：

输出超调量 $\sigma_p \leqslant 5\%$；超调时间 $t_p \leqslant 0.5$ s；系统频宽 $\omega_b \leqslant 10$；跟踪误差 $e_p = 0$（对阶跃），$e_v \leqslant 0.2$（对速度）。

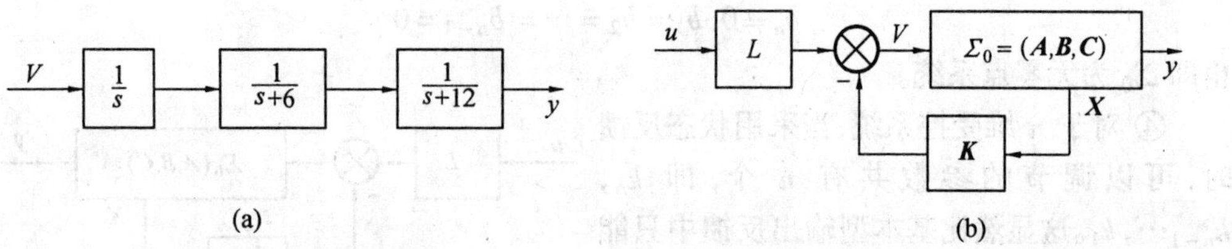

图 5.4 单输入－单输出系统举例

试用极点配置法进行综合。

解 按极点配置法进行综合的步骤为：

(1) 确定受控系统的能控规范型($\boldsymbol{A},\boldsymbol{B},\boldsymbol{C}$)

因受控系统

$$W_0=(s)\frac{1}{s(s+6)(s+12)}=\frac{1}{s^3+18s^2+72s}$$

所以 $a_1=18, a_2=72, a_3=0; b_1=b_2=0, b_3=1$。即可确定在能控规范型下受控系统的状态方程和输出方程为

$$\begin{bmatrix}\dot{x}_1\\ \dot{x}_2\\ \dot{x}_3\end{bmatrix}=\begin{bmatrix}0 & 1 & 0\\ 0 & 0 & 1\\ 0 & -72 & -18\end{bmatrix}\begin{bmatrix}x_1\\ x_2\\ x_3\end{bmatrix}+\begin{bmatrix}0\\ 0\\ 1\end{bmatrix}V$$

$$y=[1,0,0]\begin{bmatrix}x_1\\ x_2\\ x_3\end{bmatrix}$$

(2) 确定希望的极点

显然，希望的极点 $n=3$，选其中一对为主导极点 s_1 和 s_2，另一个为远极点，并且认为系统的性能主要是由主导极点决定的，远极点只有微小的影响。

根据二阶系统的关系式，先定出主导极点。

$$\sigma_p=e^{-\frac{\pi\xi}{\sqrt{1-\xi^2}}} \tag{5.8}$$

$$t_p=\frac{\pi}{\omega_n\sqrt{1-\xi^2}} \tag{5.9}$$

$$\omega_b=\omega_n\left(\sqrt{1-2\xi^2+\sqrt{2-4\xi^2+4\xi^4}}\right) \tag{5.10}$$

式中，ξ 和 ω_n 为此二阶系统的阻尼比和自振频率。

可以导出：

① 由 $e^{-\frac{\pi\xi}{\sqrt{1-\xi^2}}}\leqslant 5\%$，可得 $-\dfrac{\pi\xi}{\sqrt{1-\xi^2}}\geqslant 3.14$，从而有 $\xi\geqslant\dfrac{1}{\sqrt{2}}=0.707$，于是选 $\xi=0.707$。

② 由 $t_p\leqslant 0.5$ s 得

$$\frac{\pi}{\omega_n\sqrt{1-\xi^2}}=\frac{\pi}{\omega_n\frac{1}{\sqrt{2}}}\leqslant 0.5$$

$$\omega_n \geqslant \frac{\pi}{0.5 \times 0.707} \approx 9$$

③ 由 $\omega_b \leqslant 10$ 和已选的 $\xi = 1/\sqrt{2}$ 得 $\omega_n \leqslant 10$，与②的结果比较，可取 $\omega_n = 10$。这样，便定出了主导极点

$$s_{1,2} = -\xi\omega_n \pm j\omega_n\sqrt{1-\xi^2}$$

远极点应选择使它和原点的距离远大于 $5|s_1|$ 的点，现取 $|s_3| = 10|s_1|$，因此确定的希望极点为

$$\begin{cases} s_1 = -7.07 + j7.07 \\ s_2 = -7.07 - j7.07 \\ s_3 = -100 \end{cases}$$

(3) 确定状态反馈矩阵 $\hat{\boldsymbol{K}}$

由步骤(1)知，受控系统的特征多项式为

$$f(s) = s^3 + 18s^2 + 72s; \quad a_1 = 18, \quad a_2 = 72, \quad a_3 = 0$$

而由希望的极点构成的特征多项式为

$$f^*(s) = (s+100)(s^2 + 14.1s + 100) = s^3 + 114.1s^2 + 1\,510s + 10\,000$$

$$a_3^* = 10\,000, \quad a_2^* = 1\,510, \quad a_1^* = 114.1$$

于是状态反馈矩阵 $\hat{\boldsymbol{K}}$ 为

$$\hat{\boldsymbol{K}} = [a_3^* - a_3 \quad a_2^* - a_2 \quad a_1^* - a_1] = [10\,000 \quad 1\,438 \quad 96.1]$$

(4) 确定输入放大系数 L

由(3)知，对应的闭环传递函数为

$$W_K(s) = \frac{L}{s^3 + 114.1s^2 + 1\,510\,s + 10\,000}$$

所以由要求的跟踪阶跃信号的误差 $e_p = 0$，有

$$e_p = 0 = \lim_{t\to\infty}[1 - y(t)] = \lim_{s\to 0} s\left[\frac{1}{s} - \frac{W_K(s)}{s}\right] = \tag{5.11}$$

$$\lim_{s\to 0}[1 - W_K(s)] = \lim_{s\to 0}\frac{s^3 + 114.1s^2 + 1\,510s + 10\,000 - L}{s^3 + 114.1s^2 + 1\,510s + 10\,000} =$$

$$\frac{10\,000 - L}{10\,000}$$

所以

$$L = 10\,000$$

对上面的初步结果，再用对跟踪速度信号的误差要求来验证，即

$$e_v = \lim_{t\to\infty}[t - y(t)] = \lim_{s\to 0} s\left[\frac{1}{s^2} - \frac{W_K(s)}{s^2}\right] = \tag{5.12}$$

$$\lim_{s\to 0}\frac{1}{s}[1 - W_K(s)] =$$

$$\lim_{s\to 0}\frac{1}{s}\,\frac{s^3 + 114.1s^2 + 1\,510s}{s^3 + 114.1s^2 + 1\,510s + 10\,000} =$$

$$\lim_{s\to 0}\frac{s^2+114.1s+1\,510}{s^3+114.1s^2+1\,510s+10\,000}=$$

$$\frac{1\,510}{10\,000}=0.15<0.2$$

显然满足 $e_v \leqslant 0.2$ 的要求，故 $L=10\,000$。

(5) 画出对应能控规范型的闭环系统方块图

已知

$$W_L(s)=\frac{L}{s^3+a_1^*s^2+a_2^*s+a_3^*}=$$

$$\frac{10\,000}{s^3+114.1s^2+1\,510s+10\,000}=$$

$$\frac{10\,000}{s^3+(18+96.1)s^2+(72+1\,438)s+10\,000}$$

其中，可设

$$W'_K(s)=\frac{1}{s^3+(18+96.1)s^2+(72+1\,438)s+10\,000}$$

对应的规范型状态方程为

$$\begin{bmatrix}\dot{x}_1\\\dot{x}_2\\\dot{x}_3\end{bmatrix}=\begin{bmatrix}0&1&0\\0&0&1\\-10\,000&-(72+1\,438)&-(18+96.1)\end{bmatrix}\begin{bmatrix}x_1\\x_2\\x_3\end{bmatrix}+\begin{bmatrix}0\\0\\1\end{bmatrix}V$$

再考虑输入放大系数 $L=10\,000$，最后得能控规范型的闭环系统方框图如图 5.5 所示。

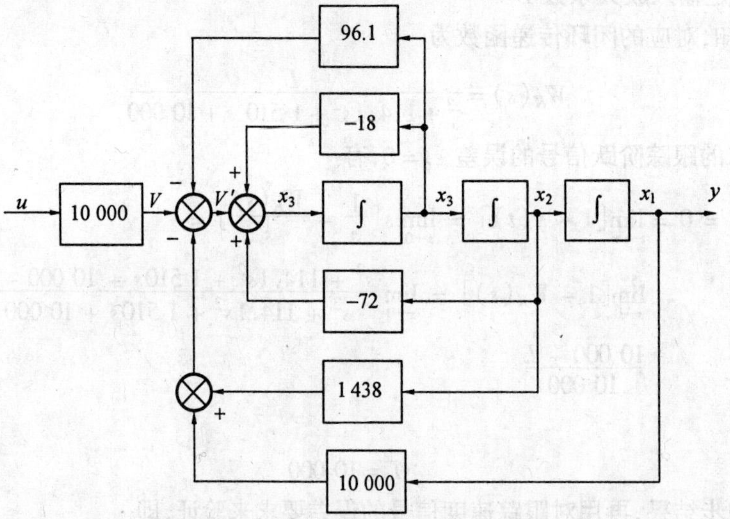

图 5.5 能控规范型的闭环系统方框图

至此必须特别指出，上述导出的闭环系统方框图是对应能控规范型得到的，如果还要求画出对应图 5.4(a)的方框图，那么必须进行线性变换。为此尚需如下步骤：

(6) 确定对应图 5.4(a)的状态空间方程

将图 5.4(a)的受控系统方框图表示成如图 5.6 所示的形式。

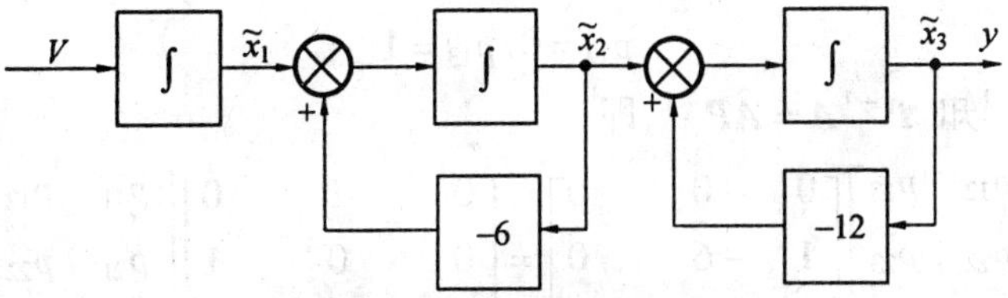

图 5.6　受控系统的方框图

按图 5.6 选择状态变量,列状态空间方程为

$$\begin{bmatrix}\dot{\tilde{x}}_1\\ \dot{\tilde{x}}_2\\ \dot{\tilde{x}}_3\end{bmatrix}=\begin{bmatrix}0&0&0\\1&-6&0\\0&1&-12\end{bmatrix}\begin{bmatrix}\tilde{x}_1\\ \tilde{x}_2\\ \tilde{x}_3\end{bmatrix}+\begin{bmatrix}1\\0\\0\end{bmatrix}V$$

$$y=\begin{bmatrix}0&0&1\end{bmatrix}\begin{bmatrix}\tilde{x}_1\\ \tilde{x}_2\\ \tilde{x}_3\end{bmatrix}$$

即为

$$\dot{\boldsymbol{X}}=\boldsymbol{AX}+\boldsymbol{B}V$$
$$y=\boldsymbol{CX}$$

(7) 确定非奇异变换矩阵

若作变换 $\boldsymbol{X}=\boldsymbol{P}\hat{\boldsymbol{X}}$,那么就可建立起给定的$(\boldsymbol{A},\boldsymbol{B},\boldsymbol{C})$和能控规范型$(\hat{\boldsymbol{A}},\hat{\boldsymbol{B}},\hat{\boldsymbol{C}})$之间的关系式

$$\boldsymbol{A}=\boldsymbol{P}\hat{\boldsymbol{A}}\boldsymbol{P}^{-1},\quad \boldsymbol{B}=\boldsymbol{P}\hat{\boldsymbol{B}},\quad \boldsymbol{C}=\hat{\boldsymbol{C}}\boldsymbol{P}^{-1},\quad \boldsymbol{K}=\hat{\boldsymbol{K}}\boldsymbol{P}^{-1}$$

为求 $\boldsymbol{P}^{-1}$,令

$$\boldsymbol{P}^{-1}=\begin{bmatrix}p_{11}&p_{12}&p_{13}\\p_{21}&p_{22}&p_{23}\\p_{31}&p_{32}&p_{33}\end{bmatrix}$$

于是利用上述关系式和已知的$(\boldsymbol{A},\boldsymbol{B},\boldsymbol{C})$及$(\hat{\boldsymbol{A}},\hat{\boldsymbol{B}},\hat{\boldsymbol{C}})$,由 $\boldsymbol{B}=\boldsymbol{P}\hat{\boldsymbol{B}}$ 知$\hat{\boldsymbol{B}}=\boldsymbol{P}^{-1}\boldsymbol{B}$,即可得

$$\begin{bmatrix}p_{11}&p_{12}&p_{13}\\p_{21}&p_{22}&p_{23}\\p_{31}&p_{32}&p_{33}\end{bmatrix}\begin{bmatrix}1\\0\\0\end{bmatrix}=\begin{bmatrix}0\\0\\1\end{bmatrix}$$

得

$$p_{11}=p_{21}=0,\ p_{31}=1$$

由 $\boldsymbol{C}=\hat{\boldsymbol{C}}\boldsymbol{P}^{-1}$,即

$$\begin{bmatrix}1&0&0\end{bmatrix}\begin{bmatrix}p_{11}&p_{12}&p_{13}\\p_{21}&p_{22}&p_{23}\\p_{31}&p_{32}&p_{33}\end{bmatrix}=\begin{bmatrix}0&0&1\end{bmatrix}$$

得

$$p_{12}=0, p_{13}=1$$

由 $\boldsymbol{A}=\boldsymbol{P}\hat{\boldsymbol{A}}\boldsymbol{P}^{-1}$知，$\boldsymbol{P}^{-1}\boldsymbol{A}=\hat{\boldsymbol{A}}\boldsymbol{P}^{-1}$，即

$$\begin{bmatrix} p_{11} & p_{12} & p_{13} \\ p_{21} & p_{22} & p_{23} \\ p_{31} & p_{32} & p_{33} \end{bmatrix}\begin{bmatrix} 0 & 0 & 0 \\ 1 & -6 & 0 \\ 0 & 1 & -12 \end{bmatrix}=\begin{bmatrix} 0 & 1 & 0 \\ 0 & 0 & 1 \\ 0 & -72 & -18 \end{bmatrix}\begin{bmatrix} p_{11} & p_{12} & p_{13} \\ p_{21} & p_{22} & p_{23} \\ p_{31} & p_{32} & p_{33} \end{bmatrix}$$

得

$$p_{22}=1, p_{23}=-12, p_{32}=-18, p_{33}=144$$

所以

$$\boldsymbol{P}^{-1}=\begin{bmatrix} 0 & 0 & 1 \\ 0 & 1 & -12 \\ 1 & -18 & 144 \end{bmatrix}$$

(8) 确定相应于图 5.7 形式的受控系统的状态反馈矩阵 $\boldsymbol{K}$

状态反馈矩阵为

$$\hat{\boldsymbol{K}}\boldsymbol{P}^{-1}=[10\,000 \quad 1\,438 \quad 96.1]\begin{bmatrix} 0 & 0 & 1 \\ 0 & 1 & -12 \\ 1 & -18 & 144 \end{bmatrix}=$$

$$[96.1 \quad -291.8 \quad 6\,582.4]$$

(9) 画出相应于图 5.6 形式的受控系统的闭环方框图

受控系统的闭环方框图如图 5.7 示。

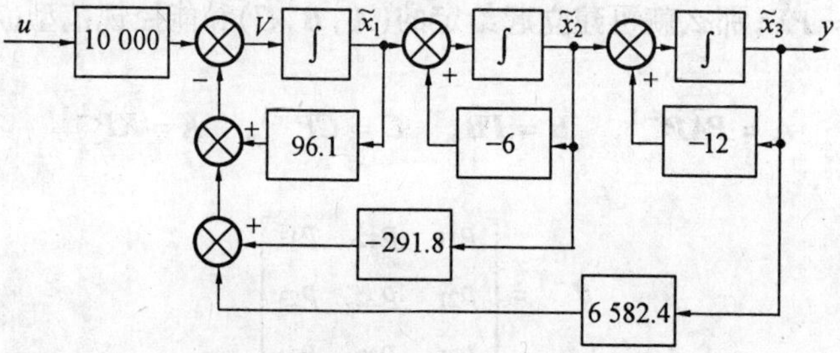

图 5.7 相应于图 5.6 受控系统的闭环方框图

例 5.2 设单输入－单输出系统的传递函数为

$$W_0(s)=\frac{Y(s)}{U(s)}=\frac{100}{s(s+1)(s+2)}$$

设计状态反馈矩阵，使闭环系统的特征值 $s_1=-5$、$s_2=-2+j2$、$s_3=-2-j2$。

解 传递函数无零极点对消，原系统状态是完全能控能观的。其能控规范型为

$$\begin{bmatrix} \dot{x}_1 \\ \dot{x}_2 \\ \dot{x}_3 \end{bmatrix}=\begin{bmatrix} 0 & 1 & 0 \\ 0 & 0 & 1 \\ 0 & -2 & -3 \end{bmatrix}\begin{bmatrix} x_1 \\ x_2 \\ x_3 \end{bmatrix}+\begin{bmatrix} 0 \\ 0 \\ 1 \end{bmatrix}u$$

$$y=[100\quad 0\quad 0]\begin{bmatrix}x_1\\x_2\\x_3\end{bmatrix}$$

设 $\boldsymbol{K}=[k_3,k_2,k_1]$,带状态反馈的闭环系统的特征多项式为

$$\det[s\boldsymbol{I}-\boldsymbol{A}+\boldsymbol{BK}]=s^3+(k_1+3)s^2+(k_2+2)s+k_3$$

由极点配置要求得相应的系统的特征多项式

$$f^*(s)=(s+5)(s+2+\mathrm{j}2)(s+2-\mathrm{j}2)=s^3+9s^2+28s+40$$

上述两个特征多项式的对应项系数相等,有

$$\begin{cases}k_3=40\\k_2+2=28\\k_1+3=9\end{cases}$$

因此

$$\boldsymbol{K}=[k_3\quad k_2\quad k_1]=[40\quad 26\quad 6]$$

3.对于 $n>3$ 较复杂系统,有时可有较简便方法确定反馈矩阵 $\boldsymbol{K}$

先选 $\boldsymbol{K}$ 矩阵中某几个参数,使闭环系统特征矩阵 $\boldsymbol{A}-\boldsymbol{BK}$ 变为能控规范型,这样便可用特征值不变性原理方法,确定 $\boldsymbol{K}$ 中其余参数,以满足希望极点要求。

例 5.3　多输入系统

$$\boldsymbol{A}=\begin{bmatrix}0&1&0&0\\0&0&1&0\\-3&1&2&2\\2&1&1&0\end{bmatrix}\qquad \boldsymbol{B}=\begin{bmatrix}0&0\\0&0\\2&0\\0&1\end{bmatrix}$$

设计状态反馈矩阵,使闭环系统特征值为 $s_{1,2}=-3\pm\mathrm{j}2, s_3=-3, s_4=-4$。

解　根据给定的系数矩阵 $\boldsymbol{A}$、$\boldsymbol{B}$,求得给定系统的能控性矩阵的秩为

$$\mathrm{rank}[\boldsymbol{B}\quad \boldsymbol{AB}\quad \boldsymbol{A}^2\boldsymbol{B},\boldsymbol{A}^3\boldsymbol{B}]=\mathrm{rank}\begin{bmatrix}0&0&0&0&2&0\\0&0&2&0&4&2\\2&0&4&2&14&4\\0&1&2&0&6&2\end{bmatrix}=4$$

因此,系统具有能控性。

设反馈矩阵 $\boldsymbol{K}$ 为

$$\boldsymbol{K}=\begin{bmatrix}k_1&k_2&k_3&k_4\\k_5&k_6&k_7&k_8\end{bmatrix}$$

则有

$$\boldsymbol{BK}=\begin{bmatrix}0&0&0&0\\0&0&0&0\\2k_1&2k_2&2k_3&2k_4\\k_5&k_6&k_7&k_8\end{bmatrix}$$

所以

$$[sI - A + BK] = \begin{bmatrix} s & -1 & 0 & 0 \\ 0 & s & -1 & 0 \\ 2k_1+3 & 2k_2-1 & s-2+2k_3 & 2k_4-2 \\ k_5 & k_6 & k_7 & k_8 \end{bmatrix}$$

选 $k_1 = -\dfrac{3}{2}, k_2 = \dfrac{1}{2}, k_3 = 1, k_4 = \dfrac{1}{2}$，使 $A - BK$ 具有能控规范型，即

$$|sI - A + BK| = \begin{bmatrix} s & -1 & 0 & 0 \\ 0 & s & -1 & 0 \\ 0 & 0 & s & -1 \\ k_5-2 & k_6-1 & k_7-1 & s+k_8 \end{bmatrix}$$

则闭环系统的特征多项式为

$$\det[sI - A + BK] = s^4 + k_8 s^3 + (k_7 - 1)s^2 + (k_6 - 1)s + (k_5 - 2)$$

由极点配置要求，得相应的系统特征多项式为

$$f^*(s) = (s+3-\mathrm{j}2)(s+3+\mathrm{j}2)(s+3)(s+4) = s^4 + 13s^3 + 67s^2 + 163s + 156$$

上述两个特征多项式的对应项系数相等，有

$$\begin{cases} k_5 - 2 = 156 \\ k_6 - 1 = 163 \\ k_7 = 67 \\ k_8 = 13 \end{cases} \Rightarrow \begin{cases} k_5 = 158 \\ k_6 = 164 \\ k_7 = 68 \\ k_8 = 13 \end{cases}$$

故状态反馈矩阵 K 为

$$K = \begin{bmatrix} k_1 & k_2 & k_3 & k_4 \\ k_5 & k_6 & k_7 & k_8 \end{bmatrix} = \begin{bmatrix} -\dfrac{3}{2} & \dfrac{1}{2} & 1 & \dfrac{1}{2} \\ 158 & 164 & 68 & 13 \end{bmatrix}$$

5.4 状态重构问题

一、状态观测器的基本思想

1. 状态重构的可能性

对于完全能控的线性定常系统，可以通过线性状态反馈任意配置极点，使闭环系统具有任意要求的动态特性，这是状态反馈的一个主要优点。但是，通常并不是全部状态变量都是能够直接量测的，这就给状态反馈的物理实现造成了困难，从而提出了状态重构问题。由伦伯格(Luenberger)提出的状态观测器理论是现代控制理论中具有工程实用价值的基本内容之一，这个理论解决了在确定性控制条件下受控系统状态的重构问题，从而使状态反馈成为一种现实的控制规律。

所谓状态重构问题，即能否从系统的可量测参量(如输出 y 和输入 V)来重新构造一

个状态 $\widetilde{X}$,使之在一定的指标下和系统的真实状态 X 等价。这种状态重构在一定条件下是可能的,因为如果线性定常系统

$$\dot{X}=AX+BV$$
$$y=CX$$

完全能观测,那么根据输出 y 的测量,可以惟一地确定出系统的初始状态 X_0,从而系统在任意时刻下的状态可表为

$$X(t)=e^{At}X_0+\int_0^t e^{A(t-\tau)}BV(\tau)d\tau \qquad t\geqslant 0$$

上式表明,只要满足一定的条件,从可量测量 y 和 V 中把 X 间接重构出来是可能的。这就是观测器理论的出发点。

2. 等价性指标

要想把上述想法变为物理上可实现的,一个直观的想法就是人为地构造一个动态系统,以原系统的输入和输出作为它的输入量,而它的状态就作为原系统状态的重构状态。如果认为这个构造的动态系统与原系统结构和参数相同,即有

$$\dot{\widetilde{X}}=A\widetilde{X}+BV$$
$$\widetilde{y}=C\widetilde{X}$$

与原系统

$$\dot{X}=AX+BV$$
$$y=CX$$

在结构和参数上相同,显然可以导出

$$\dot{X}-\dot{\widetilde{X}}=A(X-\widetilde{X})$$

这是一个自由运动方程,其解为

$$X-\widetilde{X}=e^{At}(X_0-\widetilde{X}_0) \qquad t\geqslant 0$$

式中,X_0 为原系统初始状态;$\widetilde{X}_0$ 为重构状态的初始状态。如果恰好有 $X_0=\widetilde{X}_0$,那么必有 $X(t)=\widetilde{X}(t)(t\geqslant 0)$,即 $\widetilde{X}$ 和 X 完全等价。这种情况实际上是不可能的,因此更一般地说 $X_0\neq\widetilde{X}_0$,从而 $\widetilde{X}$ 和 X 不能完全等价。但是只要系统是稳定的,即 A 的特征值均具有负实部,就可做到 X 和 $\widetilde{X}$ 是稳态等价的,即

$$\lim_{t\to\infty}[X(t)-\widetilde{X}(t)]=0 \tag{5.13}$$

式(5.17)就是重构状态 $\widetilde{X}$ 和真实状态 X 间等价性指标。

3. 系统的重构状态方程

至此,并没有完全解决状态重构的问题。一方面,系统的状态是不能直接量测的,因此很难判断 $\widetilde{X}$ 是否逼近 X;另一方面,不一定能保证 A 的特征值均具有负实部。为了克服这个困难,用对输出量间的差值

$$y-\tilde{y}=CX-C\tilde{X}=C(X-\tilde{X})$$

的测量来代替对 $X-\tilde{X}$ 的测量，而且当 $\lim\limits_{t\to\infty}(X-\tilde{X})=0$ 时，有

$$\lim_{t\to\infty}(y-\tilde{y})=0$$

同时引入反馈阵 G，使系统特征值具有负实部。这样构成的重构状态方程为

$$\begin{aligned}\dot{\tilde{X}}&=A\tilde{X}+BV+G(y-\tilde{y})=\\&A\tilde{X}+BV+GC(X-\tilde{X})=\\&(A-GC)\tilde{X}+BV+GCX=\\&(A-GC)\tilde{X}+BV+Gy\end{aligned}\tag{5.14}$$

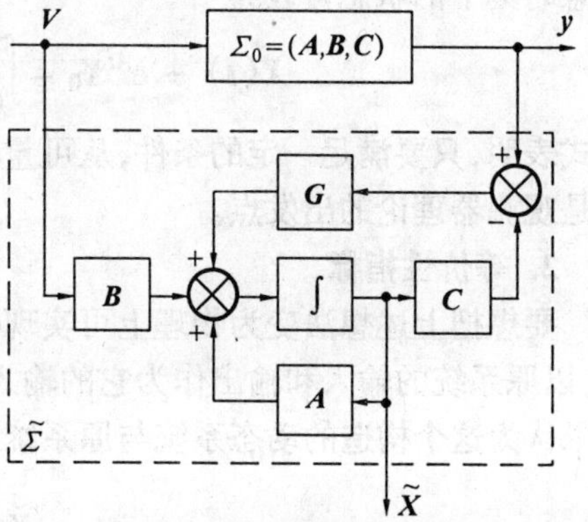

图 5.8　状态重构方框图

图 5.8 是状态重构的方框图。

重构状态方程可由如下推导证明：

设原系统是能观测且线性可微的，方程为

$$\dot{X}=A(t)X(t)+B(t)V(t),X(t_0)=X_0$$
$$y=C(t)X(t)$$

以原系统的输入 $u(t)$ 和输出 $y(t)$ 作为重构系统的输入，其动态过程可描述为

$$\dot{\tilde{X}}=D(t)\tilde{X}(t)+E(t)V(t)+F(t)X(t)$$
$$\tilde{X}(t_0)=\tilde{X}_0$$

同时设法调整观测器，使 $\tilde{X}(t)=X(t)$，对上式求导，得

$$\begin{aligned}\dot{\tilde{X}}(t)=\dot{X}(t)=A(t)X(t)+B(t)V(t)=\\D(t)\tilde{X}(t)+E(t)u(t)+F(t)X(t)\end{aligned}$$

即

$$[D(t)-A(t)+F(t)]X(t)+[E(t)-B(t)]V(t)=0\tag{5.15}$$

当 $X(t)$、$u(t)$ 不等于零时，要想满足上式，必须

$$\begin{aligned}D(t)-A(t)+F(t)=0\\E(t)=B(t)\end{aligned}\tag{5.16}$$

令

$$F(t)=G(t)C(t)\tag{5.17}$$

则根据上述条件设计的状态观测器为

$$\begin{aligned}\dot{\tilde{X}}=D(t)\tilde{X}(t)+E(t)V(t)+F(t)X(t)=\\[A(t)-G(t)C(t)]\tilde{X}(t)+B(t)V(t)+G(t)C(t)X(t)\end{aligned}$$

式中，$G(t)$ 为 $(y-\tilde{y})$ 反馈矩阵，可用图 5.9 所示方框图实现。

显然，图 5.9 与图 5.8 完全相同。当 $G(t)$ 选定后，根据 $F(t)=G(t)C(t)$，可以得出

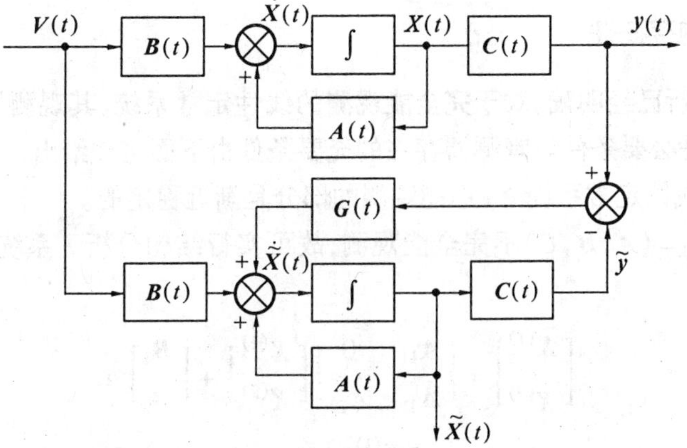

图 5.9　状态重构实现图

$\boldsymbol{G}(t)$。显而易见

$$\dot{\boldsymbol{X}}-\dot{\tilde{\boldsymbol{X}}}=\boldsymbol{A}\boldsymbol{X}-\boldsymbol{A}\tilde{\boldsymbol{X}}-\boldsymbol{G}\boldsymbol{C}(\boldsymbol{X}-\tilde{\boldsymbol{X}})=$$
$$(\boldsymbol{A}-\boldsymbol{G}\boldsymbol{C})(\boldsymbol{X}-\tilde{\boldsymbol{X}})$$

从而

$$\boldsymbol{X}(t)-\tilde{\boldsymbol{X}}(t)=\mathrm{e}^{(\boldsymbol{A}-\boldsymbol{G}\boldsymbol{C})t}(\boldsymbol{X}_0-\tilde{\boldsymbol{X}}_0)$$

因为原系统$(\boldsymbol{A},\boldsymbol{C})$是完全能观测的,所以总可以通过选择反馈矩阵 $\boldsymbol{G}$,使其满足等价性指标,并使 $\tilde{\boldsymbol{X}}$ 和 $\boldsymbol{X}$ 之间具有任意的逼近速度。这就是状态观测器的基本思想。

二、观测器的定义

设线性定常系统 $\Sigma_0=(\boldsymbol{A},\boldsymbol{B},\boldsymbol{C})$的状态 $\boldsymbol{X}$ 是不能直接量测的,如果动态系统 $\tilde{\Sigma}$ 以Σ_0 的输入 $\boldsymbol{V}$ 和输出 $\boldsymbol{y}$ 作为它的输入量;$\tilde{\Sigma}$ 的输出 $\tilde{\boldsymbol{X}}(t)$满足如下的等价性指标

$$\lim_{t\to\infty}[\boldsymbol{X}(t)-\tilde{\boldsymbol{X}}(t)]=0 \tag{5.18}$$

则称动态系统 $\tilde{\Sigma}$ 为 Σ_0 的状态观测器。

由上述定义不难得出,构成系统观测器的原则是:

① 观测器 $\tilde{\Sigma}$ 以原系统 Σ_0 的输入和输出作为其输入。

② 为了满足等价性指标,原系统 Σ_0 应当是完全能观测的,或者 $\boldsymbol{X}$ 中不能观测的部分是渐近稳定的。

③ $\tilde{\Sigma}$ 的输出 $\tilde{\boldsymbol{X}}(t)$应有足够快的速度逼近 $\boldsymbol{X}$,这就要求 $\tilde{\Sigma}$ 有足够宽的频带。

④ $\tilde{\Sigma}$ 还应有较高的抗干扰性,这就要求 $\tilde{\Sigma}$ 有较窄的频带。显而易见,观测器的快速性和抗干扰性是互相矛盾的,只能折中加以兼顾。

⑤ $\tilde{\Sigma}$ 在结构上应当尽可能简单,即具有尽可能低的维数。

上述原则构成了观测器理论中的基本问题,即观测器的存在性、极点配置问题和降维观测器问题。

三、观测器的存在性

由前面的分析已经明确，对于完全能观测的线性定常系统，其观测器总是存在的，这是充分条件，不是必要条件。观测器存在的充要条件由下面定理给出：

定理 5.2 线性定常系统 Σ_0 不能观测的部分是渐近稳定的。

证明 因 $\Sigma_0=(\boldsymbol{A},\boldsymbol{B},\boldsymbol{C})$ 不完全能观测，故可实行结构分析。系统状态方程具有如下形式

$$\begin{bmatrix}\dot{\boldsymbol{X}}^{(1)}\\ \dot{\boldsymbol{X}}^{(2)}\end{bmatrix}=\begin{bmatrix}\boldsymbol{A}_{11} & 0\\ \boldsymbol{A}_{21} & \boldsymbol{A}_{22}\end{bmatrix}\begin{bmatrix}\boldsymbol{X}^{(1)}\\ \boldsymbol{X}^{(2)}\end{bmatrix}+\begin{bmatrix}\boldsymbol{B}_1\\ \boldsymbol{B}_2\end{bmatrix}\boldsymbol{u}$$

$$\boldsymbol{y}=[\boldsymbol{C}_1\quad 0]\begin{bmatrix}\boldsymbol{X}^{(1)}\\ \boldsymbol{X}^{(2)}\end{bmatrix}$$

式中，$\boldsymbol{X}^{(1)}$ 为能观测状态；$\boldsymbol{X}^{(2)}$ 为不能观测状态；$(\boldsymbol{A}_{11},\boldsymbol{B}_1,\boldsymbol{C}_1)$ 为 Σ_0 的能观测部分。

构造如下动态系统

$$\dot{\widetilde{\boldsymbol{X}}}=\boldsymbol{A}\widetilde{\boldsymbol{X}}+\boldsymbol{B}\boldsymbol{u}+\boldsymbol{G}(\boldsymbol{y}-\boldsymbol{C}\widetilde{\boldsymbol{X}}),\ \boldsymbol{G}=\begin{bmatrix}\boldsymbol{G}_1\\ \boldsymbol{G}_2\end{bmatrix}$$

即

$$\dot{\widetilde{\boldsymbol{X}}}=(\boldsymbol{A}-\boldsymbol{G}\boldsymbol{C})\widetilde{\boldsymbol{X}}+\boldsymbol{B}\boldsymbol{u}+\boldsymbol{G}\boldsymbol{C}\boldsymbol{X},\ \boldsymbol{G}=\begin{bmatrix}\boldsymbol{G}_1\\ \boldsymbol{G}_2\end{bmatrix}$$

由此不难导出

$$\dot{\boldsymbol{X}}-\dot{\widetilde{\boldsymbol{X}}}=\begin{bmatrix}\dot{\boldsymbol{X}}^{(1)}\\ \dot{\boldsymbol{X}}^{(2)}\end{bmatrix}-\begin{bmatrix}\dot{\widetilde{\boldsymbol{X}}}^{(1)}\\ \dot{\widetilde{\boldsymbol{X}}}^{(2)}\end{bmatrix}=$$

$$\begin{bmatrix}\boldsymbol{A}_{11}\boldsymbol{X}^{(1)}+\boldsymbol{B}_1\boldsymbol{u}\\ \boldsymbol{A}_{21}\boldsymbol{X}^{(1)}+\boldsymbol{A}_{22}\boldsymbol{X}^{(2)}+\boldsymbol{B}_2\boldsymbol{u}\end{bmatrix}-\begin{bmatrix}(\boldsymbol{A}_{11}-\boldsymbol{G}_1\boldsymbol{C}_1)\widetilde{\boldsymbol{X}}^{(1)}+\boldsymbol{B}_1\boldsymbol{u}+\boldsymbol{G}_1\boldsymbol{C}_1\boldsymbol{X}^{(1)}\\ (\boldsymbol{A}_{21}-\boldsymbol{G}_2\boldsymbol{C}_1)\widetilde{\boldsymbol{X}}^{(1)}+\boldsymbol{A}_{22}\widetilde{\boldsymbol{X}}^{(2)}+\boldsymbol{B}_2\boldsymbol{u}+\boldsymbol{G}_2\boldsymbol{C}_1\boldsymbol{X}^{(1)}\end{bmatrix}=$$

$$\begin{bmatrix}(\boldsymbol{A}_{11}-\boldsymbol{G}_1\boldsymbol{C}_1)(\boldsymbol{X}^{(1)}+\widetilde{\boldsymbol{X}}^{(1)})\\ (\boldsymbol{A}_{21}-\boldsymbol{G}_2\boldsymbol{C}_1)(\boldsymbol{X}^{(1)}-\widetilde{\boldsymbol{X}}^{(1)})+\boldsymbol{A}_{22}(\boldsymbol{X}^{(2)}-\widetilde{\boldsymbol{X}}^{(2)})\end{bmatrix}$$

显然有

$$\dot{\boldsymbol{X}}^{(1)}-\dot{\widetilde{\boldsymbol{X}}}^{(1)}=(\boldsymbol{A}_{11}-\boldsymbol{G}_1\boldsymbol{C}_1)(\boldsymbol{X}^{(1)}-\widetilde{\boldsymbol{X}}^{(1)})$$

通过适当地选择 $\boldsymbol{G}_1$，可使 $(\boldsymbol{A}_{11}-\boldsymbol{G}_1\boldsymbol{C}_1)$ 的特征值均具有负实部，所以

$$\lim_{t\to\infty}(\boldsymbol{X}^{(1)}-\widetilde{\boldsymbol{X}}^{(1)})=\lim_{t\to\infty}\mathrm{e}^{(\boldsymbol{A}_{11}-\boldsymbol{G}_1\boldsymbol{C}_1)t}(\boldsymbol{X}_0^{(1)}-\widetilde{\boldsymbol{X}}_0^{(1)})=0$$

对于第二部分 $\boldsymbol{X}^{(2)}-\widetilde{\boldsymbol{X}}^{(2)}$，有

$$\dot{\boldsymbol{X}}^{(2)}-\dot{\widetilde{\boldsymbol{X}}}^{(2)}=(\boldsymbol{A}_{21}-\boldsymbol{G}_2\boldsymbol{C}_1)(\boldsymbol{X}^{(1)}-\widetilde{\boldsymbol{X}}^{(1)})+\boldsymbol{A}_{22}(\boldsymbol{X}^{(2)}-\widetilde{\boldsymbol{X}}^{(2)})$$

可导出

$$(X^{(2)}-\widetilde{X}^{(2)})=e^{A_{22}t}(X_0^{(2)}-\widetilde{X}_0^{(2)})+$$
$$\int_0^t e^{A_{22}(t-\tau)}(A_{21}-G_2C_1)e^{(A_{11}-G_1C_1)\tau}(X_0^{(1)}-\widetilde{X}_0^{(1)})d\tau$$

上式中

$$\lim_{\tau\to\infty} e^{(A_{11}-G_1C_1)\tau}=0 \quad (\text{由于选择 } G)$$

已成立，因此仅当

$$\lim_{t\to\infty} e^{A_{22}t}=0$$

成立时，对任意 $X_0^{(2)}$ 和 $\widetilde{X}_0^{(2)}$，才有

$$\lim_{t\to\infty}(X^{(2)}-\widetilde{X}^{(2)})=0$$

即

$$\lim_{t\to\infty}(X-\widetilde{X})=0$$

满足等价性指标，而 $\lim_{t\to\infty} e^{A_{22}t}=0$ 等价于 A_{22} 的特征值均具有负实部，即 $\Sigma=(A,B,C)$ 的不能观测部分是渐近稳定的。

5.5　状态观测器的极点配置

一、极点配置定理

定理 5.3　线性定常系统 $\Sigma_0=(A,B,C)$，其观测器 $\widetilde{\Sigma}=(A-GC,B,G)$ 可以任意配置极点，即具有任意逼近速度的充分必要条件是 $\Sigma_0=(A,B,C)$ 为完全能观测。

该定理是线性状态反馈系统 $\Sigma_K=(A-BK,B,C)$ 极点配置定理的对偶形式，其证明类似。从构造性出发进行证明，可得反馈 $\hat{G}$ 为

$$\hat{G}=\begin{bmatrix}\hat{g}_n\\ \hat{g}_{n-1}\\ \vdots\\ \hat{g}_1\end{bmatrix}=\begin{bmatrix}a_n^0-a_n\\ a_{n-1}^0-a_{n-1}\\ \vdots\\ a_1^0-a_1\end{bmatrix} \tag{5.19}$$

式中，$a_i(i=1,2,\cdots,n)$ 为受控系统特征多项式的系数；$a_i^0(i=1,2,\cdots,n)$ 是以 $s_1,s_2,\cdots,s_n$（所希望的极点）为零根的多项式的系数。

二、极点配置方法

1. 当 $n\geqslant 3$ 时，能观规范型方法

① 对于单输入－单输出系统 $\Sigma_0=(A,B,C)$，在状态完全能观测的前提下，通过上式可确定对应能观规范型的 $\hat{G}$。

② 通过线性非奇异变换，确定实际物理系统的反馈矩阵 G。

2. 当 $n\leqslant 3$ 时，特征值不变性原理方法

当系统阶次较低，即 $n<3$ 时，可以不通过能观测规范求反馈矩阵 G，可直接由反映

物理系统的 A、C 求系统反馈矩阵 G,无需经过线性非奇异变换,就可使设计工作简单。当然 A 矩阵在特定情况下,$n=3$ 有时也可用此简单方法。

该方法的计算公式可由第二章得知,即

$$f^0(s)=\det(sI-A+GC)=|sI-A+GC|$$

式中,$f^0(s)$为观测器系统希望极点组成的特征多项式;$|sI-A+GC|$为观测器闭环系统的特征多项式;A、C 为物理系统的矩阵。

例 5.4 设线性定常系统的状态方程和输出方程为

$$\dot{X}=AX+Bu$$
$$y=CX$$

式中

$$A=\begin{bmatrix}1&0&0\\0&2&1\\0&0&2\end{bmatrix},\quad B=\begin{bmatrix}1\\0\\1\end{bmatrix},\quad C=\begin{bmatrix}1&1&0\end{bmatrix}$$

试设计一个状态观测器,要求将其极点配置在 $s_1=-3$、$s_2=-4$、$s_3=-5$ 上。

解 其解法类似例 5.1,但这里给定的系统不是规范型。用式(4.15)求出变换矩阵 T,问题就可迎刃而解。

① 根据给定的系数矩阵 A、B、C,求得给定系统的能观测性矩阵的秩为

$$\text{rank}\begin{bmatrix}C\\CA\\CA^2\end{bmatrix}=\text{rank}\begin{bmatrix}1&1&0\\1&2&1\\1&4&4\end{bmatrix}=3$$

可见系统具有能观测性,但不是规范型。对于阶数较高的复杂系统,在设计其状态观测器时,首先需要将其化为能观测规范型。

② 确定变换矩阵 T。根据式(4.15),求得

$$T_1=\begin{bmatrix}C\\CA\\CA\end{bmatrix}^{-1}\begin{bmatrix}0\\0\\1\end{bmatrix}=\begin{bmatrix}1&1&0\\1&2&1\\1&4&4\end{bmatrix}^{-1}\begin{bmatrix}0\\0\\1\end{bmatrix}=\begin{bmatrix}1\\1\\1\end{bmatrix}$$

$$T=[T_1\quad AT_1\quad A^2T_1]=\begin{bmatrix}1&1&1\\-1&-1&0\\1&2&4\end{bmatrix}$$

$$T^{-1}=\begin{bmatrix}4&2&-1\\-4&-3&1\\1&1&0\end{bmatrix}$$

③ 能观测规范型。

$$\dot{\hat{X}}=\hat{A}\hat{X}+\hat{B}u$$
$$y=\hat{C}\hat{X}$$

其中

$$\hat{X}=T^{-1}X$$

$$\hat{A}=T^{-1}AT=\begin{bmatrix}4&2&-1\\-4&-3&1\\1&1&0\end{bmatrix}\begin{bmatrix}1&0&0\\0&2&1\\0&0&2\end{bmatrix}\begin{bmatrix}1&1&1\\-1&-1&0\\1&2&4\end{bmatrix}=\begin{bmatrix}0&0&4\\1&0&-8\\0&1&5\end{bmatrix}$$

$$\hat{B}=T^{-1}B=\begin{bmatrix}4&2&-1\\-4&-3&1\\1&1&0\end{bmatrix}\begin{bmatrix}1\\0\\1\end{bmatrix}=\begin{bmatrix}3\\-3\\1\end{bmatrix}$$

$$\hat{C}=CT=[1\ \ 1\ \ 0]\begin{bmatrix}1&1&1\\-1&-1&0\\1&2&4\end{bmatrix}=[0\ \ 0\ \ 1]$$

④ 确定规范型所对应的反馈矩阵 $\hat{G}$。

设反馈矩阵

$$\hat{G}=\begin{bmatrix}\hat{g}_3\\\hat{g}_2\\\hat{g}_1\end{bmatrix}$$

建立状态观测器的特征方程：

因为对应的特征矩阵是 $\hat{A}-\hat{G}\hat{C}$，所以

$$\hat{A}-\hat{G}\hat{C}=\begin{bmatrix}0&0&4\\1&0&-8\\0&1&5\end{bmatrix}-\begin{bmatrix}0&0&\hat{g}_3\\0&0&\hat{g}_2\\0&0&\hat{g}_1\end{bmatrix}=\begin{bmatrix}0&0&4-\hat{g}_3\\1&0&-8-\hat{g}_2\\0&1&5-\hat{g}_1\end{bmatrix}$$

所以特征多项式

$$|sI-(\hat{A}-\hat{G}\hat{C})|=\begin{vmatrix}s&0&\hat{g}_3-4\\-1&s&\hat{g}_2+8\\0&-1&s+\hat{g}_1-5\end{vmatrix}=$$

$$s^3+(\hat{g}_1-5)s^2+(\hat{g}_2+8)s+(\hat{g}_3-4)$$

再根据极点配置要求 $s_1=-3$、$s_2=-4$、$s_3=-5$ 建立对应的特征多项式

$$f^0(s)=(s+3)(s+4)(s+5)=s^3+12s^2+47s+60$$

上面两个特征多项式的对应项系数相等，有

$$\begin{cases}\hat{g}_3-4=60\\\hat{g}_2+8=47\\\hat{g}_1-5=12\end{cases}\quad\text{即}\quad\begin{cases}\hat{g}_3=64\\\hat{g}_2=39\\\hat{g}_1=17\end{cases}$$

所以

$$\hat{G}=\begin{bmatrix}64\\39\\17\end{bmatrix}$$

⑤ 确定给定系统状态方程的反馈矩阵 G。

$$G=T\hat{G}=\begin{bmatrix}1&1&1\\-1&-1&0\\1&2&4\end{bmatrix}\begin{bmatrix}64\\39\\17\end{bmatrix}=\begin{bmatrix}120\\-103\\210\end{bmatrix}$$

得系统观测器方程为

$$\dot{\widetilde{X}} = (A - GC)\widetilde{X} + BV + Gy =$$

$$\begin{bmatrix} -119 & -120 & 0 \\ 103 & 105 & 1 \\ -210 & -210 & 2 \end{bmatrix}\widetilde{X} + \begin{bmatrix} 1 \\ 0 \\ 1 \end{bmatrix}V + \begin{bmatrix} 120 \\ -103 \\ 210 \end{bmatrix}y$$

例 5.5 设线性定常系统状态方程和输出方程为

$$\dot{X} = AX + BV$$

$$y = CX$$

式中

$$A = \begin{bmatrix} 0 & 1 & 0 \\ 0 & 0 & 1 \\ -6 & -11 & -6 \end{bmatrix},\quad B = \begin{bmatrix} 0 \\ 0 \\ 1 \end{bmatrix},\quad C = [1 \quad 0 \quad 0]$$

设计一个状态观测器,要求将其极点配置在 $s_1 = -2 + j2\sqrt{3}$、$s_2 = -2 - j2\sqrt{3}$、$s_3 = -5$ 上。

解 根据给定的系数矩阵 A、B、C,求得给定系统的能观测性矩阵的秩为

$$\text{rank}\begin{bmatrix} C \\ CA \\ CA^2 \end{bmatrix} = \text{rank}\begin{bmatrix} 1 & 0 & 0 \\ 0 & 1 & 0 \\ 0 & 0 & 1 \end{bmatrix} = 3$$

可见系统具有能观测性。

设反馈矩阵 G 为

$$G = \begin{bmatrix} g_3 \\ g_2 \\ g_1 \end{bmatrix}$$

则观测器的特征多项式为

$$\det[sI - A + GC] = \begin{vmatrix} s + g_3 & -1 & 0 \\ g_2 & s & -1 \\ g_1 + 6 & 11 & s + 6 \end{vmatrix} =$$

$$s^3 + (g_3 + 6)s^2 + (6g_3 + g_2 + 11)s + (11g_3 + 6g_2 + g_1 + 6)$$

由极点配置要求,得相应的系统的特征多项式

$$f^0(s) = (s - s_1)(s - s_2)(s - s_3) = (s + 2 - j\sqrt{3})(s + 2 + j\sqrt{3})(s + 5) =$$

$$s^3 + 9s^2 + 36s + 80$$

上述两个特征多项式对应项系数相等,有

$$\begin{cases} g_3 + 6 = 9 \\ 6g_3 + g_2 + 11 = 36 \\ 11g_3 + 6g_2 + g_1 + 6 = 80 \end{cases}$$

得

$$g_3 = 3,\ g_2 = 7,\ g_1 = -1$$

因此

$$G=\begin{bmatrix}g_3\\g_2\\g_1\end{bmatrix}=\begin{bmatrix}3\\7\\-1\end{bmatrix}$$

故状态观测器的状态方程为

$$\dot{\widetilde{X}}=(A-GC)\widetilde{X}+BV+Gy$$

即

$$\begin{bmatrix}\dot{\widetilde{x}}_1\\\dot{\widetilde{x}}_2\\\dot{\widetilde{x}}_3\end{bmatrix}=\begin{bmatrix}-3&1&0\\-7&0&1\\-5&-11&-6\end{bmatrix}\begin{bmatrix}\widetilde{x}_1\\\widetilde{x}_2\\\widetilde{x}_3\end{bmatrix}+\begin{bmatrix}0\\0\\1\end{bmatrix}V+\begin{bmatrix}3\\7\\-1\end{bmatrix}y$$

5.6　带观测器状态反馈闭环系统

一、闭环系统的等价性

设原系统的状态方程与输出方程为

$$\dot{X}=AX+BV \tag{5.20}$$

$$y=CX \tag{5.21}$$

且原系统能控能观，如果状态 X 不能直接量测，据 5.5 节可构造一个状态观测器，以观测器估计出的状态 $\widetilde{X}(t)$ 代替系统实际状态 X，以进行状态反馈。状态观测器的状态方程为

$$\dot{\widetilde{X}}=(A-GC)\widetilde{X}+BV+Gy \tag{5.22}$$

控制作用 V 为

$$V=u-K\widetilde{X} \tag{5.23}$$

因此，带有状态观测器的状态反馈系统的阶数为 $2n$。引入变量 $X-\widetilde{X}$，则可有如下方程

$$\dot{X}=(A-BK)X+BK(X-\widetilde{X})+Bu \tag{5.24}$$

$$\dot{X}-\dot{\widetilde{X}}=(A-GC)(X-\widetilde{X}) \tag{5.25}$$

则可用分块矩阵形式

$$\begin{bmatrix}\dot{X}\\ \hdashline \dot{X}-\dot{\widetilde{X}}\end{bmatrix}=\left[\begin{array}{c:c}A-BK&BK\\ \hdashline 0&A-GC\end{array}\right]\begin{bmatrix}X\\ \hdashline X-\widetilde{X}\end{bmatrix}+\begin{bmatrix}B\\ \hdashline 0\end{bmatrix}u \tag{5.26}$$

$$y=\left[\begin{array}{c:c}C&0\end{array}\right]\begin{bmatrix}X\\ \hdashline X-\widetilde{X}\end{bmatrix} \tag{5.27}$$

将这个复合系统用(A_1,B_1,C_1)表示，则有

$$A_1=\left[\begin{array}{c:c} A-BK & BK \\ \hdashline 0 & A-GC \end{array}\right],B_1=\left[\begin{array}{c} B \\ \hdashline 0 \end{array}\right],C_1=[C \ \vdots \ 0] \tag{5.28}$$

其传递函数为

$$\Phi_1(s)=\frac{Y(s)}{U(s)}=C_1(sI-A_1)^{-1}B_1$$

应用分块矩阵等式

$$\left[\begin{array}{c:c} R & S \\ \hdashline 0 & T \end{array}\right]=\left[\begin{array}{c:c} R^{-1} & -R^{-1}ST^{-1} \\ \hdashline 0 & T^{-1} \end{array}\right] \tag{5.29}$$

则复合系统传递函数为

$$\Phi_1(s)=C_1(sI-A_1)^{-1}B_1=$$

$$[C \ \vdots \ 0]\left[\begin{array}{c:c} [sI-(A-BK)]^{-1} & [sI-(A-BK)]^{-1}BK[sI-(A-GC)]^{-1} \\ \hdashline 0 & [sI-(A-GC)]^{-1} \end{array}\right]\left[\begin{array}{c} B \\ \hdashline 0 \end{array}\right]=$$

$$[C \ \vdots \ 0]\left[\begin{array}{c} [sI-(A-BK)]^{-1}B \\ \hdashline 0 \end{array}\right]=C[sI-(A-BK)]^{-1}B \tag{5.30}$$

当原系统的状态变量 X 可直接量测时,用 X 进行状态反馈构成的闭环系统的状态方程与输出方程为

$$\dot{X}=(A-BK)X+Bu$$
$$y=CX$$

其闭环系统传递函数为

$$\Phi(s)=\frac{Y(s)}{U(s)}=C[sI-(A-BK)]^{-1}B \tag{5.31}$$

比较式(5.30)与式(5.31)可知,由状态观测器的状态 $\tilde{X}$ 进行状态反馈,和直接用实际状态 X 进行状态反馈,其闭环传递函数完全相同,即等价。

二、分离原理

复合系统的特征多项式为

$$\det(sI-A_1)=\det\left[\begin{array}{c:c} sI-(A-BK) & -BK \\ \hdashline 0 & sI-(A-GC) \end{array}\right]$$

因为上式是三角矩阵,所以

$$\det(sI-A_1)=\det[sI-(A-BK)]\det[sI-(A-GC)] \tag{5.32}$$

该式表明,复合系统的多项式等于矩阵$(A-BK)$的特征多项式与矩阵$(A-GC)$的特征多项式的乘积。而$(A-BK)$是状态反馈系统的系数矩阵,$(A-GC)$是观测器系统的系数矩阵,所以控制系统的动态特性与观测器的动态特性是相互独立的。

因此可得分离定理如下:

应用状态观测器估计出的状态反馈系统中,状态反馈的确定与状态观测器的设计可相互独立进行,即分别确定 K 矩阵与 Q 矩阵。

这样带观测器的状态反馈闭环系统的方框图如图 5.10 所示。

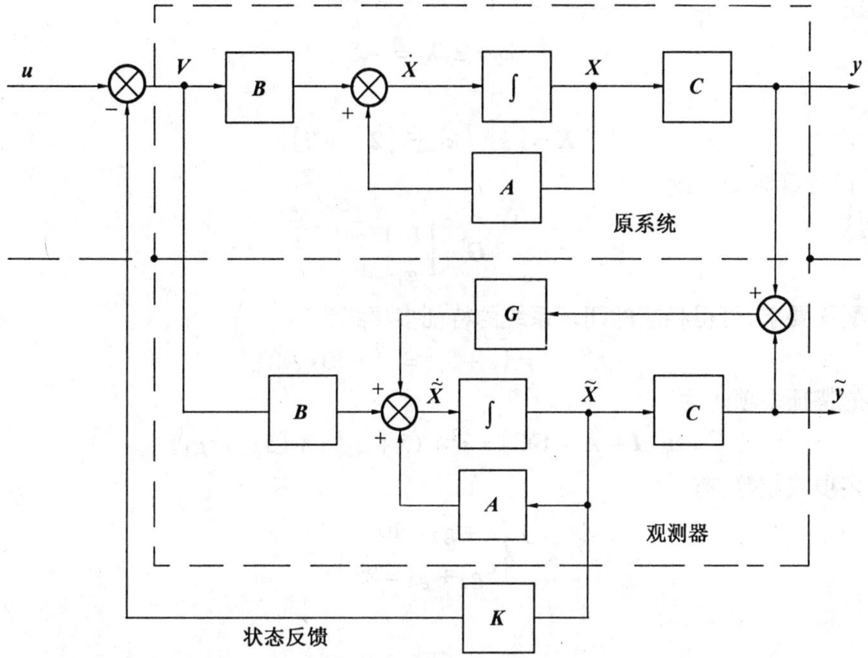

图 5.10　带观测器状态反馈的闭环系统方框图

例 5.6　设系统状态方程与输出方程为

$$\dot{X}=\begin{bmatrix}0 & 1\\0 & -5\end{bmatrix}X+\begin{bmatrix}0\\1\end{bmatrix}V$$

$$y=[1\quad 0]X$$

试设计带状态观测器的状态反馈系统，使反馈系统的极点配置在 $s_{1,2}=-1\pm \mathrm{j}1$。

解　① 根据给定系数矩阵 A、B、C，求得给定系统的能控和能观矩阵秩分别为

$$\operatorname{rank}[B\quad AB]=\operatorname{rank}\begin{bmatrix}0 & 1\\1 & -5\end{bmatrix}=2=n$$

$$\operatorname{rank}\begin{bmatrix}C\\CA\end{bmatrix}=\operatorname{rank}\begin{bmatrix}1 & 0\\0 & 1\end{bmatrix}=2=n$$

所以系统的状态是完全能控且完全能观的，矩阵 K、G 存在，系统及观测器的极点可任意配置。

② 设计状态反馈矩阵。设 $K=[k_2\quad k_1]$，引入状态反馈后，系统的特征多项式为

$$|sI-(A-BK)|=\begin{vmatrix}s & -1\\k_2 & s+5+k_1\end{vmatrix}=s^2+(5+k_1)s+k_2$$

由反馈系统极点要求而确定的特征多项式为

$$f^0(s)=(s+1-\mathrm{j})(s+1+\mathrm{j})=s^2+2s+2$$

由两个特征多项式相等，得

$$\begin{cases}5+k_1=2\\k_2=2\end{cases}$$

由此解出

$$k_2 = 2, k_1 = -3$$

即

$$\boldsymbol{K} = [k_2 \quad k_1] = [2 \quad -3]$$

③ 设计观测器。设

$$\boldsymbol{G} = \begin{bmatrix} g_2 \\ g_1 \end{bmatrix}$$

由极点配置要求,可得相应的闭环系统的特征多项式为

$$f^0(s) = (s+5)^2 = s^2 + 10s + 25$$

观测器的特征多项式为

$$\det[s\boldsymbol{I} - \boldsymbol{A} + \boldsymbol{GC}] = s^2 + (5 + g_2)s + (5g_2 + g_1)$$

由两个多项式相等,有

$$\begin{cases} s + g_2 = 10 \\ 5g_2 + g_1 = 25 \end{cases}$$

得

$$g_2 = 5, g_1 = 0$$

即

$$\boldsymbol{G} = \begin{bmatrix} g_2 \\ g_1 \end{bmatrix} = \begin{bmatrix} 5 \\ 0 \end{bmatrix}$$

因此观测器状态方程为

$$\dot{\widetilde{\boldsymbol{X}}} = (\boldsymbol{A} - \boldsymbol{GC})\widetilde{\boldsymbol{X}} + \boldsymbol{B}V + \boldsymbol{G}y = \begin{bmatrix} -5 & 1 \\ 0 & -5 \end{bmatrix}\widetilde{\boldsymbol{X}} + \begin{bmatrix} 0 \\ 1 \end{bmatrix}V + \begin{bmatrix} 5 \\ 0 \end{bmatrix}y$$

例 5.7 设计带观测器的状态反馈系统。

线性系统的传递函数为

$$\frac{Y(s)}{U(s)} = \frac{100}{s(s+5)}$$

动态方程为

$$\dot{\boldsymbol{X}} = \boldsymbol{AX} + \boldsymbol{B}V$$
$$y = \boldsymbol{CX}$$

式中

$$\boldsymbol{A} = \begin{bmatrix} 0 & 1 \\ 0 & -5 \end{bmatrix}, \quad \boldsymbol{B} = \begin{bmatrix} 0 \\ 100 \end{bmatrix}, \quad \boldsymbol{C} = [1 \quad 0]$$

要求设计状态反馈矩阵,使闭环系统的特征值 $s_{1,2} = -7.07 \pm j7.07$,相应的阻尼比为 0.707,自然频率为 10 rad/s。

假设状态 x_1 和 x_2 都不可量测,试设计一个状态观测器。

解 由例 5.6 知,如果系统的阶数不高,则数学处理可能困难较少,因此可直接从给

定系统的任意形式的状态方程出发,求得反馈系统的特征方程式,从而为确定反馈矩阵 $\boldsymbol{K}$ 或 $\boldsymbol{G}$ 提供了简便方法。

① 系统 $\Sigma_0=(\boldsymbol{A},\boldsymbol{B},\boldsymbol{C})$是完全能控的,故 $\boldsymbol{A}-\boldsymbol{BK}$ 的特征值可以任意配置;系统$\Sigma_0=(\boldsymbol{A},\boldsymbol{B},\boldsymbol{C})$是完全能观测的,故可以由输入 V 和输出 y 构造一个观测器。

② 设计状态反馈矩阵 $\boldsymbol{K}$。设 $\boldsymbol{K}=[k_2\quad k_1]$,由极点配置的要求,可得相应的闭环系统的特征多项式为

$$f^*(s)=(s-s_1)(s-s_2)=(s+7.07-\mathrm{j}7.07)(s+7.07+\mathrm{j}7.07)=$$
$$s^2+14.14s+100$$

带状态反馈的闭环系统的特征多项式为

$$\det[s\boldsymbol{I}-\boldsymbol{A}+\boldsymbol{BK}]=s^2+(5+100k_1)s+100k_2$$

上述两个特征多项式的对应项系数相等,有

$$\begin{cases}5+100k_1=14.14\\100k_2=100\end{cases}\quad 即\quad \begin{cases}k_1=\dfrac{9.14}{100}=0.091\,4\\k_2=\dfrac{100}{100}=1\end{cases}$$

因此

$$\boldsymbol{K}=[k_2\quad k_1]=[1\quad 0.091\,4]$$

③ 设计观测器。设

$$\boldsymbol{G}=\begin{bmatrix}g_2\\g_1\end{bmatrix}$$

由极点配置要求,可得相应的闭环系统的特征多项式为

$$f^0(s)=(s+50)^2=s^2+100s+2\,500$$

观测器的特征多项式为

$$\det[s\boldsymbol{I}-\boldsymbol{A}+\boldsymbol{GC}]=s^2+(5+g_2)s+5g_2+g_1$$

上述两个特征多项式的对应项系数相等,有

$$\begin{cases}100=5+g_2\\5g_2+g_1=2\,500\end{cases}\quad 即\quad \begin{cases}g_2=95\\g_1=2\,025\end{cases}$$

因此

$$\boldsymbol{G}=\begin{bmatrix}g_2\\g_1\end{bmatrix}=\begin{bmatrix}95\\2\,025\end{bmatrix}$$

故观测器方程为

$$\dot{\tilde{\boldsymbol{X}}}=(\boldsymbol{A}-\boldsymbol{GC})\tilde{\boldsymbol{X}}+\boldsymbol{B}V+\boldsymbol{G}y=$$
$$\begin{bmatrix}-95&1\\-2\,025&-5\end{bmatrix}\tilde{\boldsymbol{X}}+\begin{bmatrix}0\\100\end{bmatrix}V+\begin{bmatrix}95\\2\,025\end{bmatrix}y$$

带观测器的状态反馈系统如图 5.11 所示。

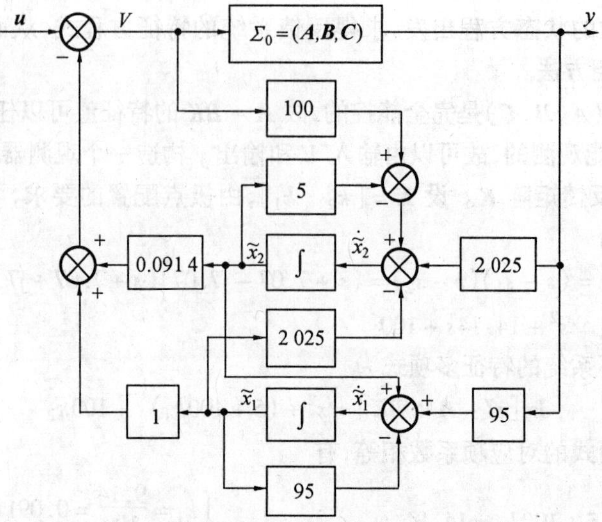

图 5.11 带观测器的状态反馈系统

讨论：

① 为使系统有较好的动态特性，被观测状态的初始值必须调整得尽可能接近实际状态的初始值。图 5.12 表明了不同初始值差对系统特性的影响。

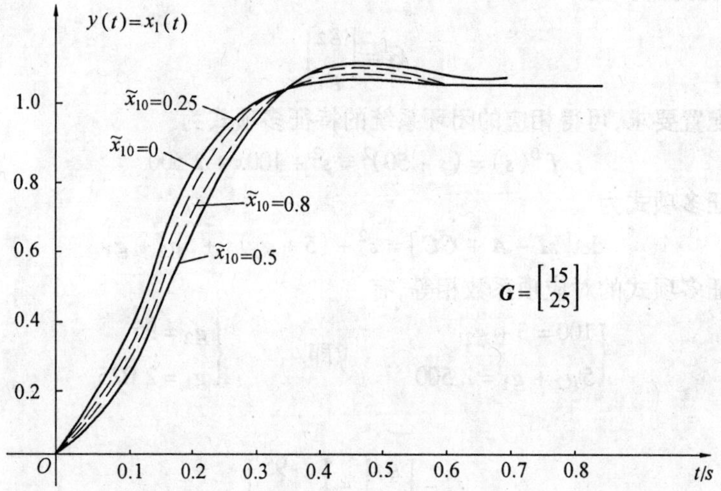

图 5.12 系统的 $\tilde{x}_{10}$ 不同时，x_1 的单位响应

由图 5.12 可知，$x_{10}=\tilde{x}_{10}=0$ 是理想的响应，这充分说明了使观测器的初始状态 $\tilde{X}_0$ 尽可能接近系统实际的初始状态 X_0 的重要性。

② 观测器的特征值必须远大于系统的特征值，这样可使由初始状态 X_0 与 $\tilde{X}_0$ 的差引起的观测器的瞬态响应很快衰减为零。图 5.13 表明观测器的特征与系统的特征值的不同选取对系统特性的影响。

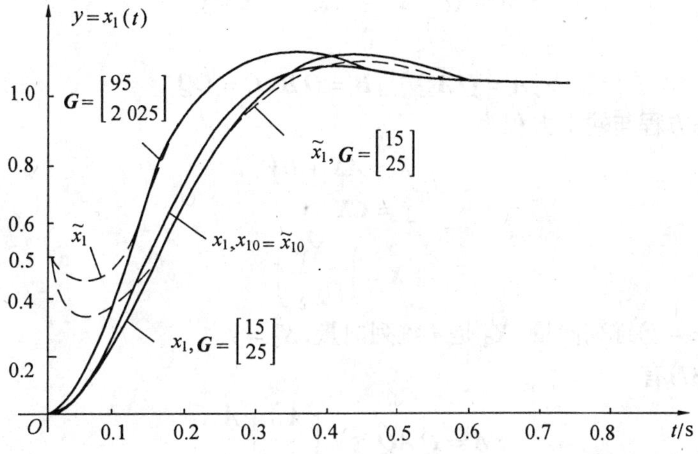

图 5.13　选取不同 G 时，x_1 与 $\tilde{x}_1$ 的单位阶跃响应

由图 5.13 可知，在同样的初始条件 $x_{10}=0.5$ 的情况下，取 $G=\begin{bmatrix}95\\2\ 025\end{bmatrix}$ 比取 $G=\begin{bmatrix}15\\25\end{bmatrix}$ 特性要好。而 $G=\begin{bmatrix}95\\2\ 025\end{bmatrix}$ 对应的观测器极点为 $s_{1,2}=-50$，$G=\begin{bmatrix}15\\25\end{bmatrix}$ 对应的观测器极点为 $s_{1,2}=-10$。

5.7　降维状态观测器的设计

若状态观测器的维数与原系统的维数相等时，如 5.5 节所述，称全维观测器，它将系统的 n 个状态变量均估计出来。但通常系统的输出变量是由状态变量的线性组合构成的，对于有 l 个输出的系统，它的 l 个输出变量可由输出传感器测得。因此若系统完全能观，而且 l 个输出变量是相互独立的，可有 l 个状态变量由输出变量线性变换得出，观测器只需估计 $(n-l)$ 个状态变量。这样观测器为 $(n-l)$ 维降维观测器。

一、分离由降维观测器估计的 $(n-l)$ 个状态变量

设状态完全能观测系统

$$\dot{\overline{\boldsymbol{X}}}=\overline{\boldsymbol{A}}\,\overline{\boldsymbol{X}}+\overline{\boldsymbol{B}}\boldsymbol{V} \tag{5.33}$$

$$\overline{\boldsymbol{y}}=\overline{\boldsymbol{C}\boldsymbol{X}} \tag{5.34}$$

若 rank $\overline{\boldsymbol{C}}=l$，则可构造一个 $n\times n$ 的非奇异矩阵

$$\boldsymbol{Q}=\begin{bmatrix}\boldsymbol{P}\\ \cdots\\ \overline{\boldsymbol{C}}\end{bmatrix} \tag{5.35}$$

其中 $\boldsymbol{P}$ 为 $(n-l)\times n$ 矩阵，使 $\boldsymbol{Q}$ 矩阵为非奇异的任意矩阵；$\overline{\boldsymbol{C}}$ 是给定系统的 $l\times n$ 输出矩阵。

由 $\boldsymbol{Q}$ 矩阵引入非奇异变换

$$\overline{X} = Q^{-1}X \qquad 或 \qquad X = Q\overline{X} \tag{5.36}$$

则有

$$A = Q\overline{A}Q^{-1}, B = Q\overline{B}, C = \overline{C}Q^{-1} \tag{5.37}$$

变换后的状态方程与输出方程为

$$\dot{X} = AX + BV \tag{5.38}$$

$$y = CX \tag{5.39}$$

式中
$$X = \begin{bmatrix} X_1 \\ \hdashline X_2 \end{bmatrix}$$

其中，X_1 是$(n-l)$维列向量；X_2 是 l 维列向量，$X_2 = y$。

由式(5.37)有

$$A = Q\overline{A}Q^{-1} = \left[\begin{array}{c:c} A_{11} & A_{12} \\ \hdashline A_{21} & A_{22} \end{array}\right]$$

式中，A_{11}为$(n-l)\times(n-l)$矩阵；A_{12}为$(n-l)\times l$ 矩阵；A_{21}为 $l(n-l)$矩阵；A_{22}为 $l\times l$ 矩阵。

$$B = \overline{QB} = \begin{bmatrix} B_1 \\ \hdashline B_2 \end{bmatrix}$$

式中，B_1 为$(n-l)\times r$ 矩阵；B_2 为 $l\times r$ 矩阵。

$$C = \overline{C}Q^{-1} = C\begin{bmatrix} P \\ \hdashline \overline{C}_2 \end{bmatrix}^{-1}$$

因为

$$C\begin{bmatrix} P \\ \hdashline C \end{bmatrix} = \overline{C} = \overline{C}\begin{bmatrix} P \\ \hdashline C \end{bmatrix}^{-1}\begin{bmatrix} P \\ \hdashline C \end{bmatrix} \quad 及 \quad \overline{C} = \left[\begin{array}{c:c} 0 & I \end{array}\right]\begin{bmatrix} P \\ \hdashline C \end{bmatrix}$$

则有

$$C = \left[\begin{array}{c:c} 0 & I \end{array}\right]$$

式中，$\mathbf{0}$ 为$(n-l)\times l$ 零矩阵；I 为 $l\times l$ 单位矩阵。

将上式代入变换后的状态方程与输出方程，得

$$\begin{bmatrix} \dot{X}_1 \\ \hdashline \dot{X}_2 \end{bmatrix} = \left[\begin{array}{c:c} A_{11} & A_{12} \\ \hdashline A_{21} & A_{22} \end{array}\right]\begin{bmatrix} X_1 \\ \hdashline X_2 \end{bmatrix} + \begin{bmatrix} B_1 \\ \hdashline B_2 \end{bmatrix}V \tag{5.40}$$

$$y = \left[\begin{array}{c:c} 0 & I \end{array}\right]\begin{bmatrix} X_1 \\ \hdashline X_2 \end{bmatrix} \tag{5.41}$$

很明显，已将原给定系统分解为两个子系统，一个是状态向量 X_1 的系统，另一个是状态向量 $X_2 = y$ 的系统，系统的状态仍是完全能观的。

二、降维观测器的结构

将状态方程展开，并考虑到 $X_2 = y$，有

$$\dot{X}_1 = A_{11}X_1 + A_{12}y + B_1V$$

$$\dot{y} = A_{21}X_1 + A_{22}y + B_2V = \dot{X}_2$$

令

$$V^0 = A_{12}y + B_1 V \tag{5.42}$$

$$Z = \dot{y} - A_{22}y - B_2 V = A_{21}X_1 \tag{5.43}$$

代入上式,可得以 X_1 为状态向量的$(n-l)$维子系统的状态空间表达式为

$$\dot{X}_1 = A_1 X_1 + V^0 \tag{5.44}$$

$$Z = A_{21}X_1 \tag{5.45}$$

式中,V 是该子系统的输入向量;Z 是输出向量;A_{11}是系数矩阵;A_{21}是输出矩阵。由于给定原系统是状态完全能观的,其中 X_1 必然也是能观的,所以由(A_{11}, A_{21})可判断子系统能观。由 5.5 节可知,该子系统 X_1 状态观测器是存在的,而且观测器的极点可以任意配置,其结构图如图 5.14 所示。

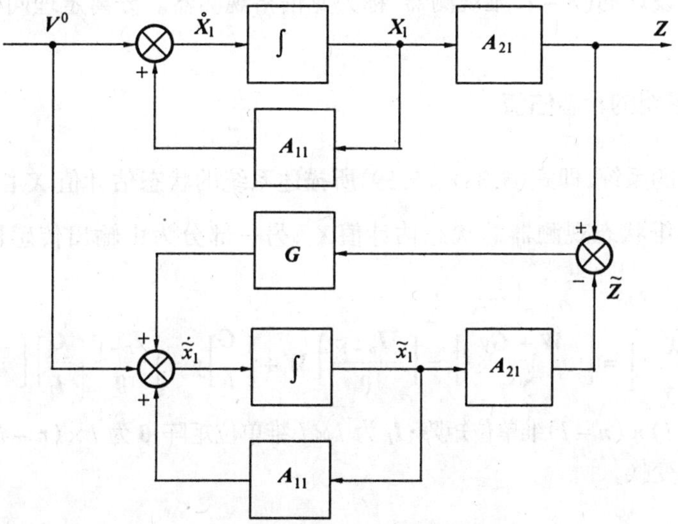

图 5.14　降维观测器结构

三、降维观测器的状态空间表达式

由图 5.14 可以写出降维观测器的状态空间表达式为

$$\dot{\widetilde{X}}_1 = A_{11}\widetilde{X}_1 + V^0 + G(Z - \widetilde{Z}) \tag{5.46}$$

$$\widetilde{Z} = A_{21}\widetilde{X}_1 \tag{5.47}$$

将式(5.42)与式(5.43)代入,有

$$\dot{\widetilde{X}}_1 = (A_{11} - GA_{21})\widetilde{X}_1 + (A_{21}y + B_1 V) + G(\dot{y} - A_{22}y - B_2 V) \tag{5.48}$$

进一步将上式整理为标准形式,引入新的变量,令

$$W = \widetilde{X}_1 - Gy$$

$$\dot{W} = \dot{\widetilde{X}}_1 - G\dot{y} \tag{5.49}$$

代入上式,有

$$\dot{W}=(A_{11}-GA_{21})W+(B_1-GB_2)V+[(A_{21}-G_{21})G+A_{12}-GA_{22}]y$$

令

$$K_1=B_1-GB_2 \tag{5.50}$$

$$K_2=(A_{11}-GA_{21})G+A_{12}-GA_{22} \tag{5.51}$$

则将降维观测器的状态空间表达式写成如下形式

$$\dot{W}=(A_{11}-GA_{21})W+K_1V+K_2y \tag{5.52}$$

$$\widetilde{X}_1=W+Gy \tag{5.53}$$

式中,$(A_{11}-GA_{21})$是降维观测器的特征矩阵。观测器的特征方程为

$$|sI-(A_{11}-GA_{21})|=0 \tag{5.54}$$

按上述方法设计的$(n-l)$维观测器,称为龙伯格观测器。分离定理同样适用于降维观测器。

四、给定原系统的状态估值

这样变换后的系统,即式(5.38)、(5.39)所描述系统的状态估计值 $\widetilde{X}$ 由两部分组成:一部分为$(n-l)$维状态观测器的状态估计值$\widetilde{X_1}$;另一部分为由输出传感器测得的状态 $X_2=y$,因此

$$\widetilde{X}=\begin{bmatrix}\widetilde{X_1}\\ \cdots\\ y\end{bmatrix}=\begin{bmatrix}W+Gy\\ \cdots\\ y\end{bmatrix}=\begin{bmatrix}I_{n-1}\\ \cdots\\ 0\end{bmatrix}W+\begin{bmatrix}G\\ I_l\end{bmatrix}y=\begin{bmatrix}I_{n-1} & G\\ 0 & I_l\end{bmatrix}\begin{bmatrix}W\\ \cdots\\ y\end{bmatrix} \tag{5.55}$$

式中,I_{n-1}为$(n-l)\times(n-l)$维单位矩阵;I_l 为 $l\times l$ 维单位矩阵;$\mathbf{0}$ 为 $l\times(n-l)$维零矩阵。

则由非奇异变换

$$\widetilde{\widetilde{X}}=Q^{-1}\widetilde{X} \tag{5.56}$$

可求得给定原系统的状态估值 $\widetilde{\widetilde{X}}$ 。

例 5.8 已知系统状态方程与输出方程

$$\dot{\widetilde{X}}=\overline{A}\,\overline{X}+\overline{B}V$$
$$\overline{y}=\overline{C}\,\overline{X}$$

式中

$$\overline{A}=\begin{bmatrix}4 & 4 & 4\\ -11 & -12 & -12\\ 13 & 14 & 13\end{bmatrix},\overline{B}=\begin{bmatrix}1\\ -1\\ 0\end{bmatrix},\overline{C}=[1,1,1]$$

设计降维观测器,使观测器的极点为 −3 和 −4。

解 按设计降维观测器的步骤:

(1) 判断系统的能观性

因为

$$\operatorname{rank} Q_g^T = \operatorname{rank}\begin{bmatrix}\overline{C}\\ \overline{C}\overline{A}\\ \overline{C}\overline{A}^2\end{bmatrix} = \operatorname{rank}\begin{bmatrix}1 & 1 & 1\\ -6 & 6 & 5\\ 23 & 22 & 17\end{bmatrix} = 3 = n$$

所以系统状态完全能观测。输出维数 $l=1$,可以构造$(n-l)=(3-1)=2$维降维观测器。

(2) 线性变换,分离状态变量

设非奇异变换矩阵为

$$Q = \begin{bmatrix} P \\ \cdots \\ \overline{C}\end{bmatrix} = \begin{bmatrix}0 & 0 & 1\\ 0 & 1 & 0\\ 1 & 1 & 1\end{bmatrix}$$

则其逆为

$$Q^{-1} = \begin{bmatrix}-1 & -1 & 1\\ 0 & 1 & 0\\ 1 & 0 & 0\end{bmatrix}$$

对系统进行线性变换

$$\overline{X} = Q^{-1}X(X = Q\overline{X})$$

则有

$$X = AX + BV$$
$$y = CX$$

式中

$$A = Q\overline{A}Q^{-1} = \begin{bmatrix}0 & 0 & 1\\ 0 & 1 & 0\\ 1 & 1 & 1\end{bmatrix}\begin{bmatrix}4 & 4 & 4\\ -11 & -12 & -12\\ 13 & 14 & 13\end{bmatrix}\begin{bmatrix}-1 & -1 & 1\\ 0 & 1 & 0\\ 1 & 0 & 0\end{bmatrix} = \begin{bmatrix}0 & 1 & 3\\ -1 & -1 & -11\\ -1 & 0 & 6\end{bmatrix}$$

$$B = Q\overline{B} = \begin{bmatrix}0 & 0 & 1\\ 0 & 1 & 0\\ 1 & 1 & 1\end{bmatrix}\begin{bmatrix}1\\ -1\\ 1\end{bmatrix} = \begin{bmatrix}0\\ -1\\ 0\end{bmatrix}$$

$$C = \overline{C}Q^{-1} = [1\ \ 1\ \ 1]\begin{bmatrix}-1 & -1 & 1\\ 0 & 1 & 0\\ 1 & 0 & 0\end{bmatrix} = [0\ \ 0\ \ 1]$$

即变换后的系统状态方程与输出方程为

$$\begin{bmatrix}\dot{X}_1\\ \cdots\\ \dot{X}_2\end{bmatrix} = \begin{bmatrix}A_{11} & \vdots & A_{12}\\ \cdots & & \cdots\\ A_{21} & \vdots & A_{22}\end{bmatrix}\begin{bmatrix}X_1\\ \cdots\\ X_2\end{bmatrix} + \begin{bmatrix}B_1\\ \cdots\\ B_2\end{bmatrix}V =$$

$$\begin{bmatrix}0 & 1 & \vdots & 13\\ -1 & -1 & \vdots & -11\\ \cdots & \cdots & & \cdots\\ -1 & 0 & \vdots & 6\end{bmatrix}\begin{bmatrix}X_1\\ \cdots\\ X_2\end{bmatrix} + \begin{bmatrix}0\\ -1\\ \cdots\\ 0\end{bmatrix}V$$

$$y = [0\ \vdots\ I]\begin{bmatrix}X_1\\ \cdots\\ X_2\end{bmatrix} = [0\ \ 0\ \vdots\ I]\begin{bmatrix}X_1\\ \cdots\\ X_2\end{bmatrix}$$

(3) 确定反馈矩阵 $\boldsymbol{G}$

设反馈矩阵 $\boldsymbol{G}$ 为

$$\boldsymbol{G}=\begin{bmatrix} g_2 \\ g_1 \end{bmatrix}$$

则观测器的特征多项式为

$$|s\boldsymbol{I}-(\boldsymbol{A}_{11}-\boldsymbol{G}\boldsymbol{A}_{21})|=\begin{vmatrix} s-g_2 & -1 \\ 1-g_1 & s+1 \end{vmatrix}=s^2+(1-g_2)s+(1-g_2-g_1)$$

又由观测器希望极点确定的特征多项式

$$f^0(s)=(s+3)(s+4)=s^2+7s+12$$

上这两个特征多项式的对应系数相等,有

$$\begin{cases} 1-g_2=7 \\ 1-g_2-g_1=12 \end{cases} \quad 即 \quad \begin{cases} g_2=-6 \\ g_1=-5 \end{cases}$$

因此

$$\boldsymbol{G}=\begin{bmatrix} g_2 \\ g_1 \end{bmatrix}=\begin{bmatrix} -6 \\ -5 \end{bmatrix}$$

(4) 构造$(n-l)$维龙伯格状态观测器

由式(5.50)与式(5.51)可得

$$\boldsymbol{K}_1=\boldsymbol{B}_1-\boldsymbol{G}\boldsymbol{B}_2=\begin{bmatrix} 0 \\ -1 \end{bmatrix}-\begin{bmatrix} -6 \\ -5 \end{bmatrix}[0]=\begin{bmatrix} 0 \\ -1 \end{bmatrix}$$

$$\boldsymbol{K}_2=(\boldsymbol{A}_{11}-\boldsymbol{G}\boldsymbol{A}_{21})\boldsymbol{G}+\boldsymbol{A}_{12}-\boldsymbol{G}\boldsymbol{A}_{12}=$$

$$\left(\begin{bmatrix} 0 & 1 \\ -1 & -1 \end{bmatrix}-\begin{bmatrix} -6 \\ -5 \end{bmatrix}\begin{bmatrix} -1 & 0 \end{bmatrix}\right)\begin{bmatrix} -6 \\ -5 \end{bmatrix}+\begin{bmatrix} 13 \\ -11 \end{bmatrix}-\begin{bmatrix} -6 \\ -5 \end{bmatrix}[6]=$$

$$\begin{bmatrix} 21 \\ 41 \end{bmatrix}+\begin{bmatrix} 13 \\ -11 \end{bmatrix}-\begin{bmatrix} -36 \\ -30 \end{bmatrix}=\begin{bmatrix} 80 \\ 60 \end{bmatrix}$$

则观测器的状态方程与输出方程由式(5.52)与式(5.53)可得

$$\dot{\boldsymbol{W}}=(\boldsymbol{A}_{11}-\boldsymbol{G}\boldsymbol{A}_{21})\boldsymbol{W}+\boldsymbol{K}_1V+\boldsymbol{K}_2y=$$

$$\begin{bmatrix} -6 & 1 \\ -6 & -1 \end{bmatrix}\boldsymbol{W}+\begin{bmatrix} 0 \\ -1 \end{bmatrix}V+\begin{bmatrix} 80 \\ 60 \end{bmatrix}y$$

$$\widetilde{\boldsymbol{X}}_1=\boldsymbol{W}+\boldsymbol{G}y=\boldsymbol{W}+\begin{bmatrix} -6 \\ -5 \end{bmatrix}y$$

式中,$\boldsymbol{W}=\begin{bmatrix} W_1 \\ W_2 \end{bmatrix}$是 2×1 列向量。

(5) 求给定原系统的状态估值

由上得到

$$\widetilde{\boldsymbol{X}}=\begin{bmatrix} \widetilde{\boldsymbol{X}}_1 \\ y \end{bmatrix}=\begin{bmatrix} \boldsymbol{W}+\boldsymbol{G}y \\ y \end{bmatrix}=\begin{bmatrix} \boldsymbol{I} & \boldsymbol{G} \\ \boldsymbol{0} & \boldsymbol{I} \end{bmatrix}\begin{bmatrix} \boldsymbol{W} \\ y \end{bmatrix}=$$

$$\begin{bmatrix} 1 & 0 & 6 \\ 0 & 1 & -5 \\ 0 & 0 & 1 \end{bmatrix}\begin{bmatrix} W_1 \\ W_2 \\ y \end{bmatrix}$$

由非奇异变换 $\tilde{\tilde{X}} = Q^{T}\tilde{X}$ 可求得给定原系统状态估值,即

$$\tilde{\tilde{X}} = Q^{-1}\tilde{X} = \begin{bmatrix} -1 & -1 & 1 \\ 0 & 1 & 0 \\ 1 & 0 & 0 \end{bmatrix}\begin{bmatrix} 1 & 0 & -6 \\ 0 & 1 & -5 \\ 0 & 0 & 1 \end{bmatrix}\begin{bmatrix} W_1 \\ W_2 \\ y \end{bmatrix} =$$

$$\begin{bmatrix} -1 & -1 & 12 \\ 0 & 1 & -5 \\ 1 & 0 & -6 \end{bmatrix}\begin{bmatrix} W_1 \\ W_2 \\ y \end{bmatrix}$$

小　结

① 状态反馈的确定与状态观测器的设计,从数学角度说就是求反馈矩阵 K 与 G,本章分别介绍了两种方法。第一种方法通过能控规范型与能观测规范型求出对应的 $\hat{K}$ 与 $\hat{G}$,然后再经线性非奇异变换,得到对应实际物理结构的 K 与 G。该方法具有通用性,更适合复杂系统($n \geqslant 3$),但需掌握线性非奇异变换。第二种方法是利用特征值不变性原理,简单易掌握,不用线性非奇异变换,但有局限性,仅仅适用于低阶系统($n \leqslant 3$),这是因为当阶次高时,参数交联一起不能分解求之。而 $n = 3$,系统矩阵中又有若干元素为零,有可能使参数交联现象消失,因此 $n = 3$ 时有时也可运用第二种方法。

② 如引言所说,带状态观测器的状态反馈闭环系统的操作性关键为,两组希望极点与虚轴距离有 5 倍以上的关系。其物理意义为,状态观测器的动态过程,可在状态反馈过程中的上升时间之前结束。换句话说,对于状态反馈过程中上升时间之后的运行状态,观测器的影响甚微且很快消失。因此不能像经典控制理论中应用闭环主导极点概念时,取小于 5 倍的关系,那将影响系统的正常运行。当然也不是取的倍数越大越好,那将给系统参数带来“病态”搭配,使物理上难以实现。

习　题

5.1　线性定常系统的传递函数为

$$\frac{Y(s)}{U(s)} = \frac{10}{s(s+1)(s+2)}$$

试确定反馈矩阵 K(规范型),以使闭环系统的极点配置在 $s_1 = -2, s_2 = -1 + \mathrm{j}, s_3 = -1 - \mathrm{j}$ 位置上。

答案

$$K = [4 \quad 4 \quad 1]$$

5.2　线性定常系统的传递函数为

$$\frac{Y(s)}{U(s)} = \frac{1}{s(s+6)}$$

试用状态反馈构成闭环系统,并计算当状态反馈系统具有阻尼比 $\xi = \frac{1}{\sqrt{2}}$ 及无阻尼振荡频

率 $\omega_n = 35\sqrt{2}$ rad/s 时的反馈矩阵 K(规范型)。

答案

$$K = [64 \quad 206\ 6]$$

5.3 系统的状态方程及输出方程分别为

$$\begin{bmatrix} \dot{x}_1 \\ \dot{x}_2 \end{bmatrix} = \begin{bmatrix} 0 & 1 \\ -2 & -3 \end{bmatrix} \begin{bmatrix} x_1 \\ x_2 \end{bmatrix} + \begin{bmatrix} 0 \\ 1 \end{bmatrix} V$$

$$y = [2 \quad 0] \begin{bmatrix} x_1 \\ x_2 \end{bmatrix}$$

试设计一个状态观测器,使其极点配置在 $s_1 = s_2 = -10$ 上。

答案

$$G = \begin{bmatrix} 8.5 \\ 23.5 \end{bmatrix}$$

5.4 研究某线性过程

$$\dot{X} = AX + BV$$
$$y = CX$$

式中

$$A = \begin{bmatrix} 0 & 1 \\ 0 & 0 \end{bmatrix}, \quad B = \begin{bmatrix} 1 \\ 1 \end{bmatrix}, \quad C = [2 \quad -1]$$

要求设计一个观测器,使 $\hat{X}(t) - X(t)$ 以 e^{-10t} 的规律衰减,求出此观测器的特征方程和反馈矩阵 G,写出观测器的状态方程。

5.5 单变量线性定常系统的动力学方程为

$$\dot{X} = \begin{bmatrix} 1 & 2 & 0 \\ 3 & 1 & 1 \\ 0 & 2 & 0 \end{bmatrix} X + \begin{bmatrix} 2 \\ 1 \\ 1 \end{bmatrix} V$$

$$y = [0 \quad 0 \quad 1] X$$

假设其状态变量不能量测,需设置状态观测器,其特征值为 -3、-4 及 -5。求观测器的反馈增益矩阵 G。

答案

$$G = \begin{bmatrix} 35 \\ 41 \\ 14 \end{bmatrix}$$

5.6 线性定常系统传递函数为

$$\frac{Y(s)}{U(s)} = \frac{10}{s(s+2)(s+5)}$$

试确定反馈矩阵,使闭环系统的极点配置在 -4, $-1 \pm j1$ 的位置上。

5.7 线性系统的状态方程与输出方程为

$$\begin{bmatrix}\dot{x}_1\\\dot{x}_2\end{bmatrix}=\begin{bmatrix}0&1\\0&-5\end{bmatrix}\begin{bmatrix}x_1\\x_2\end{bmatrix}+\begin{bmatrix}0\\100\end{bmatrix}u$$

$$y=[1\quad 0]\begin{bmatrix}x_1\\x_2\end{bmatrix}$$

状态均不可量测，试设计带状态观测器的状态反馈系统，使状态反馈的极点为 $-5\pm j4$，状态观测器的极点为 -20、-25。

5.8　线性系统的状态方程与输出方程为

$$\begin{bmatrix}\dot{x}_1\\\dot{x}_2\end{bmatrix}=\begin{bmatrix}0&1\\0&-5\end{bmatrix}\begin{bmatrix}x_1\\x_2\end{bmatrix}+\begin{bmatrix}0\\100\end{bmatrix}u$$

$$y=[1\quad 0]\begin{bmatrix}x_1\\x_2\end{bmatrix}$$

状态均不可量测，试设计带状态观测器的状态反馈系统，使状态反馈的极点为 $s_{1,2}=-7.07\pm j7.07$，状态观测器的极点为 $s_{1,2}=-10$。

答案

$$\boldsymbol{K}=[1\quad 0.0914]\qquad \boldsymbol{G}=\begin{bmatrix}15\\25\end{bmatrix}$$

5.9　线性系统的状态方程与输出方程为

$$\begin{bmatrix}\dot{x}_1\\\dot{x}_2\end{bmatrix}=\begin{bmatrix}1&0\\0&0\end{bmatrix}\begin{bmatrix}x_1\\x_2\end{bmatrix}+\begin{bmatrix}1\\1\end{bmatrix}u$$

$$y=[2\quad -1]\begin{bmatrix}x_1\\x_2\end{bmatrix}$$

试设计降维状态观测器，使观测器的极点配置在 -10 的位置上。

5.10　线性系统的状态方程与输出方程为

$$\begin{bmatrix}\dot{x}_1\\\dot{x}_2\\\dot{x}_3\end{bmatrix}=\begin{bmatrix}-1&0&0\\0&1&1\\0&0&1\end{bmatrix}\begin{bmatrix}x_1\\x_2\\x_3\end{bmatrix}+\begin{bmatrix}1&0\\0&1\\0&1\end{bmatrix}u$$

$$y=\begin{bmatrix}1&0&0\\0&1&1\end{bmatrix}\begin{bmatrix}x_1\\x_2\\x_3\end{bmatrix}$$

试设计降维状态观测器，使观测器的极点配置在 -3 的位置上。

第六章　变分法与二次型最优控制

6.1 引　言

本章要讨论的是最优性能指标下的综合问题,即最优控制。在第五章基本熟知状态反馈的极点配置法的概念后,下面来研究最大性能指标问题。本章最优性能指标形式是积分形式(具体为二次型的形式),该形式要关注的是边界条件,即初始点与终止点的时间与状态情况,而系统最优解与这些具体情况紧密相连。这也是初学者较难掌握的。最优控制的解法有两种,一是庞德亚金极大(小)值原理,另一个是贝尔曼动态规划法。两种方法同等有效,而应用极大(小)值原理更多些,该原理的基础为变分法原理。为此本章讲述内容为变分法及其应用——具有二次型性能指标的最优控制。

最优控制说到底是泛函求极值问题。在此回顾某些数学知识是必要的。

(1) 函数求极值

将已知函数 $F(x,u)$ 按台劳级数展开,即

$$F(x+\mathrm{d}x,u+\mathrm{d}u)=F(x,u)+\left(\frac{\partial F}{\partial x}\mathrm{d}x+\frac{\partial F}{\partial u}\mathrm{d}u\right)+\frac{1}{2}\left(\frac{\partial^2 F}{\partial x^2}\mathrm{d}^2x+2\frac{\partial^2 F}{\partial x\partial u}\mathrm{d}x\mathrm{d}u+\frac{\partial^2 F}{\partial u^2}\mathrm{d}u^2\right)+\cdots$$

可得该函数的极值必要条件为,上述台劳级数的一次项为零,即

$$\frac{\partial F}{\partial x}\mathrm{d}x+\frac{\partial F}{\partial u}\mathrm{d}u=0$$

可得该函数的极值充分条件为,上述台劳级数的二次项为非负值,即

$$\frac{1}{2}\left(\frac{\partial^2 F}{\partial x^2}\mathrm{d}^2x+2\frac{\partial^2 F}{\partial x\partial u}\mathrm{d}x\mathrm{d}u+\frac{\partial^2 F}{\partial u^2}\mathrm{d}u^2\right)\geqslant 0$$

不熟悉数学变分的初学者,可从函数求极值中得到启示。

(2) 分部积分公式

$$\int_{t_0}^{t_f}\lambda(t)\dot{X}(t)\mathrm{d}t=\{\lambda(t)X(t)\}\Big|_{t_0}^{t_f}-\int_{t_0}^{t_f}\dot{\lambda}(t)X(t)\mathrm{d}t$$

式中,λ、X 均非向量。如果 λ、X 为向量,上式仍可适用。

(3) 向量内积换位

$$\left(\frac{\partial J}{\partial \boldsymbol{X}}\right)^{\mathrm{T}}\delta\boldsymbol{X}=\delta\boldsymbol{X}^{\mathrm{T}}\left(\frac{\partial J}{\partial \boldsymbol{X}}\right)\qquad\left(\frac{\partial J}{\partial \boldsymbol{u}}\right)^{\mathrm{T}}\delta\boldsymbol{u}=\delta\boldsymbol{u}^{\mathrm{T}}\left(\frac{\partial J}{\partial \boldsymbol{u}}\right)$$

式中,J 为泛函;$\boldsymbol{X}$、$\boldsymbol{u}$ 为向量。

6.2　最优控制的基本概念

在经典控制理论中，反馈控制系统的传统设计方法有很多局限性，其中最主要的缺点是方法不严密，大量地依靠试探法。这种设计方法对于多输入 - 多输出系统以及复杂系统，不能得到令人满意的设计结果。另一方面，近年来，由于对系统控制质量的要求越来越高及计算机在控制领域的应用越来越广泛，所以最优控制系统受到很大重视。最优控制的目的是使系统的某种性能指标达到最佳，也就是说，利用控制作用可按照人们的愿望选择一条达到目标的最佳途径(即最优轨线)，至于哪一条轨线为最优，对于不同的系统有不同的要求。而且对于同一系统，也可能有不同的要求。例如，在机床加工中，可要求加工成本最低为最优；在导弹飞行控制中，可要求燃料消耗最少为最优；在截击问题中，可选时间最短为最优等。因此最优是以选定的性能指标最优为依据的。控制问题包括控制对象、容许控制(输入)的集合所要达到的控制目标。

一般来讲，达到一个目标的控制方式很多，但实际上由于在经济、时间、环境、制造等方面有各种限制，因此可实行的控制方式是有限的。当需要实行具体控制时，有必要选择某一控制方式。考虑这些情况，引入控制的性能指标概念，使这种指标达到最优值(指标可以是极大值或极小值)就是一种选择方法。这样的问题就是最优控制。但一般来讲不是把经济、时间等方面的要求全部表示为这种性能指标，而是把其中的一部分用这种指标来表示，其余部分用系统工作范围中的约束来表示。

将上面的思想用数学形式表达如下：

例 6.1　已知：控制的最优化性能指标为

$$J = [X(t), t]\Big|_{t_0}^{t_f} + \int_{t_0}^{t_f} \Phi[X(t), u(t), t]\mathrm{d}t$$

附加约束为系统方程

$$\dot{X}(t) = f[X(t), u(t), t]$$

以及对应的边界条件如为始点与终点且时间固定，状态自由。

求控制作用 $u(t)$，使性能指标 J 极小。

解　对于这种问题，可应用古典变分法作为其扩展的极大(或极小)值原理，或者用动态规划方法来解决。

性能指标 J 在数学上称为泛函，而在控制系统术语中称为损失函数。通常，在实际系统中，特别是在工程项目中，损失函数的确定很不容易，需要多次反复。性能指标 J 是一个标量，在最优控制中它代替了传统的设计指标，如最大超调量、阻尼比、幅值裕度和相位裕度。适当选择性能指标，使系统设计符合物理上的标准。即性能指标既要能对系统进行有意义的估价，又要使数学处理简单，这就是对于给定的系统很难选择一个最合适的性能指标的原因，尤其是对于复杂系统，更是这样。但性能指标已有了几种公式化的形式。

(1) 最短时间问题

在最优控制中，一个最常遇到的问题是设计一个系统，使该系统能在最短时间内从某初始状态过渡到最终状态。此最短时间问题可表示为极小值问题。

$$J = \int_{t_0}^{t_f} \mathrm{d}t = t_f - t_0 \qquad \Phi[\boldsymbol{X}(t), \boldsymbol{u}(t), t] = 1$$

(2) 线性调节器问题

给定一个线性系统,设计目标为保持平衡状态,而且系统能够从任何初始状态恢复到平衡状态,即

$$J = \frac{1}{2}\int_{t_0}^{t_f} \boldsymbol{X}^{\mathrm{T}}\boldsymbol{Q}\boldsymbol{X}\mathrm{d}t$$

式中,$\boldsymbol{Q}$ 为对称的正定矩阵。

或

$$J = \frac{1}{2}\int_{t_0}^{t_f} [\boldsymbol{X}^{\mathrm{T}}\boldsymbol{Q}\boldsymbol{X} + \boldsymbol{u}^{\mathrm{T}}\boldsymbol{R}\boldsymbol{u}]\mathrm{d}t$$

式中,$\boldsymbol{u}$ 为控制作用;矩阵 $\boldsymbol{R}$、$\boldsymbol{Q}$ 称为权矩阵,在最优化过程中,它们的组成将对 $\boldsymbol{X}$ 和 $\boldsymbol{u}$ 施加不同的影响。

(3) 线性伺服器问题

如果要求给定的系统状态 $\boldsymbol{X}$ 跟踪或者尽可能地接近目标轨迹 $\boldsymbol{X}_{\mathrm{d}}$,则问题可公式化为

$$J = \frac{1}{2}\int_{t_0}^{t_f} [(\boldsymbol{X} - \boldsymbol{X}_{\mathrm{d}})^{\mathrm{T}}\boldsymbol{Q}(\boldsymbol{X} - \boldsymbol{X}_{\mathrm{d}})]\mathrm{d}t$$

为极小值。

除此之外,还有最小能量问题、最小燃料问题等。

除特殊情况外,最优控制问题的解析解都是较复杂的,以至必须求其数值解。但必须指出,当线性系统具有二次型性能指标时,其解就可以用整齐的解析形式表示。

必须注意,控制作用 $\boldsymbol{u}(t)$不像通常在传统设计中那样被称为参考输入。当设计完成时,最优控制 $\boldsymbol{u}(t)$将具有依靠输出量或状态变量的性质,所以一个闭环系统是自然形成的。下面谈一下最优控制的实现问题。如果系统不可控,则系统最优控制问题是不能实现的。如果提出的性能指标超出给定系统所能达到的程度,则系统最优控制问题同样是不能实现的。

例 6.2 电枢控制的他激直流电动机的动态方程为

$$J\frac{\mathrm{d}\omega}{\mathrm{d}t} + M_{\mathrm{L}} = C_{\mathrm{M}}I_{\mathrm{a}}$$

式中,M_{L} 为恒定负载转矩;J 为转动惯量;I_{a} 为电枢电流;ω 为电机的角速度;C_{M} 为转矩系数。

要求电动机在 t_f 时间内,从静止状态启动,转过一定的角度 θ 后停止,即有

$$\omega(0) = 0, \quad \omega(t_f) = 0, \quad \int_0^{t_f} \omega\mathrm{d}t = \theta$$

在时间$[0, t_f]$内,使电枢绕组上的损耗为最小,即最优控制问题表示为

$$J = \int_0^{t_f} RI_{\mathrm{a}}^2\mathrm{d}t$$

式中,I_{a} 为最小电枢电流;R 为绕组电阻。

将上述最优控制问题写为标准形式：

设状态变量 $x_1(t)=\theta$(转角)，$x_2(t)=\omega$(角速度)，令

$$u(t)=\frac{J\dfrac{d\omega}{dt}}{C_M}=\frac{M_T}{C_M}$$

则状态方程为

$$\dot{\boldsymbol{X}}(t)=\boldsymbol{AX}(t)+\boldsymbol{B}u(t)$$

式中

$$\boldsymbol{X}(t)=\begin{bmatrix}x_1(t)\\x_2(t)\end{bmatrix},\quad \boldsymbol{A}=\begin{bmatrix}0&1\\0&0\end{bmatrix},\quad \boldsymbol{B}=\begin{bmatrix}0\\\dfrac{C_M}{J}\end{bmatrix}$$

初始状态、终点状态给定为

$$x_1(0)=0,\quad x_1(t_f)=\theta$$
$$x_2(0)=0,\quad x_2(t_f)=0$$

性能指标函数为最小，即

$$J=\int_0^{t_f}R\left[u(t)+\frac{M_L}{C_M}\right]^2dt$$

为最小。

6.3　无约束最优控制的变分方法

所谓无约束，是指控制作用 $\boldsymbol{u}(t)$不受不等式的约束，可以在整个 r 维向量空间中任意取值。

一、古典变分法

无约束最优控制的提法：

已知受控系统的状态方程是

$$\dot{\boldsymbol{X}}=f(\boldsymbol{X},\boldsymbol{u},t)$$

在$[t_0,t_f]$范围内有效。式中，$\boldsymbol{X}$ 为 n 维状态向量；$\boldsymbol{u}$ 为 r 维控制向量。这是等式约束。

给定初端与终端的一种情况：始点与终点的时间固定，状态自由。

要求确定控制作用 $\boldsymbol{u}(t)$，使性能指标

$$J=\theta[\boldsymbol{X}(t),t]\Big|_{t_0}^{t_f}+\int_{t_0}^{t_f}\Phi[\boldsymbol{X}(t),\boldsymbol{u}(t),t]dt$$

达到极小值。

由上述最优控制的提法知，约束方程为状态方程，所以现在的问题成为有约束条件的泛函极值问题，即在状态空间中，在曲面上找出极值曲线。求解的一种方法是先解状态方程，求出 $x_1,x_2,\cdots$，再将其代入 J 中求解，此法很繁琐。另一种方法是组成新的泛函 J，求考虑约束的极值问题，即拉格朗日乘子法。它的具体步骤如下：

① 用一个向量拉格朗日乘子 $\boldsymbol{\lambda}(t)$，将约束即系统的状态方程加到原来的性能指标 J 中去，得到新的性能指标 J' 为

$$J' = \theta[\boldsymbol{X}(t),t]\Big|_{t_0}^{t_f} + \int_{t_0}^{t_f}\{\Phi[\boldsymbol{X}(t),\boldsymbol{u}(t),t] + \boldsymbol{\lambda}^{\mathrm{T}}(t)[f[\boldsymbol{X}(t),\boldsymbol{u}(t),t] - \dot{\boldsymbol{X}}]\}\mathrm{d}t$$

② 定义一个标量函数

$$H[\boldsymbol{X}(t),\boldsymbol{u}(t),\boldsymbol{\lambda}(t),t] = \Phi[\boldsymbol{X}(t),\boldsymbol{u}(t),t] + \boldsymbol{\lambda}^{\mathrm{T}}(t)[f[\boldsymbol{X}(t),\boldsymbol{u}(t),t]$$

称它为哈密尔顿函数。所以新的性能指标为

$$J' = \theta[\boldsymbol{X}(t),t]\Big|_{t_0}^{t_f} + \int_{t_0}^{t_f}\{H[\boldsymbol{X}(t),\boldsymbol{u}(t),\boldsymbol{\lambda}(t),t] - \boldsymbol{\lambda}^{\mathrm{T}}(t)\dot{\boldsymbol{X}}(t)]\}\mathrm{d}t$$

③ 对 J' 的最后一项进行分部积分

因为

$$\int_{t_0}^{t_f}\boldsymbol{\lambda}^{\mathrm{T}}(t)\dot{\boldsymbol{X}}(t)\mathrm{d}t = \boldsymbol{\lambda}^{\mathrm{T}}(t)\boldsymbol{X}(t)\Big|_{t_0}^{t_f} - \int_{t_0}^{t_f}\dot{\boldsymbol{\lambda}}^{\mathrm{T}}(t)\boldsymbol{X}(t)\mathrm{d}t$$

所以

$$J' = \{\theta[\boldsymbol{X}(t),t] - \boldsymbol{\lambda}^{\mathrm{T}}(t)\boldsymbol{X}(t)\}\Big|_{t_0}^{t_f} + \int_{t_0}^{t_f}\{H[\boldsymbol{X}(t),\boldsymbol{u}(t),t] + \dot{\boldsymbol{\lambda}}^{\mathrm{T}}(t)\boldsymbol{X}(t)]\}\mathrm{d}t$$

④ 求 J 对控制向量及状态向量的一次变分，并利用内积可换位性质（为方便，以下用 J 代 J'），有

$$\left(\frac{\partial J}{\partial \boldsymbol{X}}\right)^{\mathrm{T}}\delta\boldsymbol{X} = \delta\boldsymbol{X}^{\mathrm{T}}\left(\frac{\partial J}{\partial \boldsymbol{X}}\right)$$

得

$$\begin{aligned}\delta J &= \left(\frac{\partial J}{\partial \boldsymbol{X}}\right)^{\mathrm{T}}\delta\boldsymbol{X} + \left(\frac{\partial J}{\partial \boldsymbol{u}}\right)^{\mathrm{T}}\delta\boldsymbol{u} = \\ &\delta\boldsymbol{X}^{\mathrm{T}}\left(\frac{\partial J}{\partial \boldsymbol{X}}\right) + \delta\boldsymbol{u}^{\mathrm{T}}\left(\frac{\partial J}{\partial \boldsymbol{u}}\right) = \\ &\left\{\delta\boldsymbol{X}^{\mathrm{T}}\left[\frac{\partial\theta}{\partial \boldsymbol{X}} - \boldsymbol{\lambda}\right\}\right|_{t_0}^{t_f} + \int_{t_0}^{t_f}\left\{\delta\boldsymbol{X}^{\mathrm{T}}\left[\frac{\partial H}{\partial \boldsymbol{X}} + \dot{\boldsymbol{\lambda}}\right] + \delta\boldsymbol{u}^{\mathrm{T}}\left[\frac{\partial H}{\partial \boldsymbol{u}}\right]\right\}\mathrm{d}t\end{aligned}$$

⑤ 因为极小值存在的必要条件是 J 对变分 $\delta\boldsymbol{X}$、$\delta\boldsymbol{u}$ 的一次变分为 0，所以令

$$\delta J = 0$$

得到

$$\left.\begin{aligned}&\delta\boldsymbol{X}^{\mathrm{T}}\left[\frac{\partial\theta}{\partial \boldsymbol{X}} - \boldsymbol{\lambda}\right]\Big|_{t_0}^{t_f} = 0 && \text{贯截方程}\\ &\dot{\boldsymbol{X}} = f(\boldsymbol{X},\boldsymbol{u},t) = \frac{\partial H}{\partial \boldsymbol{\lambda}} && \text{系统方程}\\ &\dot{\boldsymbol{\lambda}} = -\frac{\partial H}{\partial \boldsymbol{X}} && \text{伴随方程}\\ &\frac{\partial H}{\partial \boldsymbol{u}} = 0 && \text{控制方程}\end{aligned}\right\} \tag{6.1}$$

以上四个方程，叫做控制作用不受约束的庞德亚金方程。

⑥ 极小值存在的充分条件是:沿着满足 $\dot{X}=f(X,u,t)$的一切轨线,J 的二次变分必须非负。

取 $\Delta J=J(X+\delta X,u+\delta u)-J(X,u)$的台劳级数展开式的二次项为 J 的二次变分,有:

一次变分

$$\delta J=\left\{\delta X^{\mathrm{T}}\left[\frac{\partial\theta}{\partial X}-\lambda\right]\right\}\Big|_{t_0}^{t_f}+\int_{t_0}^{t_f}\left\{\delta X^{\mathrm{T}}\left[\frac{\partial H}{\partial X}+\dot{\lambda}\right]+\delta u^{\mathrm{T}}\left[\frac{\partial H}{\partial u}\right]\right\}\mathrm{d}t$$

二次变分

$$\delta^2 J=\frac{1}{2}(\delta J)'=\frac{1}{2}\left[\left(\frac{\partial^2 J}{\partial X^2}\right)\partial X^2+2\left(\frac{\partial^2 J}{\partial X\partial u}\right)\partial X\partial u+\left(\frac{\partial^2 J}{\partial u^2}\right)\partial u^2\right]=$$

$$\frac{1}{2}\left[\delta X^{\mathrm{T}}\frac{\partial^2\theta}{\partial X^2}\delta X\right]\Big|_{t_0}^{t_f}+$$

$$\frac{1}{2}\int_{t_0}^{t_f}[\delta X^{\mathrm{T}}\quad\delta u^{\mathrm{T}}]\begin{bmatrix}\dfrac{\partial^2 H}{\partial X^2} & \dfrac{\partial^2 H}{\partial u\partial X}\\ \left(\dfrac{\partial^2 H}{\partial u\partial X}\right)^{\mathrm{T}} & \dfrac{\partial^2 H}{\partial u^2}\end{bmatrix}\begin{bmatrix}\delta X\\ \delta u\end{bmatrix}\mathrm{d}t$$

如果

$$\begin{bmatrix}\dfrac{\partial^2 H}{\partial X^2} & \dfrac{\partial^2 H}{\partial u\partial X}\\ \left(\dfrac{\partial^2 H}{\partial u\partial X}\right)^{\mathrm{T}} & \dfrac{\partial^2 H}{\partial u^2}\end{bmatrix}\geqslant 0$$

半正定及

$$\frac{\partial^2\theta}{\partial X^2}\geqslant 0$$

半正定,则 $\delta^2 J$ 为非负值,即上述两个半正定条件为 J 极小的充分条件。

由庞德亚金方程知,初端与终端的各种不同情况都将影响贯截方程,即贯截条件,这一点是较难掌握的。

二、变分法的应用

① 当始点时间、状态固定及终点时间固定、状态自由时,相应的新泛函指标为

$$J=\theta[X(t_f),t_f]+\int_{t_0}^{t_f}\{\Phi[X,u,t]+\lambda^{\mathrm{T}}[f[X,u,t]-\dot{X}]\}\mathrm{d}t$$

因为 $X(t_0)=X_0$ 固定,所以有 $\delta X(t_0)=0$,而 $\delta X(t_f)$是完全任意的,则由前面推出的贯截方程

$$\delta X^{\mathrm{T}}\left[\frac{\partial\theta}{\partial X}-\lambda\right]\Big|_{t_0}^{t_f}=0$$

得到贯截条件为

$$X(t_0)=X_0,\quad \lambda(t_f)=\frac{\partial\theta[X(t_f)t_f]}{\partial X(t_f)}\tag{6.2}$$

② 系统的始点时间与状态都固定,终点状态固定,时间固定:

因为 $\delta X(t_0)$和 $\delta X(t_f)$都为 0,即始点与终点的状态固定,没有选择的余地,所以始点与终点的状态对性能指标极小化不产生影响,于是 J 中便没有末值项了。即

$$J = \int_{t_0}^{t_f} \Phi[X, u, t] \mathrm{d}t$$

由于 $\theta[X(t_f), t_f] = 0$,可得贯截条件方程为

$$\lambda(t_f) = a \tag{6.3}$$

式中,$a = [a_1 \quad a_2 \quad \cdots \quad a_n]^{\mathrm{T}}$ 为待定常数乘子。

③ 系统的始点时间与状态都固定,但终点时间无限($t_f \to \infty$)。因为当 $t_f \to \infty$ 时,终点状态 $X(t_f)$进入到给定的终点稳定状态 X_f,所以性能指标中不应有末值项,此时积分项上限 t_f 为 ∞,性能指标为

$$J = \int_{0}^{\infty} \Phi[X, u, t] \mathrm{d}t$$

6.4 具有二次型性能指标的线性调解器

一、二次型性能指标的意义

在现代控制理论中,基于二次型性能指标进行最优设计的问题已成为最优控制理论中的一个重要问题。而利用变分法建立起来的无约束最优控制原理,对于寻求二次型性能指标线性系统的最优控制是很适用的。

给定一个 n 阶线性控制对象,其状态方程是

$$\dot{X}(t) = A(t)X(t) + B(t)u(t), X(t_0) = X_0 \tag{6.4}$$

寻求最优控制 $u(t)$,使性能指标

$$J = \frac{1}{2}X^{\mathrm{T}}(t_f)SX(t_f) + \int_{t_0}^{t_f}[X^{\mathrm{T}}(t)Q(t)X(t) + u^{\mathrm{T}}(t)R(t)u(t)]\mathrm{d}t \tag{6.5}$$

达到极小值。这是二次型指标泛函,要求 S、$Q(t)$、$R(t)$是对称矩阵,且 S 和 $Q(t)$应是非负定或正定的,$R(t)$应是正定的。

对性能指标的意义加以了解与讨论是必要的。式(6.5)右端第一项是末值项,实际上它是对终端状态提出一个符合需要的要求,表示在给定的控制终端时刻 t_f 到来时,系统的终态$X(t_f)$接近预定终态的程度。这一项对于控制大气层外导弹的拦截、飞船的会合等问题是很重要的。

式(6.5)右侧的积分项是一项综合指标。积分中的第一项表示在一切的 $t \in [t_0, t_f]$ 中对状态 $X(t)$的要求,用它来衡量整个控制期间系统的实际状态与给定状态之间的综合误差,类似于古典控制理论中给定参考输入与被控制量之间的误差的平方积分,这一积分项愈小,说明控制的性能愈好。积分的第二项是对控制总能量的限制,如果仅要求控制误差尽量小,则可能造成求得的控制向量 $u(t)$过大,控制能量消耗过大,甚至在实际上难以实现。实际上,上述两个积分项是相互制约的,要求控制状态的误差平方积分减小,必然

导致控制能量的消耗增大;反之,为了节省控制能量,就不得不降低对控制性能的要求。求两者之和的极小值,实质上是求取在某种最优意义下的折中,这种折中侧重哪一方面,取决于加权矩阵$\boldsymbol{Q}(t)$及$\boldsymbol{R}(t)$的选取。如果重视控制的准确性,则应增大加权矩阵$\boldsymbol{Q}(t)$的各元;反之,则应增大加权矩阵$\boldsymbol{R}(t)$的各元。$\boldsymbol{Q}(t)$中的各元体现了对$\boldsymbol{X}(t)$中各分量的重视程度,如果$\boldsymbol{Q}(t)$中有些元素等于零,则说明对$\boldsymbol{X}(t)$中对应的状态分量没有任何要求,这些状态分量往往对整个系统的控制性能影响较微小,由此也能说明加权矩阵$\boldsymbol{Q}(t)$为什么可以是正定或非负定的。因为对任一控制分量所消耗的能量都应限制,又因为计算中需要用到矩阵$\boldsymbol{R}(t)$的逆矩阵,所以$\boldsymbol{R}(t)$必须是正定对称矩阵。

常见的二次型性能指标最优控制分两类,即线性调节器和线性伺服器,它们已在实际中得到了广泛的应用。由于二次型性能指标最优控制的突出特点是其线性的控制规律,即其反馈控制作用可以做到与系统状态的变化成比例,即$\boldsymbol{u}(t)=-\boldsymbol{KX}(t)$(实际上,它是采用状态反馈的闭环控制系统),因此这类控制易于实现,也易于驾驭,是很引人注意的一个课题。

1. 线性调节器问题

如果施加于控制系统的参考输入不变,当被控对象的状态受到外界干扰或其他因素影响而偏离给定的平衡状态时,就要对它加以控制,使其恢复到平衡状态,这类问题称为调节器问题。

2. 线性伺服器问题

对被控对象施加控制,使其状态按照参考输入的变化而变化,这就是伺服器问题。

从控制性质看,以上两类问题虽然有差异,但在寻求最优控制的问题上,它们有许多一致的地方。

二、终点时间有限的线性调节器问题

终点时间有限的线性调节器问题是研究终点时间t_f固定、终点状态$\boldsymbol{X}(t_f)$自由的情况。

设线性系统的状态方程由下式表示

$$\dot{\boldsymbol{X}}=\boldsymbol{A}(t)\boldsymbol{X}+\boldsymbol{B}(t)\boldsymbol{u}\tag{6.6}$$

给定初始条件$\boldsymbol{X}(t_0)=\boldsymbol{X}_0$,寻求最优控制$\boldsymbol{u}(t)$,使性能指标

$$J=\frac{1}{2}\boldsymbol{X}^{\mathrm{T}}(t_f)\boldsymbol{S}\boldsymbol{X}(t_f)+\frac{1}{2}\int_{t_0}^{t_f}[\boldsymbol{X}^{\mathrm{T}}(t)\boldsymbol{Q}(t)\boldsymbol{X}(t)+\boldsymbol{u}^{\mathrm{T}}(t)\boldsymbol{R}(t)\boldsymbol{u}(t)]\mathrm{d}t$$

达到极小值。

根据6.3节所述的变分法原理求解。

1. 建立庞德亚金方程

首先建立哈密尔顿函数

$$H[\boldsymbol{X}(t),\boldsymbol{u}(t),\boldsymbol{\lambda}(t),t]=\frac{1}{2}\boldsymbol{X}^{\mathrm{T}}\boldsymbol{QX}+\frac{1}{2}\boldsymbol{u}^{\mathrm{T}}\boldsymbol{Ru}+\boldsymbol{\lambda}^{\mathrm{T}}\boldsymbol{AX}+\boldsymbol{\lambda}^{\mathrm{T}}\boldsymbol{Bu}\tag{6.7}$$

建立控制方程

$$\frac{\partial H}{\partial \boldsymbol{u}}=0=\boldsymbol{R}(t)\boldsymbol{u}(t)+\boldsymbol{B}^{\mathrm{T}}(t)\boldsymbol{\lambda}(t)\tag{6.8}$$

建立伴随方程

$$\frac{\partial H}{\partial \boldsymbol{X}} = -\dot{\boldsymbol{\lambda}} = \boldsymbol{Q}(t)\boldsymbol{X}(t) + \boldsymbol{A}^{\mathrm{T}}(t)\boldsymbol{\lambda}(t) \tag{6.9}$$

建立贯截方程

$$\boldsymbol{\lambda}(t_f) = \frac{\partial \theta}{\partial \boldsymbol{X}(t_f)} = \boldsymbol{S}\boldsymbol{X}(t_f) \tag{6.10}$$

2. 建立闭环控制

使最优控制 $\boldsymbol{u}(t)$作为状态 $\boldsymbol{X}(t)$的函数,建立闭环控制。由式(6.8)得

$$\boldsymbol{u}(t) = -\boldsymbol{R}^{-1}(t)\boldsymbol{B}^{\mathrm{T}}(t)\boldsymbol{\lambda}(t) \tag{6.11}$$

假定上面这个控制作用 $\boldsymbol{u}(t)$可以用一个闭环控制来代替,而且能满足伴随方程式(6.9)的条件,设

$$\boldsymbol{\lambda}(t) = \boldsymbol{P}(t)\boldsymbol{X}(t) \tag{6.12}$$

将其代入式(6.11),得

$$\hat{\boldsymbol{u}}(t) = -\boldsymbol{R}^{-1}(t)\boldsymbol{B}^{\mathrm{T}}(t)\boldsymbol{P}(t)\boldsymbol{X}(t) = -\boldsymbol{K}(t)\boldsymbol{X}(t)$$

式中

$$\boldsymbol{K}(t) = \boldsymbol{R}^{-1}(t)\boldsymbol{B}^{\mathrm{T}}(t)\boldsymbol{P}(t) \tag{6.13}$$

为反馈增益矩阵。因为 $\boldsymbol{R}(t)$、$\boldsymbol{B}(t)$均已知,所以求最优控制 $\boldsymbol{u}(t)$便归结为求解矩阵 $\boldsymbol{P}(t)$。

3. 求解矩阵 $\boldsymbol{P}(t)$

将式(6.13)代入式(6.6)后,可得

$$\begin{aligned}\dot{\boldsymbol{X}} &= \boldsymbol{A}(t)\boldsymbol{X}(t) + \boldsymbol{B}(t)\boldsymbol{u}(t) = \\ &\boldsymbol{A}(t)\boldsymbol{X}(t) + \boldsymbol{B}(t)[-\boldsymbol{R}^{-1}(t)\boldsymbol{B}^{\mathrm{T}}(t)\boldsymbol{P}(t)\boldsymbol{X}(t)]\end{aligned} \tag{6.14}$$

由式(6.9)和式(6.12)可得

$$\dot{\boldsymbol{\lambda}} = \dot{\boldsymbol{P}}(t)\boldsymbol{X}(t) + \boldsymbol{P}(t)\dot{\boldsymbol{X}}(t)$$

$$\dot{\boldsymbol{\lambda}} = -\boldsymbol{Q}(t)\boldsymbol{X}(t) - \boldsymbol{A}^{\mathrm{T}}(t)\boldsymbol{P}(t)\boldsymbol{X}(t) \tag{6.15}$$

将式(6.14)代入式(6.15),可得

$$\begin{aligned}&[\dot{\boldsymbol{P}} + \boldsymbol{P}(t)\boldsymbol{A}(t) + \boldsymbol{A}^{\mathrm{T}}(t)\boldsymbol{P}(t) - \\ &\boldsymbol{P}(t)\boldsymbol{B}(t)\boldsymbol{R}^{-1}(t)\boldsymbol{B}^{\mathrm{T}}(t)\boldsymbol{P}(t) + \boldsymbol{Q}(t)]\boldsymbol{X}(t) = 0\end{aligned}$$

上式中,由于 $\boldsymbol{X}(t) \neq 0$,所以必须有

$$\dot{\boldsymbol{P}} = -\boldsymbol{P}(t)\boldsymbol{A}(t) - \boldsymbol{A}^{\mathrm{T}}(t)\boldsymbol{P}(t) + \boldsymbol{P}(t)\boldsymbol{B}(t)\boldsymbol{R}^{-1}(t)\boldsymbol{B}^{\mathrm{T}}(t)\boldsymbol{P}(t) - \boldsymbol{Q}(t) \tag{6.16}$$

式中,$\boldsymbol{P}$ 为一个 $n \times n$ 对称正定矩阵,共有$\frac{1}{2}n(n-1)$个不同类项。式(6.16)为里卡德(Ricatti)矩阵方程,它是一个非线性微分方程。求它的解所需的 n 个边界条件,可根据式(6.10)和式(6.12)给出的终值条件求得

$$\boldsymbol{\lambda}(t_f) = \boldsymbol{S}\boldsymbol{X}(t_f) = \boldsymbol{P}(t_f)\boldsymbol{X}(t_f) \tag{6.17}$$

即

$$\boldsymbol{P}(t_f) = \boldsymbol{S}$$

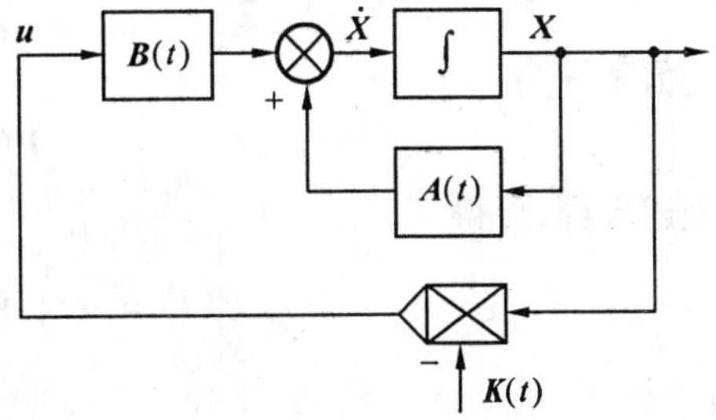

图 6.1 线性最优闭环调节器方框图

于是利用里卡德矩阵方程，可以由已知的 t_f 时的矩阵 $\boldsymbol{P}$ 求出 t_0 时的值。

从式(6.16)中解出满足终端条件的 $\boldsymbol{P}(t)$ 后，代入式(6.13)就能将最优控制 $\boldsymbol{u}(t)$ 通过 $\boldsymbol{X}(t)$ 的线性反馈关系表示出来。如图 6.1 所示。

由以上分析可见，构成线性最优调节器的必要条件为：

① 系统的状态必须是完全能量测的。

② 反馈矩阵 $\boldsymbol{K}$ 确实能够求得，并能够实际实现。

在通常情况下，矩阵 $\boldsymbol{P}$ 由里卡德矩阵方程解出。由于里卡德矩阵方程是一个非线性微分方程，虽然有一些求解的方法，但是很繁琐，只是在方程形式很简单的情况下，才能求得解析形式的解，大多数情况是用计算机求其数值解。如果矩阵 $\boldsymbol{S}$ 太大，不易计算，有时可利用里卡德逆矩阵微分方程求解，求解方法如下：

令

$$\boldsymbol{P}(t)\boldsymbol{P}^{-1}(t)=\boldsymbol{I}$$

微分得

$$\dot{\boldsymbol{P}}(t)\boldsymbol{P}^{-1}(t)+\boldsymbol{P}(t)\dot{\boldsymbol{P}}^{-1}(t)=0$$

由上式可得里卡德逆矩阵方程为

$$\dot{\boldsymbol{P}}^{-1}=\boldsymbol{A}(t)\boldsymbol{P}^{-1}+\boldsymbol{P}^{-1}(t)\boldsymbol{A}^{\mathrm{T}}(t)-\boldsymbol{B}(t)\boldsymbol{R}^{-1}(t)\boldsymbol{B}^{\mathrm{T}}(t)+\boldsymbol{P}^{-1}(t)\boldsymbol{Q}(t)\boldsymbol{P}^{-1}(t)$$

且

$$\boldsymbol{P}^{-1}(t_f)=\boldsymbol{S}^{-1}$$

为求得线性最优调节器得以实现的充分条件，必须使性能指标 J 的二次变分大于零，即

$$\delta^2 J=\frac{1}{2}\delta\boldsymbol{X}^{\mathrm{T}}(t_f)\boldsymbol{S}\delta\boldsymbol{X}(t_f)+\frac{1}{2}\int_{t_0}^{t_f}[\delta\boldsymbol{X}^{\mathrm{T}}(t)\boldsymbol{Q}(t)\delta\boldsymbol{X}(t)+\delta\boldsymbol{u}^{\mathrm{T}}(t)\boldsymbol{R}(t)\delta\boldsymbol{u}(t)]\mathrm{d}t>0$$

显然，要使 $\delta^2 J>0$，$\boldsymbol{Q}$、$\boldsymbol{R}$、$\boldsymbol{S}$ 必须至少为半正定矩阵，同时由式(6.11)可见，$\boldsymbol{R}$ 必须是可逆的。因此充分条件可归纳为：$\boldsymbol{R}$ 是正定的，$\boldsymbol{Q}$ 和 $\boldsymbol{S}$ 至少是半正定的。

例 6.3 设系统方程为

$$\dot{X}=-\frac{1}{2}X(t)+u(t),\quad X(t_0)=X_0$$

其性能指标为

$$J=\frac{1}{2}SX^2(t_f)+\frac{1}{2}\int_{t_0}^{t_f}[2X^2(t)+u^2(t)]\mathrm{d}t$$

于是可得里卡德矩阵微分方程为

$$\dot{\boldsymbol{P}}=-\boldsymbol{P}(t)\boldsymbol{A}(t)-\boldsymbol{A}^{\mathrm{T}}(t)\boldsymbol{P}(t)+\boldsymbol{P}(t)\boldsymbol{B}(t)\boldsymbol{R}^{-1}(t)\boldsymbol{B}^{\mathrm{T}}(t)\boldsymbol{P}(t)-\boldsymbol{Q}(t)=$$

$$-\boldsymbol{P}(t)(-\frac{1}{2})-(-\frac{1}{2})\boldsymbol{P}(t)+\boldsymbol{P}(t)\cdot 1\cdot 1\cdot 1\boldsymbol{P}(t)-2=$$

$$\boldsymbol{P}(t)+\boldsymbol{P}^2(t)-2$$

其终值条件为

$$\boldsymbol{P}(t_f)=S$$

解上述方程,可得

$$P(t)=-\frac{1}{2}+1.5\tanh(1.5+\xi_1)$$

或

$$P(t)=-\frac{1}{2}+1.5\coth(-1.5+\xi_2)$$

调整 ξ_1 和 ξ_2,可使 $P(t_f)=S$。例如,假定:

① $S=0, t_f=1$,即 $P(1)=0$,则得 $\xi_1=1.845$ rad。这时

$$K(t)=-R^{-1}B^{\mathrm{T}}P=0.5-1.5\tanh(-1.5t+1.845)$$

这种情况下,由于已假定 $S=0$,因此,对于终端的时间状态可以不必特别重视,放大系数 K 最后趋于零。

② $S=10, t_f=10$,即 $P(10)=10$,求得 $\xi_2=15.1425$ rad。由

$$u(t_f)=-R^{-1}B^{\mathrm{T}}PX(t_f)=-KX(t_f)=-10X(t_f)$$

可得这时的放大系数 $K=10$。

上述线性调节器是参数可调的,当满足上述要求时,就可以实现最优控制规律。

例 6.4 设被控对象的状态方程是

$$\dot{X}(t)=aX(t)+u(t), X(0)=X_0$$

这是一个标量状态方程,试求最优控制 $\boldsymbol{u}(t)$,使性能指标

$$J=\frac{1}{2}SX^2(t_f)+\frac{1}{2}\int_0^{t_f}[X^2(t)+u^2(t)]\mathrm{d}t$$

为极小值。

解 根据式(4.12),里卡德矩阵微分方程为

$$\dot{P}(t)=P^2(t)-2aP(t)-1$$

它是非线性标量微分方程。将里卡德方程中的变量 t 用 τ 代换,分离变量后,对等式两侧积分,积分的下限用 t 及 $P(t)$,上限取终端时间 t_f 及 $P(t_f)$,则有

$$\int_{P(t)}^{P(t_f)}\frac{\mathrm{d}P(\tau)}{P^2(\tau)-2aP(\tau)-1}=\int_t^{t_f}\mathrm{d}t$$

考虑到终端贯截条件

$$P(t_f)=S$$

所以又可写成

$$\int_{P(t)}^{S}\frac{\mathrm{d}P(\tau)}{P^2(\tau)-2aP(\tau)-1}=\int_t^{t_f}\mathrm{d}t$$

将等式左侧被积函数的分母分解因式,再写成部分分式,则可得出

$$\int_{P(t)}^{S}\frac{\mathrm{d}P(\tau)}{P^2(\tau)-2aP(\tau)-1}=\int_{P(t)}^{S}\frac{\frac{1}{-2b}\mathrm{d}P(\tau)}{P(\tau)-(a+b)}-$$

$$\int_{P(t)}^{S} \frac{\frac{1}{2b}\mathrm{d}P(\tau)}{P(\tau)-(a-b)} =$$

$$-\frac{1}{-2b}\ln\frac{[P(t)-(a+b)][S-(a-b)]}{[P(t)-(a-b)][S-(a+b)]} = t_f - t$$

式中

$$b=\sqrt{a^2+1}$$

或写成

$$\mathrm{e}^{-2b(t_f-t)} = \frac{[F(t)-(a+b)][S-(a-b)]}{[F(t)-(a-b)][S-(a+b)]}$$

经整理得出

$$P(t)=\frac{(a+b)+(b-a)\dfrac{S-a-b}{S-a+b}\mathrm{e}^{-2b(t_f-t)}}{1-\dfrac{S-a-b}{S-a+b}\mathrm{e}^{-2b(t_f-t)}}$$

将求得的 $P(t)$代入下式,得最优控制

$$\hat{u}(t) = -P(t)X(t)$$

于是系统的最优轨迹 $X(t)$是下面标量时变微分方程的解,即

$$\dot{X}=[a-P(t)]X(t)$$

$$X(0)=X_0$$

或写成

$$\hat{X}(t) = X_0\mathrm{e}^{\int_0^t[a-P(t)]\mathrm{d}t}$$

对里卡德方程所解的 $P(t)$进行分析,得

当 $a=-1$、$b=\sqrt{2}$、$S=0$ 时

$$P(t)=\frac{\sqrt{2}-1+(1-\sqrt{2})\mathrm{e}^{-2\sqrt{2}(t_f-t)}}{1-\dfrac{1-\sqrt{2}}{1+\sqrt{2}}\mathrm{e}^{-2\sqrt{2}(t_f-t)}}$$

当 $a=-1$、$b=\sqrt{2}$、$S=1$ 时

$$P(t)=\frac{\sqrt{2}-1+(\sqrt{2}+1)\dfrac{2-\sqrt{2}}{2+\sqrt{2}}\mathrm{e}^{-2\sqrt{2}(t_f-t)}}{1-\dfrac{2-\sqrt{2}}{2+\sqrt{2}}\mathrm{e}^{-2\sqrt{2}(t_f-t)}}$$

在图 6.2 中画出了当 $t_f=1$、4、9 时,对应于 $S=0$ 与 $S=1$ 的 $P(t)$的几何图形。由图 6.2 可见:

① 当 $t=t_f$,即当终端时间有限时,$P(t_f)$由里卡德方程的终端条件决定。事实上

$$\lim_{t\to t_f} P(t) = \lim_{t\to t_f}\frac{(a+b)+(b-a)\dfrac{S-a-b}{S-a+b}\cdot\mathrm{e}^{-2b(t_f-t)}}{1-\dfrac{S-a-b}{S-a+b}\mathrm{e}^{-2b(t_f-t)}} = S$$

② 当 $t_f\to\infty$,即终端时间无限时,$P(t)$趋于稳态值,这是因为

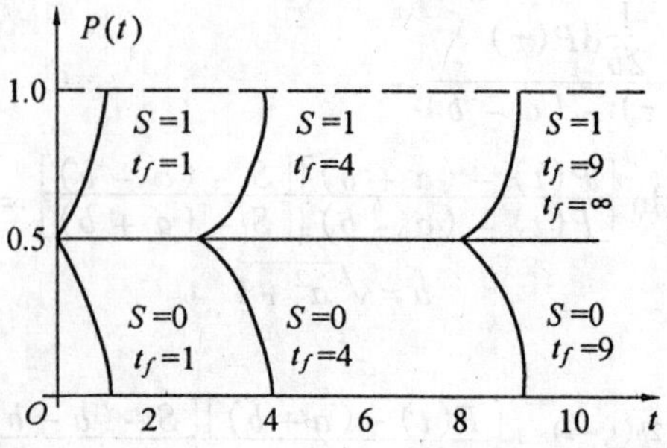

图 6.2 $P(t)$几何图形

$$\lim_{t\to\infty} P(t)=\lim_{t\to\infty}\frac{(a+b)+(b-a)\dfrac{S-a-b}{S-a+b}\mathrm{e}^{-2b(t_f-t)}}{1-\dfrac{S-a-b}{S-a+b}\mathrm{e}^{-2b(t_f-t)}}=a+b=\sqrt{2}-1$$

这一点很重要，它说明了里卡德方程的解 $\boldsymbol{P}(t)$的一个重要性质，这时里卡德矩阵微分方程退化为里卡德矩阵代数方程，即

$$\boldsymbol{PA}+\boldsymbol{A}^{\mathrm{T}}\boldsymbol{P}-\boldsymbol{PBR}^{-1}\boldsymbol{B}^{\mathrm{T}}\boldsymbol{P}+\boldsymbol{Q}=0 \tag{6.18}$$

三、终点状态固定的线性调节器问题

终点状态固定的线性调节器问题是研究终点时间、状态均固定的情况。

为了能使用前面所叙述的方法，以 $\boldsymbol{X}(t_f)=0$ 为例，用补偿函数方法，把本是终点固定问题当做如前面所述的终点状态自由问题来处理。

具体如下：

原系统性能指标为

$$J=\int_{t_0}^{t_f}[\boldsymbol{X}^{\mathrm{T}}(t)\boldsymbol{Q}(t)\boldsymbol{X}(t)+\boldsymbol{u}^{\mathrm{T}}(t)\boldsymbol{R}(t)\boldsymbol{u}(t)]\,\mathrm{d}t \tag{6.19}$$

将其改写为

$$J=\boldsymbol{X}^{\mathrm{T}}(t_f)\boldsymbol{SX}(t_f)+\int_{t_0}^{t_f}[\boldsymbol{X}^{\mathrm{T}}(t)\boldsymbol{Q}(t)\boldsymbol{X}(t)+\boldsymbol{u}^{\mathrm{T}}(t)\boldsymbol{R}(t)\boldsymbol{u}(t)]\,\mathrm{d}t$$

引入的 $\boldsymbol{X}^{\mathrm{T}}(t_f)\boldsymbol{SX}(t_f)$称为补偿函数。可以看出，当 $\boldsymbol{S}$ 值不够大时，$\boldsymbol{X}(t_f)$将不严格遵守 $\boldsymbol{X}(t_f)=0$ 的终点约束条件，但当 $\boldsymbol{S}$ 增大时，使 $\boldsymbol{X}(t_f)$减小；而当 $\boldsymbol{S}\to\infty$时，$\boldsymbol{X}(t_f)=0$，从而使问题转化为前面 6.4 节中二项问题。解的问题是解里卡德方程，即

$$\dot{\boldsymbol{P}}(t)+\boldsymbol{P}(t)\boldsymbol{A}(t)+\boldsymbol{A}^{\mathrm{T}}(t)\boldsymbol{P}(t)-\boldsymbol{P}(t)\boldsymbol{B}(t)\boldsymbol{R}^{-1}(t)\boldsymbol{B}^{\mathrm{T}}(t)\boldsymbol{P}(t)+\boldsymbol{Q}(t)=0 \tag{6.20}$$

边界条件

$$\boldsymbol{P}(t_f)=\boldsymbol{S}\to\infty$$

因为 $\boldsymbol{P}(t_f)\to\infty$，无法进行运算，为此需对里卡德方程进行变化，仿 6.4 节中二项，$\boldsymbol{S}$ 较大情况，即：

由于

$$\boldsymbol{P}(t)\boldsymbol{P}^{-1}(t)=\boldsymbol{I}$$

则

$$\dot{P}(t)P^{-1}(t)+P(t)\dot{P}^{-1}(t)=0$$

有

$$\dot{P}^{-1}(t)=-P^{-1}(t)\dot{P}(t)P^{-1}(t)$$

用 $P^{-1}(t)$乘里卡德方程两端,又利用上式,可得

$$\dot{P}^{-1}(t)-A(t)P^{-1}(t)-P^{-1}(t)A^{T}(t)+B(t)R^{-1}(t)B^{T}(t)-P^{-1}(t)Q(t)P^{-1}(t)=0 \tag{6.21}$$

边界条件

$$P^{-1}(t_f)=S^{-1}=0 \tag{6.22}$$

称为逆里卡德方程。

四、终点时间无限的线性调节器问题

实际上,这类问题就是考虑使系统的终态达到给定的某一平衡状态,因此,在性能指标中应不包含末值项。

给定被控对象的状态方程为

$$\dot{X}(t)=A(t)X(t)+B(t)u(t),X(t_0)=X_0$$

寻求最优控制 $u(t)$,使下述性能指标

$$J=\frac{1}{2}\int_{t_0}^{\infty}\{X^{T}(t)Q(t)X(t)+u^{T}(t)R(t)u(t)\}dt \tag{6.23}$$

为极小值。

与终端时间 $t_f\neq\infty$ 相比较,虽然仅仅是将性能指标中的积分上限由 t_f 改为 $t_f\to\infty$,但是由此带来的问题却是复杂的,问题的核心是必须使式(6.19)所示的积分型性能指标存在,因为它是由在无穷大区间上的积分表示的,为此需要进行如下的假设:

① $A(t)$、$B(t)$在$[t_0,\infty]$上分段连续,一致有界,并绝对可积。

② $Q(t)$、$R(t)$在$[t_0,\infty]$上分段连续,且为有界对称的正定矩阵。

③ 系统的状态是完全能控的。

在以上假设条件下,终端时间无限($t_f\to\infty$)的调节器问题的解存在且惟一。

此外,系统还必须是可观测的。因为反馈系统必须是渐近稳定的,否则无穷大上限积分型性能指标不可能存在。

由例 6.4 知,当 $t_f\to\infty$ 时,里卡德矩阵微分方程退化为里卡德矩阵代数方程,即式(6.18)

$$PA+A^{T}P-PBR^{-1}B^{T}P+Q=0$$

因此问题最终归结到解此方程上。

例 6.5　设被控对象的状态方程为

$$\begin{bmatrix}\dot{x}_1(t)\\ \dot{x}_2(t)\end{bmatrix}=\begin{bmatrix}1&0\\0&1\end{bmatrix}\begin{bmatrix}x_1(t)\\x_2(t)\end{bmatrix}+\begin{bmatrix}0\\1\end{bmatrix}u(t),\begin{bmatrix}x_1(0)\\x_2(0)\end{bmatrix}=\begin{bmatrix}1\\0\end{bmatrix}$$

求最优控制,使下述性能指标

$$J = \frac{1}{2}\int_0^\infty \{X^T(t)QX(t) + u^2(t)\}dt, \quad Q = \begin{bmatrix} 1 & 0 \\ 0 & 1 \end{bmatrix}$$

取为极小值。

解　直接写出里卡德代数方程，设其解为

$$P = \begin{bmatrix} p_{11} & p_{12} \\ p_{12} & p_{22} \end{bmatrix}$$

则由式(6.18)可得

$$\begin{bmatrix} 1 & 0 \\ 0 & 1 \end{bmatrix}\begin{bmatrix} p_{11} & p_{12} \\ p_{12} & p_{22} \end{bmatrix} + \begin{bmatrix} p_{11} & p_{12} \\ p_{12} & p_{22} \end{bmatrix}\begin{bmatrix} 1 & 0 \\ 0 & 1 \end{bmatrix} - \begin{bmatrix} p_{11} & p_{12} \\ p_{12} & p_{22} \end{bmatrix}\begin{bmatrix} 0 \\ 1 \end{bmatrix} \times$$

$$[0 \quad 1]\begin{bmatrix} p_{11} & p_{12} \\ p_{12} & p_{22} \end{bmatrix} = -\begin{bmatrix} 1 & 0 \\ 0 & 1 \end{bmatrix}$$

$$\begin{bmatrix} 2p_{11} & 2p_{12} \\ 2p_{12} & 2p_{22} \end{bmatrix} - \begin{bmatrix} p_{12}^2 & p_{12}p_{22} \\ p_{12}p_{22} & p_{22}^2 \end{bmatrix} = -\begin{bmatrix} 1 & 0 \\ 0 & 1 \end{bmatrix}$$

写成方程组

$$\begin{cases} 2p_{11} - p_{12}^2 = -1 \\ 2p_{12} - p_{12}p_{22} = 0 \\ 2p_{22} - p_{22}^2 = -1 \end{cases}$$

从第二个方程中可解得，$p_{12} = 0, p_{22} = 2$，但从第三个方程中解得，$p_{22} = 1 \pm 2$，两组解相矛盾，说明方程组不相容，无解。无解的原因是被控系统不是完全能控的，即因

$$\text{rank}[B \quad AB] = \text{rank}\begin{bmatrix} 0 & 0 \\ 1 & 1 \end{bmatrix} \neq 2$$

故导致里卡德代数方程无解。

例 6.6　设控制系统如图6.3所示。

假定控制信号为 $u = -KX(t)$，试设计最佳反馈增益矩阵 K，使下列性能指标

$$J = \frac{1}{2}\int_0^\infty \{X^TQX + u^2\}dt, \quad Q = \begin{bmatrix} 1 & 0 \\ 0 & \mu \end{bmatrix} \quad \mu > 0$$

为极小值，并求最优控制 $u(t)$。

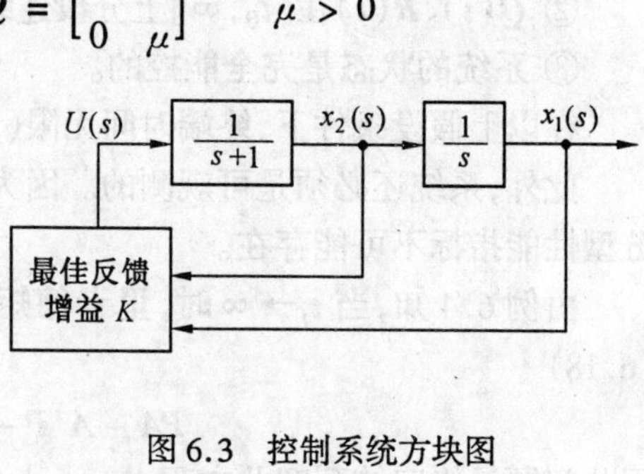

图 6.3　控制系统方块图

解　先由图 6.3 得系统的状态方程为

$$\begin{bmatrix} \dot{x}_1(t) \\ \dot{x}_2(t) \end{bmatrix} = \begin{bmatrix} 0 & 1 \\ 0 & -1 \end{bmatrix}\begin{bmatrix} x_1(t) \\ x_2(t) \end{bmatrix} + \begin{bmatrix} 0 \\ 1 \end{bmatrix}u(t)$$

其次检验系统的能控性

$$\text{rank}[B \quad AB] = \text{rank}\begin{bmatrix} 0 & 1 \\ 1 & -1 \end{bmatrix} = 2$$

故系统状态完全能控。

最后由式(6.18)写出里卡德代数方程为

$$\begin{bmatrix} 0 & 0 \\ 1 & -1 \end{bmatrix}\begin{bmatrix} p_{11} & p_{12} \\ p_{12} & p_{22} \end{bmatrix} + \begin{bmatrix} p_{11} & p_{12} \\ p_{12} & p_{22} \end{bmatrix}\begin{bmatrix} 0 & 1 \\ 0 & -1 \end{bmatrix} - \begin{bmatrix} p_{11} & p_{12} \\ p_{12} & p_{22} \end{bmatrix}\begin{bmatrix} 0 \\ 1 \end{bmatrix}$$

$$[0 \quad 1]\begin{bmatrix} p_{11} & p_{12} \\ p_{12} & p_{22} \end{bmatrix} = -\begin{bmatrix} 1 & 0 \\ 0 & \mu \end{bmatrix}$$

经过整理得到下列方程组

$$\begin{cases} p_{12}^2 = 1 \\ p_{12}p_{22} - p_{11} + p_{12} = 0 \\ p_{22}^2 + 2p_{22} - 2 = \mu \end{cases}$$

解得

$$p_{12} = 1,\quad p_{22} = \sqrt{3+\mu} - 1,\quad p_{11} = \sqrt{3+\mu}$$

于是

$$\boldsymbol{P} = \begin{bmatrix} p_{11} & p_{12} \\ p_{12} & p_{22} \end{bmatrix} = \begin{bmatrix} \sqrt{3+\mu} & 1 \\ 1 & \sqrt{3+\mu} - 1 \end{bmatrix}$$

根据式(6.13)可得出反馈增益矩阵 $\boldsymbol{K}$ 为

$$\boldsymbol{K} = \boldsymbol{R}^{-1}\boldsymbol{B}^{\mathrm{T}}\boldsymbol{P} = [0 \quad 1]\begin{bmatrix} \sqrt{3+\mu} & 1 \\ 1 & \sqrt{3+\mu} - 1 \end{bmatrix} = [1 \quad \sqrt{3+\mu} - 1]$$

故

$$u = -\boldsymbol{K}\boldsymbol{X} = -[1 \quad \sqrt{3+\mu} - 1]\begin{bmatrix} x_1 \\ x_2 \end{bmatrix} = -x_1 - (\sqrt{3+\mu} - 1)x_2$$

6.5　具有二次型性能指标的线性伺服器

一、终点时间有限的线性伺服器问题

线性伺服器是从线性调节器引申出来的。与随动系统相似，伺服器也能组成一个跟随某个信号动作的随动系统。线性调节器可通过改变控制信号使输出特性保持不变，而线性伺服器则能跟随输出信号而动作。

设被控对象的状态方程和输出方程为

$$\dot{\boldsymbol{X}}(t) = \boldsymbol{A}(t)\boldsymbol{X}(t) + \boldsymbol{B}(t)\boldsymbol{u}(t),\ \boldsymbol{X}(t_0) = \boldsymbol{X}_0 \tag{6.24}$$

$$\boldsymbol{y}(t) = \boldsymbol{C}(t)\boldsymbol{X}(t)$$

要求系统的输出跟踪某一参考输入 $\boldsymbol{\eta}(t)$，设 $\boldsymbol{\eta}(t)$ 是与输出维数相同的向量。寻求最优控制 $\boldsymbol{u}(t)$，使下述性能指标

$$\begin{aligned} J = {} & \frac{1}{2}[\boldsymbol{y}(t_f) - \boldsymbol{\eta}(t_f)]^{\mathrm{T}}\boldsymbol{S}[\boldsymbol{y}(t_f) - \boldsymbol{\eta}(t_f)] + \\ & \frac{1}{2}\int_{t_0}^{t_f}[\boldsymbol{y}(t_f) - \boldsymbol{\eta}(t)]^{\mathrm{T}}\boldsymbol{Q}(t)[\boldsymbol{y}(t) - \boldsymbol{\eta}(t)]\mathrm{d}t + \\ & \frac{1}{2}\int_{t_0}^{t_f}\boldsymbol{u}^{\mathrm{T}}(t)\boldsymbol{R}(t)\boldsymbol{u}(t)\mathrm{d}t \end{aligned} \tag{6.25}$$

取极小值。

对于 $\boldsymbol{A}(t)$、$\boldsymbol{B}(t)$、$\boldsymbol{C}(t)$的要求及 $\boldsymbol{S}$、$\boldsymbol{Q}(t)$、$\boldsymbol{R}(t)$的假设条件都与前述的线性调节器问题一样。这里仍然采用变分法求解：

定义哈密尔顿函数 H

$$H[\boldsymbol{X}(t),\boldsymbol{u}(t),\boldsymbol{\lambda}(t)]=\frac{1}{2}[\boldsymbol{C}(t)\boldsymbol{X}(t)-\boldsymbol{\eta}(t)]^{\mathrm{T}}\boldsymbol{Q}(t)[\boldsymbol{C}(t)\boldsymbol{X}(t)-\boldsymbol{\eta}(t)]+\frac{1}{2}\boldsymbol{u}^{\mathrm{T}}(t)\boldsymbol{R}(t)\boldsymbol{u}(t)+\boldsymbol{\lambda}^{\mathrm{T}}(t)[\boldsymbol{A}(t)\boldsymbol{X}(t)+\boldsymbol{B}(t)\boldsymbol{u}(t)]$$

控制方程

$$\frac{\partial}{\partial \boldsymbol{u}}H[\boldsymbol{X}(t),\boldsymbol{u}(t),\boldsymbol{\lambda}(t)]=\boldsymbol{R}(t)\boldsymbol{u}(t)+\boldsymbol{B}^{\mathrm{T}}(t)\boldsymbol{\lambda}(t)=0$$

即

$$\boldsymbol{u}(t)=-\boldsymbol{R}^{-1}(t)\boldsymbol{B}^{\mathrm{T}}(t)\boldsymbol{\lambda}(t) \tag{6.26}$$

伴随方程

$$\begin{aligned}\frac{\partial}{\partial \boldsymbol{X}}H[\boldsymbol{X}(t),\boldsymbol{u}(t),\boldsymbol{\lambda}(t)]=-\dot{\boldsymbol{\lambda}}(t)=\frac{1}{2}\frac{\partial[\boldsymbol{C}(t)\boldsymbol{X}(t)-\boldsymbol{\eta}(t)]^{\mathrm{T}}}{\partial \boldsymbol{X}}\times\\ \frac{\partial[\boldsymbol{C}(t)\boldsymbol{X}(t)-\boldsymbol{\eta}(t)]^{\mathrm{T}}\boldsymbol{Q}(t)[\boldsymbol{C}(t)\boldsymbol{X}(t)-\boldsymbol{\eta}(t)]}{\partial[\boldsymbol{C}(t)\boldsymbol{X}(t)-\boldsymbol{\eta}(t)]}+\boldsymbol{A}^{T}(t)\boldsymbol{\eta}(t)=\\ \boldsymbol{C}^{\mathrm{T}}(t)\boldsymbol{Q}(t)[\boldsymbol{C}(t)\boldsymbol{X}(t)-\boldsymbol{\eta}(t)]+\boldsymbol{A}^{T}(t)\boldsymbol{\lambda}(t)]\end{aligned} \tag{6.27}$$

终端贯截条件

$$\begin{aligned}\boldsymbol{\lambda}(t_f)=\frac{\partial}{\partial \boldsymbol{X}(t_f)}\frac{1}{2}[\boldsymbol{C}(t_f)\boldsymbol{X}(t_f)-\boldsymbol{\eta}(t_f)]^{\mathrm{T}}\boldsymbol{S}[\boldsymbol{C}(t_f)\boldsymbol{X}(t_f)-\boldsymbol{\eta}(t_f)]=\\ \frac{1}{2}\frac{\partial[\boldsymbol{C}(t_f)\boldsymbol{X}(t_f)-\boldsymbol{\eta}(t_f)]^{\mathrm{T}}}{\partial \boldsymbol{X}(t_f)}\times\\ \frac{\partial[\boldsymbol{C}(t_f)\boldsymbol{X}(t_f)-\boldsymbol{\eta}(t_f)]^{\mathrm{T}}\boldsymbol{S}[\boldsymbol{C}(t_f)\boldsymbol{X}(t_f)-\boldsymbol{\eta}(t_f)]}{\partial[\boldsymbol{C}(t_f)\boldsymbol{X}(t_f)-\boldsymbol{\eta}(t_f)]}=\\ \boldsymbol{C}^{\mathrm{T}}(t_f)\boldsymbol{S}[\boldsymbol{C}(t_f)\boldsymbol{X}(t_f)-\boldsymbol{\eta}(t_f)]\end{aligned} \tag{6.28}$$

状态方程

$$\begin{aligned}\dot{\boldsymbol{X}}(t)=\boldsymbol{A}(t)\boldsymbol{X}(t)+\boldsymbol{B}(t)\boldsymbol{u}(t)=\\ \boldsymbol{A}(t)\boldsymbol{X}(t)-\boldsymbol{B}(t)\boldsymbol{R}^{-1}(t)\boldsymbol{B}^{\mathrm{T}}(t)\boldsymbol{\lambda}(t)\end{aligned} \tag{6.29}$$

将式(6.29)及式(6.27)写为增广状态方程

$$\begin{bmatrix}\dot{\boldsymbol{X}}(t)\\ \dot{\boldsymbol{\lambda}}(t)\end{bmatrix}=\begin{bmatrix}\boldsymbol{A}(t) & -\boldsymbol{B}(t)\boldsymbol{R}^{-1}(t)\boldsymbol{B}^{\mathrm{T}}(t)\\ -\boldsymbol{C}^{\mathrm{T}}(t)\boldsymbol{Q}(t)\boldsymbol{C}(t) & -\boldsymbol{A}^{\mathrm{T}}(t)\end{bmatrix}\begin{bmatrix}\boldsymbol{X}(t)\\ \boldsymbol{\lambda}(t)\end{bmatrix}+\begin{bmatrix}\boldsymbol{0}\\ \boldsymbol{C}^{\mathrm{T}}(t)\boldsymbol{Q}(t)\end{bmatrix}\boldsymbol{\eta}(t) \tag{6.30}$$

式(6.30)表明，此方程不是一个齐次方程。因有 $\boldsymbol{\eta}(t)$项，所以不能像线性调节器那样设定 $\boldsymbol{\lambda}$ 与 $\boldsymbol{X}$ 的关系，但可以将 $\boldsymbol{\eta}(t)$看做外部输入，即

$$\boldsymbol{\lambda}(t)=\boldsymbol{P}(t)\boldsymbol{X}(t)-\boldsymbol{\xi}(t) \tag{6.31}$$

式中，$\boldsymbol{\xi}(t)$是与 $\boldsymbol{\lambda}(t)$同维数的向量。对式(6.31)求导，得

$$\dot{\boldsymbol{\lambda}}(t)=\dot{\boldsymbol{P}}(t)\boldsymbol{X}(t)-\boldsymbol{P}(t)\dot{\boldsymbol{X}}(t)-\dot{\boldsymbol{\xi}}(t)$$

将式(6.29)与式(6.31)代入上式,得

$$\dot{\boldsymbol{\lambda}}(t)=[\dot{\boldsymbol{P}}(t)+\boldsymbol{P}(t)\boldsymbol{A}(t)-\boldsymbol{P}(t)\boldsymbol{B}(t)\boldsymbol{R}^{-1}(t)\boldsymbol{B}^{\mathrm{T}}(t)\boldsymbol{P}(t)]\boldsymbol{X}(t)+\boldsymbol{P}(t)\boldsymbol{B}(t)\boldsymbol{R}^{-1}(t)\boldsymbol{B}^{\mathrm{T}}(t)\boldsymbol{\xi}(t)-\dot{\boldsymbol{\xi}}(t) \tag{6.32}$$

将式(6.31)代入式(6.27),得

$$\dot{\boldsymbol{\lambda}}(t)=-[\boldsymbol{C}^{\mathrm{T}}(t)\boldsymbol{Q}(t)\boldsymbol{C}(t)+\boldsymbol{A}^{\mathrm{T}}(t)\boldsymbol{P}(t)]\boldsymbol{X}(t)+\boldsymbol{A}^{\mathrm{T}}(t)\boldsymbol{\xi}(t)+\boldsymbol{C}^{\mathrm{T}}(t)\boldsymbol{Q}(t)\boldsymbol{\eta}(t) \tag{6.33}$$

式(6.32)与式(6.33)相等,比较等式两侧各项,得

$$\dot{\boldsymbol{P}}(t)=-\boldsymbol{P}(t)\boldsymbol{A}(t)-\boldsymbol{A}^{\mathrm{T}}(t)\boldsymbol{P}(t)-\boldsymbol{P}(t)\boldsymbol{B}(t)\boldsymbol{R}^{-1}(t)\boldsymbol{R}^{-1}(t)\boldsymbol{B}^{\mathrm{T}}(t)\boldsymbol{P}(t)\boldsymbol{C}^{\mathrm{T}}(t)\boldsymbol{Q}(t)\boldsymbol{C}(t) \tag{6.34}$$

$$\dot{\boldsymbol{\xi}}(t)=-[\boldsymbol{A}^{\mathrm{T}}(t)+\boldsymbol{P}(t)\boldsymbol{B}(t)\boldsymbol{R}^{-1}(t)\boldsymbol{B}^{\mathrm{T}}(t)]\boldsymbol{\xi}(t)-\boldsymbol{C}^{\mathrm{T}}(t)\boldsymbol{Q}(t)\boldsymbol{\eta}(t) \tag{6.35}$$

在式(6.31)中,令 $t=t_f$ 后,与式(6.28)相等,比较等式两侧对应项,得

$$\boldsymbol{P}(t_f)=\boldsymbol{C}^{\mathrm{T}}(t_f)\boldsymbol{S}\boldsymbol{C}(t_f) \tag{6.36}$$

$$\boldsymbol{\xi}(t_f)=\boldsymbol{C}^{\mathrm{T}}(t_f)\boldsymbol{S}\boldsymbol{\eta}(t_f) \tag{6.37}$$

解式(6.34)、(6.36)与式(6.35)、(6.37)两组方程,可求得 $\boldsymbol{P}$ 和 $\boldsymbol{\xi}$。

由式(6.26)、(6.31)求得最佳控制规律为

$$\boldsymbol{u}(t)=-\boldsymbol{R}^{-1}(t)\boldsymbol{B}^{\mathrm{T}}(t)[\boldsymbol{P}(t)\boldsymbol{X}(t)-\boldsymbol{\xi}(t)] \tag{6.38}$$

令上式中

$$\boldsymbol{K}(t)=\boldsymbol{R}^{-1}(t)\boldsymbol{B}^{\mathrm{T}}(t)\boldsymbol{P}(t)$$

$$\boldsymbol{G}(t)=\boldsymbol{R}^{-1}(t)\boldsymbol{B}^{\mathrm{T}}(t)\boldsymbol{\xi}(t)$$

则式(6.38)可写成

$$\boldsymbol{u}(t)=-\boldsymbol{K}(t)\boldsymbol{X}(t)+\boldsymbol{G}(t) \tag{6.39}$$

用方框图 6.4 表示。

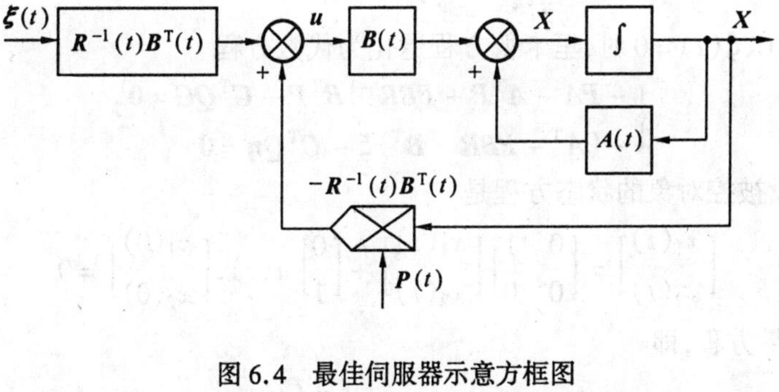

图 6.4　最佳伺服器示意方框图

由式(6.39)不难看出,线性伺服器实质上是由两部分组成的:一部分为线性调节器;另一部分为前置滤波,用来确定由系统的期望值 $\boldsymbol{\eta}(t)$ 而得到最佳控制作用。当 $\boldsymbol{\eta}(t)=\mathbf{0}$ 时,伺服器退化成调节器,但它与 6.4 节讨论的调节器的不同之处在于,它是“输入”调节器,而不是“状态”调节器。

二、终点时间无限的线性伺服器问题

可仿照线性调节器问题来处理，此时，性能指标中无末值项，且积分项上限为∞，即

$$J = \frac{1}{2}\int_{t_0}^{\infty}[\boldsymbol{y}(t) - \boldsymbol{\eta}(t)]^{\mathrm{T}}\boldsymbol{Q}(t)[\boldsymbol{y}(t) - \boldsymbol{\eta}(t)]\mathrm{d}t + \frac{1}{2}\int_{t_0}^{\infty}\boldsymbol{u}^{\mathrm{T}}(t)\boldsymbol{R}(t)\boldsymbol{u}(t)\mathrm{d}t$$

里卡德微分方程仍为

$$\dot{\boldsymbol{P}}(t) = -\boldsymbol{P}(t)\boldsymbol{A}^{\mathrm{T}}(t) - \boldsymbol{A}^{\mathrm{T}}(t)\boldsymbol{P}(t) + \boldsymbol{P}(t)\boldsymbol{B}(t)\boldsymbol{R}^{-1}(t)\boldsymbol{B}^{\mathrm{T}}(t)\boldsymbol{P}(t) - \boldsymbol{C}^{\mathrm{T}}(t)\boldsymbol{Q}(t)\boldsymbol{C}(t)$$

$$\dot{\boldsymbol{\xi}}(t) = -[\boldsymbol{A}^{\mathrm{T}}(t) - \boldsymbol{P}(t)\boldsymbol{B}(t)\boldsymbol{R}^{-1}(t)\boldsymbol{B}^{\mathrm{T}}(t)]\boldsymbol{\xi}(t) - \boldsymbol{C}^{\mathrm{T}}(t)\boldsymbol{Q}(t)\boldsymbol{\eta}(t)$$

但终端边界条件变为

$$\boldsymbol{P}(t_f) = 0, \boldsymbol{\xi}(t_f) = 0$$

控制方程仍然不变，即

$$\hat{\boldsymbol{u}}(t) = -\boldsymbol{R}^{-1}(t)\boldsymbol{B}^{\mathrm{T}}(t)[\overline{\boldsymbol{P}}(t)\boldsymbol{X}(t) - \overline{\boldsymbol{\xi}}(t)]$$

式中，$\overline{\boldsymbol{P}}(t)$、$\overline{\boldsymbol{\xi}}(t)$是上述里卡德微分方程的解。

必须指出，$\boldsymbol{P}(t)$的一个重要性质是

$$\lim_{t_f \to \infty} \boldsymbol{P}(t, t_f) = \overline{\boldsymbol{P}}(t)$$

$$\lim_{t_f \to \infty} \boldsymbol{\xi}(t, t_f) = \overline{\boldsymbol{\xi}}(t)$$

当被控对象为定常状态方程时，有

$$\lim_{t_f \to \infty} \boldsymbol{P}(t, t_f) = \boldsymbol{P} = \text{常矩阵}$$

$$\lim_{t_f \to \infty} \boldsymbol{\xi}(t, t_f) = \boldsymbol{\xi} = \text{常向量}$$

所以当 $\dot{\boldsymbol{P}}(t) = 0$、$\dot{\boldsymbol{\xi}}(t) = 0$ 时，里卡德方程退化为代数方程

$$\begin{cases} -\boldsymbol{PA} - \boldsymbol{A}^{\mathrm{T}}\boldsymbol{P} + \boldsymbol{PBR}^{-1}\boldsymbol{B}^{\mathrm{T}}\boldsymbol{P} - \boldsymbol{C}^{\mathrm{T}}\boldsymbol{QC} = \boldsymbol{0} & (6.40) \\ -(\boldsymbol{A}^{\mathrm{T}} - \boldsymbol{PBR}^{-1}\boldsymbol{B}^{\mathrm{T}})\boldsymbol{\xi} - \boldsymbol{C}^{\mathrm{T}}\boldsymbol{Q\eta} = \boldsymbol{0} & (6.41) \end{cases}$$

例 6.7 设被控对象的状态方程是

$$\begin{bmatrix} \dot{x}_1(t) \\ \dot{x}_2(t) \end{bmatrix} = \begin{bmatrix} 0 & 1 \\ 0 & 0 \end{bmatrix}\begin{bmatrix} x_1(t) \\ x_2(t) \end{bmatrix} + \begin{bmatrix} 0 \\ 1 \end{bmatrix}u(t), \begin{bmatrix} x_1(0) \\ x_2(0) \end{bmatrix} = 0$$

输出方程为标量方程，即

$$y(t) = [1 \quad 0]\begin{bmatrix} x_1(t) \\ x_2(t) \end{bmatrix}$$

系统的参考输入为 $\eta(t)$，试设计最优控制伺服器，使性能指标

$$J = \frac{1}{2}\int_0^{\infty}[x_1(t) - \eta^2(t) + u^2(t)]\mathrm{d}t$$

取极小值。

解　由题意知

$$A=\begin{bmatrix}0&1\\0&0\end{bmatrix},B=\begin{bmatrix}0\\1\end{bmatrix},Q=1,R=1,C=[1,0]$$

设

$$P(t)=\begin{bmatrix}p_{11}&p_{12}\\p_{12}&p_{22}\end{bmatrix},\xi(t)=\begin{bmatrix}\zeta_1\\\zeta_2\end{bmatrix}$$

按式(6.34)~(6.37)建立下列方程

$$\begin{bmatrix}\dot p_{11}&\dot p_{12}\\\dot p_{12}&\dot p_{22}\end{bmatrix}=-\begin{bmatrix}p_{11}&p_{12}\\p_{12}&p_{22}\end{bmatrix}\begin{bmatrix}0&1\\0&0\end{bmatrix}-\begin{bmatrix}0&0\\1&0\end{bmatrix}\begin{bmatrix}p_{11}&p_{12}\\p_{12}&p_{22}\end{bmatrix}+$$

$$\begin{bmatrix}p_{11}&p_{12}\\p_{12}&p_{22}\end{bmatrix}\begin{bmatrix}0\\1\end{bmatrix}[0\quad 1]\begin{bmatrix}p_{11}&p_{12}\\p_{12}&p_{22}\end{bmatrix}=$$

$$\begin{bmatrix}1\\0\end{bmatrix}[1\quad 0]\begin{bmatrix}p_{11}(t_f)&p_{12}(t_f)\\p_{12}(t_f)&p_{22}(t_f)\end{bmatrix}=0 \tag{6.42}$$

$$\begin{bmatrix}\dot\zeta_1\\\dot\zeta_2\end{bmatrix}=-\begin{bmatrix}0&0\\1&0\end{bmatrix}\begin{bmatrix}\zeta_1\\\zeta_2\end{bmatrix}+\begin{bmatrix}p_{11}&p_{22}\\p_{12}&p_{22}\end{bmatrix}\begin{bmatrix}0\\1\end{bmatrix}\times$$

$$[1\quad 0]\begin{bmatrix}\zeta_1\\\zeta_2\end{bmatrix}-\begin{bmatrix}1\\0\end{bmatrix}\eta\begin{bmatrix}\zeta_1(t_f)\\\zeta_2(t_f)\end{bmatrix}=0 \tag{6.43}$$

将式(6.42)写成方程组

$$\begin{cases}\dot p_{11}=p_{12}^2-1\\\dot p_{12}=-p_{11}+p_{12}p_{22}\\\dot p_{22}=-2p_{12}+p_{22}^2\end{cases}$$

且

$$p_{11}(t_f)=p_{12}(t_f)=p_{22}(t_f)=0$$

因为系统是定常系统，所以当 $t_f\leftarrow\infty$ 时，里卡德微分方程变为代数方程，即

$$\begin{cases}\overline{p^2}_{12}=1\\\overline{p}_{11}=\overline{p}_{12}\overline{p}_{22}\\\overline{p^2}_{22}=2\overline{p}_{12}\end{cases}$$

解得

$$\overline{p}_{11}=2,\overline{p}_{12}=1,\overline{p}_{22}=2$$

所以

$$\overline{p}=\begin{bmatrix}\sqrt2&1\\1&\sqrt2\end{bmatrix}$$

将 $\overline{p}$ 代入式(6.43)，得到下列方程组

$$\begin{cases}\dot\zeta_1=\zeta_2-\eta\\\dot\zeta_2=-\zeta_1+\sqrt2\zeta_2\end{cases}$$

且

$$\zeta_1(t_f)=\zeta_2(t_f)=0$$

假定参考输入为

$$\eta(t)=1-e^{-t}$$

则可求出上列微分方程的解,并取 $t_f\to\infty$ 的极限,得

$$\overline{\zeta_1}(t)=\sqrt{2}-\frac{1+\sqrt{2}}{1-\sqrt{2}}e^{-t}$$

$$\overline{\zeta_2}(t)=1-\frac{1}{1-\sqrt{2}}e^{-t}=\eta(t)+\frac{1+\sqrt{2}}{2+\sqrt{2}}\dot{\eta}(t)$$

则控制方程为

$$\begin{aligned}\hat{u}(t)=&-\boldsymbol{R}^{-1}(t)\boldsymbol{B}^{\mathrm{T}}(t)[\overline{\boldsymbol{P}}(t)\boldsymbol{X}(t)-\overline{\zeta}(t)]=\\&-[0\quad 1]\begin{bmatrix}p_{11}&p_{12}\\p_{12}&p_{22}\end{bmatrix}\boldsymbol{X}(t)+[0\quad 1]\begin{bmatrix}\zeta_1\\\zeta_2\end{bmatrix}=\\&-[p_{12},p_{22}]\boldsymbol{X}(t)+\zeta_1=\\&-x_1(t)-\sqrt{2}x_2(t)+\eta(t)+\frac{1-\sqrt{2}}{2+\sqrt{2}}\dot{\eta}(t)\end{aligned}$$

方块图如图 6.5 所示 。

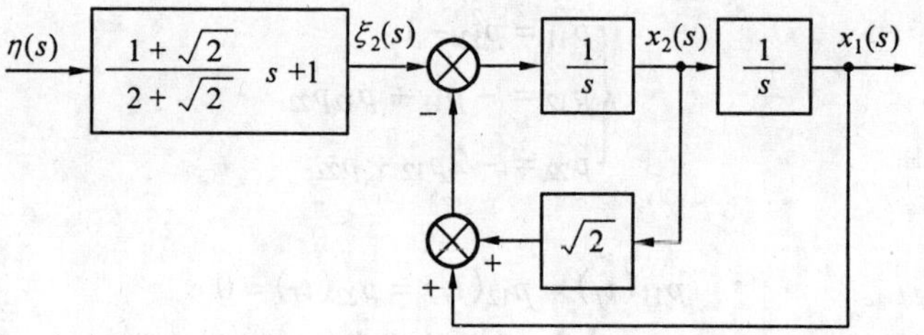

图 6.5 $\eta(t)=1-e^{-t}$时的方块图

假如参考输入为常量,即 $\eta(t)=r$ = 常数,则求得当 $t_f\to\infty$ 时,$\zeta_1(t)$及$\zeta_2(t)$的极限为

$$\begin{cases}\overline{\zeta_1}=\sqrt{2}r\\\overline{\zeta_2}=r=\eta\end{cases}$$

则最优控制为

$$\hat{u}(t)=-x_1(t)-\sqrt{2}x_2(t)+r$$

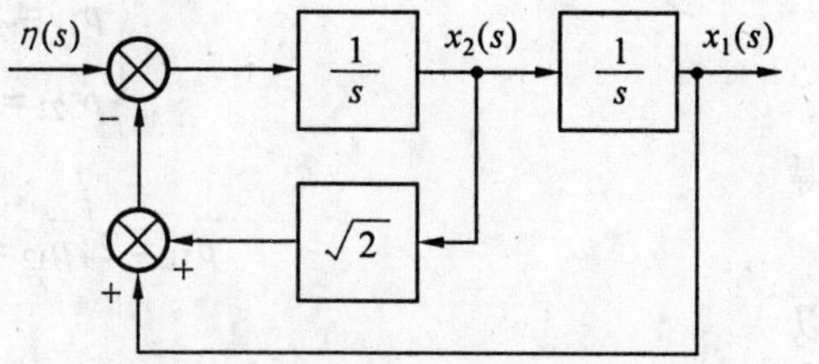

图 6.6 $\eta=r=$ 常量时的方块图

相应的方块图如图 6.6 所示。

由上述讨论可见,为获得最优控制,对于线性伺服器来说,随着参考输入的不同,系统的结构也不同,但区别仅是闭环系统以外的输入部分,闭环系统部分则与线性调节器一样。

小　结

① 处理最优控制的古典变分法的应用条件为，控制作用 $u(t)$不受不等式约束，即可以在整个空间中任意取值。如该条件不满足，要应用极大(小)值原理，本章未展开，可参阅有关文献。古典变分法的原理体现为一组庞德亚金方程，它包括定义的哈密尔顿函数、贯截方程、控制方程、伴随方程及系统方程。

② 作为古典变分法设计最优控制的重要方面，本章介绍了具有二次型性能指标的线性调节器与线性伺服器。据它们边界条件的差异，讲述了三种情况，并得出对应三种情况的普遍性结论，将原理性庞德亚金方程表现为两个方程，即矩阵微分里卡德方程与矩阵代数里卡德方程。通过解方程便可得到系统的最优控制。

③ 必需明确的是，具有二次型性能指标的线性系统的最优控制，是线性的状态反馈，本质上与第五章中状态反馈是一样的。

习　题

6.1　已知系统的状态方程为

$$\dot{X}=\begin{bmatrix}0 & 1\\0 & 0\end{bmatrix}X+\begin{bmatrix}0\\1\end{bmatrix}u$$

式中，u 为控制信号。试求使性能指标

$$J=\int_0^{\infty}(x_1^2+u^2)\mathrm{d}t$$

为极小值的最优控制。

6.2　如题6.1所给系统，所给性能指标泛函为

$$J=\frac{1}{2}[x_1^2(3)+2x_2^2(3)]+\frac{1}{2}\int_0^3[2x_1^2(t)+4x_2^2(t)+2x_1(t)x_2(t)+\frac{1}{2}u^2(t)]\mathrm{d}t$$

$$\boldsymbol{P}=\begin{bmatrix}P_{11}(3) & P_{12}(3)\\P_{21}(3) & P_{22}(3)\end{bmatrix}=\begin{bmatrix}1 & 0\\0 & 2\end{bmatrix}$$

求按性能指标组成的线性调节器的控制规律。

答案

$$u(t)=-2[P_{12}(t)x_1(t)+P_{22}(t)x_2(t)]$$

6.3　设某一 LC 振荡器的时间常数为 $T=\frac{1}{LC}=1$，其状态方程为

$$\dot{X}=\begin{bmatrix}0 & 1\\-1 & 0\end{bmatrix}X+\begin{bmatrix}0\\1\end{bmatrix}u,\quad \begin{bmatrix}x_1(t_0)\\x_2(t_0)\end{bmatrix}=\begin{bmatrix}x_{10}\\x_{20}\end{bmatrix}$$

式中，u 为控制电压。求使性能指标

$$J=\int_0^8(x_2^2+\rho u^2)\mathrm{d}t$$

为最小值的控制作用。

答案

$$u(t)=Ae^{1.35t}[1.96\cos(1.15t+a)-0.85\sin(1.15t+a)]$$

$$A=\sqrt{\dot{x}_{20}^2+(0.869x_{10}+1.173x_{20})}$$

$$a=\tan\frac{x_{20}}{0.869x_{10}+1.173x_{20}}$$

6.4 如使上题中的系统实现闭环控制,其控制规律如何?并画出其闭环控制的方块图。

答案

$$u(t)=1.71x_1(t)-3.15x_2(t)$$

6.5 给定系统的状态方程为

$$\dot{X}=\begin{bmatrix}0&0\\0&1\end{bmatrix}X+\begin{bmatrix}1\\1\end{bmatrix}u$$

系统在 $t=0$ 时的状态为

$$x_1(0)=x_2(0)=0$$

系统在 $t=1$ 时的状态为

$$x_1(1)=x_2(1)=1$$

求使系统从 $t=0$ 的初态转移到 $t=1$ 的终态时的最优控制 $u_1(t)$ 与 $u_2(t)$,以及与其相应的最优轨线 $x_1(t)$ 与 $x_2(t)$,并使性能指标

$$J=\int_0^1(x_1+u_1^2+u_2^2)\mathrm{d}t$$

为最小值。

答案 (1) $u_1(t)$ 与 $u_2(t)$ 不受约束时

$$\begin{cases}u_1=1, & x_1=t, \quad J=1.75\\ u_2=\dfrac{1}{2}, & x_2=\dfrac{1}{2}(t^2+1)t\end{cases}$$

(2) $u_1(t)$ 无约束, $u_2(t)\leqslant\dfrac{1}{4}$ 时

$$\begin{cases}u_1=\dfrac{1}{2}(5-6t), x_1=\dfrac{1}{2}(5t-3t^2), J=2\cdot\dfrac{9}{16}\\ u_2=\dfrac{1}{4}, x_2=\dfrac{1}{4}t+\dfrac{5}{4}t^2-\dfrac{1}{2}t^3\end{cases}$$

6.6 在磁场控制直流电机的系统中,若令电机轴的转角 $\theta(t)$ 为 $x_1(t)$,电机负载的转动惯量为 J。当摩擦力 f 忽略不计,且假定磁场电感量 $L=0$ 时,可得系统的状态方程为

$$\dot{X}=\begin{bmatrix}0&1\\0&0\end{bmatrix}X+\begin{bmatrix}0\\K\end{bmatrix}u, \quad \begin{bmatrix}x_1(0)\\x_2(0)\end{bmatrix}=\begin{bmatrix}\xi_1\\\xi_2\end{bmatrix}$$

式中, K 为比例常数; $x_2(t)$ 为电机转速; $u(t)$ 为磁场控制电压。

磁场消耗的能量可表示为

$$E_u = \frac{1}{2}\int_0^T u^2(t)\mathrm{d}t$$

求在满足能量消耗最少的条件下，在时间 T 内使系统从初始状态转移到 $(\theta,0)$ 状态需要的控制作用。

答案

$$u(t) = -\frac{2}{T^2}(3\xi_1 + 2\xi_2 T) + \frac{6}{T^3}(2\xi_1 + \xi_2 T)t$$

$$E_{\min} = \frac{2}{T^3}(3\xi_1^2 + 3\xi_1\xi_2 T + \xi_2^2 T^2)$$

6.7　设被控对象由一个一阶非周期环节和一个积分环节串联而成，其状态方程为

$$\dot{X} = \begin{bmatrix} 0 & 1 \\ 0 & -a \end{bmatrix} X + \begin{bmatrix} 0 \\ 1 \end{bmatrix} u$$

式中，$u(t)$受到约束 $-1 \leqslant u(t) \leqslant 1$。求最优控制，使系统由初始状态 $X(t_0) = X_0$ 转移到坐标原点的时间最短。

答案

$$u = x_1 + \frac{x_2}{a}\mathrm{sign}\ x_2 \frac{1}{a^2}\ln(1 + a|x_2|)$$

6.8　已知二阶系统如图6.7所示。求使性能指标

$$J = \int_0^\infty [X^{\mathrm{T}}(t)QX(t) + Ru^2(t)]\mathrm{d}t$$

为极小值的最优控制 $u(t)$。

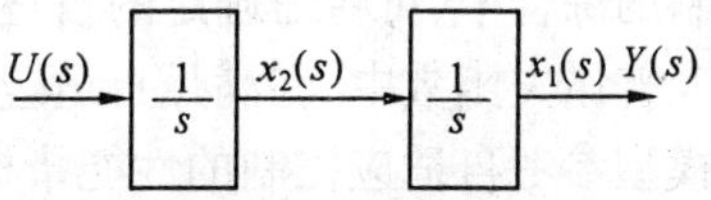

图 6.7　二阶系统方块图

答案

$$u(t) = -a^2 x_1(t) - \sqrt{2}ax_2(t),\quad a = (Q/R)^{\frac{1}{4}}$$

6.9　系统方程为

$$\dot{x}_1(t) = x_2(t)$$

$$\dot{x}_2(t) = u(t)$$

试求最优控制 $u(t)$，使系统从状态 $x_1(0) = \xi_1, x_2(0) = \xi_2$，达到状态 $x_1(T) = x_2(T) = 0$，并使性能指标

$$J = \frac{1}{2}\int_0^T u^2(t)\mathrm{d}t$$

为极小值。

答案

$$u(t) = -\frac{2}{T^2}(3\xi_1 + 2\xi_2 T) + \frac{2}{T^3}(2\xi_1 + \xi_2 T)t$$

第七章　李亚普诺夫稳定性理论与自适应控制

7.1　引　　言

第五章中的状态反馈与第六章中的二次型最优控制的综合条件，是被控过程(对象)是确定的，并假定无环境干扰。而实际情况往往存在对象与环境的不确定因素，最优控制的综合已无法解决，而需要本章介绍的自适应控制理论的综合来解决。自适应控制理论有多种方法，本章所讲述是理论方面成熟且应用极为广泛的模型参考自适应控制方法。它是基于李亚普诺夫稳定性理论的设计。可以说李亚普诺夫稳定性理论的第二法，是模型参考自适应控制的基础，而模型参考自适应控制是第二法在自适应控制中的重要应用。本章介绍了这两部分内容，即李亚普诺夫第二法与模型参考自适应控制。李亚普诺夫函数在线性系统综合中通常取二次型是十分重要的，而且对此可得进一步引申与推广。对状态 $\boldsymbol{X}$ 的要求、对控制 $\boldsymbol{u}$ 的要求可以为二次型的形式。同理可推，在模型参考自适应控制的综合中，可将需确定的自适应控制规律，即可变参数的变化，也以二次型形式加在李亚普诺夫函数中，在满足自适应控制系统渐近稳定的前提下，确定自适应控制规律。显然模型参考自适应控制的性能指标是使系统渐近稳定。

7.2　李亚普诺夫第二法的概述

一、物理基础

一个自动控制系统要能正常工作，首先必须是一个稳定的系统，即当系统受到外界干扰后，显然它的平衡状态被破坏，但在外扰去掉以后，它仍有能力自动地在平衡状态下继续工作，系统的这种性能通常叫做稳定性，它是系统的一个动态属性。例如，电压自动调解系统中保持电机电压为恒定的能力；电机自动调速系统中保持电机转速为一定的能力；火箭飞行中保持航向为一定的能力等。具有稳定性的系统称为稳定系统，不具有稳定性的系统称为不稳定系统。

系统的稳定性就是系统在受到外界干扰后，系统偏差量(被调量偏离平衡位置的数值)过渡过程的收敛性，用数学方法表示，即

$$\lim_{t \to \infty} |\Delta x(t)| \leqslant \varepsilon$$

式中，$\Delta x(t)$为系统被调量偏离其平衡位置的大小；ε 为任意小的规定量。

如果系统在受到外扰后偏差量越来越大，显然它不可能是一个稳定系统。

如果系统是一个线性定常系统，由经典控制理论知道，可用劳斯－胡尔维茨稳定判据或乃奎斯特稳定判据对系统的稳定性进行判断。但对于非线性或时变系统，虽然通过一

些对系统的转化方法,上述稳定判据尚能在某些特定的系统上应用,但一般说来,上述稳定判据是难以胜任的。现代控制系统的结构比较复杂,而且大都是一些非线性或时变系统,即使是系统结构本身,也往往需要根据性能指标的要求加以改变,才能适应新的情况,保证系统的正常和最佳运行状态。在解决这类系统的稳定性问题时,最常用的方法是基于李亚普诺夫第二法而得到的一些稳定性理论。虽然该方法需要相当的技巧与经验,但却能解决非线性系统的稳定性问题。

1892年,李亚普诺夫就如何判断系统的稳定性问题归纳成两种方法(称第一法和第二法)。李亚普诺夫第一法是解系统的微分方程式,然后根据解的性质来判断系统的稳定性。对于非线性系统,在工作点附近的一定范围内,可以用线性化了的微分方程式来近似地加以描述。如果线性化特征方程式的根全都是负实数根,或者是具有负实数部分的复根,则该系统在工作点附近是稳定的。否则是不稳定的。李亚普诺夫第二法(也称直接法)的特点是不必求解系统的微分方程式,就可以对系统的稳定性进行分析与判断,而且给出的稳定信息不是近似的。它提供了判别所有系统稳定性的方法。

李亚普诺夫第二法建立在这样一个直观的物理事实上:如果一个系统的某个平衡状态是渐近稳定的,即$\lim\limits_{t\to\infty}\boldsymbol{X}=\boldsymbol{X}_e$,那么随着系统的运动,其储存的能量将随着时间的增长而衰减,直至趋于平衡状态而能量趋于极小值。当然,对系统而言,并没有这样的直观性。因此,李亚普诺夫引入了“广义能量”函数,称之为李亚普诺夫函数,表示为$V(\boldsymbol{X},t)$,它是状态$x_1,x_2,\cdots,x_n$和时间t的函数。对定常系统,“广义能量”函数则为$V(\boldsymbol{X})$。显而易见,如果考察的动态系统是稳定的,则仅当存在依赖于状态变量的李亚普诺夫函数$V(\boldsymbol{X})=V(x_1,x_2,\cdots,x_n)$对任意$\boldsymbol{X}\neq\boldsymbol{X}_e$(平衡点)时,$V(\boldsymbol{X})>0$、$\dot{V}(\boldsymbol{X})<0$成立,且对$\boldsymbol{X}=\boldsymbol{X}_e$时,才有$V(\boldsymbol{X})=\dot{V}(\boldsymbol{X})=0$。

以上李亚普诺夫第二法可归结为:在不直接求解的前提下,通过李亚普诺夫函数$V(\boldsymbol{X},t)$及其对时间的一次导数$\dot{V}(\boldsymbol{X},t)$的定号性,就可给出系统平衡状态稳定性的信息。因此,应用李亚普诺夫稳定理论的关键在于能否找到一个合适的李亚普诺夫函数。到目前为止,还未有一个简便的寻求李亚普诺夫函数的一般方法,这也是相当长时间内李亚普诺夫稳定理论未能广泛应用的原因之一。另外,早期的系统在结构上相对来说比较简单,采用其他一些稳定判据也能解决问题。由于系统的结构日益复杂,用其他稳定判据对系统进行稳定性分析会遇到很大困难,所以对李亚普诺夫稳定理论的研究和应用又重为人们所重视,而且已经取得了许多成果,特别是在从典型的数学函数及非线性特性出发寻求李亚普诺夫函数方面颇有进展。

值得注意的是,李亚普诺夫函数$V(\boldsymbol{X},t)$是对前述的不具有直观性的物理事实的表现,但这个“广义能量”概念与能量概念又不完全相同,李亚普诺夫函数的选取不是惟一的,在目前尚没有一个一般方法的情况下,经验与数学技巧是很重要的。实际表明,很多情况下李亚普诺夫函数可取为二次型,因此二次型及其定号性是该理论的一个数学基础。

二、二次型及其定号性

1. 二次型

n 个变量 $x_1, x_2, \cdots, x_n$ 的二次齐次多项式为

$$V(x_1, x_2, \cdots, x_n) = a_{11}x_1^2 + a_{12}x_1x_2 + \cdots + a_{1n}x_1x_n + a_{21}x_1x_2 + a_{22}x_2^2 + \cdots + a_{2n}x_2x_n + \cdots + a_{n1}x_1x_n + a_{n2}x_2x_n + \cdots + a_{nn}x_n^2$$

称为二次型。式中，$a_{ik}(i=1,2,\cdots,n)$是二次型的系数。

设 $a_{ik} = a_{ki}$，既对称且均为实数。

用矩阵表示二次型较为方便，即

$$V(\boldsymbol{X}) = [x_1, x_2, \cdots, x_n]\begin{bmatrix} a_{11} & a_{12} & \cdots & a_{1n} \\ a_{21} & a_{22} & \cdots & a_{2n} \\ \vdots & \vdots & & \vdots \\ a_{n1} & a_{n2} & \cdots & a_{nn} \end{bmatrix}\begin{bmatrix} x_1 \\ x_2 \\ \vdots \\ x_n \end{bmatrix} = \boldsymbol{X}^{\mathrm{T}}\boldsymbol{P}\boldsymbol{X}$$

必须指出，二次型是一个标量，最基本的特性就是它的定号性，也就是 $V(\boldsymbol{X})$在坐标原点附近的特性。

(1) 正定性

当且仅当 $\boldsymbol{X}=0$ 时，才有 $V(\boldsymbol{X})=0$；对任意非零 $\boldsymbol{X}$，恒有 $V(\boldsymbol{X})>0$，则 $V(\boldsymbol{X})$为正定。

(2) 负定性

如果 $V(\boldsymbol{X})$是正定的，或仅当 $\boldsymbol{X}=0$ 时，才有 $V(\boldsymbol{X})=0$；对任意非零 $\boldsymbol{X}$，恒有 $V(\boldsymbol{X})<0$，则$V(\boldsymbol{X})$为负定。

(3) 正半定性与负半定性

如果对任意 $\boldsymbol{X}\neq0$，恒有 $V(\boldsymbol{X})\geqslant0$，则 $V(\boldsymbol{X})$为正半定或称准正定。

如果对任意 $\boldsymbol{X}\neq0$，恒有 $V(\boldsymbol{X})\leqslant0$，则 $V(\boldsymbol{X})$为负半定或称准负定。

(4) 不定性

如果无论取多么小的零点的某个邻域，$V(\boldsymbol{X})$可为正值，也可为负值，则 $V(\boldsymbol{X})$为不定。

2. 赛尔维斯特准则

① 二次型 $V(\boldsymbol{X})=\boldsymbol{X}^{\mathrm{T}}\boldsymbol{P}\boldsymbol{X}$ 或对称矩阵 $\boldsymbol{P}$ 为正定的充要条件是 $\boldsymbol{P}$ 的主子行列式均为正，即

$$\boldsymbol{P} = \begin{bmatrix} a_{11} & a_{12} & \cdots & a_{1n} \\ a_{21} & a_{22} & \cdots & a_{2n} \\ \vdots & \vdots & & \vdots \\ a_{n1} & a_{n2} & \cdots & a_{nn} \end{bmatrix}$$

如果 $\Delta_1 = a_{11} > 0, \Delta_2 = \begin{vmatrix} a_{11} & a_{12} \\ a_{21} & a_{22} \end{vmatrix} > 0, \cdots, \Delta_n = |\boldsymbol{P}| > 0$，则 $\boldsymbol{P}$ 为正定，即 $V(\boldsymbol{X})$正定。

② 二次型 $V(\boldsymbol{X})=\boldsymbol{X}^{\mathrm{T}}\boldsymbol{P}\boldsymbol{X}$ 或对称阵$\boldsymbol{P}$ 为负定的充要条件是$\boldsymbol{P}$ 的主子行列式满足$\Delta_i<0$(i 为奇数)，$\Delta_i>0$(i 为偶数)，$i=1,2,\cdots,n$。

7.3　李亚普诺夫稳定性判据

一、李亚普诺夫稳定性定义

研究系统的稳定性问题,实质上是研究系统平衡状态的情况。一般说来,系统可描述为

$$\dot{X}=f(X,t)$$

式中,X 为 n 维状态向量。

当在任意时间都能满足

$$f(X_e,t)=0 \tag{7.1}$$

时,称 X_e 为系统的平衡状态。凡满足式(7.1)的一切 X 值均是系统的平衡点,对于线性定常系统 $X=f(X,t)=AX$,A 为非奇异时,$X=0$ 是其惟一的平衡状态;A 为奇异时,则式(7.1)有无穷多解,系统有无穷多个平衡状态。对于非线性系统,有一个或多个平衡状态。

由式(7.1)可知,在系统的平衡点,状态变量的变化率为 0,由古典控制理论知道,该点即为奇点,因此,系统微分方程式的奇点代表的就是系统在运动过程中的平衡点。

任何彼此孤立的平衡点,均可以通过坐标的变换,将其移到坐标原点,这就是经常以坐标原点作为平衡状态来研究的原因,因此常用的连续系统的平衡状态表达式为

$$f(0,t)=0$$

对同一问题用不同理论去研究,会得到不同含义的结果与解释。如非线性系统中的自由振荡,古典的稳定性理论认为是不稳定的,而李亚普诺夫稳定性理论则认为是稳定的。

因此,明确李亚普诺夫意义下的稳定定义是很重要的。

系统的状态方程为

$$\dot{X}=f[X(t),u(t)]$$

设 $u(t)=0$,且系统的平衡状态为 X_e,$f[X_e(t)]=0$。有扰动使系统在 $t=t_0$ 时的状态为 X_e,产生初始偏差 X_0-X_e,则 $t\geqslant t_0$ 后系统的运动状态从 X_0 开始随时间发生变化。

由数学中数的概念可知,$\|X_0-X_e\|\leqslant\delta$ 表示初始偏差都在以 δ 为半径,以平衡状态 X_e 为中心的闭球域 $S(\delta)$ 里,其中

$$\|X_0-X_e\|=[(x_{10}-x_{1e})^2+(x_{20}-x_{2e})^2+\cdots+(x_{n0}-x_{ne})^2]^{\frac{1}{2}}$$

称为范数,x_{i0}、$x_{ie}(i=1,2,\cdots,n)$分别为 X_0 与 X_e 的分量。

同样

$$\|X-X_e\|\leqslant\varepsilon \qquad t\geqslant t_0$$

表示平衡状态偏差都在以 ε 为半径,以平衡状态 X_e 为中心的闭球域 $S(\varepsilon)$里。式中范数

$$\|X-X_e\|=[(x_1-x_{1e})^2+(x_2-x_{2e})^2+\cdots+(x_n-x_{ne})^2]^{\frac{1}{2}}$$

$x_i(i=1,2,\cdots,n)$为 X 的分量。

下面用图 7.1 所示的二维空间来说明李亚普诺夫定义下的稳定性。

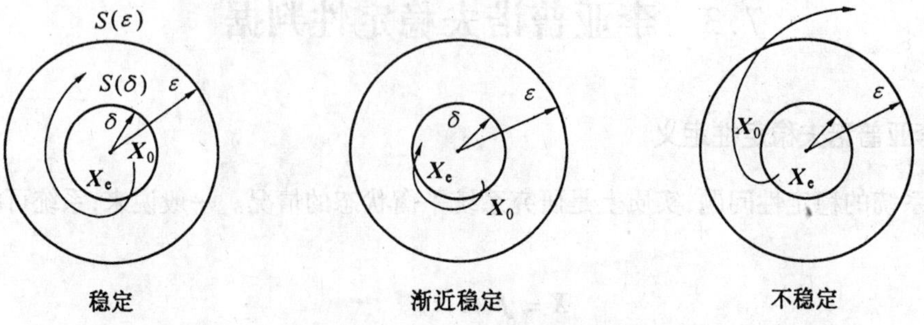

图 7.1　二维空间李亚普诺夫稳定性

1. 稳定与一致稳定

设 X_e 为动力学系统 $\dot{X}=f(X,t)$ 的一个孤立平衡状态。如果对球域 $S(\varepsilon)$ 或任意正实数 $\varepsilon>0$,都可找到球域 $S(\delta)$ 或另一个正实数 $\delta(\varepsilon,t_0)$,当初始状态 X_0 满足 $\|X_0-X_e\|\leqslant\delta(\varepsilon,t_0)$ 时,对由此出发的 X 的运动轨迹有 $\lim\limits_{t\to\infty}\|X-X_e\|\leqslant\varepsilon$,则此系统为李亚普诺夫意义下的稳定。如果 δ 与初始时刻 t_0 无关,则称平衡状态 X_e 为一致稳定。

2. 渐近稳定和一致渐近稳定

设 X_e 为动力学系 $\dot{X}=f(X,t)$ 的孤立平衡状态,如果它是稳定的,且从充分靠近 X_e 的任一初始状态 X_0 出发的运动轨迹有 $\lim\limits_{t\to\infty}\|X-X_e\|=0$ 或 $\lim\limits_{t\to\infty}(x_i-x_{ie})=0(i=1,2,\cdots,n)$,即收敛于平衡状态 X_e,则称平衡状态 X_e 为渐近稳定。如果 δ 与初始时刻 t_0 无关,则称平衡状态 X_e 为一致渐近稳定。渐近稳定性等价于工程意义上的稳定性。

如果对状态空间中的任意点,不管初始偏差有多大,都有渐近稳定特性,即 $\lim\limits_{t\to\infty}(x_i-x_{ie})=0(i=1,2,\cdots,n)$ 对所有点都成立,称平衡状态 X_e 为大范围渐近稳定。可见,这样的系统只能有一个平衡状态。由于线性定常系统有惟一解,所以如果线性定常系统是渐近稳定的,则它一定也是大范围内渐近稳定的。

在控制工程中,确定大范围内渐近稳定的范围是很重要的,因为渐近稳定性是个局部概念,知道渐近稳定的范围,才能明确这一系统的抗干扰程度,从而可设法抑制干扰,使它满足系统稳定性的要求。古典理论的稳定性概念,只牵涉到小的扰动,没有涉及大范围扰动的问题,因此它是有局限性的。

3. 不稳定

如果平衡状态 X_e 既不是渐近稳定的,也不是稳定的,当 $t>t_0$ 且 t 无限增大时,从 X_0 出发的运动轨迹最终超越 $S(\varepsilon)$ 域,则称平衡状态 X_e 为不稳定的。

二、李亚普诺夫稳定性定理

定理 7.1　设系统的状态方程为

$$\dot{X}=f(X,t)$$

式中,$f(0,t)=0(t\geqslant t_0)$。如果有连续一阶偏导数的标量函数 $\dot{V}(X,t)$ 存在,并且满足以下条件：

$V(\boldsymbol{X},t)$是正定的；

$\dot{V}(\boldsymbol{X},t)$是负定的。

则在原点处的平衡状态是渐近稳定的。如果随着$\|\boldsymbol{X}\|\to\infty$，有$V(\boldsymbol{X},t)\to\infty$，则在原点处的平衡状态是在大范围内渐近稳定的。

例 7.1　设系统方程为

$$\begin{cases}\dot{x}_1 = x_2 - x_1({x_1}^2 - {x_2}^2)\\ \dot{x}_2 = -x_1 - x_2({x_1}^2 + {x_2}^2)\end{cases}$$

试确定其平衡状态的稳定性。

解　很明显，原点$(x_1=0, x_2=0)$是给定系统的惟一平衡状态，选取一个正定的标量函数$V(\boldsymbol{X})$为

$$V(\boldsymbol{X}) = {x_1}^2 + x_2^2$$

则

$$\dot{V}(\boldsymbol{X}) = 2x_1\dot{x}_1 + 2x_2\dot{x}_2$$

将系统方程代入上式，得

$$\dot{V}(\boldsymbol{X}) = -2({x_1}^2 + x_2^2)^2 \qquad V(\boldsymbol{X})\text{ 为正定}$$

又由于$\|\boldsymbol{X}\|\to\infty$时，$V(\boldsymbol{X})\to\infty$，因此系统在平衡点(0,0)是大范围渐近稳定的。

定理 7.2　设系统的状态方程为

$$\dot{\boldsymbol{X}} = \boldsymbol{f}(\boldsymbol{X},t)$$

式中$\boldsymbol{f}(0,t)=0(t\geqslant t_0)$。如果存在一标量函数$V(\boldsymbol{X},t)$，它具有连续的一阶偏导数，且满足下列条件：

$V(\boldsymbol{X},t)$是正定的；

$\dot{V}(\boldsymbol{X},t)$是负半定的；

$\dot{V}[\boldsymbol{\Phi}(t,\boldsymbol{X}_0,t_0),t]$对任意$t_0$和任意$x\neq0$在$t\geqslant t_0$时不恒等于零。

则在系统原点处的平衡状态是渐近稳定的。如果还有$\|\boldsymbol{X}\|\to\infty$时，$V(\boldsymbol{X},t)\to\infty$，则为大范围渐近稳定。式中的$\boldsymbol{\Phi}(t,\boldsymbol{X}_0,t_0)$表示$t=t_0$时从$x_0$出发的解轨迹。

由于$\dot{V}(\boldsymbol{X},t)$不是负定的，而只是负半定的，则典型点的轨迹可能与某个特定的曲面$V(\boldsymbol{X},t)$相切。然而，由于$V[\boldsymbol{\Phi}(t,\boldsymbol{X}_0,t_0),t]$对于任意$t_0$和任意$\boldsymbol{X}_0\neq0$在$t\geqslant t_0$时不恒等于零，所以典型点就不可能保持在切点处(在切点上$\dot{V}(\boldsymbol{X},t)=0$)，而必须运动到原点。

例 7.2　设系统方程为

$$\dot{x}_1 = x_2$$

$$\dot{x}_2 = -x_1 - x_2$$

试确定系统平衡状态的稳定性。

解　显然，原点(0,0)为给定系统的惟一平衡状态。选取标准型二次函数为李氏函数，即

$$V(\boldsymbol{X},t) = x_1^2 + x_2^2 \qquad V(\boldsymbol{X},t) \text{ 为正定}$$

$$\dot{V}(\boldsymbol{X},t) = 2x_1\dot{x}_1 + 2x_2\dot{x}_2 = -2x_2^2$$

当 $x_1 = 0$、$x_2 = 0$ 时，$\dot{V}(\boldsymbol{X},t) = 0$；

当 $x_1 \neq 0$、$x_2 = 0$ 时，$\dot{V}(\boldsymbol{X},t) = 0$。

因此 $\dot{V}(\boldsymbol{X},t)$是负半定的。

下面再进一步分析 $\dot{V}(\boldsymbol{X},t)$的定号性，即当 $x_1 \neq 0$、$x_2 = 0$ 时，$\dot{V}(\boldsymbol{X},t)$是否恒等于零。由于 $\dot{V}(\boldsymbol{X},t) = -2x_2^2$ 恒等于零，必须要求 x_2^2 在 $t \geqslant 2t_0$ 时恒等于零，而 x_2^2 恒等于零又必须要求 x_2 恒等于零。但从状态方程 $\dot{x}_2 = -x_1 - x_2$ 来看，在 $t \geqslant t_0$ 时，要使 $x_2^2 = 0$ 和 $\dot{x}_2 = 0$，必需满足 $x_1 = 0$ 的条件。这表明 $\dot{V}(\boldsymbol{X},t)$只可能在原点($x_1 = 0, x_2 = 0$)处恒等于零，因此系统在原点处的平衡状态是渐近稳定的。又由于 $\|\boldsymbol{X}\| \to \infty$ 时，有 $V(\boldsymbol{X}) \to \infty$，所以系统在原点处的平衡状态是大范围渐近稳定的。

若选取如下正定函数为李氏函数，即

$$V(\boldsymbol{X},t) = \frac{1}{2}[(x_1 + x_2)^2 + 2x_1^2 + x_2^2]$$

则 $\dot{V}(\boldsymbol{X},t) = -(x_1^2 + x_2^2)$是负定的，而且当 $\|\boldsymbol{X}\| \to \infty$ 时，$V(\boldsymbol{X},t) \to \infty$，所以系统在原点处的平衡状态是大范围渐近稳定的。

由上述分析看出，选取不同的李氏函数，可能得出不同的结果。上面第二种情况下的选择，消除了进一步对 $\dot{V}(\boldsymbol{X},t)$判别的必要性。

定理 7.3　设系统方程为

$$\dot{\boldsymbol{X}} = \boldsymbol{f}(\boldsymbol{X},t)$$

式中，$\boldsymbol{f}(0,t) = 0 (t \geqslant t_0)$。如果存在一个标量函数 $V(\boldsymbol{X},t)$，具有连续的一阶偏导数，且满足下列条件：

$V(\boldsymbol{X},t)$是正定的；

$\dot{V}(\boldsymbol{X},t)$是负半定的，但在某一 $\boldsymbol{X}$ 值恒为零。

则系统在原点处的平衡状态在李亚普诺夫定义下是稳定的，但非渐近稳定。这时系统可以保持在一个稳定的等幅振荡状态下。

例 7.3　系统方程为

$$\dot{x}_1 = Kx_1$$

$$\dot{x}_2 = -x_1$$

试确定系统平衡状态的稳定性。

解　显然，原点为平衡状态。选取正定函数为李氏函数，即

$$V(\boldsymbol{X},t) = (x_1^2 + Kx_2^2) \qquad K > 0$$

则

$$\dot{V}(\boldsymbol{X},t) = 2x_1\dot{x}_1 + 2Kx_2\dot{x}_2 = 2Kx_1x_2 - 2Kx_1x_2 = 0$$

由上式可见，$\dot{V}(\boldsymbol{X},t)$在任意 $\boldsymbol{X}$ 值上均可保持为零，则系统在李亚普诺夫定义下是稳定

的，但不是渐近稳定的。

上述定理均只给出了系统稳定的充分条件，而没有给出必要条件。即对给定的系统，如果可以找到满足条件的李亚普诺夫函数 $V(\boldsymbol{X})$，则系统必定是稳定的；但是如果找不到这样的李亚普诺夫函数，也并不意味着系统是不稳定的。

定理 7.4　设系统的状态方程为

$$\dot{\boldsymbol{X}} = \boldsymbol{f}(\boldsymbol{X}, t)$$

式中，$\boldsymbol{f}(0, t) = 0(t \geqslant t_0)$。如果存在一个标量函数 $V(\boldsymbol{X}, t)$，具有连续的一阶偏导数，且满足下列条件：

$V(\boldsymbol{X}, t)$在原点的某一邻域内是正定的；

$\dot{V}(\boldsymbol{X}, t)$在同样的领域内是正定的。

则系统在原点处的平衡状态是不稳定的。

例 7.4　设时变系统的状态方程为

$$\dot{x}_1 = x_1\sin^2 t + x_2 e^t$$

$$\dot{x}_2 = x_1 e^t + x_2\cos^2 t$$

显然坐标原点$(x_1 = 0, x_2 = 0)$为其平衡状态。试判断系统在坐标原点处平衡状态的稳定性。

解　可以找一个函数 $V(\boldsymbol{X})$为

$$V(\boldsymbol{X}) = 2e^{-t}x_1x_2$$

显然，$V(\boldsymbol{X})$为一变量函数，在 $x_1 - x_2$ 平面上的第一、三象限内，有 $V(\boldsymbol{X}) > 0$，是正定的。在此区域内取 $V(\boldsymbol{X})$的全导数，得

$$\dot{V}(\boldsymbol{X}) = 2e^{-t}(x_1\dot{x}_1 + x_2\dot{x}_1) = 2e^{-t}x_1x_2 + 2({x_1}^2 + {x_2}^2) - 2e^{-t}x_1x_2 = 2(x_1^2 + x_2^2)$$

所以当 $V(\boldsymbol{X}) > 0$ 时，$\dot{V}(\boldsymbol{X}) > 0$。因此根据定理 7.4 可知，系统在坐标原点处的平衡状态是不稳定的。

7.4　线性定常系统的李亚普诺夫稳定性分析

由李亚普诺夫稳定理论可知，在寻求函数 V 时，要使 V 和 $\dot{V}$具有定号性（两者的符号相反，表示稳定；两者的符号相同，表示不稳定），或者希望 V 和 $\dot{V}$中至少有一个是定号的，才能对系统的稳定性进行判断。

因此在构造函数 V 时，或者先试构造出 V 是正定的，然后考察 $\dot{V}$的符号；或者先给出 $\dot{V}$是负定的，然后确定 V 是否为正定；或者使 V 为正定，从系统稳定性要求出发，推导出对于系统的限制。由例 7.3 可见，对于某些简单系统，特别是线性系统或近似线性系统，通常可取 V 为 $\boldsymbol{X}$ 的二次型。

一、线性定常连续系统的稳定性分析

设线性定常系统为

$$\dot{X} = AX \tag{7.2}$$

式中,X 为 n 维状态向量;A 是 $n \times n$ 常系数矩阵,假设 A 是非奇异矩阵。因为判定系统的稳定性主要取决自由响应,所以令控制作用 $u=0$,由系统状态方程知,系统惟一的平衡状态是原点 $X=0$。

对于式(7.2)确定的系统,选取如下形式的正定无限大函数 V,即

$$V(X) = X^{\mathrm{T}}PX$$

式中,P 是一个正定的赫米特矩阵(即复空间内的二次型,如果 X 是一个实向量,则可取正定的实对称矩阵)。$V(X)$沿轨迹的导数为

$$\dot{V}(X) = \dot{X}^{\mathrm{T}}PX + X^{\mathrm{T}}P\dot{X} = (AX)^{\mathrm{T}}PX + X^{\mathrm{T}}PAX = X^{\mathrm{T}}A^{\mathrm{T}}PX + X^{\mathrm{T}}PAX = X^{\mathrm{T}}(A^{\mathrm{T}}P + PA)X$$

对于系统在大范围内渐近稳定性来说,要求 $\dot{V}(X)$是负定的,因此必须有

$$\dot{V}(X) = -X^{\mathrm{T}}QX$$

为负定。式中

$$-Q = A^{\mathrm{T}}P + PA \tag{7.3}$$

由上式可知,在已知 P 是正定的条件下,找到满足式(7.3)的一个赫米特矩阵(或实对称矩阵)Q 是正定的,则由式(7.2)描述的系统在原点处的平衡状态,必是大范围内渐近稳定的。这样得到如下定理:

定理 7.5 设系统状态方程为

$$\dot{X} = AX$$

式中,X 是 n 维状态向量;A 是 $n \times n$ 常系数矩阵,且是非奇异的。若给定一个正定的赫米特矩阵(包括实对称矩阵)Q,存在一个正定的赫米特矩阵(或实对称矩阵)P,使得满足如下矩阵方程

$$A^{\mathrm{T}}P + PA = -Q$$

则系统在 $X=0$ 处的平衡状态是大范围内渐近稳定的,而标量函数 $X^{\mathrm{T}}PX$ 就是系统的李亚普诺夫函数。下面对该定理进行说明:

① 如果 $\dot{V}(X) = -X^{\mathrm{T}}QX$ 沿任意一条轨迹不恒等于零,则 Q 可取为半正定数。

② 该定理阐述的条件,是充分且必要的。

③ 因为正定对称矩阵 Q 的形式可任意给定,且最终的判断结果将和 Q 的不同形式的选择无关,所以通常取 $Q=I$(单位矩阵)较为方便。这样线性系统 $\dot{X}=AX$ 的平衡状态 $X=0$ 为渐近稳定的充要条件为:存在一个正定对称矩阵 P,满足矩阵方程 $A^{\mathrm{T}}P + PA = -I$。

④ 将上述定理同从 A 的特征值分布来分析系统稳定性联系起来看,它实际上就是 $\dot{X}=AX$ 中矩阵 A 的特征值均具有负实部的充要条件。

可以证明,要求特征值均具有小于某一数值的负实部如图 7.2 所示,即$\mathrm{Re}\,\lambda_i < \sigma$的充要条件(即考虑衰减程度)是:

对任意给定的正定对称矩阵 Q,存在正定对称矩阵 P,为矩阵方程 $A^{\mathrm{T}}P + PA -$

$2\sigma \boldsymbol{P} = -\boldsymbol{Q}$ 的解。

证明　用上述定理考察系统 $\dot{\boldsymbol{X}} = \boldsymbol{A}\boldsymbol{X}$，若特征值均具有负实部（充要条件是对任意正定对称矩阵 $\boldsymbol{Q}$，存在正定对称矩阵 $\boldsymbol{P}$，满足 $\boldsymbol{A}^{\mathrm{T}}\boldsymbol{P} + \boldsymbol{P}\boldsymbol{A} = -\boldsymbol{Q}$，对系统作平移变换，将 $\boldsymbol{A} - \sigma\boldsymbol{I}$ 代替上式中的 $\boldsymbol{A}$，则有

$$(\boldsymbol{A} - \sigma\boldsymbol{I})^{\mathrm{T}}\boldsymbol{P}(\boldsymbol{A} - \sigma\boldsymbol{I}) = -\boldsymbol{Q}$$

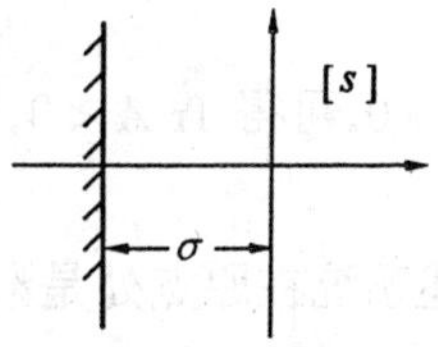

图 7.2　要求特征值有确定值情况

即

$$\boldsymbol{A}^{\mathrm{T}}\boldsymbol{P} + \boldsymbol{P}\boldsymbol{A} - 2\sigma\boldsymbol{P} = -\boldsymbol{Q}$$

例 7.5　设系统的状态方程为

$$\begin{bmatrix} \dot{x}_1 \\ \dot{x}_2 \end{bmatrix} = \begin{bmatrix} a_{11} & a_{12} \\ a_{21} & a_{22} \end{bmatrix}\begin{bmatrix} x_1 \\ x_2 \end{bmatrix}$$

显然，坐标原点是系统的一个平衡状态，试确定系统在这一平衡状态下的渐近稳定性条件，并求出系统的李亚普诺夫函数。

解　设系统的李亚普诺夫函数为

$$V(\boldsymbol{X}) = \boldsymbol{X}^{\mathrm{T}}\boldsymbol{P}\boldsymbol{X}$$

式中 $\boldsymbol{P}$ 由下式决定

$$\boldsymbol{A}^{\mathrm{T}}\boldsymbol{P} + \boldsymbol{P}\boldsymbol{A} = -\boldsymbol{Q}$$

取 $\boldsymbol{Q} = \boldsymbol{I}$，得

$$\begin{bmatrix} a_{11} & a_{21} \\ a_{12} & a_{22} \end{bmatrix}\begin{bmatrix} p_{11} & p_{12} \\ p_{21} & p_{22} \end{bmatrix} + \begin{bmatrix} p_{11} & p_{12} \\ p_{21} & p_{22} \end{bmatrix}\begin{bmatrix} a_{11} & a_{12} \\ a_{21} & a_{22} \end{bmatrix} = \begin{bmatrix} -1 & 0 \\ 0 & -1 \end{bmatrix}$$

展开得

$$\begin{cases} 2(p_{11}a_{11} + p_{12}a_{22}) = -1 \\ p_{12}(a_{11} + a_{22}) + p_{11}a_{12} + p_{22} + a_{21} = 0 \\ 2(p_{12}a_{12} + p_{22}a_{22}) = -1 \end{cases}$$

解方程组得

$$\boldsymbol{P} = \begin{bmatrix} p_{11} & p_{12} \\ p_{21} & p_{22} \end{bmatrix}\begin{bmatrix} \dfrac{|\boldsymbol{A}| + a_{21}^2 + a_{22}^2}{2\mathrm{Tr}\,\boldsymbol{A}\,|\boldsymbol{A}|} & -\dfrac{a_{12}a_{22} + a_{21}a_{11}}{2\mathrm{Tr}\,\boldsymbol{A}\,|\boldsymbol{A}|} \\ -\dfrac{a_{12}a_{22} + a_{21}a_{11}}{2\mathrm{Tr}\,\boldsymbol{A}\,|\boldsymbol{A}|} & \dfrac{\boldsymbol{A} + a_{11}^2 + a_{12}^2}{2\mathrm{Tr}\,\boldsymbol{A}\,|\boldsymbol{A}|} \end{bmatrix}$$

式中，$\mathrm{Tr}\,\boldsymbol{A} = a_{11} + a_{22}$ 称为系统方程中矩阵 $\boldsymbol{A}$ 的迹（代表矩阵 $\boldsymbol{A}$ 的主对角线上的各元素之和）；$|\boldsymbol{A}| = a_{11}a_{22} - a_{12}a_{21}$ 是系统矩阵 $\boldsymbol{A}$ 的行列式。

显然，要使矩阵 $\boldsymbol{P}$ 是正定的，必须使

$$p_{11} > 0,\ p_{11}p_{22} - p_{12}p_{21} > 0$$

于是可得

$$\frac{(a_{11} + a_{22})^2 + (a_{12} - a_{21})^2}{2(\mathrm{Tr}\,\boldsymbol{A})^2\boldsymbol{A}} > 0$$

若满足此不等式，必须有

$$|\boldsymbol{A}| = a_{11}a_{22} - a_{12}a_{21} > 0$$

由 $p_{11}>0$,可得 $\mathrm{Tr}\,\boldsymbol{A}<0$,即

$$a_{11} + a_{22} < 0$$

故上述系统在原点处是渐近稳定的充要条件为

$$\begin{cases} a_{11}a_{22} - a_{12}a_{21} > 0 \\ a_{11} + a_{22} < 0 \end{cases}$$

因为系统是线性的,所以在原点处若是渐近稳定的,也是大范围内渐近稳定的。

例 7.6 系统状态方程为

$$\begin{bmatrix} \dot{x}_1 \\ \dot{x} \end{bmatrix} = \begin{bmatrix} 0 & 1 \\ -1 & -1 \end{bmatrix}\begin{bmatrix} x_1 \\ x_2 \end{bmatrix}$$

显然平衡状态是原点。试确定该状态的稳定性。

解 设李亚普诺夫函数为

$$V(\boldsymbol{X}) = \boldsymbol{X}^{\mathrm{T}}\boldsymbol{P}\boldsymbol{X}$$

$\boldsymbol{P}$ 由下式确定

$$\boldsymbol{A}^{\mathrm{T}}\boldsymbol{P} + \boldsymbol{P}\boldsymbol{A} = -\boldsymbol{I}$$

则有

$$\begin{bmatrix} 0 & -1 \\ 1 & -1 \end{bmatrix}\begin{bmatrix} p_{11} & p_{12} \\ p_{12} & p_{22} \end{bmatrix} + \begin{bmatrix} p_{11} & p_{12} \\ p_{12} & p_{22} \end{bmatrix}\begin{bmatrix} 0 & 1 \\ -1 & -1 \end{bmatrix} = \begin{bmatrix} -1 & 0 \\ 0 & -1 \end{bmatrix}$$

$$\begin{bmatrix} -2p_{12} & p_{11} - p_{12} - p_{22} \\ p_{11} - p_{12} - p_{22} & 2p_{12} - 2p_{22} \end{bmatrix} = \begin{bmatrix} -1 & 0 \\ 0 & -1 \end{bmatrix}$$

可得联立方程组

$$\begin{cases} -2p_{12} = -1 \\ p_{11} - p_{12} - p_{22} = 0 \\ 2p_{12} - 2p_{22} = -1 \end{cases}$$

解得

$$\boldsymbol{P} = \begin{bmatrix} p_{11} & p_{12} \\ p_{12} & p_{22} \end{bmatrix} = \begin{bmatrix} \dfrac{3}{2} & \dfrac{1}{2} \\ \dfrac{1}{2} & 1 \end{bmatrix}$$

因为

$$p_{11} = \frac{3}{2} > 0, \quad \begin{vmatrix} p_{11} & p_{12} \\ p_{12} & p_{22} \end{vmatrix} = \begin{vmatrix} \dfrac{3}{2} & \dfrac{1}{2} \\ \dfrac{1}{2} & 1 \end{vmatrix} = \frac{5}{4} > 0$$

所以 $\boldsymbol{P}$ 为正定,给定系统在平衡状态 $\boldsymbol{X}_{\mathrm{e}} = 0$ 处是大范围渐近稳定的,且李亚普诺夫函数为

$$V(\boldsymbol{X})=\boldsymbol{X}^{\mathrm{T}}\boldsymbol{P}\boldsymbol{X}=[x_1 \quad x_2]\begin{bmatrix}\frac{3}{2} & \frac{1}{2}\\ \frac{1}{2} & 1\end{bmatrix}\begin{bmatrix}x_1\\ x_2\end{bmatrix}=$$

$$\frac{1}{2}(3x_1^2+2x_1x_2+2x_2^2)$$

及

$$\dot{V}(\boldsymbol{X})=-(x_1^2+x_2^2)$$

例 7.7　控制系统方块图如图7.3所示。要求系统渐近稳定,试确定增益 K 的取值范围。

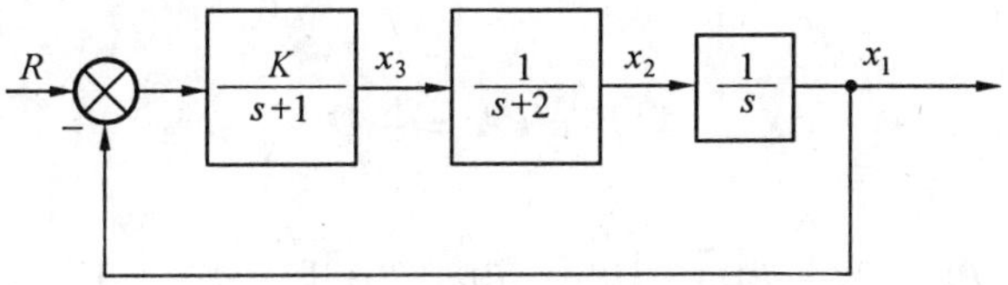

图 7.3　控制系统方块图

解　由图 7.3 可写出系统的状态方程

$$\begin{bmatrix}\dot{x}_1\\ \dot{x}_2\\ \dot{x}_3\end{bmatrix}=\begin{bmatrix}0 & 1 & 0\\ 0 & -2 & 1\\ -K & 0 & -1\end{bmatrix}\begin{bmatrix}x_1\\ x_2\\ x_3\end{bmatrix}+\begin{bmatrix}0\\ 0\\ K\end{bmatrix}[r]$$

若输入 r 为零,则系统的状态方程为

$$\begin{bmatrix}\dot{x}_1\\ \dot{x}_2\\ \dot{x}_3\end{bmatrix}=\begin{bmatrix}0 & 1 & 0\\ 0 & -2 & 1\\ -K & 0 & -1\end{bmatrix}\begin{bmatrix}x_1\\ x_2\\ x_3\end{bmatrix}$$

或写成

$$\begin{cases}\dot{x}_1=x_2\\ \dot{x}_2=-2x_2+x_3\\ \dot{x}_3=-Kx_1-x_3\end{cases}$$

不难看出,原点为系统的平衡状态(因为在原点处 $x_1=x_2=x_3=0$)。选取 $\boldsymbol{Q}$ 为正半定实对称矩阵,则

$$\boldsymbol{Q}=\begin{bmatrix}0 & 0 & 0\\ 0 & 0 & 0\\ 0 & 0 & 1\end{bmatrix} \tag{7.4}$$

$\dot{V}(\boldsymbol{X})=-\boldsymbol{X}^{\mathrm{T}}\boldsymbol{Q}\boldsymbol{X}=-x_3{}^2$ 为负半定的,因为 $x_1=x_2=x_3=0$ 时,$\dot{V}(\boldsymbol{X})=0$,但当 $x_1\neq 0, x_2\neq 0$,而 $x_3=0$ 时,也有 $\dot{V}(\boldsymbol{X})=0$。

但 $\dot{V}(\boldsymbol{X})$只在原点处才恒等于零,因为若设 $\dot{V}(\boldsymbol{X})=-\dot{x}_3$ 除原点外在某 $\boldsymbol{X}$ 值情况下

也恒为零,则要求 x_3 恒为零。若要求 x_3 恒为零,就必须要求 $\dot{x}_3$ 也恒为零。由方程可看出,如果 $x_3=0,\dot{x}_3=0$,则 x_1 也必为零。如果 $\boldsymbol{X}$ 恒为零,其中 x_1 及 x_3 已经恒为零,则 x_2 也必恒为零。因此 $\dot{V}(\boldsymbol{X})$恒为零的情况只有在原点(即 $x_1=0,x_2=0,x_3=0$)处才成立。可见选择式(7.4)所示矩阵作为 $\boldsymbol{Q}$ 是可行的,益处是可使数学运算得到简化。

设 $\boldsymbol{P}$ 为实对称矩阵,且有如下形式

$$\boldsymbol{P}=\begin{bmatrix} p_{11} & p_{12} & p_{13} \\ p_{12} & p_{22} & p_{23} \\ p_{13} & p_{23} & p_{33} \end{bmatrix}$$

由

$$\boldsymbol{A}^{\mathrm{T}}\boldsymbol{P}+\boldsymbol{P}\boldsymbol{A}=-\boldsymbol{Q}$$

即

$$\begin{bmatrix} 0 & 0 & -K \\ 1 & -2 & 0 \\ 0 & 1 & -1 \end{bmatrix}\begin{bmatrix} p_{11} & p_{12} & p_{13} \\ p_{12} & p_{22} & p_{23} \\ p_{13} & p_{23} & p_{33} \end{bmatrix}+\begin{bmatrix} p_{11} & p_{12} & p_{13} \\ p_{12} & p_{22} & p_{23} \\ p_{13} & p_{23} & p_{33} \end{bmatrix}\begin{bmatrix} 0 & 1 & 0 \\ 0 & -2 & 1 \\ K & 0 & -1 \end{bmatrix}=\begin{bmatrix} 0 & 0 & 0 \\ 0 & 0 & 0 \\ 0 & 0 & -1 \end{bmatrix}$$

求得

$$\boldsymbol{P}=\begin{bmatrix} \dfrac{K^2+12K}{12-2K} & \dfrac{6K}{12-2K} & 0 \\ \dfrac{6K}{12-2K} & \dfrac{2}{12-2K} & \dfrac{K}{12-2K} \\ 0 & \dfrac{K}{12-2K} & \dfrac{6}{12-2K} \end{bmatrix}$$

为使矩阵 $\boldsymbol{P}$ 为正定,其充分且必要条件由赛尔维斯特准则得到

$$12-2K>0,K>0$$

从而求得

$$0<K<6$$

故在 $0<K<6$ 范围内取 K 值,则系统在原点处的平衡状态是大范围渐近稳定的。

例 7.8 已知宇宙飞船围绕惯性主轴的运动,其欧拉方程

$$A\dot{\omega}_x-(B-C)\omega_y\omega_z=T_x$$
$$B\dot{\omega}_y-(C-A)\omega_z\omega_x=T_y$$
$$C\dot{\omega}_z-(A-B)\omega_x\omega_y=T_z$$

式中,A、B 和 C 表示围绕 3 个主轴的转动惯量;ω_x、x_y 和 ω_z 表示围绕 3 个主轴的角速度;T_x、T_y 和 T_z 表示控制力矩。

假设宇宙飞船在轨道上翻滚,希望通过施加控制力矩使其停止翻滚。控制力矩为

$$T_x=k_1A\omega_x$$
$$T_y=k_2B\omega_y$$
$$T_z=k_3C\omega_z$$

试确定该系统为渐近稳定的充分条件。

解　选取状态变量为

$$x_1 = \omega_x$$

$$x_2 = \omega_y$$

$$x_3 = \omega_z$$

则系统表示为

$$\dot{x}_1 - (\frac{B}{A} - \frac{C}{A})x_2x_3 = k_1x_1$$

$$\dot{x}_2 - (\frac{C}{B} - \frac{A}{B})x_3x_1 = k_2x_2$$

$$\dot{x}_3 - (\frac{A}{C} - \frac{B}{C})x_1x_2 = k_3x_3$$

则状态方程为

$$\begin{bmatrix} \dot{x}_1 \\ \dot{x}_2 \\ \dot{x}_3 \end{bmatrix} = \begin{bmatrix} k_1 & \frac{B}{A}x_3 & -\frac{C}{A}x_2 \\ -\frac{A}{B}x_3 & k_2 & \frac{C}{B}x_1 \\ \frac{A}{C}x_2 & -\frac{B}{C}x_1 & k_3 \end{bmatrix} \begin{bmatrix} x_1 \\ x_2 \\ x_3 \end{bmatrix}$$

其平衡状态 $X_e = 0$,取 V 函数为

$$V(X) = X^T P X = X^T \begin{bmatrix} A^2 & 0 & 0 \\ 0 & B^2 & 0 \\ 0 & 0 & C^2 \end{bmatrix} X = A^2x_1^2 + B^2x_2^2 + C^2x_3^2$$

显然 $V(X)$为正定,则 $V(X)$对时间求导,即为

$$\dot{V}(X) = \dot{X}^T P X + X^T P \dot{X} =$$

$$X^T \begin{bmatrix} k_1 & -\frac{A}{B}x_3 & \frac{A}{C}x_2 \\ \frac{B}{A}x_3 & k_2 & -\frac{B}{C}x_1 \\ -\frac{C}{A}x_2 & -\frac{C}{B}x_1 & k_3 \end{bmatrix} \begin{bmatrix} A^2 & 0 & 0 \\ 0 & B^2 & 0 \\ 0 & 0 & C^2 \end{bmatrix} X +$$

$$X^T \begin{bmatrix} A^2 & 0 & 0 \\ 0 & B^2 & 0 \\ 0 & 0 & C^2 \end{bmatrix} \begin{bmatrix} k_1 & \frac{B}{A}x_3 & -\frac{C}{A}x_2 \\ -\frac{A}{B}x_3 & k_2 & \frac{C}{B}x_1 \\ \frac{A}{C}x_2 & -\frac{B}{C}x_1 & k_3 \end{bmatrix} X =$$

$$X^T \begin{bmatrix} 2k_1A^2 & 0 & 0 \\ 0 & 2k_2B^2 & 0 \\ 0 & 0 & 2k_3C^2 \end{bmatrix} X = -X^T Q X$$

对于渐近稳定,要求 $V(X)>0, \dot{V}(X)<0$ 为此充分条件。为使 $\dot{V}(X)<0$,即负定,则要求 Q 阵为正定,即要求 $k_1<0, k_2<0, k_3<0$,且随 $\|X\| \to \infty$, $V(X) \to \infty$,故系统在平衡点 $X_e=0$ 处大范围渐近稳定。

二、线性定常离散系统的稳定性分析

定理 7.6 线性定常离散系统的状态方程为

$$X(k+1) = GX(k)$$
$$X_e = 0$$

当系统在平衡点 $X_e=0$ 是大范围内渐近稳定时,其充分必要条件是:对于任意给定的对称正定矩阵 Q,都存在对称正定矩阵 P,使得

$$G^T PG - P = -Q \tag{7.5}$$

而系统的李亚普诺夫函数是

$$V[X(k)] = X^T(k) PX(k)$$

特别当取 $Q=I$ 时,式(7.5)可写成

$$G^T PG - P = -I$$

证明 设李亚普诺夫函数为

$$V[X(k)] = X^T(k) PX(k)$$

式中,P 为正定的赫米特(或实对称)矩阵。对于离散时间系统,用 $V[X(k+1)]$ 和 $V[X(k)]$ 之差来代替 $\Delta V[X(k)]$,即

$$\Delta V[X(k)] = V[X(k+1)] - V[X(k)]$$

它类似于连续系统中 $V(X)$ 的导数 $\dot{V}(X)$,因此

$$\begin{aligned}\Delta V[X(k)] = V[X(k+1)] - V[X(k)] = \\ X^T(k+1) PX(k+1) - X^T(k) PX(k) = \\ [GX(k)]^T P[GX(k)] - X^T(k) PX(k) = \\ X^T(k)(G^T PG - P) X(k) = - X^T(k) QX(k)\end{aligned}$$

式中

$$-Q = G^T PG - P$$

显然,要满足系统在点 $X_e=0$ 是大范围内渐近稳定的条件,Q 必须是对称正定的矩阵。

如果 $\Delta V[X(k)] = -X^T(k) QX(k)$ 沿任一解的序列不恒等于零,Q 也可取为半正定的矩阵。

例 7.9 设离散时间系统的状态方程为

$$X(k+1) = \begin{bmatrix} \lambda_1 & 0 \\ 0 & \lambda_2 \end{bmatrix} X(k)$$

试确定系统在平衡点处是大范围内渐近稳定的条件。

解 根据稳定定理

$$G^T PG - P = -I$$

由已知条件可得

$$\begin{bmatrix}\lambda_1 & 0\\ 0 & \lambda_2\end{bmatrix}\begin{bmatrix}p_{11} & p_{12}\\ p_{12} & p_{22}\end{bmatrix}\begin{bmatrix}\lambda_1 & 0\\ 0 & \lambda_2\end{bmatrix}-\begin{bmatrix}p_{11} & p_{12}\\ p_{12} & p_{22}\end{bmatrix}=\begin{bmatrix}-1 & 0\\ 0 & -1\end{bmatrix}$$

简化为

$$\begin{bmatrix}p_{11}(1-\lambda_1{}^2) & p_{12}(1-\lambda_1\lambda_2)\\ p_{12}(1-\lambda_1\lambda_2) & p_{22}(1-\lambda_2{}^2)\end{bmatrix}=\begin{bmatrix}1 & 0\\ 0 & 1\end{bmatrix}$$

于是可得

$$\begin{cases}p_{12}(1-\lambda_1\lambda_2)=0\\ p_{11}(1-\lambda_1^2)=1\\ p_{22}(1-\lambda_2{}^2)=1\end{cases}$$

根据赛尔维斯特准则,要使 $\boldsymbol{P}$ 为正定,必须满足

$$p_{11}>0,p_{11}p_{22}-p_{12}p_{21}>0$$

的条件,将此条件代入上式,便使所求条件变为

$$\lambda_1<1,\lambda_2<1$$

即只有当传递函数的极点位于单位圆内时,系统在平衡点处才是大范围内渐近稳定的。

例 7.10　设线性定常离散系统状态方程为

$$\boldsymbol{X}(k+1)=\begin{bmatrix}0 & 1\\ \frac{1}{2} & 0\end{bmatrix}\boldsymbol{X}(k)$$

试分析系统在平衡状态 $\boldsymbol{X}_e=0$ 处的稳定性。

解　设李亚普诺夫函数为

$$V[\boldsymbol{X}(k)]=\boldsymbol{X}^{\mathrm{T}}(k)\boldsymbol{P}\boldsymbol{X}(k)$$

$\boldsymbol{P}$ 由下式确定

$$\boldsymbol{A}^{\mathrm{T}}\boldsymbol{P}\boldsymbol{A}-\boldsymbol{P}=-\boldsymbol{I}$$

则有

$$\begin{bmatrix}0 & \frac{1}{2}\\ 1 & 0\end{bmatrix}\begin{bmatrix}p_{11} & p_{12}\\ p_{12} & p_{22}\end{bmatrix}\begin{bmatrix}0 & 1\\ \frac{1}{2} & 0\end{bmatrix}-\begin{bmatrix}p_{11} & p_{12}\\ p_{12} & p_{22}\end{bmatrix}=\begin{bmatrix}-1 & 0\\ 0 & -1\end{bmatrix}$$

$$\begin{bmatrix}\frac{1}{4}p_{22}-p_{11} & \frac{1}{2}p_{12}\\ \frac{1}{2}p_{12} & p_{11}-p_{12}\end{bmatrix}=\begin{bmatrix}-1 & 0\\ 0 & -1\end{bmatrix}$$

可得联立方程

$$\begin{cases}\frac{1}{4}p_{22}-p_{11}=-1\\ \frac{1}{2}p_{12}=0\\ p_{11}-p_{12}=-1\end{cases}$$

解得

$$P=\begin{bmatrix}p_{11} & p_{12}\\ p_{12} & p_{22}\end{bmatrix}=\begin{bmatrix}\frac{5}{3} & 0\\ 0 & \frac{8}{3}\end{bmatrix}$$

显而易见，P 为正定，系统在平衡状态 $X_e=0$ 处为大范围渐近稳定的。其李亚普诺夫函数为

$$V[X(k)]=X^T(k)PX(k)=$$

$$[x_1(k),x_2(k)]\begin{bmatrix}\frac{5}{3} & 0\\ 0 & \frac{8}{3}\end{bmatrix}\begin{bmatrix}x_1(k)\\ x_2(k)\end{bmatrix}=$$

$$\frac{5}{3}[x_1(k)]^2+\frac{8}{3}[x_2(k)]^2$$

及

$$\Delta V[X(k)]=V[x(k+1)]-V[x(k)]=-[x_1^2(k)+x_2^2(k)]$$

7.5 自适应控制系统概述

一、自适应控制与最优控制

第二次世界大战以后，航空、航天事业迅猛发展，要求设计更加优良的控制装置，经典的控制方法已远不能满足所提出的控制要求。因此，在 20 世纪 50 年代到 60 年代，提出了一系列新型控制技术方案，如时间滞后控制、前馈控制、多变量解耦控制和建立在状态空间概念基础上的应用状态估计与状态反馈的控制方案。在此期间，最优控制技术得到了迅速发展。

最优控制理论所研究的对象及环境是确定的，所处理的问题是将被控对象的运动规律定量化为一个数学模型（可以是状态方程、输入输出方程或其他形式），同时，将控制要求用一个指标函数来描述，然后，用适当的最优化方法找出使指标函数达到极大（或极小）的控制规律，即控制变量随时间变化的规律。

命题 设给定系统是线性的，即

$$\dot{X}=A(t)X+B(t)u \tag{7.6}$$

初始状态

$$X(t_0)=X_0$$

其中，控制规律 u 可以有约束条件，也可以没有；$A(t)$、$B(t)$是连续的。

设性能指标泛函是二次型的，即

$$J=\frac{1}{2}\int_{t_0}^{t_f}[X^TQ(t)]X+[u^TR(t)u]dt \tag{7.7}$$

式中，$Q(t)$是连续对称半正定的矩阵；$R(t)$是连续对称正定的矩阵。

最优控制问题是求式(7.7)取极值的控制规律 $\boldsymbol{u}$。该问题存在解析解,即

$$\boldsymbol{u}^*(t) = -\boldsymbol{R}^{-1}(t)\boldsymbol{B}^{\mathrm{T}}(t)\boldsymbol{P}(t)\boldsymbol{X}(t) \tag{7.8}$$

式中,$\boldsymbol{P}(t)$是里卡德方程的解。

从上述典型的线性最优控制的求解过程来看,最优控制理论要求在确知对象和环境模型的条件下,才有可能综合出最优控制规律。当然,最优控制所处理的模型可以是线性的,也可以是非线性的。

但是,实际的动态过程经常存在许多“不确定性”,最常见的有以下三类:

① 随机扰动;

② 量测噪声;

③ 系统模型结构和参数的不确定性。

这些不确定性中,对象及环境的数学模型的结构及参数不完全确知的现象是普遍的,而所谓确定性的系统却是少见的。而受外界环境的干扰,一类是随机性的,一类是突变性的。随机性干扰是可用一随机过程(序列)加以描述的。而突变性干扰,如阵风、暴雨和负荷突变等,往往是难以预测的。这种干扰有些可以测量,但其规律是不可知的,当这种干扰出现时,就会影响控制效果。

总之,对这些对象模型未知,或干扰未知的情况,往往无法用最优控制理论综合出相应的控制规律。或者,作了近似假设,所得控制效果亦不佳。在这种情况下,应根据对象和环境的变化,不断修正系统的控制规律,以适应对象的变化。因此,为了对这种具有部分或全部不确定性的对象和环境实行有效的控制,可以设计具有在一定范围内能“适应”对象和环境条件变化的控制系统,其中包括下面我们将要深入讨论的自适应控制系统。

从上面的分析我们可以初步地了解到最优控制与自适应控制在提法上的一些差别。最优控制是在对象模型、干扰的统计特性已知的情况下最优控制规律的设计,而自适应控制却是指在对象的数学模型先验知识甚少的条件下最优控制规律的设计。

与最优控制相同的是,自适应控制规律亦是基于一定的数学模型和一定的性能指标综合出来的。但不同的是,由于先验知识甚少,需要根据系统运行的信息,应用在线辨识的方法,使模型逐步完善,使综合出来的控制规律亦不断改进。尽管起初关于系统的先验知识甚少,但是通过辨识系统的模型和干扰的模型,而使控制系统获得了一定的适应能力。

二、自适应控制系统的特点与分类

一般反馈控制系统和随动系统在外界干扰不大时,具有一定的自适应能力。例如,通常所见到的调速系统或调压调温系统,在周围环境温度不是急剧变化的情况下是能保持其正常工作状态的,即可以使电动机的转速、发电机的电压、炉子的温度经常维持在某一规定的数值附近。因此,从这个意义上说,可以将一般的反馈控制系统看做是一种自适应系统。

通常的自适应控制系统,是指当周围环境条件在大范围内急剧变化时,一般反馈控制系统已不能正常工作,而所设计的系统却能利用改变系统参数或控制作用的方法,使系统仍然能按某一性能指标运行在最佳状态。这类系统具有的这种适应环境的能力,称为系

统的自适应性,该类系统叫做自适应系统。

一个自适应系统,要使系统按最佳方式运行,必须能够:

① 按最佳性能指标确定出最佳工作点;

② 当周围环境条件改变时,通过连续量得出系统工作状态和最佳性能指标间的差值,自动、连续地调整系统本身的参数或改变控制作用,以减小系统的实际输出和期望输出之间的偏差。

因此,构成自适应系统的主要环节应包括:

① 系统的辨识;

② 自适应机构——用以改变系统的参数或控制作用。

按自适应系统的作用特点,基本上可以分为两大类:

① 输入自适应系统;

② 参考模型自适应系统。

所谓输入自适应控制,就是采取不同手段对输入信号加以综合、改变,使系统在已知状态下保持最佳运行状态。输入自适应控制最普通也是最简单的例子就是早期收音机中的自动增益控制。

参考模型自适应控制的基本特点是,有一个根据不同输入给出最佳品质(也叫优良度)的参考模型。参考模型自适应系统如图 7.4 所示。

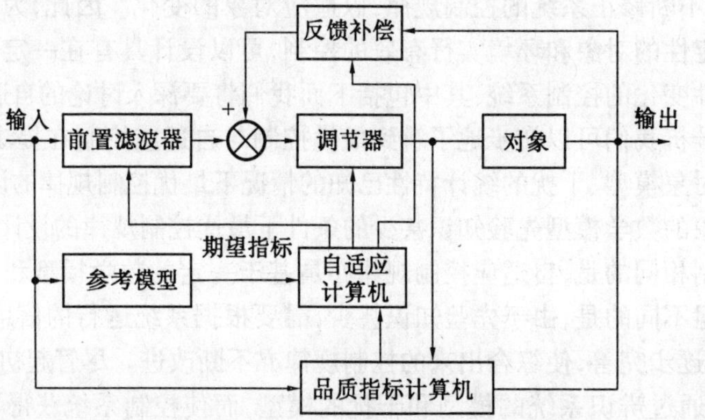

图 7.4 参考模型自适应控制系统结构图

这种系统的结构往往比较复杂,但即使这类系统的自适应回路失效,系统仍能保持闭环运行,因此其可靠性较高,故多用于空间飞行中的控制。由于模型本身可以快速地给出系统的动态响应指标,从而可以省去系统的辨识环节,也是其优点之一。自 1958 年美国麻省理工学院第一次将参考模型自适应系统用于自动驾驶仪以来,许多人对参考模型自适应系统的设计方法和结构进行过不少研究和改进,但由于其结构复杂、造价昂贵,在工业上未能得到广泛应用。近年来,电子元件的集成度不断提高,使微型计算机得到广泛应用,所以将这类系统用于工业上的前景是十分可观的。

除以上所述的两类自适应控制系统以外,将非线性元件用于自适应控制也是非常引人注目的。由于非线性控制在结构上往往比较简单、耐用,而且容易在工程上实现,所以除了在空间飞行中可以利用继电器的非线性特性做成燃料消耗最小的系统以及软着陆系统外，在工业上也可以利用某些磁性元件和半导体元件的非线性来改变自动调节系统中反馈系数的大小，以适应系统工作状态的变化。例如，在某些轧钢和机床控制系统中，为保证在不同负载情况下实现速度调节，或者在不同速度下使机组有足够的动力，可以在其反馈回路中利用非线性元件的饱和特性来改变反馈系数的大小，以达到目的。这类系统在结构上除包含有非线性元件外，其他方面与一般的自动控制系统并无作用上的区别。这类自适应控制的主要缺点是其适应范围较小。

在设计普通反馈控制系统时，需要事先选定一定的性能指标，如调节时间、超调量、通频带宽度、相对稳定性能、系统静态准确度及其性能指标（如误差和时间积分、均方误差和误差平方等）等。在设计自适应控制系统时同样需要规定好一定的性能指标，正确而又妥善地选择好性能指标，是设计自适应控制系统中一项十分重要的任务，它能直接影响系统结构。

所有自适应控制系统都要求使其性能指标最佳化，因此在自适应控制系统中，要有识别性能指标的装置和自适应机构。在选择设计所遵循的系统性能指标时，应当对实际系统的工作状况、具体要求、工艺流程及系统各部分间的关系进行详尽的分析，提出足以反映系统内在联系的、可以在实际中采用的数学模型，并搞清楚系统工作的边界条件，然后才能动手进行工作。一旦选定了系统的性能指标，系统的结构设计、环节配置及计算工作便可以进行。一般来说，设计自适应控制系统和设计普通反馈控制系统的原则大体相似，凡是能用于设计普通反馈控制系统的方法都可用于设计自适应控制系统，只不过在设计自适应系统中要用到最优控制理论，同时根据不同的具体要求，有一些推导出来的简化设计原则。

自适应控制系统的设计思想大体可分成两个不同的类型：一类是改变可调系统的参数，使闭环系统的零极点分布始终合乎规定的要求，称为零极点补偿法或零极点分布法；另一类是改变可调系统的参数，使参考模型和可调系统输出间的差值最小，此即为通常所说的参考模型自适应控制系统。前一类设计方法基本上是使用了设计一般线性反馈控制系统的传统方法，后一类设计方法可以 MIT 设计方法为代表。前一类设计方法多用于设计输入自适应控制系统以及除参考模型以外的其他自适应系统，而 MIT 法则是针对参考模型自适应控制系统提出来的。由前一类设计方法得出的自适应控制系统，需要对系统参数进行单独地辨识，而参考模型自适应系统中，由于自适应机构的作用原理是使模型和系统间输出误差最小，从而不需要对系统的参数进行另外的辨识，这也是此类系统最主要的特点之一。

三、模型参考自适应控制系统

自适模型参考自适应控制（Model Reference Adaptive Control，简称 MRAC）系统是目前在理论上比较成熟、在应用上比较广泛的一种自适应控制系统。

模型参考自适应控制系统是对控制系统的要求用一个模型来体现，模型的输出（或状态）就是理想的响应（或状态），这个模型称做参考模型。系统在运行中，总是力求使被控过程的动态与参考模型的动态一致。比较参考模型和实际过程的输出或状态，并通过某个自适应控制器（即执行自适应控制的某部件或由计算机来实现）调整被控过程的某些参数或产生一个辅助输入，以使得在某种意义下实际的输出或状态与参考模型的输出或状态的偏差尽可能小。其一般结构如图 7.5 所示。

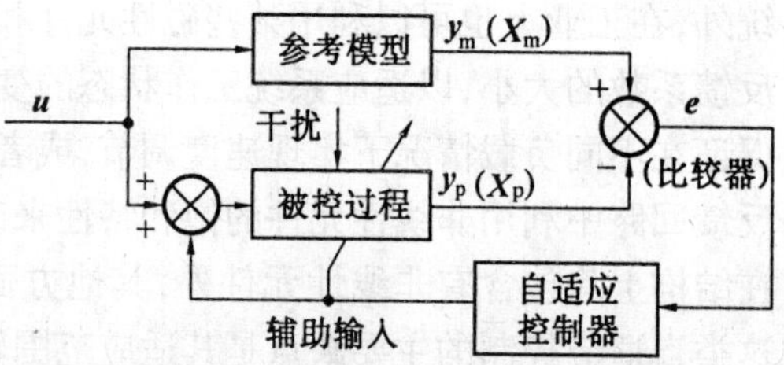

图 7.5 模型参考自适应控制系统的一般结构

由图 7.5 可知，模型参考自适应控制系统中增添了参考模型、自适应控制器(机构)和比较器。

用一个参考模型来体现和概括控制的要求是一种有效的途径。它可以解决用某一个控制指标难以准确体现工程要求的困难。

设模型状态方程为

$$\begin{aligned}\dot{\boldsymbol{X}}_m &= \boldsymbol{A}_m\boldsymbol{X}_m + \boldsymbol{B}_m\boldsymbol{u} \\ \boldsymbol{y}_m &= \boldsymbol{C}\boldsymbol{X}_m\end{aligned} \tag{7.9}$$

实际被控过程的状态方程为

$$\begin{aligned}\dot{\boldsymbol{X}}_p &= \boldsymbol{A}_p(t)\boldsymbol{X}_p + \boldsymbol{B}_p(t)\boldsymbol{u} \\ \boldsymbol{y}_p &= \boldsymbol{C}\boldsymbol{X}_p\end{aligned} \tag{7.10}$$

式中，$\boldsymbol{X}_m$ 和 $\boldsymbol{X}_p$ 为模型和过程的 n 维状态向量；$\boldsymbol{y}_m$ 和 $\boldsymbol{y}_p$ 为对应的 m 维输出向量；$\boldsymbol{u}$ 为 r 维输入(控制)向量；$\boldsymbol{A}_m$ 和 $\boldsymbol{B}_m$ 是模型相应维数的常数矩阵；$\boldsymbol{A}_p$ 和 $\boldsymbol{B}_p$ 中有若干元素是时变的，并且是可调的矩阵。

引入定义：

输出广义误差

$$\boldsymbol{e} \triangleq \boldsymbol{y}_m - \boldsymbol{y}_p \tag{7.11}$$

或状态广义误差

$$\boldsymbol{e} \triangleq \boldsymbol{X}_m - \boldsymbol{X}_p$$

控制系统的性能可以用一个和广义误差 $\boldsymbol{e}$ 有关的指标来表示，例如，可用

$$J = \int_0^t \boldsymbol{e}^{\mathrm{T}}(\tau)\boldsymbol{e}(\tau)\mathrm{d}\tau \tag{7.12}$$

为最小，或

$$\lim_{\tau\to\infty} \boldsymbol{e}(\tau) = 0$$

对这样的系统，关键在于设计自适应控制规律(或自适应控制器)。它的基本问题就是根据给定的指标设计出使指标达到最小的控制规律 $\boldsymbol{u}_p(t)$ 及分析由 $\boldsymbol{u}_p(t)$ 产生的闭环系统的性质。

通过修正参数来执行自适应控制规律，称为参数自适应型控制系统；通过产生一个辅助输入来实现自适应控制规律，称为信号综合型控制系统。

将模型参考自适应控制系统中参考模型与可调过程的位置互换一下，如图 7.6 所示，也就是说过程是不变的，而模型是可调的，然后按照模型参考自适应控制系统的设计思想，用广义误差 $\boldsymbol{e}$ 经过自适应控制器(辨识器)来调整模型，使得模型的动态与实际过程的动态尽可能一致，这样的模型就是我们所要辨识的结果。这种与模型参考自适应控制

对偶的系统，称之为模型参考辨识。利用这种对偶性质，就可以将设计模型参考自适应控制系统的方法用于辨识。反过来，模型参考辨识方法也可以用来设计模型参考自适应控制系统。

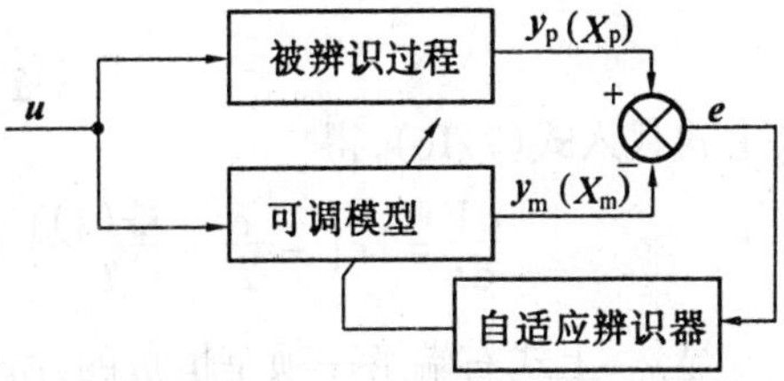

图 7.6　模型参考辨识

设计一个模型参考自适应控制系统的关键，在于设计自适应控制规律或自适应控制器。设计方法较多，最早出现的模型参考自适应控制系统是用参数最优化的设计方法。设计模型参考自适应控制系统的另一种主要方法，是利用稳定性理论的设计方法，它又分为李亚普诺夫稳定性理论法(第二法)和波波夫的超稳定性理论法，目前前者应用最多。

7.6　基于李亚普诺夫稳定性理论的设计

一、具有可调增益的一阶线性系统

这里所考虑的问题仍然如图 7.7 所示。实际的被控过程在受干扰后，增益 K_p 要偏离理想的 K_m，而这种偏离影响表现在输出的广义误差 e 上。

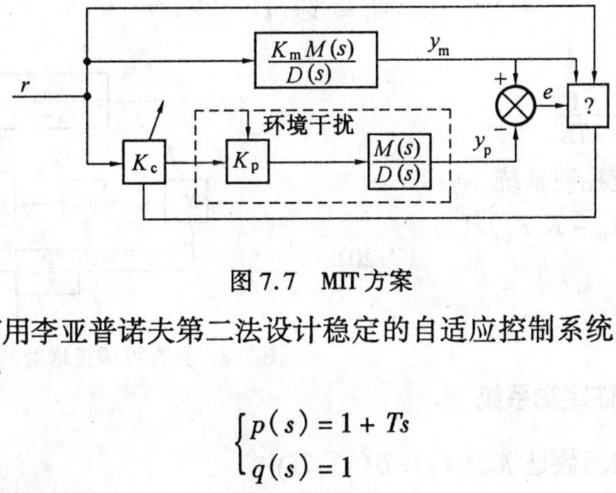

图 7.7　MIT 方案

为了说明如何用李亚普诺夫第二法设计稳定的自适应控制系统，先从最简单的情形开始。数学模型为

$$\begin{cases} p(s) = 1 + Ts \\ q(s) = 1 \end{cases} \tag{7.13}$$

这时 r 为输入、e 为输出的开环系统的动态方程为

$$T\dot{e} + e = (K_m - K_c K_p) r(t) \tag{7.14}$$

假定在初始时刻 $K_m = K_c K_p$，令 $K = K_m - K_c K_p$。

按李亚普诺夫稳定性理论，如果能找到一个正定的李亚普诺夫函数 $V(e)$，使得它的导数 $\dot{V}(e)$ 是负定的，则该系统就能渐近稳定。为此试取李亚普诺夫函数

$$V(e) = e^2 + \lambda K^2 \qquad \lambda > 0 \tag{7.15}$$

$$\frac{dV}{dt} = 2\dot{e}e + 2\lambda \dot{K} K \tag{7.16}$$

由式(7.14)可得

$$\dot{e} = -\frac{e}{T} + \frac{Kr(t)}{T} \tag{7.17}$$

将上式代入式(7.16),得

$$\frac{\mathrm{d}V}{\mathrm{d}t} = 2e\left(-\frac{e}{T} + \frac{Kr(t)}{T}\right) + 2\lambda\dot{K}K = -\frac{2}{T}e^2 + \frac{2}{T}Ker(t) + 2\lambda\dot{K}K \tag{7.18}$$

显然,上式右端第一项是恒负的,所以要使 $\dot{V}(e)$是负定的,一种办法是使后面两项之和恒为零,即

$$\frac{2}{T}Ker(t) + 2\lambda\dot{K}K = 0$$

所以

$$\dot{K} = -\frac{1}{\lambda T}er(t)$$

又因为

$$K = K_{\mathrm{m}} - K_{\mathrm{c}}K_{\mathrm{p}}$$

所以

$$\dot{K} = -K_{\mathrm{p}}\dot{K}_{\mathrm{c}} \tag{7.19}$$

对上两式 $\dot{K}$相比,可得

$$\dot{K}_{\mathrm{c}} = Ber(t) \tag{7.20}$$

其中

$$B = \frac{1}{\lambda TK_{\mathrm{p}}}$$

最后得到闭环自适应控制系统

$$\begin{cases} T\dot{e} + e = (K_{\mathrm{m}} - K_{\mathrm{c}}K_{\mathrm{p}})r(t) \\ \dot{K}_{\mathrm{c}} = Ber(t) \end{cases} \tag{7.20}$$

其系统结构图如图 7.8 所示。

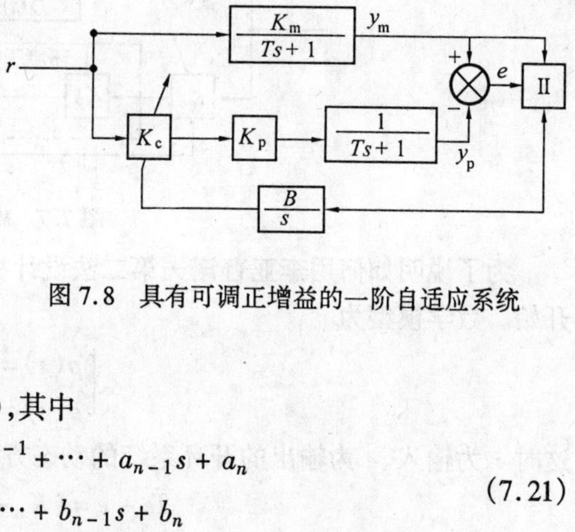

图 7.8 具有可调正增益的一阶自适应系统

二、一般 n 阶线性定常系统

理想的模型传递函数是 $K_{\mathrm{m}}M(s)/D(s)$,其中

$$\begin{cases} M(s) = s^n + a_1s^{n-1} + \cdots + a_{n-1}s + a_n \\ D(s) = b_1s^{n-1} + \cdots + b_{n-1}s + b_n \end{cases} \tag{7.21}$$

假定 $D(s)$的根均在左半复平面,因此输出广义误差 $e = y_{\mathrm{m}} - y_{\mathrm{p}}$,满足微分方程

$$e^{(n)} + a_1e^{(n-1)} + \cdots + a_{n-1}\dot{e} + a_ne = (b_1r^{(n-1)} + \cdots + b_nr)K \tag{7.22}$$

式中

$$K = K_{\mathrm{m}} - K_{\mathrm{c}}K_{\mathrm{p}}$$

按 2.3 节的方法,如果选择状态变量

$$\begin{cases} x_1 = e \\ x_2 = \dot{x}_1 - \beta_1 r \\ x_3 = \dot{x}_2 - \beta_2 r \\ \vdots \\ x_n = \dot{x}_{n-1} - \beta_{n-1} r \end{cases}$$

则式(7.22)可变成等价的典范状态方程和输出方程,即

$$\begin{cases} \dot{\boldsymbol{X}} = \boldsymbol{AX} + K\boldsymbol{B}r(t) \\ e = \boldsymbol{CX} \end{cases} \tag{7.23}$$

其中

$$\boldsymbol{X} = \begin{bmatrix} x_1 \\ x_2 \\ \vdots \\ x_n \end{bmatrix}, \quad \boldsymbol{A} = \begin{bmatrix} 0 & 1 & \cdots & 0 \\ \vdots & \vdots & & \vdots \\ 0 & 0 & \cdots & 1 \\ -\boldsymbol{a}_n & -\boldsymbol{a}_{n-1} & \cdots & -\boldsymbol{a}_1 \end{bmatrix}$$

$$\boldsymbol{B} = \begin{bmatrix} \beta_1 \\ \beta_2 \\ \vdots \\ \beta_n \end{bmatrix} = \begin{bmatrix} 1 & 0 & \cdots & 0 & 0 \\ a_1 & 1 & \cdots & 0 & 0 \\ a_2 & a_1 & \cdots & 0 & 0 \\ \vdots & \vdots & & \vdots & \vdots \\ a_{n-1} & a_{n-2} & \cdots & a_1 & 1 \end{bmatrix}^{-1} \begin{bmatrix} b_1 \\ b_2 \\ \vdots \\ b_n \end{bmatrix}$$

$$\boldsymbol{C} = [1 \quad 0 \quad \cdots \quad 0]$$

$$K = K_{\mathrm{m}} - K_{\mathrm{c}} K_{\mathrm{p}} \tag{7.24}$$

与上面讨论的特殊情形一样,要设计一个稳定的自适应系统,就是要找出一个适当的李亚普诺夫函数,然后由它综合出自适应控制规律。试取

$$V = \boldsymbol{X}^{\mathrm{T}}\boldsymbol{PX} + \lambda K^2 \qquad \lambda > 0 \tag{7.25}$$

式中,$\boldsymbol{P}$ 是对称正定矩阵。

由 V 对 t 求导数,得

$$\frac{\mathrm{d}V}{\mathrm{d}t} = \dot{\boldsymbol{X}}\boldsymbol{PX} + \boldsymbol{X}^{\mathrm{T}}\boldsymbol{P}\dot{\boldsymbol{X}} + 2\lambda K\dot{K}$$

将式(7.23)代入,得

$$\begin{aligned} \frac{\mathrm{d}V}{\mathrm{d}t} &= (\boldsymbol{AX} + K\boldsymbol{B}r)^{\mathrm{T}}\boldsymbol{PX} + \boldsymbol{X}^{\mathrm{T}}\boldsymbol{P}(\boldsymbol{AX} + K\boldsymbol{B}r) + 2\lambda K\dot{K} = \\ & [(\boldsymbol{AX})^{\mathrm{T}} K\boldsymbol{B}^{\mathrm{T}} r]\boldsymbol{PX} + \boldsymbol{X}^{\mathrm{T}}\boldsymbol{PAX} + \boldsymbol{X}^{\mathrm{T}}\boldsymbol{P}K\boldsymbol{B}r + 2\lambda K\dot{K} \\ & \boldsymbol{X}^{\mathrm{T}}\boldsymbol{A}^{\mathrm{T}}\boldsymbol{PX} + K\boldsymbol{B}^{\mathrm{T}} r\boldsymbol{PX} + \boldsymbol{X}^{\mathrm{T}}\boldsymbol{PAX} + \boldsymbol{X}^{\mathrm{T}}\boldsymbol{P}K\boldsymbol{B}r + 2\lambda K\dot{K} = \\ & \boldsymbol{X}^{\mathrm{T}}\boldsymbol{A}^{\mathrm{T}}\boldsymbol{PX} + \boldsymbol{X}^{\mathrm{T}}\boldsymbol{P}K\boldsymbol{B}r + \boldsymbol{X}^{\mathrm{T}}\boldsymbol{PAX} + \boldsymbol{X}^{\mathrm{T}}\boldsymbol{P}K\boldsymbol{B}r + 2\lambda K\dot{K} = \\ & \boldsymbol{X}^{\mathrm{T}}(\boldsymbol{PA} + \boldsymbol{A}^{\mathrm{T}}\boldsymbol{P})\boldsymbol{X} + 2\boldsymbol{X}^{\mathrm{T}}\boldsymbol{P}K\boldsymbol{B}r + 2\lambda K\dot{K} \end{aligned} \tag{7.26}$$

现在要使 $\dot{V} < 0$ 来综合出自适应控制规律。我们可以取:① 二次型 $\boldsymbol{X}^{\mathrm{T}}(\boldsymbol{PA} + \boldsymbol{A}^{\mathrm{T}}\boldsymbol{P})\boldsymbol{X}$ 负定;② $2\boldsymbol{X}^{\mathrm{T}}\boldsymbol{P}K\boldsymbol{B}r + 2\lambda K\dot{K} = 0$。

由②可得出自适应控制规律如下,它可作为结论引用。即

$$\dot{K} = -\frac{1}{\lambda}X^{\mathrm{T}}PBr(t) \tag{7.27}$$

或

$$\dot{K}_{\mathrm{c}} = \frac{1}{\lambda K_{\mathrm{p}}}X^{\mathrm{T}}PBr(t)$$

由①的要求知，$\boldsymbol{Q}$ 为正定矩阵，满足

$$\boldsymbol{A}^{\mathrm{T}}\boldsymbol{P} + \boldsymbol{P}\boldsymbol{A} = -\boldsymbol{Q}$$

其中，$\boldsymbol{A}$ 为稳定的。这里得到的自适应规律依赖于整个状态向量 $\boldsymbol{X}$，也就是说，它不仅与广义误差 e 有关，而且与 e 的各阶导数 $\dot{e},\ddot{e},\cdots,e^{(n-1)}$有关。这一点是很不方便的，因为一般说来，广义误差 e 是可以测量的，对它的各阶导数，则要增加设备来实现。

三、时变多变量线性系统

对于一般的时变多变量线性系统，模型参考自适应控制系统的结构，如图 7.9 所示。

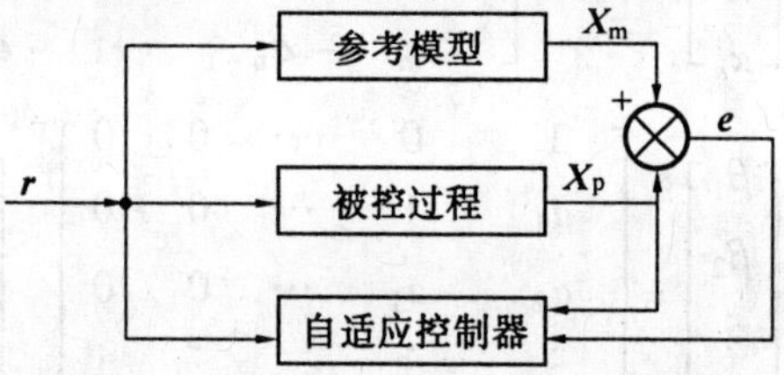

图 7.9　线性模型参考自适应控制系统

参考模型

$$\dot{\boldsymbol{X}}_{\mathrm{m}} = \boldsymbol{A}_{\mathrm{m}}\boldsymbol{X}_{\mathrm{m}} + \boldsymbol{B}_{\mathrm{m}}\boldsymbol{r},\ \boldsymbol{X}_{\mathrm{m}}(0) = \boldsymbol{X}_{\mathrm{m}0} \tag{7.28}$$

被控过程

$$\dot{\boldsymbol{X}}_{\mathrm{p}} = \boldsymbol{A}_{\mathrm{p}}\boldsymbol{X}_{\mathrm{p}} + \boldsymbol{B}_{\mathrm{p}}\boldsymbol{r},\ \boldsymbol{X}_{\mathrm{p}}(0) = \boldsymbol{X}_{\mathrm{p}0} \tag{7.29}$$

跟踪误差

$$\dot{\boldsymbol{e}} = \dot{\boldsymbol{X}}_{\mathrm{m}} - \dot{\boldsymbol{X}}_{\mathrm{p}} = \boldsymbol{A}_{\mathrm{m}}\boldsymbol{X}_{\mathrm{m}} + \boldsymbol{B}_{\mathrm{m}}\boldsymbol{r} - \boldsymbol{A}_{\mathrm{p}}\boldsymbol{X}_{\mathrm{p}} - \boldsymbol{B}_{\mathrm{p}}\boldsymbol{r} =$$
$$\boldsymbol{A}_{\mathrm{m}}\boldsymbol{X}_{\mathrm{m}} + \boldsymbol{B}_{\mathrm{m}}\boldsymbol{r} - \boldsymbol{A}_{\mathrm{p}}\boldsymbol{X}_{\mathrm{p}} - \boldsymbol{B}_{\mathrm{p}}\boldsymbol{r} - \boldsymbol{A}_{\mathrm{m}}\boldsymbol{X}_{\mathrm{p}} + \boldsymbol{A}_{\mathrm{m}}\boldsymbol{X}_{\mathrm{p}}$$

可表示成

$$\dot{\boldsymbol{e}} = \boldsymbol{A}_{\mathrm{m}}\boldsymbol{e} + (\boldsymbol{A}_{\mathrm{m}} - \boldsymbol{A}_{\mathrm{p}})\boldsymbol{X}_{\mathrm{p}} + (\boldsymbol{B}_{\mathrm{m}} - \boldsymbol{B}_{\mathrm{p}})\boldsymbol{r} =$$
$$\boldsymbol{A}_{\mathrm{m}}\boldsymbol{e} + \boldsymbol{\Phi}\boldsymbol{X}_{\mathrm{p}} + \boldsymbol{\Psi}\boldsymbol{r} = \boldsymbol{A}_{\mathrm{m}}\boldsymbol{e} + \boldsymbol{f} \tag{7.30}$$

其中

$$\boldsymbol{f} = (\boldsymbol{A}_{\mathrm{m}} - \boldsymbol{A}_{\mathrm{p}})\boldsymbol{X}_{\mathrm{p}} + (\boldsymbol{B}_{\mathrm{m}} - \boldsymbol{B}_{\mathrm{p}})\boldsymbol{r} = \boldsymbol{\Phi}\boldsymbol{X}_{\mathrm{p}} + \boldsymbol{\Psi}\boldsymbol{r}$$

设计自适应控制器的目的是调整 $\boldsymbol{f}$，使得

$$\lim_{t\to\infty}\boldsymbol{e}(t) = 0$$

试取李亚普诺夫函数

$$V = \boldsymbol{e}^{\mathrm{T}}\boldsymbol{P}\boldsymbol{e} + h(\boldsymbol{\Phi},\boldsymbol{\Psi}) \tag{7.31}$$

式中，$\boldsymbol{\Phi}$、$\boldsymbol{\Psi}$ 分别表示未对准参数矩阵 $\boldsymbol{A}_{\mathrm{m}} - \boldsymbol{A}_{\mathrm{p}}$ 和 $\boldsymbol{B}_{\mathrm{m}} - \boldsymbol{B}_{\mathrm{p}}$，具体体现模型和过程的偏差。

V 对 t 的导数

$$\dot{V} = -\boldsymbol{e}^{\mathrm{T}}\boldsymbol{Q}\boldsymbol{e} + 2\boldsymbol{e}^{\mathrm{T}}\boldsymbol{P}\boldsymbol{f} + \dot{h} \tag{7.32}$$

其中,$\boldsymbol{Q}$ 是对称正定矩阵,且

$$\boldsymbol{A}_{\mathrm{m}}{}^{\mathrm{T}}\boldsymbol{P} + \boldsymbol{P}\boldsymbol{A}_{\mathrm{m}} = -\boldsymbol{Q} \tag{7.33}$$

因为 $\boldsymbol{A}_{\mathrm{m}}$ 是稳定的,所以上式有解。

在式(7.32)中,右端第一项是负定的。因此,为了使 $\dot{V}$ 为负定,只要后面两项之和等于零即可。现在就按这个要求来综合自适应控制规律。为此,将 $h(\boldsymbol{\Phi},\boldsymbol{\Psi})$ 具体化为

$$h(\boldsymbol{\Phi},\boldsymbol{\Psi}) = \sum_{i=1}^{n}\boldsymbol{\varphi}_i^{\mathrm{T}}\boldsymbol{\varphi}_i + \sum_{i=1}^{n}\boldsymbol{\psi}_i^{\mathrm{T}}\boldsymbol{\psi}_i \tag{7.34}$$

式中,$\boldsymbol{\varphi}_i$、$\boldsymbol{\psi}_i$ 分别是 $\boldsymbol{\Phi}$ 和 $\boldsymbol{\Psi}$ 的第 i 列。于是

$$\dot{V} = -\boldsymbol{e}^{\mathrm{T}}\boldsymbol{Q}\boldsymbol{e} + 2\left(\boldsymbol{e}^{\mathrm{T}}\boldsymbol{P}\boldsymbol{f} + \sum_{i=1}^{n}\dot{\boldsymbol{\varphi}}_i^{\mathrm{T}}\boldsymbol{\varphi}_i + \sum_{i=1}^{n}\dot{\boldsymbol{\psi}}_i^{\mathrm{T}}\boldsymbol{\psi}_i\right) \tag{7.35}$$

为使 $\dot{V}$ 是负定的,办法之一是使

$$\boldsymbol{e}^{\mathrm{T}}\boldsymbol{P}\boldsymbol{f} + \sum_{i=1}^{n}\dot{\boldsymbol{\varphi}}_i^{\mathrm{T}}\boldsymbol{\varphi}_i + \sum_{i=1}^{n}\dot{\boldsymbol{\psi}}_i^{\mathrm{T}}\boldsymbol{\psi}_i = 0 \tag{7.36}$$

为满足上式,可取自适应控制规律为

$$\dot{\boldsymbol{\varphi}}_i^{\mathrm{T}} = -\boldsymbol{e}^{\mathrm{T}}\boldsymbol{P}x_{\mathrm{p}i} \qquad i = 1,2,\cdots,n \tag{7.37}$$

$$\dot{\boldsymbol{\psi}}_i^{\mathrm{T}} = -\boldsymbol{e}^{\mathrm{T}}\boldsymbol{P}r_i \qquad i = 1,2,\cdots,n \tag{7.38}$$

其中 $x_{\mathrm{p}i}$、r_i 分别是 $\boldsymbol{X}_{\mathrm{p}}$ 和 $\boldsymbol{r}$ 的第 i 个分量。这样得到的自适应控制规律保证闭环系统是稳定的。

7.7　模型参考自适应控制的直接法

利用李亚普诺夫稳定性理论设计的自适应控制,要用到广义误差 $\boldsymbol{e}$ 及它的各阶导数,或要求控制对象的全部状态都能直接获得,这在实践中常常是很难办到的。为了解决这个问题,目前的研究工作正从下述两方面进行。

一方面是设法将对象的状态重构出来,这样同时将对象的参数和状态重构出来的线路结构,一般称之为自适应观测器。然后,利用这种估计,在线改变控制器的参数,以达到自适应控制的目的,这种方法称为间接法。

另一方面是不经过辨识,直接利用能测量到的对象的输入-输出信号来综合一个动态控制器,而避免采用广义误差 $\boldsymbol{e}$ 的各阶导数。对这种由输入-输出信号直接综合自适应控制规律的方法,称为直接法。

模型参考自适应控制的直接法,其主要思路是:第一,应用状态滤波器的概念,即用可测信号的滤波值来代替不易得到的系统的状态;第二,应用 K-Y 引理(正实引理),直接用滤波信号综合自适应控制规律。控制规律中,避免了用输出广义误差 $\boldsymbol{e}$ 的导数,参考模型也由输入-输出方程给出。

一、借助状态滤波器建立增广误差方程

1. 误差方程

考虑单增益线性系统

$$Q_{\mathrm{p}}(D)y_{\mathrm{p}} = b_0 u \tag{7.39}$$

式中，D 是一微分算子，$D=\dfrac{\mathrm{d}}{\mathrm{d}t}$；$Q_{\mathrm{p}}(D)$ 是 D 的多项式。

$$Q_{\mathrm{p}}(D) = D^n + a_1 D^{n-1} + \cdots + a_n$$

参考模型是

$$Q_{\mathrm{m}}(D)y_{\mathrm{m}} = K_{\mathrm{m}} r \tag{7.40}$$

式中

$$Q_{\mathrm{m}}(D) = D^n + a_{\mathrm{m}1} D^{n-1} + \cdots + a_{\mathrm{m}n}$$

考虑输出误差信号 $e=y_{\mathrm{m}}-y_{\mathrm{p}}$，令 $Q_{\mathrm{p}}(D)=\boldsymbol{Q}_{\mathrm{m}}(D)$，则误差信号方程是

$$Q_{\mathrm{m}}(D)e = Q_{\mathrm{m}}(y_{\mathrm{m}}-y_{\mathrm{p}}) = K_{\mathrm{m}} r - b_0 u \tag{7.41}$$

2. 增广误差方程

现在的目的是设计自适应控制器，使 $\lim\limits_{t\to\infty} e(t)=0$，并且不用 y_{p} 的任何导数。

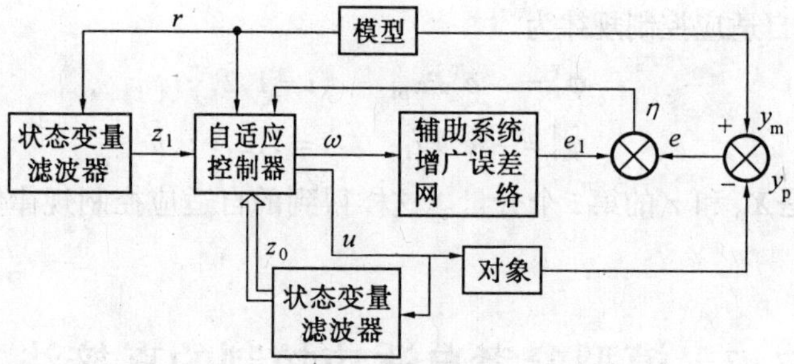

图 7.10 自适应控制系统结构图

为了做到这一点，需要引进所谓增广误差信号的概念，以构成一个新的自适应控制系统。其结构如图 7.10 所示。

所谓增广误差信号是指在原有的误差信号上再增加一个辅助误差信号而形成的误差信号。即引入辅助误差信号 $e_1(t)$，并把它加到原有的输出误差信号 $e(t)$上，形成增广误差信号$\eta(t)$，有

$$\eta(t) = e(t) + e_1(t) \tag{7.42}$$

其中，$e_1(t)$是由辅助控制信号 $w(t)$，经一个辅助系统（增广误差网络）产生的，即

$$Q_{\mathrm{m}}(D)e_1(t) = Q_{\mathrm{w}}(D)w(t) \tag{7.43}$$

其中，分母 s 比分子多一个，与 7.6 节情况一样。

式中

$$Q_{\mathrm{w}}(D) = D^{n-1} + c_1 D^{n-2} + \cdots + c_{n-1}$$

由自适应控制器产生主控信号 $u(t)$和辅助控制信号 $w(t)$。

由式(7.41)和式(7.43)可得增广误差信号系统，即为

$$Q_m(D)\eta = Q_m(D)(e+e_1) = K_m r - b_0 u + Q_w(D)w \tag{7.44}$$

式(7.44)称为增广误差方程,它是综合自适应控制规律的基本方程。综合的目的,就是保证 u 和 w 都不包含 y_p 的导数,同时又使 $\lim\limits_{t\to\infty} e(t)=0$。

事实上,我们可适当选择辅助系统,使 $\lim\limits_{t\to\infty} e_1(t)=0$,所以只要对增广误差信号 η 进行综合,使得 $\lim\limits_{t\to\infty} \eta(t)=0$,即可满足要求。

3. 化增广误差方程为状态方程的标准形式

引进状态变量滤波器,用它产生已知信号的滤波值,来代替真正的系统状态(y_p 的导数),即

$$\begin{cases} Q_w(D)z_0 = u \\ Q_w(D)z_1 = r \end{cases} \tag{7.45}$$

因此式(7.44)可写为

$$Q_m(D)\eta = Q_w(D)(-b_0 z_0 + K_m z_1 + w)$$

这样线性系统的状态方程表达式可写成

$$\dot{\boldsymbol{X}} = \boldsymbol{AX} + \boldsymbol{B}(-b_0 z_0 + K_m z_1 + w) \tag{7.46}$$

为了将上式写成标准形式,引入两个可调增益 $K_0(t)$、$K_1(t)$,其定义为

$$\begin{cases} w = (1+K_1(t))w_1 \\ z_0 + w_1 = K_0(t)z_1 \end{cases} \tag{7.47}$$

将上面两式代入式(7.46),可得

$$\dot{\boldsymbol{X}} = \boldsymbol{AX} + \boldsymbol{B}(\delta_0(t)z_1 + \delta_1(t)w_1)$$

$$\begin{cases} \delta_0(t) = -b_0K_0(t) + K_m \\ \delta_1(t) = K_1(t) + b_0 + 1 \end{cases} \tag{7.48}$$

$$\begin{cases} \dot{\boldsymbol{X}} = \boldsymbol{AX} + \boldsymbol{B}\sum\limits_{i=0}^{N}\delta_i\boldsymbol{\varphi}_i \\ \eta = \boldsymbol{CX} \end{cases} \tag{7.49}$$

其中

$$\boldsymbol{A} = \begin{bmatrix} 0 & 1 & \cdots & 0 \\ \vdots & \vdots & & \vdots \\ 0 & 0 & \cdots & 1 \\ -a_{m,n} & -a_{m,n-1} & \cdots & -a_{m,1} \end{bmatrix}$$

$$\boldsymbol{C} = [1 \quad 0 \quad \cdots \quad 0]$$

式中,$\boldsymbol{B}$ 为 n 维列向量,其元素是 a_{mi} 和 c_i($Q_w(D)$ 的系数)的函数;$\boldsymbol{X}$ 为增广误差系统的状态向量,$x_1=\eta=e+e_1$(x_1 表示 $\boldsymbol{X}$ 的第一个分量,e 为系统输出误差);$N+1$ 为可调增益的参数个数;δ_i 包括对象的未知参数(b_0)和控制器的可调增益(K_0、K_1);$\boldsymbol{\varphi}_i$ 为状态变量滤波器的输出信号(z_0、z_1)。参数 b_0 漂移,设计时预先设定初始值(与经验有关)。

二、应用 K－Y 引理确定自适应控制规律

1. 卡尔曼－雅库波维奇引理

首先给出正实函数与严格正实函数的定义。满足下列两个条件的实有理函数 $G(s)$ 为正实函数：

① $G(s)$的极点在[s]左半平面，但是虚轴上只有一阶极点，且留数为正。

② 对任意频率 ω，其 $\mathrm{Re}\ G(\mathrm{j}\omega)\geqslant 0$，即当 $\sigma=0$ 时，有 $\mathrm{Re}\ G(\mathrm{j}\omega)\geqslant 0$。

③ 对任意频率 ω，有 $\mathrm{Re}\ G(\mathrm{j}\omega)>0$，则称 $G(s)$为严格正实函数。

其次给出单输入－单输出系统的正实引理，即系统的表达式为

$$\dot{\boldsymbol{X}}=\boldsymbol{AX}+\boldsymbol{B}u$$
$$y=\boldsymbol{CX}$$

式中，$\boldsymbol{A}$ 为 $n\times n$ 维矩阵，$\boldsymbol{B}$ 为 n 维列向量，$\boldsymbol{C}$ 为 n 维行向量。

假设：

① $\boldsymbol{A}$ 为稳定矩阵；

② 传递函数 $\boldsymbol{C}(s\boldsymbol{I}-\boldsymbol{A})^{-1}\boldsymbol{B}$ 是 s 的正实函数，则一定存在对称正定矩阵 $\boldsymbol{P}$、$\boldsymbol{Q}$ 以及向量 $\boldsymbol{q}$，它们满足

$$\begin{cases}\boldsymbol{A}^{\mathrm{T}}\boldsymbol{P}+\boldsymbol{PA}=-\boldsymbol{qq}^{\mathrm{T}}=-\boldsymbol{Q}\\ \boldsymbol{PB}=\boldsymbol{C}^{\mathrm{T}}\end{cases}\tag{7.50}$$

2. 自适应控制规律

选李亚普诺夫函数为

$$V(\boldsymbol{X},\boldsymbol{\delta})=\boldsymbol{X}^{\mathrm{T}}\boldsymbol{PX}+\sum_{i=0}^{N}\lambda_i\delta_i^{\,2}\tag{7.51}$$

式中，λ_i 为任意正常数；δ_i 为向量 $\boldsymbol{\delta}$ 的第 i 个元素，取

$$\boldsymbol{\delta}^{\mathrm{T}}=(\delta_0,\delta_1,\cdots,\delta_N)$$

对 V 求导数，得

$$\dot{V}=\boldsymbol{X}^{\mathrm{T}}(\boldsymbol{A}^{\mathrm{T}}\boldsymbol{P}+\boldsymbol{PA})\boldsymbol{X}+2\boldsymbol{X}^{\mathrm{T}}\boldsymbol{PB}\Big(\sum_{i=0}^{1}\delta_i\varphi_i\Big)+2\sum_{i=0}^{1}\lambda_i\delta_i\dot{\delta}_i\tag{7.52}$$

至此，注意到式(7.51)与(7.52)，即 V 与 $\dot{V}$ 已为 7.6 节中 V 与 $\dot{V}$ 的标准形式。

如果 $G(s)=\boldsymbol{C}(\boldsymbol{SI}-\boldsymbol{A})^{-1}\boldsymbol{B}$ 为正实函数，按 K－Y 引理，就存在正定对称矩阵 $\boldsymbol{P}$ 和 n 维实向量 $\boldsymbol{q}$ 满足

$$\boldsymbol{A}^{\mathrm{T}}\boldsymbol{P}+\boldsymbol{PA}=-\boldsymbol{qq}^{\mathrm{T}}$$
$$\boldsymbol{PB}=\boldsymbol{C}^{\mathrm{T}}$$

所以有

$$\boldsymbol{X}^{\mathrm{T}}\boldsymbol{PB}=\boldsymbol{X}^{\mathrm{T}}\boldsymbol{C}^{\mathrm{T}}=\eta\qquad \eta\ \text{为标量}$$

因此式(7.52)变为

$$\dot{V}=\boldsymbol{X}^{\mathrm{T}}(\boldsymbol{A}^{\mathrm{T}}\boldsymbol{P}+\boldsymbol{PA})\boldsymbol{X}+2\eta\Big(\sum_{i=0}^{1}\delta_i\varphi_i\Big)+2\sum_{i=0}^{1}\lambda_i\delta_i\dot{\delta}_i\tag{7.53}$$

为了保证 $\dot{V}$负定，可取其后两项之和为零，即

$$2\eta\Big(\sum_{i=0}^{1}\delta_i\varphi_i\Big)+2\sum_{i=0}^{1}\lambda_i\delta_i\dot{\delta}_i=0$$

得自适应控制规律为

$$\dot{\delta}_i = -\frac{1}{\lambda_i}\eta\varphi_i \qquad i = 0,1 \tag{7.54}$$

按此自适应规律,有

$$\dot{V} = X^{\mathrm{T}}(A^{\mathrm{T}}P + PA)X < 0$$

故有

$$\lim_{t\to\infty} \eta(t) = 0$$

三、确定自适应控制器可调增益 K_0、K_1 与控制 u、w

先按式(7.54)的自适应规律可得

$$\dot{\delta}_0(t) = -\frac{1}{\lambda_0}\eta z_1$$

又由式(7.49)可得

$$\dot{\delta}_0(t) = -b_0\dot{K}_0(t)$$

对上两式进行比较,可得可调增益

$$\dot{K}_0(t) = \frac{1}{\lambda_0 b_0}\eta z_1 \tag{7.55}$$

同理可得

$$\dot{K}_1(t) = -\frac{1}{\lambda_1}\eta w_1 \tag{7.56}$$

其适应规律是由已知 u 和 r 的滤波信号 z_0 和 z_1 实现的。由式(7.50)可知,w_1 也是由 z_0 和 z_1 组成的,从而避开了 y_p 的导数。

再综合 $w(t)$和 $u(t)$,将 $Q_w(D)$作用于式(7.47)的两端。$Q_w(D)$作用其左端,得

$$Q_w(D)(z_0 + w_1) = Q_w(D)z_0 + Q_w(D)\omega_1 = u + Q_w(D)w_1 \tag{7.57}$$

$Q_w(D)$作用其右端

$$Q_w(D)K_0 z_1 = K_0 r + \sum_{i=0}^{n=2} Q_{wi}(D)\dot{K}_0 D^{(n-2-i)} z_1 \tag{7.58}$$

其中 $Q_{wi}(D)$为

$$\begin{aligned} &Q_{w0}(D) = 1 \\ &Q_{w1}(D) = D + c_1 \\ &\vdots \\ &Q_{w(n-2)}(D) = D^{n-2} + c_1 D^{n-3} + \cdots + c_{n-2} \end{aligned}$$

综合(7.57)和(7.58)两式,可得

$$u + Q_w(D)w_1 = K_0 r + \sum_{i=0}^{n=2} Q_{wi}(D)\dot{K}_0 D^{(n-2-i)} z_1 \tag{7.59}$$

根据设计的目的,按上式选择

$$u = K_0 r \tag{7.60}$$

$$w_1 = Q_w^{-1}(D)\sum_{i=0}^{n=2} Q_{wi}(D)\dot{K}_0 D^{(n-2-i)} z_1 \tag{7.61}$$

这样就得到了 u 和 w_1,而由 $w = [1 + K_1(t)]w_1$ 中求取 w。可见不需要 γ_p 的导数就可以综合出 u 和 w。在 w_1 中每一项都含有 $\dot{K}_0(t)$,它可由式(7.58)求得。

因为$\lim\limits_{t\to\infty}\eta = 0$,且 z_1 是一有界信号,故有 $\dot{K}_0 \to 0$(因 $\dot{K}_0(t) = \frac{1}{\lambda_0 b_0}\eta z_1$),因此 $t\to\infty$ 时 $w_1 = 0$,从而 $w\to 0$。又因为辅助信号 e_1 是以 w 为输入的稳定滤波器的输出,所以 $e_1\to 0$。这样一来,只要增广误差信号 $\eta\to 0$,就保证了 $e\to 0$,也就达到了设计的目的。

7.8 模型参考自适应控制系统设计示例

示例 7.1 设有一可调增益的二阶自适应系统(结构框图同图 7.7)为

$$p(s) = a_2 s^2 + a_1 s + 1$$

$$q(s) = 1$$

若取李雅普诺夫函数

$$V(e,\dot{e}) = \frac{a_1}{a_2^2}\dot{e}^2 + \frac{a_1}{a_2}\dot{e}^2 + \lambda K^2$$

试求该自适应闭环系统的表达式。它与可调增益的一阶自适应系统有何不同?画出其结构图。

解 系统结构框图同图 7.9。同理可得 r 为输入、e 为输出的开环系统

$$a_2\ddot{e} + a_1\dot{e} + e = (K_m - K_p K_c)r(t) \tag{7.62}$$

由于

$$K = K_m - K_p K_c$$

且由给定的 $V(e,\dot{e})$可得

$$\dot{V} = \frac{2a_1}{a_2^2}\dot{e}e + \frac{2a_1}{a_2}\dot{e}\,\ddot{e} + 2\lambda K\dot{K} \tag{7.63}$$

由式(7.62)可得

$$\ddot{e} = -\frac{a_1}{a_2}\dot{e} - \frac{1}{a_2}e + \frac{Kr}{a_2} \tag{7.64}$$

把式(7.64)代入式(7.63),得

$$\dot{V} = -2\left(\frac{a_1}{a_2}\right)^2\dot{e}^2 + 2\frac{a_1}{a_2^2}\dot{e}Kr(t) + 2\lambda K\dot{K}$$

同样取上式右边后两项为零,得

$$\dot{K} = -K_p\dot{K}_c = -\frac{a_1}{\lambda a_2^2}\dot{e}r(t) \tag{7.65}$$

即

$$\dot{K}_c = B'\dot{e}r(t) \tag{7.66}$$

其中

$$B' = \frac{a_1}{\lambda a_2^2 K_p}$$

这样,得到自适应控制系统为

$$\begin{cases} a_2\ddot{e} + a_1\dot{e} + e = (K_m - K_pK_c)r(t) \\ \dot{K}_c = B'\dot{e}r(t) \end{cases} \tag{7.67}$$

其结构框图如图 7.11 所示。

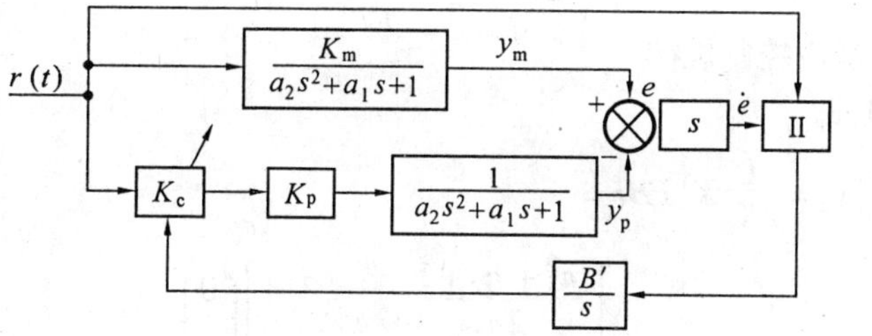

图 7.11　二阶自适应系统框图

比较式(7.20)和式(7.67)可知，一阶系统只用广义误差 e 来综合，而二阶系统要用 e 的导数 $\dot{e}$ 来综合。

示例 7.2　如示例7.1，设有一可调增益的二阶自适应系统(结构框图同图 7.7)为

$$P(s) = a_2s^2 + a_1s + 1$$

$$q(s) = 1$$

但不取如示例 7.1 中的李亚普诺夫函数，因为不易为人们所选取。而取易选取的形式

$$V = \boldsymbol{X}^T\boldsymbol{P}\boldsymbol{X} + \lambda K^2 \qquad \lambda > 0 \tag{7.68}$$

这就是 7.6 节中式(7.25)的结论。

(1) 确定系数矩阵 $\boldsymbol{A}$、$\boldsymbol{B}$

因为

$$G_m(s) = K_m \frac{1}{a_2s^2 + a_1s + 1}$$

$$G_p(s) = K_p \frac{1}{a_2s^2 + a_1s + 1}$$

所以

$$\frac{E(s)}{R(s)} = \frac{K}{a_2s^2 + a_1s + 1} = \frac{K\frac{1}{a_2}}{s^2 + \frac{a_1}{a_2}s + \frac{1}{a_2}}$$

按第二章，由状态变量图列写状态方程的方法，可得

$$\boldsymbol{A} = \begin{bmatrix} 0 & 1 \\ -\frac{1}{a_2} & -\frac{a_1}{a_2} \end{bmatrix}, \boldsymbol{B} = \begin{bmatrix} 0 \\ 1 \end{bmatrix}, \boldsymbol{C} = [\frac{K}{a_2} \quad 0]$$

(2) 确定 $\boldsymbol{P}$ 矩阵

$$\boldsymbol{PA} + \boldsymbol{A}^T\boldsymbol{P} = -\boldsymbol{I} \tag{7.68}$$

即

$$\begin{bmatrix} p_{11} & p_{12} \\ p_{12} & p_{22} \end{bmatrix}\begin{bmatrix} 0 & 1 \\ -\frac{1}{a_2} & -\frac{a_1}{a_2} \end{bmatrix} + \begin{bmatrix} 0 & -\frac{1}{a_2} \\ 1 & -\frac{a_1}{a_2} \end{bmatrix}\begin{bmatrix} p_{11} & p_{12} \\ p_{12} & p_{22} \end{bmatrix} = -\begin{bmatrix} 1 & 0 \\ 0 & 1 \end{bmatrix}$$

解得

$$P = \begin{bmatrix} \dfrac{a_1^2 + a_2 + 1}{2a_1} & \dfrac{a_2}{2} \\ \dfrac{a_2}{2} & \dfrac{a_2^2 + a_2}{2a_1} \end{bmatrix}$$

(3) 确定自适应控制规律

由式(7.27),即

$$K_c = \frac{1}{\lambda K_p} X^T P B r =$$

$$\frac{1}{\lambda K_p}[e \quad \dot{e}] \begin{bmatrix} \dfrac{a_1^2 + a_2 + 1}{2a_1} & \dfrac{a_2}{2} \\ \dfrac{a_2}{2} & \dfrac{a_2^2 + a_2}{2a_1} \end{bmatrix} \begin{bmatrix} 0 \\ 1 \end{bmatrix} r \tag{7.69}$$

如 $a_2 = 2, a_1 = 1$,则

$$P = \begin{bmatrix} 2 & 1 \\ 1 & 3 \end{bmatrix}, K_c = \frac{1}{\lambda K_p}[e + 3\dot{e}]r \tag{7.70}$$

示例 7.3 过程和模型的输入－输出表达式为

$$Q_m(D) y_p = Q_w(D) b_0 u$$

$$Q_m(D) y_m = Q_w(D) K_m r$$

且$\dfrac{Q_w(D)}{Q_m(D)}$是正实函数,b_0 为未知常数,$m = n - 1$,$u = K_0(t) r$,($K_0(t)$为自适应量,即调整量),。取李亚普诺夫函数 $V(e, \delta_0) = e^T P e + \lambda_0 \delta_0{}^2$,其中 $\delta_0(t) = K_m - b_0 K_0(t)$,求其自适应规律。

解 由过程和模型的表达式可得

$$Q_m(D) e_1 = Q_w(D)(K_m r - b_0 u) \tag{7.71}$$

因为 $m = n - 1$,因此不需引进增广误差与状态滤波器,式(7.71)可变成标准表达式

$$\dot{e} = Ae + B(K_m r - b_0 u) \tag{7.72}$$

因为 $u = K_0(t) r$,代入上式得

$$\dot{e} = Ae + B[K_m r - b_0 K_0(t) r] = Ae + B\delta_0(t) r \tag{7.73}$$

由已给定的李亚普诺夫函数 $V = e^T P e + \lambda_0 \delta_0^2$ 和式(7.26)可得

$$\dot{V} = e^T (A^T P + PA) e + 2 e^T P B \delta_0 r + 2\lambda_0 \delta_0 \dot{\delta}_0 \tag{7.74}$$

其中

$$A^T + PA = -Q \qquad Q \text{ 为正定}$$

为保证 $\dot{V}$负定,要使式(7.74)后两项满足

$$e^T P B \delta_0 r + 2\lambda_0 \delta_0 \dot{\delta}_0 \leqslant 0 \tag{7.75}$$

因为 $Q_m(D)/Q_m(D)$为正实函数,所以可直接应用 K－Y 引理,把条件 $PB = C^T$ 代入式(7.75)中,且利用 $e_1 = e_1{}^T = e^T C^T$,可直接得自适应规律为

$$\dot{\delta}_0 = -\frac{1}{\lambda_0} e_1 r$$

或

$$\dot{K}_0(t) = \frac{1}{\lambda_0 b_0} e_1 r$$

小　结

① 对李亚普诺夫第二法的物理基础与数学基础(指二次型)要有基本认识。

② 对于线性定常系统,应用李亚普诺夫稳定性理论进行稳定性分析时,将稳定性定理归结为解代数方程,而且解的结论是充分必要的。

③ 基于李亚普诺夫第二法设计模型参考自适应控制系统的步骤具有规范性,简单易掌握。而模型参考自适应控制的直接法,是由于避免采用广义误差的各阶导数而产生的方法。从数学角度来讲,其实质是通过数学转换,使所研究的方程化为进行模型参考自适应设计所需的标准形式,然后仍以设计的规范步骤进行自适应控制规律的确定。

习　题

7.1　研究下列函数的符号

① $V(X) = x_1^2 + 4x_1x_2 + 5x_2^2 - 2x_2x_3 + x_3^2$

$X = [x_1, x_2, x_3]^T$

② $V(X) = X^T Q X$

$$Q = \begin{bmatrix} 1 & 7 \\ 0 & 3 \end{bmatrix} \qquad X = [x_1, x_2]^T$$

③ $V(X) = X^T Q X$

$$Q = \begin{bmatrix} 1 & 1 & 1 \\ 1 & 2 & 0 \\ 1 & 0 & 2 \end{bmatrix} \qquad X = [x_1, x_2, x_3]^T$$

④ $V(X) = x_1^2 + \dfrac{x_2^2}{1 + x_2^2} \qquad X = [x_1, x_2]^T$

⑤ $V(X) = \begin{cases} x_1^2 + x_2 & x_2 > 0 \\ x_1^2 + x_2^4 & x_2 < 0 \end{cases} \qquad X = [x_1, x_2]^T$

答案　① 准正定;② 准正定;③ 准正定;④ 正定;⑤正定。

7.2　设系统状态方程为 $\dot{X} = AX$,即

$$X = \begin{bmatrix} x_1 \\ x_2 \\ x_3 \\ x_4 \end{bmatrix}, A = \begin{bmatrix} 0 & 1 & 0 & 0 \\ -b_4 & 0 & 1 & 0 \\ 0 & -b_3 & 0 & 1 \\ 0 & 0 & -b_2 & -b_1 \end{bmatrix}$$

试用 $b_i(i=1\sim4)$表示平衡点 $\boldsymbol{X}=0$ 处渐近稳定的充分必要条件。

答案 $b_1>0,b_2>0,b_3>0,b_4>0$。

7.3 设系统的运动方程为

$$\ddot{y}+(1-|y|)\dot{y}+y=0$$

试确定其渐近稳定的条件。

7.4 线性离散系统为

$$\boldsymbol{X}(k+1)=\boldsymbol{G}\boldsymbol{X}(k)$$

$$\boldsymbol{G}=\begin{bmatrix}0 & 1 & 0\\ 0 & 0 & 1\\ 0 & k/2 & 0\end{bmatrix}\quad K>0$$

试求系统在平衡点 $\boldsymbol{X}_e=0$ 处渐近稳定时 k 的范围。

答案 $k<2$。

7.5 线性定常离散系统在零输入下的状态方程是

$$\boldsymbol{X}(k+1)=\begin{bmatrix}0 & 1\\ -1 & 0\end{bmatrix}\boldsymbol{X}(k)$$

$$\boldsymbol{Q}=\begin{bmatrix}a & c\\ c & b\end{bmatrix}\qquad a>0,b>0,ab>c^2$$

$\boldsymbol{X}_e=0$ 是其平衡状态,试确定平衡状态的稳定性。

7.6 线性定常离散系统在零输入下的状态方程是

$$\boldsymbol{X}(k+1)=\begin{bmatrix}0 & 1\\ \frac{1}{2} & 0\end{bmatrix}\boldsymbol{X}(k)$$

$$\boldsymbol{Q}=\begin{bmatrix}a & c\\ c & b\end{bmatrix}\qquad a>0,b>0,ab>c^2$$

$\boldsymbol{X}_e=0$ 是其平衡状态,试确定平衡状态的稳定性。

7.7 试推导式

$$e^{(n)}+a_1e^{(n-1)}+\cdots+a_{n-1}\dot{e}+a_ne=[b_1r^{(n-1)}+\cdots+b_nr]K$$

提示:

$$y_m(D^n+a_1D^{n-1}+\cdots+a_n)=K_m(b_1D^{n-1}+\cdots+b_n)r$$

$$y_p(D^n+a_1D^{n-1}+\cdots+a_n)=K_pK_c(b_1D^{n-1}+\cdots+b_n)r$$

上两式相减,即得式(7.22),其中 $K=K_m-K_pK_c$。

7.8 若已知自适应控制规律 $\dot{K}=-\frac{1}{\lambda}\boldsymbol{X}^T\boldsymbol{Pb}r(t)$(式(7.27)),试推导自适应控制规律为 $\dot{K}_c=\frac{1}{\lambda K_p}\boldsymbol{X}^T\boldsymbol{Pb}r(t)$。

提示:因为 $K=K_m-K_pK_c$,所以 $\dot{K}=-K_p\dot{K}_c,\dot{K}_c=-\frac{\dot{K}}{K_p}$,将式(7.27)代入 $\dot{K}_c$ 即得。

7.9 试证自适应控制规律

$$\dot{\boldsymbol{\varphi}}_i^{\mathrm{T}} = -\boldsymbol{e}^{\mathrm{T}}\boldsymbol{P}\boldsymbol{x}_{\mathrm{p}i} \qquad i = 1,2,\cdots,n$$

$$\dot{\boldsymbol{\psi}}_i^{\mathrm{T}} = -\boldsymbol{e}^{\mathrm{T}}\boldsymbol{P}\boldsymbol{r}_i \qquad i = 1,2,\cdots,n$$

满足 $\dot{V} < 0$。

提示:将上述自适应控制规律代入 $\dot{V}$,得

$$\dot{V} = -\boldsymbol{e}^{\mathrm{T}}\boldsymbol{Q}\boldsymbol{e} + 2\left(\boldsymbol{e}^{\mathrm{T}}\boldsymbol{P}\boldsymbol{f} + \sum_{i=1}^{n}\dot{\boldsymbol{\varphi}}_i^{\mathrm{T}}\boldsymbol{\varphi}_i + \sum_{i=1}^{n}\dot{\boldsymbol{\psi}}_i^{\mathrm{T}}\boldsymbol{\psi}_i\right)$$

并应用条件 $\boldsymbol{f} = \boldsymbol{\Phi}\boldsymbol{x}_{\mathrm{p}} + \boldsymbol{\psi}_{\mathrm{r}}$,使得

$$\sum_{i=1}^{n}\dot{\boldsymbol{\psi}}_i^{\mathrm{T}}\boldsymbol{\psi}_i + \sum_{i=1}^{n}\boldsymbol{\psi}_i^{\mathrm{T}}\boldsymbol{\psi}_i = -\boldsymbol{e}^{\mathrm{T}}\boldsymbol{P}\boldsymbol{f}$$

即证得

$$\dot{V} = -\boldsymbol{e}^{\mathrm{T}}\boldsymbol{Q}\boldsymbol{e} < 0$$

7.10　试判别图7.12所示系统是否为自适应控制系统。

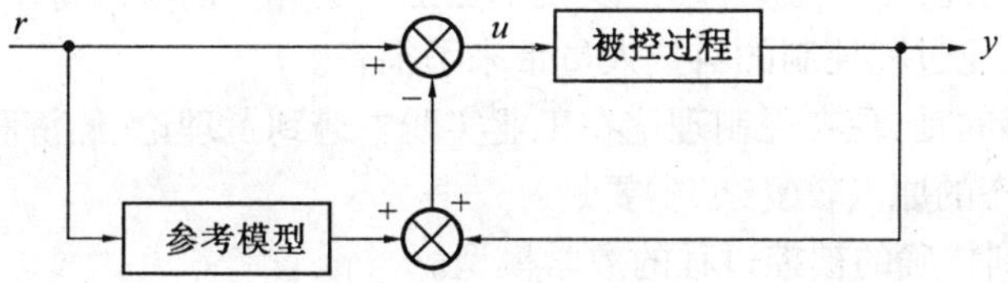

图 7.12　控制系统结构图

第八章　现代频域法[4,7,8]

8.1 引　　言

由本书前几章所讲述的现代控制理论不难得出，它是以状态空间法为特征，解析计算为主要手段的理论。基于这一理论还出现了若干综合设计方法。20世纪60年代以来，这些理论的应用，尤其是在宇航领域(如卫星与飞船的发射、制导、控制与跟踪等)，得到了卓有成效的应用，显示了现代控制理论的优越性和生命力。由于状态空间方法的应用，使人们对控制领域的一些重要问题的认识更加深化。人们第一次能够比较容易地解决多变量系统的控制问题。因此人们对这种理论及技术在工业实际中的应用寄予了较高的期望，给从事地面上复杂工业过程控制的科技人员带来了福音。

令人们遗憾的是，现在控制理论在工业实践中遇到了理论、经济和技术方面的一些困难，造成这种状态的原因较复杂，主要是：

① 难以得到精确的被控过程的数学模型。

② 给定的被控过程的性能指标，不能像宇航领域问题那样用单一模式明显地表达出来。

③ 直接采用最优控制与最优滤波综合技术得到的控制器，结构过于复杂，甚至在物理上不可实现。

④ 这种理论与已建立起来的技术之间尚存在一条裂痕，即使依赖于物理概念进行设计的工程师，也难于接受这种理论与方法。因此从控制实践的角度来看，现代控制理论还存在一些局限性。

因此自20世纪70年代以来，陆续出现了诸多先进的控制策略[9]，如鲁棒控制、解耦控制、预测控制、多模型控制、容错控制、智能控制、推断控制等。这是矛盾推动控制理论发展的必然结果，当然这个过程还远远没有完成。

针对上述问题，一些控制理论学者恢复了对频域法的兴趣，目的是开辟一条解决问题的新途径。20世纪60年代中期，卡尔曼探讨并提出了最优控制问题的频域描述，迈开了填补时域法和古典频域法之间缝隙的第一步。最值得提出的是英国学者罗森布洛克，他的研究工作的成功，带来了频域法的复兴，即将经典(古典)的单变量频率特性法，推广到多变量系统的设计中来。之后相继出现了梅奈的序列回差法、麦克法兰的特征轨迹法和欧文斯的并矢展开法。应该指出的是，整个20世纪70年代被人们认为是频域法大有生机的10年。在这期间，英国学者们在多变量频域法的理论和实践方面做了大量工作，得到很多有意义的成果，形成了现代控制理论中的英国学派。罗森布洛克的著名论文《应用逆乃奎斯特阵列法设计多变量系统》的核心思想，是利用矩阵对角优势概念，把一个多变量系统设计转化为人们熟知的古典频域法的单变量系统设计，从而为多变量系统设计开辟了一条新路子。而后出现的各种方法，均是上述罗森布洛克不同观点的实现。这样便可选择某一种古典方法（乃氏图、伯德图、根轨迹等）去完成系统设计。显而易见，这些方法保留和继承了古典图形法的优点，不要求精确的数学模型，容易满足工程上的要求。在设计控制器时，可充分发挥设计者的技能，又可得到结构简单、物理上可实现的控制器。目前现代频域法的研究已有相当的成就，使得用状态空间法得到的各种结果，一般也能以传递函数矩阵得到，而在概念上和计算方法上却显得更简单，物理概念更清晰。因此对熟知古典方法的科技人员来说，它更具有吸引力。国外（尤其是英国）已成功地将现代频域法应用于化工、造纸、飞机发动机、飞机自动驾驶仪等多变量控制系统的设计。

本章仅仅介绍英国学者罗森布洛克提出的逆乃奎斯特阵列（INA）法的基本概念与思路，使初学者对现代频域法有初步的认识与了解，为今后深入学习与掌握该方法打下一定的基础。如前所说，这种多变量设计方法，实际上是古典作图方法（乃奎斯特轨迹法）推广应用的结果。而推广前提是排除多变量系统中存在的相互关联（耦合）回路，利用无相互关联或近似无相互关联回路去取代它们，对于每一个无相互关联回路，可分别运用乃奎斯特方法进行分析。逆乃奎斯特阵列法，要实现上述要求，主要依靠对角优势矩阵理论。

8.2　对角优势矩阵

一、对角优势矩阵定义

定义 8.1　复数域中的 m 阶方阵 $\boldsymbol{A}$，其元素 $a_{ij}(i=1,2,\cdots,m;j=1,2,\cdots,m)$ 是复数，若 $\boldsymbol{A}$ 满足

$$|a_{ii}| > \sum_{\substack{j=1\\ i\neq j}}^{m} |a_{ij}| = d_{ir} \qquad i=1,2,\cdots,m \tag{8.1}$$

或

$$|a_{ii}| > \sum_{\substack{j=1\\ i\neq j}}^{m} |a_{ji}| = d_{ic} \qquad i=1,2,\cdots,m \tag{8.2}$$

则称 $\boldsymbol{A}$ 为对角优势矩阵。

如果满足式(8.1)，则每一个主对角线的元素的模，大于同行的其他所有元素之和，称 $\boldsymbol{A}$ 为行对角优势矩阵。同理，如果满足式(8.2)，则称 $\boldsymbol{A}$ 为列对角优势矩阵。

定义 8.2　一个在复变量 s 的有理函数域中取值的 m 阶方矩阵 $\boldsymbol{A}(s)$，在[s]平面中的一条闭合曲线 D 上，称为是对角优势的，是指它对于在 D 上的每个 s 值或是行对角优势的，或是列对角优势的。

由上述定义不难得出如下推论：假定 $f(s)$ 是 s 的任意有理函数，且 $f(s)$ 在闭合曲线 D 上没有零点或极点，如果 $\boldsymbol{A}(s)$ 在闭合曲线 D 上是对角优势的，那么 $f(s)\boldsymbol{A}(s)$ 也是对角优势的。

定义 8.3　以 $\boldsymbol{A}$ 矩阵的对角线元素 a_{ii} 在复平面上的所有点为圆心，以 d_{ir} 与 d_{il} 为半径作圆，称为 $\boldsymbol{A}$ 矩阵的第 i 行格希哥仁圆与 i 列格希哥仁圆。显然，一个 $m\times m$ 复数矩阵，

有 m 个行与列的格希哥仁圆。由该定义可得到格希哥仁圆方程，简称格氏圆方程，即

$$|s-a_{ii}|=d_{ir} \qquad i=1,2,\cdots,m \tag{8.3}$$

与

$$|s-a_{ii}|=d_{il} \qquad i=1,2,\cdots,m \tag{8.4}$$

二、格希哥仁定理

定理 8.1 如果 $\boldsymbol{A}$ 是复数域中的一个 m 阶方矩阵，那么其特征值在复平面上 $\boldsymbol{A}$ 矩阵的所有行的格氏圆的并集内。因为特征值不随 $\boldsymbol{A}$ 的转置而改变，所以这些特征值也在 $\boldsymbol{A}$ 阵的所有列的格氏圆的并集内。

对该定理有以下理解：

① 如果 $\boldsymbol{A}$ 是对角矩阵，那么 $\boldsymbol{A}$ 的特征值即为 a_{ii}，而全部格氏圆的半径为零。因此该定理表明，当非对角线的元素加进一个对角矩阵时，相当于复平面上给定特征值取值区域的界限。

② 利用格氏圆，可以判断复数矩阵是否为对角优势矩阵。因为如果复数方矩阵 $\boldsymbol{A}$ 是行或列对角优势矩阵，则 $\boldsymbol{A}$ 的所有行或列的格氏圆不含复平面原点。因此当 $\boldsymbol{A}$ 为对角优势矩阵，且没有零特征值时，$\boldsymbol{A}$ 矩阵行或列的格氏圆的并集内，必不包含复平面原点。

三、格希哥仁带概念

1. 对角优势的有理函数矩阵

与前面常值矩阵情况类似，当 $\boldsymbol{A}(s)$ 是 s 的 $m\times m$ 型有理函数矩阵时，记为

$$\boldsymbol{A}(s)=[a_{ij}(s)]_{m\times m}$$

式中，$a_{ij}(s)$ 为 s 的有理函数。

若对闭合曲线 D 上的每个 s，均有

$$|a_{ii}(s)|>\sum_{\substack{j=1\\ i\neq j}}^{m}|a_{ij}(s)|=d_{\mathrm{ir}}(s) \tag{8.5}$$

则称 $\boldsymbol{A}(s)$ 在 D 上有行对角优势性质。

若对闭合曲线 D 上的每个 s，均有

$$|a_{ii}(s)|>\sum_{\substack{j=1\\ i\neq j}}^{m}|a_{ij}(s)|=d_{\mathrm{il}}(s) \tag{8.6}$$

则称 $\boldsymbol{A}(s)$ 在 D 上有列对角优势性质。

需指出的是，同常值矩阵一样，若 $\boldsymbol{A}(s)$ 在闭合曲线 D 上是对角优势时，则 $\boldsymbol{A}(s)$ 必为非奇异矩阵，即逆矩阵 $\boldsymbol{A}^{-1}(s)$ 存在。又因为 $\boldsymbol{A}(s)$ 的各元素是随 s 而变化的，因此在讨论 $\boldsymbol{A}(s)$ 是否为对角优势矩阵时，要限定 s 的取值范围。由于 $\boldsymbol{A}(s)$ 是有理函数矩阵，为此引入了格希哥仁带的概念。

2. 格希哥仁带

定义 8.4 如果 $\boldsymbol{A}(s)$ 为 $m\times m$ 型有理函数矩阵，当 s 在复平面中，沿闭合曲线顺时针变化时，格氏圆的圆心和它的半径 d_{ir} 与 d_{il} 将随 s 变化，当 s 变化一周时，在复平面内连

续分布于某特定的格氏圆之中或之上的全部点的集合，也就是随着 s 变化，这些格氏圆扫出的 m 个带状区域，称行格希哥仁带与列格希哥仁带，简称行格氏带与列格氏带。

3.有理函数矩阵的对角优势的判别

借助格氏带的图形可判别有理函数矩阵是否为对角优势。

如果有理函数矩阵 $Q^{-1}(s)$ 的第 i 行的行格氏带，不包含复平面坐标原点，显然对这一行来说，就满足式(8.5)。如果对应于 $i=1,2,\cdots,m$ 所绘出的 m 条行格氏带不包含原点，则 $Q^{-1}(s)$ 在闭合曲线 D 上，是行对角优势。以下例说明。

例 8.1　若 $Q^{-1}(s)$ 为

$$Q^{-1}(s)=\begin{bmatrix}\hat{q}_{11} & \hat{q}_{12}\\ \hat{q}_{21} & \hat{q}_{22}\end{bmatrix}=\begin{bmatrix}2s^3+6s^2+6s+2 & 2s+0.25\\ 1.5s+0.5 & 4s^4+10s^3+14s^2+10s+4\end{bmatrix}$$

试画出行格氏带，判别是否为行对角优势矩阵。

两条行格氏带，如图 8.1 所示。两条行格氏带均不包含原点，对于有理函数矩阵 $Q^{-1}(s)$ 为行对角优势。

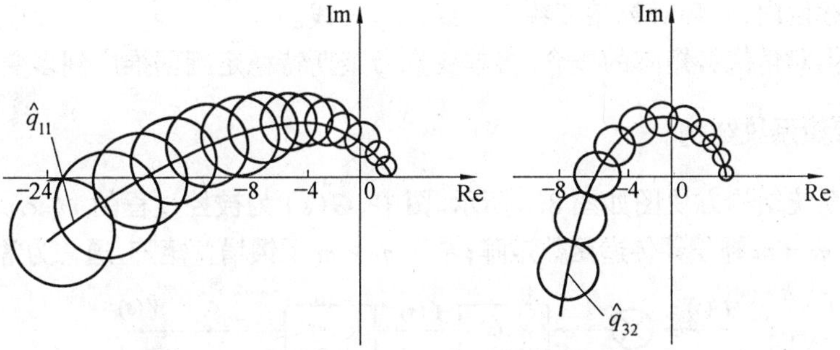

图 8.1　$Q^{-1}(s)$ 的两条行格氏带

同理可判断 $Q^{-1}(s)$ 在闭合曲线 D 上，是否为列对角优势矩阵。

由上面的分析，可得如下结论：

一个有理函数矩阵 $Q^{-1}(s)$，在闭合曲线 D 上为对角优势阵的充分必要条件为，对 $Q^{-1}(s)$ 的每一个对角线元素 $\hat{q}_{ii}(s)$ 的行(列)格氏带，均不包含复平面的坐标原点。

8.3　逆乃奎斯特矩阵列法的设计思想

一、单变量系统乃奎斯特稳定性判据[3]

已知单变量系统如图 8.2 所示。

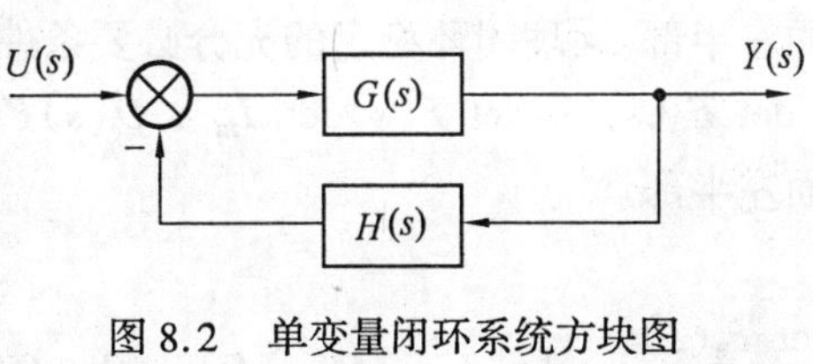

图 8.2　单变量闭环系统方块图

研究表明,根据系统开环幅相频率特性曲线(即乃氏图)判断闭环系统的稳定性,即乃奎斯特稳定判据,而且可推广至伯德图上;据开环对数频率特性,来判断闭环系统的稳定性,即对数乃奎斯特稳定判据。

① 如果系统开环传递函数 $G(s)H(s)$ 在[s]右半平面有 n_0 个极点,当频率 ω 由 $-\infty$ 变化到 $+\infty$ 时,闭环系统稳定的充分必要条件为,系统开环幅相频率特性 $G(j\omega)H(j\omega)$ 逆时针包围点$(-1,j0)$ n_0 次。

② 当 $H(s)=1$,即系统为单位负反馈情况时,若系统开环稳定,即开环传递函数 $G(s)$ 在[s]右半平面无极点($n_0=0$),则闭环系统稳定的充分必要条件为,它的开环幅相频率特性不包围点$(-1,j0)$。

③ 如果开环传递函数有 ν 个积分环节,为应用上述判据,则应从特性曲线上 $\omega=0$ 对应点开始,逆时针方向画 $\nu/4$ 个半径无穷大的圆,以形成封闭曲线,再运用上述判据。

④ 对数乃奎斯特稳定判据:如果系统开环传递函数在[s]右半平面无极点($n_0=0$),当频率由零变化到 ∞ 时,闭环系统稳定的充分必要条件为,它的开环对数幅频特性不为负值的所有频段内,开环对数相频特性不穿越 $-\pi$ 线。

下面利用对角优势矩阵的概念,将单变量乃奎斯特稳定判据推广到多变量系统。

二、多变量系统结构

多变量系统结构方块图如图 8.3 所示。图中,$\boldsymbol{G}(s)$ 为被控过程的 $m\times m$ 传递函数矩阵;$\boldsymbol{K}_c(s)$ 为 $m\times m$ 补偿器传递函数矩阵;$\boldsymbol{F}$ 为 $m\times m$ 反馈增益矩阵,通常为常值对角矩阵。

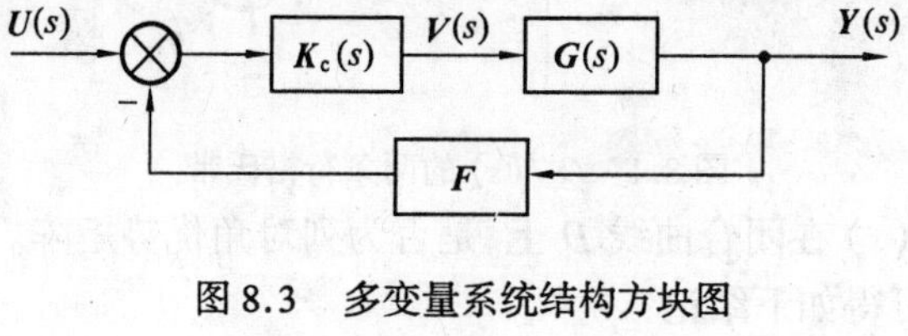

图 8.3 多变量系统结构方块图

令

$$\boldsymbol{T}(s)=\boldsymbol{G}(s)\boldsymbol{K}_c(s)\boldsymbol{F}=\boldsymbol{Q}(s)\boldsymbol{F} \tag{8.7}$$

式中,$\boldsymbol{Q}(s)$ 为 $m\times m$ 前向通道传递函数矩阵;$\boldsymbol{T}(s)$ 称为系统回比矩阵。

系统闭环传递函数矩阵为

$$\boldsymbol{T}_c(s)=[\boldsymbol{I}_m+\boldsymbol{Q}(s)\boldsymbol{F}]^{-1}\boldsymbol{Q}(s)=\boldsymbol{Q}(s)[\boldsymbol{I}_m+\boldsymbol{F}\boldsymbol{Q}(s)]^{-1} \tag{8.8}$$

称 $\boldsymbol{D}(s)=\boldsymbol{I}_m+\boldsymbol{Q}(s)\boldsymbol{F}$ 为回差矩阵。

由乃氏稳定判据,开环系统稳定的充分必要条件为,它的开环特征多项式

$$\det\boldsymbol{T}(s)=\det\boldsymbol{G}(s)\det\boldsymbol{K}_c(s)\det\boldsymbol{F} \tag{8.9}$$

的全部零点均在[s]平面左半部。同理闭环稳定的充分必要条件为,它的闭环特征多项式

$$\det\boldsymbol{T}_c(s)=\det\boldsymbol{T}(s)\det[\boldsymbol{I}_m+\boldsymbol{Q}(s)\boldsymbol{F}] \tag{8.10}$$

的全部零点均在[s]平面左半部。

将式(8.10)改写为

$$\frac{\det\boldsymbol{T}_c(s)}{\det\boldsymbol{T}(s)}=\det[\boldsymbol{I}_m+\boldsymbol{Q}(s)\boldsymbol{F}]=\det\boldsymbol{D}(s) \tag{8.11}$$

三、多变量系统稳定判据

1.闭环稳定性分析

为应用复变函数理论,联系单变量闭环稳定性分析,令[s]平面上的闭合曲线$\boldsymbol{D}$包围全部[s]平面右半平面,即闭合曲线由整个jω轴和[s]平面右半平面上半径为无穷大的半圆构成。设矩阵$\boldsymbol{D}(s)$为非奇异方阵,当s沿闭合曲线$\boldsymbol{D}$顺时针方向移动一周,$\det \boldsymbol{D}(s)$在复平面上的映射也是一个闭合曲线,称为$\det \boldsymbol{D}(s)$的乃氏曲线。它顺时针包围复平面原点的周数,记为$\text{enc}\,\boldsymbol{D}(s)$,简称$\boldsymbol{D}(s)$的周数。

若函数$\det \boldsymbol{T}(s)$的周数为$\text{enc}\boldsymbol{T}_c(s) = n_0$,函数$\det T_c(s)$的周数为$\text{enc}\boldsymbol{T}_c(s) = n_c$,由式(8.11)可得到,函数$\det \boldsymbol{D}(s) = \det[\boldsymbol{I}_m + \boldsymbol{Q}(s)\boldsymbol{F}(s)]$的周数为

$$\text{enc}\,\boldsymbol{D}(s) = \text{enc}\,\boldsymbol{T}_c(s) - \text{enc}\,\boldsymbol{T}(s) = n_c - n_0 \tag{8.12}$$

据复变函数理论可知,函数$\det \boldsymbol{D}(s)$周数应等于$\det \boldsymbol{D}(s)$在[s]平面右半平面的零点数减去$\det \boldsymbol{D}(s)$在[s]平面右半平面的极点数。而式(8.12)中n_c与n_0分别为它的零点数与极点数。于是不难得如下判据。

2.多变量系统的稳定判据

定理8.2　若多变量系统开环稳定,即$n_0 = 0$,则闭环系统稳定的充分必要条件为

$$\text{enc}\,\boldsymbol{D}(s) = 0$$

若开环系统不稳定,且有n_0个极点位于[s]平面右半平面,则闭环系统稳定的充分必要条件为

$$\text{enc}\,\boldsymbol{D}(s) = -n_0$$

即$\det \boldsymbol{D}(s)$曲线逆时针包围原点n_0次。

为便于应用,在给定$\boldsymbol{Q}(s)$、$\boldsymbol{F}$情况下,可简单确定$\text{enc}\,\boldsymbol{D}(s)$,可得推理如下。

推理　对由式(8.8)表示的闭环传递函数矩阵求逆,有

$$\boldsymbol{T}_c^{-1}(s) = \boldsymbol{Q}^{-1}(s)[\boldsymbol{I}_m + \boldsymbol{Q}(s)\boldsymbol{F}] = \boldsymbol{Q}^{-1}(s) + \boldsymbol{F} \tag{8.13}$$

则

$$\det \boldsymbol{D}(s) = \det[\boldsymbol{I}_m + \boldsymbol{Q}(s)\boldsymbol{F}] = \det[\boldsymbol{Q}(s) + \boldsymbol{F}^{-1}]\boldsymbol{F} = \frac{\det \boldsymbol{T}_c^{-1}(s)}{\det \boldsymbol{Q}^{-1}(s)} = \frac{\det[\boldsymbol{Q}^{-1}(s) + \boldsymbol{F}]}{\det \boldsymbol{Q}^{-1}(s)} \tag{8.14}$$

因此

$$\text{enc}\,\boldsymbol{D}(s) = \text{enc}[\boldsymbol{Q}^{-1}(s) + \boldsymbol{F}] - \text{enc}\,\boldsymbol{Q}^{-1}(s) = \text{enc}\,\boldsymbol{T}_c^{-1}(s) - \text{enc}\,\boldsymbol{Q}^{-1}(s) \tag{8.15}$$

联系式(8.12),多变量系统闭环稳定的充分必要条件可表示为

$$\text{enc}\,\boldsymbol{D}(s) = n_c - n_0 = \text{enc}\,\boldsymbol{T}_c^{-1}(s) - \text{enc}\,\boldsymbol{Q}^{-1}(s) = -n_0 \tag{8.16}$$

此式为设计依据,用计算行列式的方法便可判断多变量闭环系统的稳定性。

四、逆乃奎斯特阵列法基本思路

对式(8.16)的实际使用遇到了以下问题:计算复杂;判据不直观,不能判定当某参数变化时,对系统性能有何影响;各回路有关联影响。如果系统传递函数矩阵为对角矩阵形

式,上述问题均可解决,为此引入了预补偿器。如图 8.4 所示。

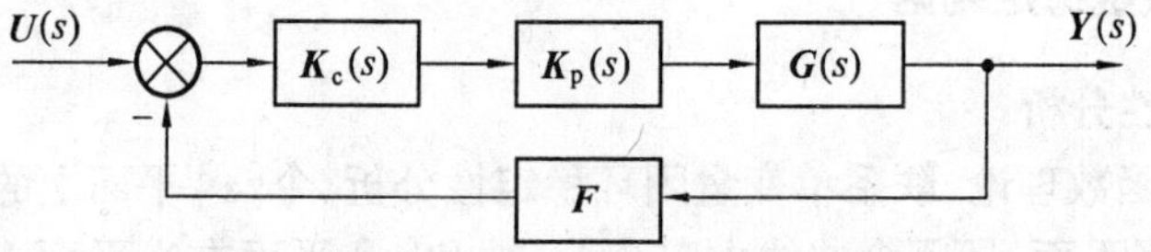

图 8.4　带预补偿器的闭环系统结构方块图

图中,$\boldsymbol{G}(s)$ 为被控过程的传递函数矩阵;$\boldsymbol{K}_p(s)$ 为预补偿器传递函数矩阵;$\boldsymbol{K}_c(s)$ 是分别对各回路进行动态校正的补偿器传递函数矩阵,为对角矩阵;$\boldsymbol{F}$ 为反馈增益矩阵,通常为常值对角矩阵,表示回路增益要求。加入预补偿器 $\boldsymbol{K}_p(s)$,使 $\boldsymbol{G}(s)\boldsymbol{K}_p(s)$ 为对角矩阵,即

$$\boldsymbol{G}(s)\boldsymbol{K}_p(s) = \text{diag}[g_{p1}(s), g_{p2}(s), \cdots, g_{pm}(s)]$$

则

$$\boldsymbol{K}_p(s) = \boldsymbol{G}^{-1}(s)\text{diag}[g_{p1}(s), g_{p2}(s), \cdots, g_{pm}(s)] \tag{8.17}$$

由于 $\boldsymbol{K}_p(s)$ 通常情况下较复杂,故使 $\boldsymbol{G}(s)\boldsymbol{K}_p(s)$ 为近似对角矩阵,称对角优势矩阵,使多变量系统仍可变为一组单变量系统进行设计。

因为在应用式(8.16)进行设计时,常用系统传递逆矩阵,因此称该方法为逆乃奎斯特阵列法。

8.4　对角优势系统的乃奎斯特稳定判据

一、对角系统的乃奎斯特稳定判据

$\boldsymbol{Q}(s)$ 或 $\boldsymbol{Q}(s)^{-1}$ 为对角矩阵,则

$$\boldsymbol{Q}(s) = \text{diag}[q_{11}(s), q_{22}(s), \cdots, q_{mm}(s)]$$

$$\boldsymbol{F}^{-1} = \text{diag}[\frac{1}{f_1}, \frac{1}{f_2}, \cdots, \frac{1}{f_m}] \tag{8.18}$$

则

$$\boldsymbol{Q}(s) + \boldsymbol{F}^{-1} = \text{diag}[q_{11}(s) + \frac{1}{f_1}, q_{22}(s) + \frac{1}{f_2}, \cdots, q_{mm}(s) + \frac{1}{f_m}]$$

而

$$\det[\boldsymbol{Q}(s) + \boldsymbol{F}^{-1}] = \prod_{i=1}^{m}[q_{ii}(s) + \frac{1}{f_i}] \tag{8.19}$$

将式(8.19)代入式(8.14)中,并求周数,由于常数周数为零,有

$$\text{enc}\,\boldsymbol{D}(s) = \sum_{i=1}^{m}\text{enc}[q_{ii}(s) + \frac{1}{f_i}]$$

则闭环系统稳定的充分必要条件为

$$\sum_{i=1}^{m}\text{enc}[q_{ii}(s) + \frac{1}{f_i}] = -n_0 \tag{8.20}$$

式中，n_0 为开环系统在[s]平面右半平面的极点数。

这样便得到对角系统的稳定判据：

当系统前向通道传递函数矩阵为对角矩阵时，则 $\boldsymbol{D}(s)$ 的周数等于 m 个标量函数之和。因此只要分别对 m 个标量函数表示的单变量系统，用单变量的乃奎斯特稳定判据判定其稳定性，便可以判定多变量系统的稳定性。

二、对角优势系统的乃奎斯特判据

1. 对角优势矩阵的判定

若 $\boldsymbol{Q}(s)$ 不是对角矩阵，而是对角优势矩阵，应用如下重要引理，式(8.20)仍然成立。

引理[4]　若 $m \times m$ 有理函数矩阵 $\boldsymbol{Z}(s)$ 在闭合曲线上是对角优势矩阵，则 $\det \boldsymbol{Z}(s)$ 的乃氏曲线顺时针包围复平面原点的周数 $\text{enc}\ \boldsymbol{Z}(s)$，等于 $\boldsymbol{Z}(s)$ 的所有对角线元素 $\boldsymbol{Z}_{ii}(s)$ 的乃氏曲线顺时针包围复平面原点的周数 $\text{enc}\ \boldsymbol{Z}_{ii}(s)$ 之和，即

$$\text{enc}\ \boldsymbol{Z}(s) = \sum_{i=1}^{m} \text{enc}\ \boldsymbol{Z}_{ii}(s) \tag{8.21}$$

因此对式(8.14)、(8.15)应用上式，检验 $\boldsymbol{Q}(s) + \boldsymbol{F}^{-1}$ 或 $\boldsymbol{Q}^{-1}(s) + \boldsymbol{F}$ 是否为对角优势矩阵是必须的。由 8.2 节可知，$\boldsymbol{Q}(s) + \boldsymbol{F}^{-1}$ 在闭合曲线 $\boldsymbol{D}$ 上为对角优势矩阵的充分必要条件为，$\boldsymbol{Q}(s) + \boldsymbol{F}^{-1}$ 的对角线元素 $q_{ii}(s) + \dfrac{1}{f_i}(i = 1,2,\cdots,m)$ 的格氏带均不包含复平面原点。如果在复平面上将坐标平移一个距离，如图 8.5 所示，则坐标轴平移后，上述判别 $\boldsymbol{Q}(s) + \boldsymbol{F}^{-1}$ 是否为对角优势矩阵的问题，就转化为检验 $\boldsymbol{Q}(s)$ 的对角线元素 $q_{ii}(s)(i = 1,2,\cdots,m)$ 的格氏带是否包含点$(-\dfrac{1}{f_i}, \text{j}0)$的问题。即如果 $\boldsymbol{Q}(s)$ 的对角线各元素 $q_{ii}(s)$ 的格氏带均不包含点$(-\dfrac{1}{f_i}, \text{j}0)(i = 1,2,\cdots,m)$，则 $\boldsymbol{Q}(s) + \boldsymbol{F}^{-1}$ 为对角优势矩阵；同理，如果 $\boldsymbol{Q}^{-1}(s)$ 的对角线各元素 $\hat{q}_{ii}(s)$ 的格氏带，均不包含点$(-\dfrac{1}{f_i}, \text{j}0)(i = 1,2,\cdots,m)$，则 $\boldsymbol{Q}^{-1}(s) + \boldsymbol{F}$ 为对角优势矩阵。

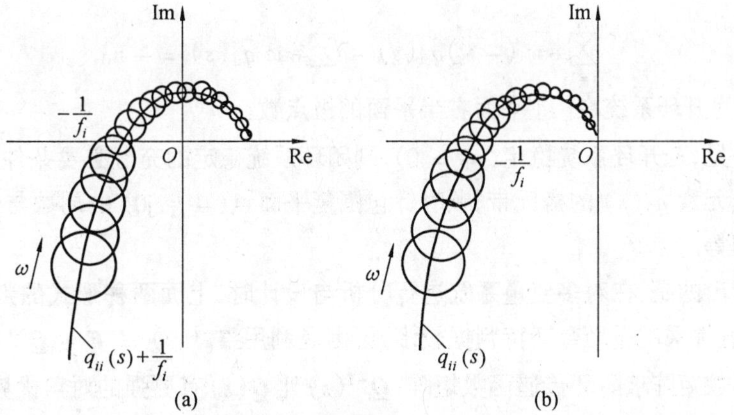

图 8.5　平移的格氏带

根据对角优势矩阵格氏带图形判别规则及引理,可以得到两种形式的多变量乃奎斯特稳定判据。

2. 多变量乃奎斯特稳定判据

针对式(8.14),可得多变量乃奎斯特稳定判据:设 $\boldsymbol{F}$ 矩阵的逆矩阵存在,即为

$$\boldsymbol{F}^{-1} = \mathrm{diag}\left[\frac{1}{f_1},\frac{1}{f_2},\cdots,\frac{1}{f_m}\right] \tag{8.22}$$

式中,f_i 为非零常量。若 $\boldsymbol{Q}(s)$ 的 m 个对角线元素 $q_{ii}(s)$ 的格氏带均不包含点 $(-\frac{1}{f_i},\mathrm{j}0)$(即 $\boldsymbol{Q}(s)+\boldsymbol{F}^{-1}$ 在闭合曲线 $\boldsymbol{D}$ 上为对角优势矩阵),则闭环系统稳定的充分必要条件为:$\boldsymbol{Q}(s)$ 的 m 个对角线元素 $q_{ii}(s)$ 的格氏带,顺时针包围点 $(-\frac{1}{f_i},\mathrm{j}0)(i=1,2,\cdots,m)$ 的周数之和等于 $-n_0$,即

$$\sum_{i=1}^{m}\mathrm{enc}\,(-\frac{1}{f_i})\,q_{ii}(s) = -n_0 \tag{8.23}$$

等式左边为对角优势矩阵 $\boldsymbol{Q}(s)$ 的 m 个对角线元素 $q_{ii}(s)$,分别包围点点 $(-\frac{1}{f_i},\mathrm{j}0)$ 的周数之和,等式右端 n_0 为开环系统在[s]平面右半平面的极点数。

显而易见,当开环系统稳定(即 $n_0=0$)时,闭环系统稳定的充分必要条件为,对角优势矩阵 $\boldsymbol{Q}(s)$ 的每个 $q_{ii}(s)$ 的格氏带既不包含点 $(-\frac{1}{f_i},\mathrm{j}0)$,又不包围点 $(-\frac{1}{f_i},\mathrm{j}0)$。

3. 逆乃奎斯特稳定判据

针对式(8.14),又可得多变量逆乃奎斯特稳定判据:设 $\boldsymbol{F}=\mathrm{diag}[f_1,f_2,\cdots,f_m]$,$f_i$ 为非零常量。若 $\boldsymbol{Q}^{-1}(s)$ 的 m 个对角线元素 $\hat{q}_{ii}(s)$ 的格氏带,均不包含复平面原点(即 $\boldsymbol{Q}^{-1}(s)$ 是对角优势矩阵)和相应的点 $(-f_i,\mathrm{j}0)$(即 $\boldsymbol{Q}^{-1}(s)+\boldsymbol{F}$ 为对角优势矩阵或 $\boldsymbol{T}_{\mathrm{c}}^{-1}(s)$ 为对角优势矩阵),则闭环系统稳定的充分必要条件为:m 个对角线元素 $\hat{q}_{ii}(s)$ 的格氏带,顺时针包围点 $(-f_i,\mathrm{j}0)$ 的周数之和减去包围原点周数之和等于 $-n_0$,即

$$\sum_{i=1}^{m}\mathrm{enc}\,(-f_i)\,\hat{q}_{ii}(s) - \sum_{i=1}^{m}\mathrm{enc}\,\hat{q}_{ii}(s) = -n_0 \tag{8.24}$$

式中,n_0 仍为开环系统在[s]平面右半平面的极点数。

显而易见,若开环系统稳定($n_0=0$),则闭环系统稳定的充分必要条件为:$\boldsymbol{Q}^{-1}(s)$ 的每个对角线元素 $\hat{q}_{ii}(s)$ 的格氏带,顺时针包围复平面点 $(-f_i,\mathrm{j}0)$ 的周数与包围复平面原点的周数相等。

需要指出的是,在对多变量系统进行分析与设计时,上面两种形式的判据均可采用,如前所说,通常采用逆乃奎斯特判据较多。原因是利用 $\boldsymbol{T}_{\mathrm{c}}^{-1}(s)=\boldsymbol{F}+\boldsymbol{Q}^{-1}(s)$,容易从开环逆传递函数矩阵求闭环传递函数矩阵;$\boldsymbol{Q}^{-1}(s)$ 比 $\boldsymbol{Q}(s)$ 有更强的对角优势趋势,可使预补偿 $\boldsymbol{K}_{\mathrm{p}}(s)$ 简单化。

8.5　多变量系统的设计

一、预补偿器的设计

对多变量系统进行设计，首先要判据被控过程传递函数的逆 $\boldsymbol{G}^{-1}(s)$，是否为对角优势矩阵，如果不是，就要设计预补偿器矩阵 $\boldsymbol{K}_{\mathrm{p}}(s)$（图 8.4），使 $\boldsymbol{Q}(s)=\boldsymbol{G}(s)\boldsymbol{K}_{\mathrm{p}}(s)$ 或 $\boldsymbol{Q}^{-1}(s)=\boldsymbol{K}_{\mathrm{p}}^{-1}(s)\boldsymbol{G}^{-1}(s)$ 为对角优势矩阵。从工程实现的角度考虑，希望所设计的 $\boldsymbol{K}_p(s)$ 既能使 $\boldsymbol{Q}(s)$ 对角优势，又尽可能简单易实现。因此应视其具体情况，采取不同的实用的对角优势化方法加以实现[4]。

二、确定反馈增益矩阵 F

根据稳定性要求，确定反馈增益矩阵 $\boldsymbol{F}$ 是多变量系统设计的主要任务之一。一般来说，由对角优势系统的稳定性判据可确定反馈增益矩阵 $\boldsymbol{F}$。但由于格氏带一般较宽，所以求出的反馈增益矩阵 $\boldsymbol{F}$ 偏于保守，有时使个别的稳态精度达不到要求，为此可借助奥佐夫斯基定理来压缩格氏带，由此确定闭环稳定条件下的 f_i 的取值范围，改进个别回路的增益矩阵。

三、选择动态补偿器

根据系统的动态特性及稳态特性的要求，按照单变量系统设计的方法，选择各回路的动态补偿器 $\boldsymbol{K}_{\mathrm{c}}(s)$。如图 8.4 所示。

小　结

① 现代频域法的实质是通过数学变换的方法，将多输入 - 多输出的复杂系统化为若干单输入 - 单输出的简单系统，便可来用经典控制理论进行分析与设计。

② 由全书特别是本章不难看出，经典控制理论与现代控制理论的联系与相互促进。经典控制理论的基本概念深深地进入了现代控制理论，而现代控制理论的发展也“改造”了经典控制理论。为了更好地掌握现代控制理论，忽视或轻视经典控制理论是不对的。

③ 本章的目的是知识面的拓宽与概念的了解，以引起学习过经典控制理论与现代控制理论的人们的深入思考、研究与探索。

附　　录

Ⅰ　工程硕士研究生入学前后控制理论考试题

1.哈尔滨工业大学自控原理考试题

a.2002 年考试题

一、(15 分)　求图 1 所示系统的传递函数 $C(s)/R(s)$ 和 $\varepsilon(s)/R(s)$。

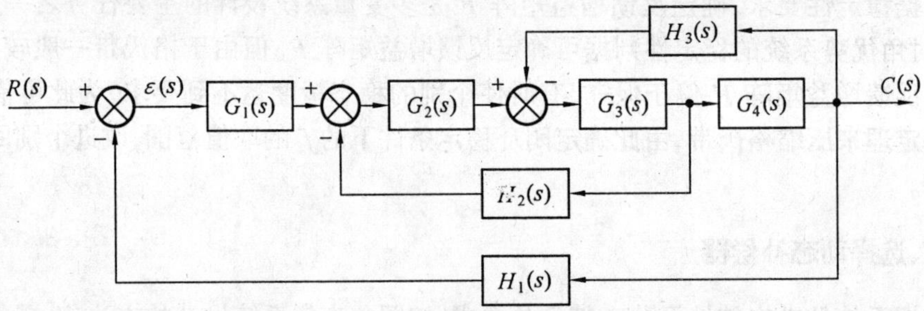

图 1

二、(15 分)　已知控制系统方块图 2,要求系统超调量 $\sigma_p = 20\%$,过渡过程时间 $t_s = 0.8\ s(\Delta = 0.02)$,试确定增益 K 及内反馈系数 τ,并求上升时间 t_r、超调时间 t_p 及振荡次数 N。

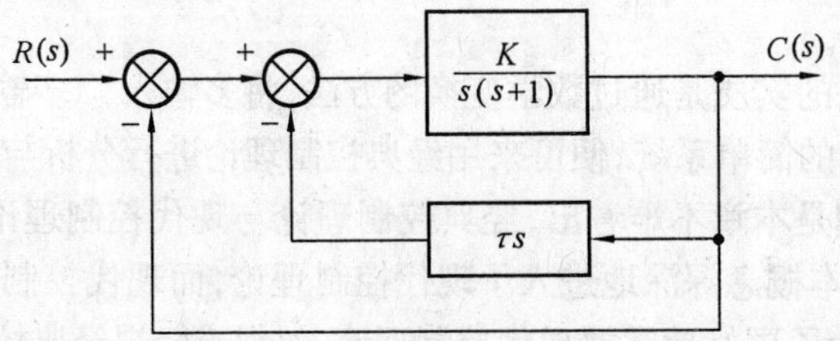

图 2

三、(15 分)　已知随动系统如图 3 所示,输入 $r(t) = 2t$,扰动 $f(t) = 1$,试计算系统稳态误差。

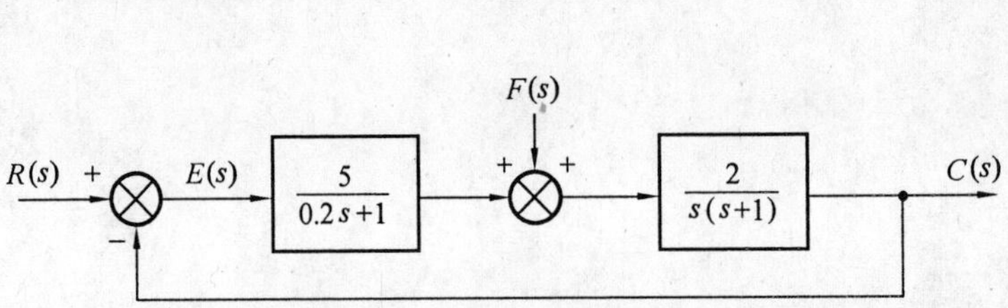

图 3

四、(10分)　已知开环系统乃氏图4,试判断闭环系统稳定性。

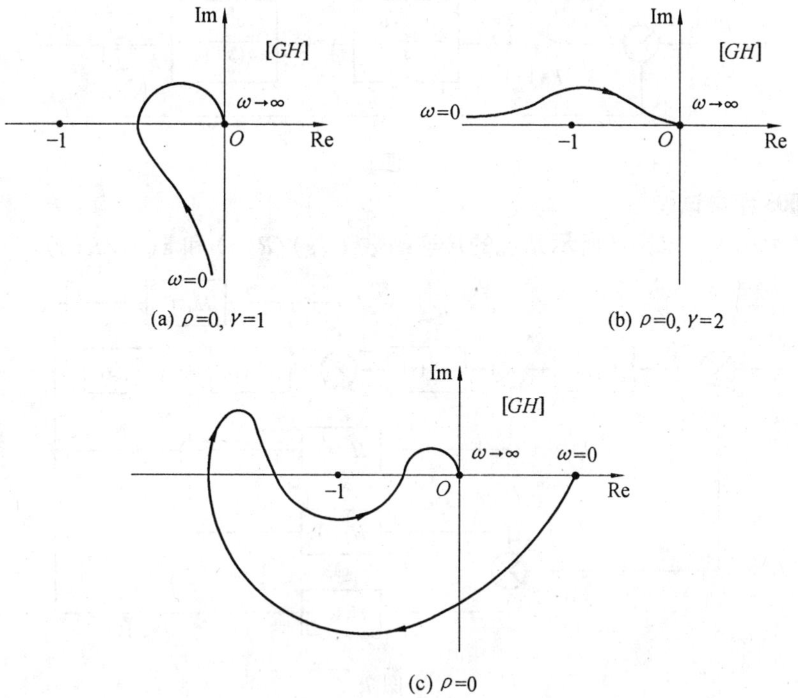

图4

五、(15分)　已知系统开环传递函数为

$$G(s)=\frac{10(0.56s+1)}{s(s+1)(0.1s+1)(0.028s+1)}$$

画出其开环对数幅频特性,并求相角裕度 ν。

六、(15分)　已知系统校正前后的开环对数幅频特性(图5),试画出校正装置的对数幅频特性,并确定校正装置的传递函数,再说明其校正的意义。

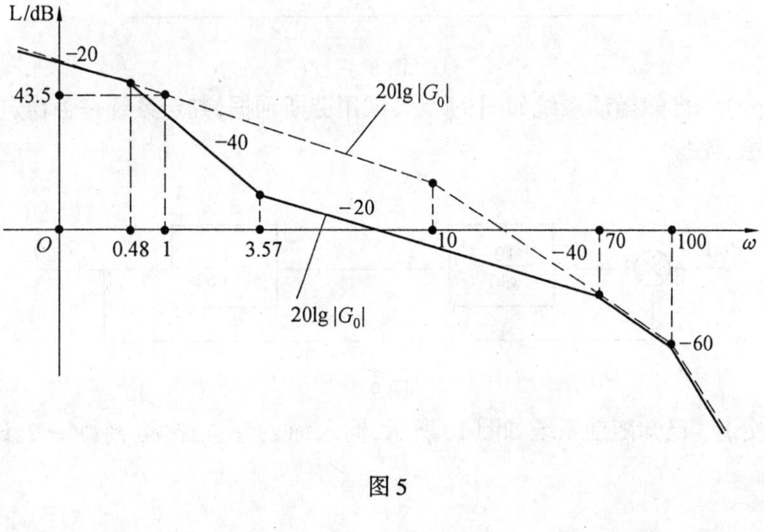

图5

七、(15 分) 已知闭环采样系统如图 6 所示,求闭环脉冲传递函数。

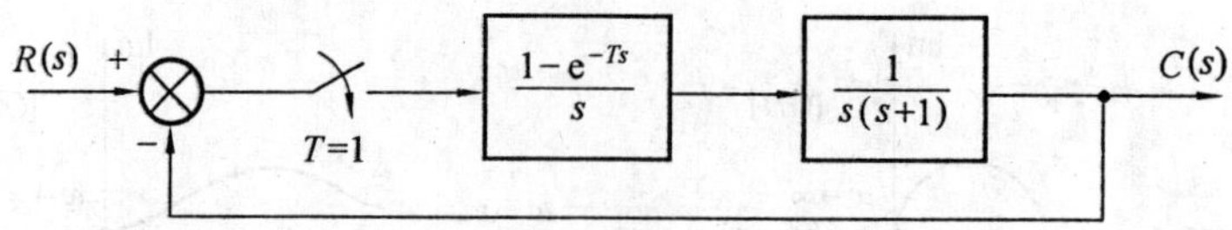

图 6

b.2003 年考试题

一、(20 分) 求图 7 所示系统的传递函数 $C(s)/R(s)$ 和 $\varepsilon(s)/R(s)$。

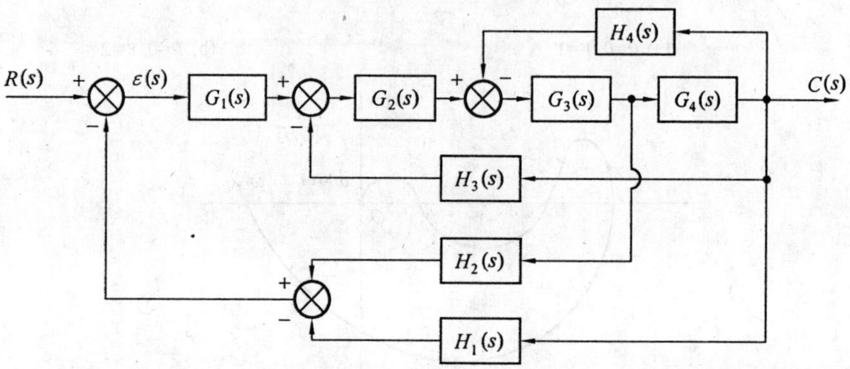

图 7

二、(10 分) 已知随动系统方块图 8,要求系统超调量 $\sigma_p = 16.3\%$,超调时间 $t_p = 1$ s。试确定增益 K 及内反馈系数 τ,并说明单位阶跃响应的特点。

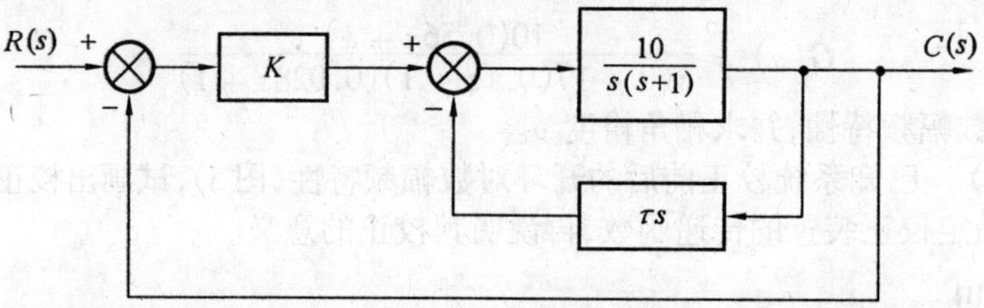

图 8

三、(10分) 已知随动系统如图9所示,试用劳斯判据,判定系统是否稳定,并分析该系统的相对稳定性。

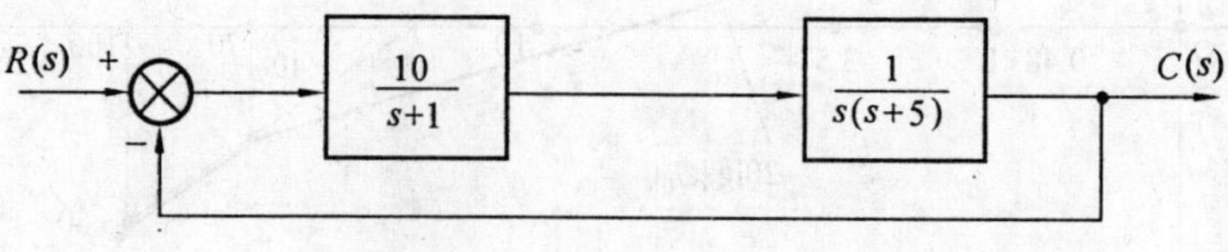

图 9

四、(15 分) 已知随动系统如图 10 所示,输入 $r(t) = 1$,扰动 $f(t) = 2$。试计算系统的稳态误差。

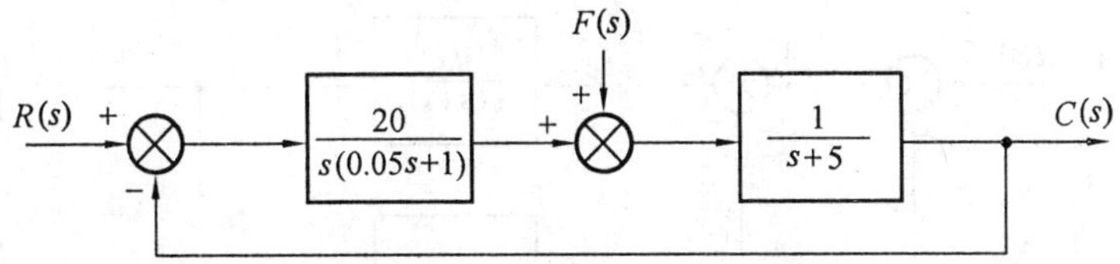

图 10

五、(15 分)　已知系统的开环传递函数

$$G(s)=\frac{100}{s(s+1)(s+5)}$$

画出其对数频率特性，由图确定剪切频率 ω_c 及幅值裕度 K_g(dB)，并计算相角裕度 ν。

六、(15 分)　已知系统校正前后的开环传递函数为

校正前　$$G_0(s)=150\frac{1}{s(0.1s+1)(0.01s+1)}$$

校正后　$$G_e(s)=150\frac{(0.28s+1)}{s(2.1s+1)(0.014s+1)(0.01s+1)}$$

按期望对数幅频特性方法，画出串联校正的对数幅频特性，确定校正装置的传递函数，并说明该校正的具体作用。

七、(15 分)　已知闭环采样系统如图 11 所示。

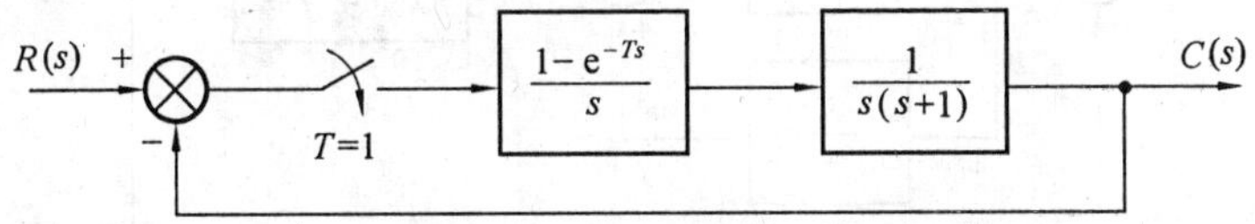

图 11

求闭环脉冲传递函数及单位阶跃响应(前五项)。

c.2004 年考试题

一、(20 分)　求下图 12 所示系统的传递函数 $C(s)/R(s)$ 和 $\varepsilon(s)/R(s)$。

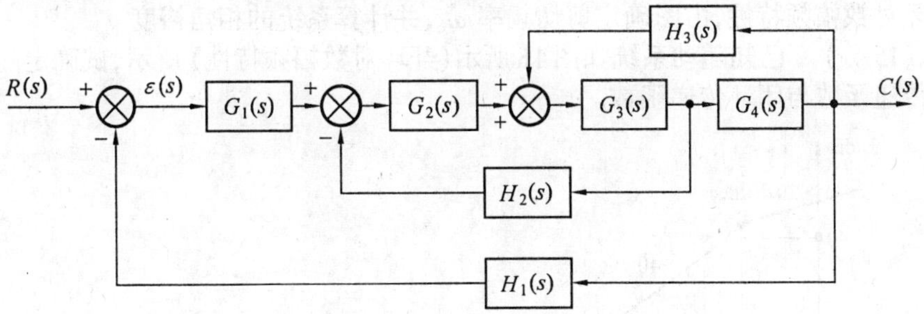

图 12

二、(10 分)　已知控制系统如图 13 所示，要求系统超调量 $\sigma_p=20\%$，过渡过程时间 $t_s=0.8$ s($\Delta=0.02$)，试确定增益 K 及内反馈系数 τ，并求上升时间 t_r、超调时间 t_p、振荡次数 N。

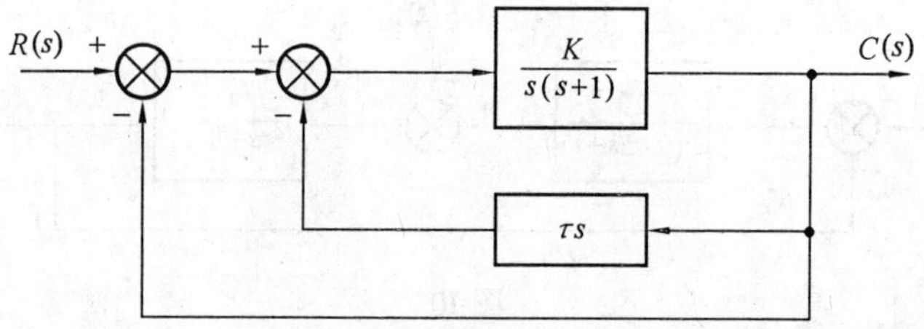

图 13

三、(15 分)　已知随动系统如图 14 所示,输入 $r(t)=2t$,扰动 $f(t)=1$,试计算系统稳态误差。

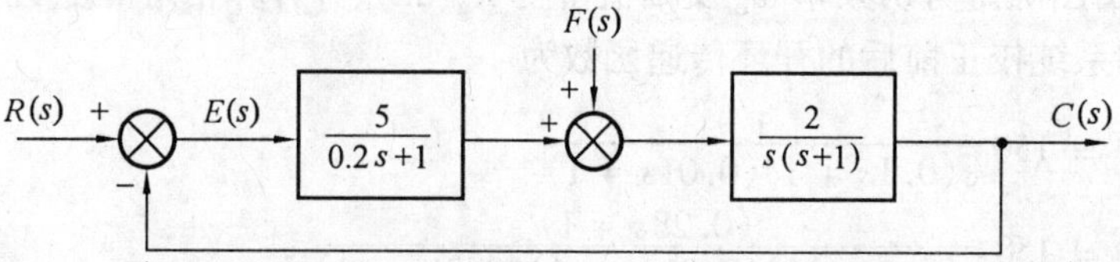

图 14

四、(10 分)　已知系统如图 15 所示,确定 K 为何值时,系统稳定。

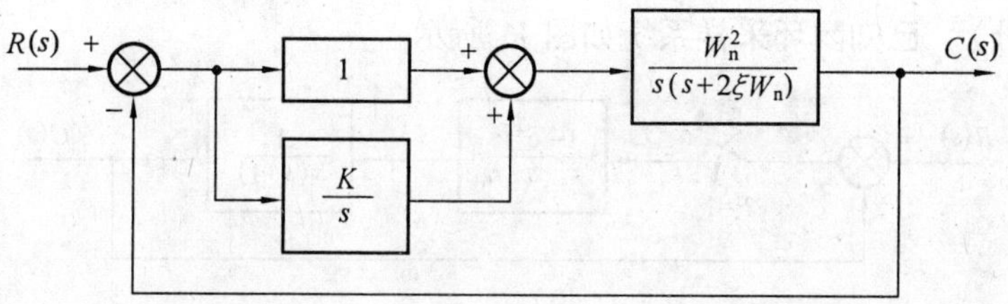

图 15

五、(15 分)　已知系统开环传递函数为

$$G(s)=\frac{10(0.56s+1)}{s(s+1)(0.1s+1)(0.028s+1)}$$

画出开环对数幅频特性,由图确定剪切频率 ω_c,并计算系统的相角裕度 ν

六、(15 分)　已知随动系统如图 16 所示(开环对数幅频特性)所示,试确定随动系统的开环传递函数与闭环传递函数。

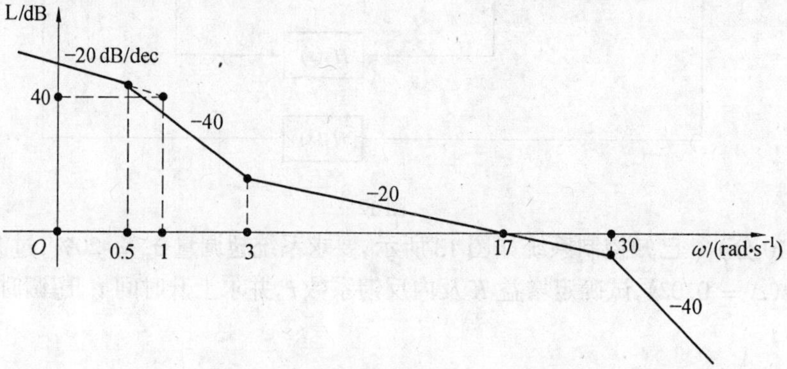

图 16

七、(15分)　已知闭环系统如图17所示，求单位阶跃响应。

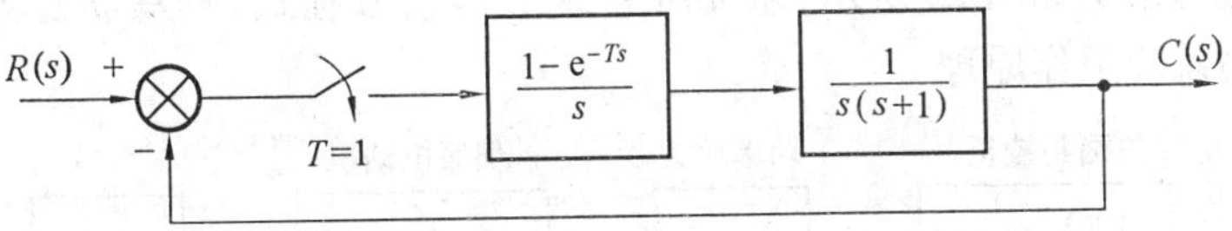

图17

2.哈尔滨工业大学现代控制理论考试题

a.现代控制理论(40学时)考试题

一、已知控制系统如图18所示，试写出据微分方程所列写的状态方程。

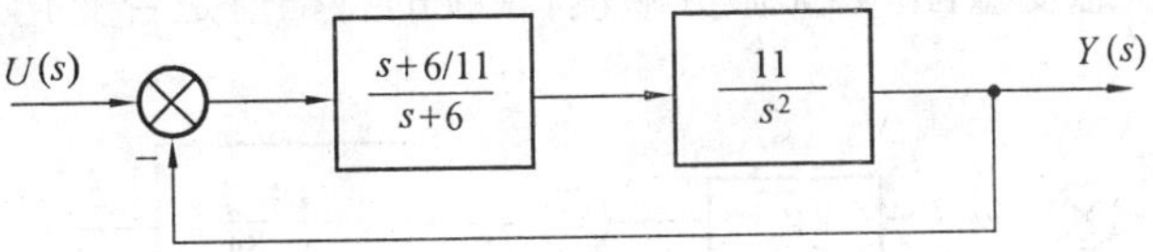

图18

二、已知控制系统传递函数为

$$W(s) = \frac{Y(s)}{U(s)} = \frac{s^2 + 2s + 1}{s^2 + 5s + 6}$$

试写出其能控规范型与能观测规范型。

三、已知控制系统方块图如图19所示，试判断其能控性与能观测性，并说明其物理意义及对系统的影响。

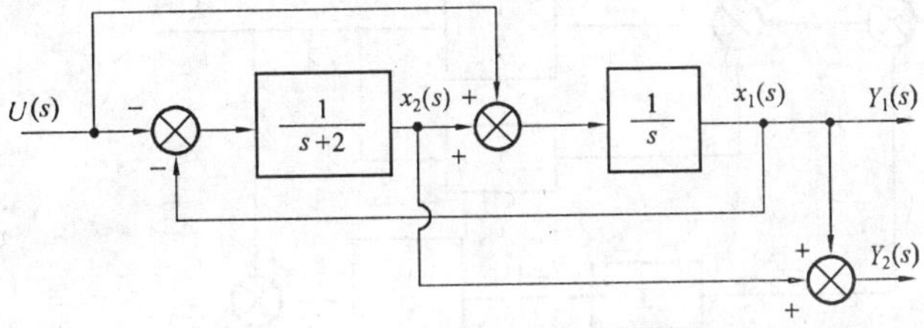

图19

四、已知开环系统的状态方程与输出方程为

$$\begin{bmatrix}\dot{x}_1\\ \dot{x}_2\end{bmatrix} = \begin{bmatrix}0 & 1\\ 0 & -1\end{bmatrix}\begin{bmatrix}x_1\\ x_2\end{bmatrix} + \begin{bmatrix}0\\ 1\end{bmatrix}u \quad y = \begin{bmatrix}1 & 0\end{bmatrix}\begin{bmatrix}x_1\\ x_2\end{bmatrix}$$

求其离散化状态方程(采样周期 $T = 1$ s)。

五、已知系统状态方程为

$$\begin{bmatrix}\dot{x}_1\\ \dot{x}_2\end{bmatrix} = \begin{bmatrix}0 & 1\\ 0 & -5\end{bmatrix}\begin{bmatrix}x_1\\ x_2\end{bmatrix} + \begin{bmatrix}0\\ 100\end{bmatrix}u \quad y = \begin{bmatrix}1 & 0\end{bmatrix}\begin{bmatrix}x_1\\ x_2\end{bmatrix}$$

要求设计状态反馈矩阵，使闭环系统特征值 $s_{1,2} = -7.07 \pm j7.07$；若状态 x_1、x_2 不可量测，试设计状态观测器，使其特征值为 $s_{1,2} = -50$。

b.2005 年现代控制理论考试题(40 学时,A 卷)

一、已知随动系统如图 20 所示,求闭环系统的运动方程式,列写状态方程与输出方程,并简要说明系统工作原理。

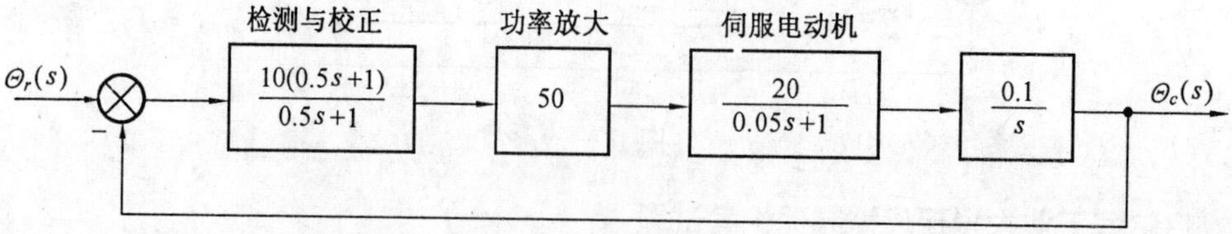

图 20

二、微分顺馈随动系统如图 21 所示,求闭环系统运动方程式,列写能控规范型与能观测规范型,并画出状态变量图。如无微分顺馈,系统的特征值是否变化,动态特性是否变化。

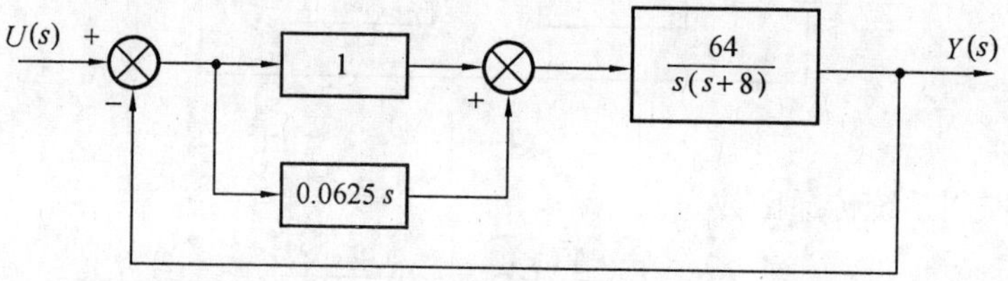

图 21

三、某控制系统如图 22 所示,试判别该系统的能控性与能观测性,并说明其物理意义及对系统性能有何影响。

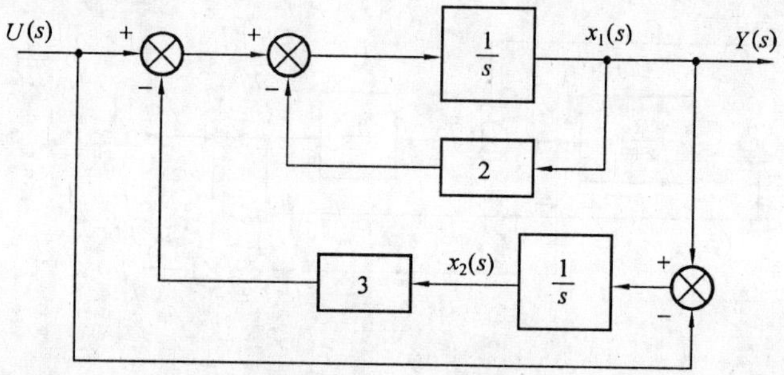

图 22

四、某流量控制系统状态方程为

$$\begin{bmatrix}\dot{x}_1\\ \dot{x}_2\end{bmatrix}=\begin{bmatrix}-2 & 2\\ 5 & -5\end{bmatrix}\begin{bmatrix}x_1\\ x_2\end{bmatrix}+\begin{bmatrix}0\\ 1\end{bmatrix}u$$

$$y=\begin{bmatrix}1 & 0\end{bmatrix}\begin{bmatrix}x_1\\ x_2\end{bmatrix}$$

当采样周期 $T=0.1$ s 时,求离散状态方程。采样周期比 $T=0.1$ s 大时,离散系统将可能产生什么现象。

五、某控制系统状态方程与输出方程为

$$\begin{bmatrix}\dot{x}_1\\ \dot{x}_2\end{bmatrix}=\begin{bmatrix}0 & 1\\ 0 & -5\end{bmatrix}\begin{bmatrix}x_1\\ x_2\end{bmatrix}+\begin{bmatrix}0\\ 100\end{bmatrix}u$$

$$y=\begin{bmatrix}1 & 0\end{bmatrix}\begin{bmatrix}x_1\\ x_2\end{bmatrix}$$

要求确定状态反馈矩阵，使闭环系统的特征值 $s_{1,2}=-7.07\pm j7.07$；如状态 x_1、x_2 均不可量测，试设计状态观测器，使其特征值为 $s_{1,2}=-10$。上述两组特征值的给定较相近，分析其对系统的影响。

c.2005 年现代控制理论考试题(40 学时，B 卷)

一、已知如图 23 所示风洞中飞机俯仰控制系统的部分方块图，俯角为 Θ_o，驾驶员输入信号为 Θ_i，垂直速度信号为 V，仰角为 Θ_c。试简化方块图，确定其闭环传递函数。求系统运动方程式，列写状态方程与输出方程。

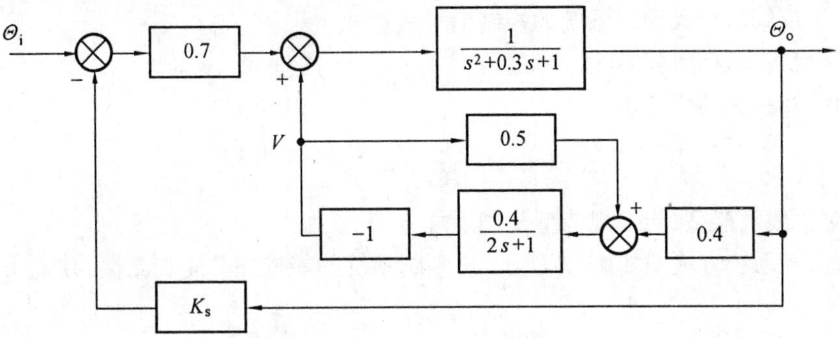

图 23

二、已知控制系统传递函数为

$$W(s)=\frac{Y(s)}{U(s)}=\frac{10(s^2+2s+1)}{s^2+5s+6}$$

试写出其能控规范型与能观测规范型，并画出状态变量图。

三、已知系统状态方程与输出方程为

$$\begin{bmatrix}\dot{x}_1\\ \dot{x}_2\\ \dot{x}_3\end{bmatrix}=\begin{bmatrix}-2 & 2 & -1\\ 0 & -2 & 0\\ 1 & -1 & 0\end{bmatrix}\begin{bmatrix}x_1\\ x_2\\ x_3\end{bmatrix}+\begin{bmatrix}0\\ 0\\ 1\end{bmatrix}u$$

$$y=\begin{bmatrix}1 & -1 & 1\end{bmatrix}\begin{bmatrix}x_1\\ x_2\\ x_3\end{bmatrix}$$

(1) 判别系统能控性与能观测性。

(2) 试求系统传递函数。

四、已知系统开环状态方程与输出方程为

$$\begin{bmatrix}\dot{x}_1\\ \dot{x}_2\end{bmatrix}=\begin{bmatrix}-2 & 2\\ 5 & -5\end{bmatrix}\begin{bmatrix}x_1\\ x_2\end{bmatrix}+\begin{bmatrix}1\\ 0\end{bmatrix}u$$

$$y = [1 \quad 0]\begin{bmatrix} x_1 \\ x_2 \end{bmatrix}$$

当采样周期 $T = 0.1$ s，且单位负反馈闭环时，试求闭环系统的离散化状态方程与输出方程。

五、已知系统状态方程与输出方程为

$$\begin{bmatrix} \dot{x}_1 \\ \dot{x}_2 \end{bmatrix} = \begin{bmatrix} -2 & 1 \\ 0 & -1 \end{bmatrix}\begin{bmatrix} x_1 \\ x_2 \end{bmatrix} + \begin{bmatrix} 0 \\ 1 \end{bmatrix}u$$

$$y = [1 \quad 0]\begin{bmatrix} x_1 \\ x_2 \end{bmatrix}$$

要求确定状态反馈矩阵，使闭环系统特征值为 $s_{1,2} = -1 \pm \mathrm{j}1$。如状态均不可量测，试设计状态观测器，并使其特征值为 $s_1 = -5, s_2 = -7$，并画出带状态观测器的状态反馈系统方块图，写出反馈后加入到原系统的控制信号表达式。

d. 现代控制理论(60 学时) 考试题

一、已知系统的传递函数为

$$W(s) = \frac{Y(s)}{U(s)} = \frac{s^2 + 2s + 1}{s^2 + 5s + 6}$$

试写出对角线规范型、能控规范型及能观规范型。

二、已知系统方块图如图 24 所示。试判断系统的能控性与能观测性，并说明其物理意义。

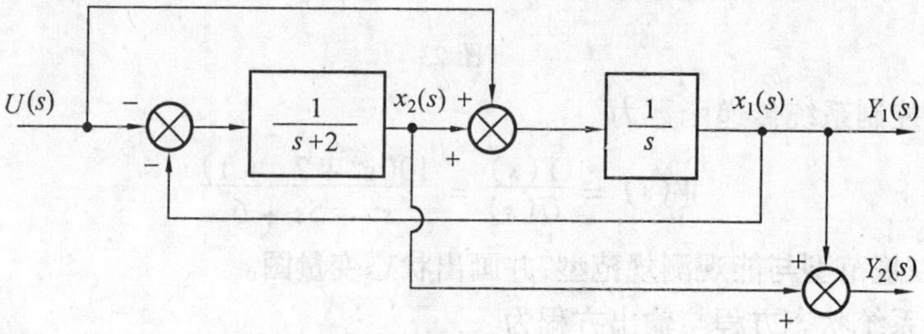

图 24

三、已知开环系统状态方程与输出方程为

$$\begin{bmatrix} \dot{x}_1 \\ \dot{x}_2 \end{bmatrix} = \begin{bmatrix} 0 & 1 \\ 0 & -1 \end{bmatrix}\begin{bmatrix} x_1 \\ x_2 \end{bmatrix} + \begin{bmatrix} 0 \\ 1 \end{bmatrix}u$$

$$y = [1 \quad 0]\begin{bmatrix} x_1 \\ x_2 \end{bmatrix}$$

系统满足离散化条件，求开环与闭环离散化状态方程。

四、已知控制系统如图 25 所示。试设计最优反馈增益矩阵 $\boldsymbol{K}$，使下列性能指标

$$J = \frac{1}{2}\int_0^{\infty} (\boldsymbol{X}^{\mathrm{T}}\boldsymbol{Q}\boldsymbol{X} + u^2)\mathrm{d}t \qquad \boldsymbol{Q} = \begin{bmatrix} 1 & 0 \\ 0 & 1 \end{bmatrix}$$

为极小值，并求最优控制 $u(t)$。

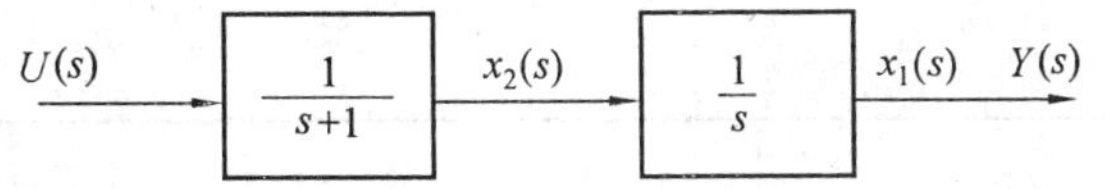

图 25

五、已知系统状态方程与输出方程为

$$\begin{bmatrix} \dot{x}_1 \\ \dot{x}_2 \end{bmatrix} = \begin{bmatrix} 0 & 1 \\ 0 & -5 \end{bmatrix} \begin{bmatrix} x_1 \\ x_2 \end{bmatrix} + \begin{bmatrix} 0 \\ 100 \end{bmatrix} V$$

$$y = [1 \quad 0] \begin{bmatrix} x_1 \\ x_2 \end{bmatrix}$$

要求设计状态反馈矩阵，使闭环系统特征值 $s_{1,2} = -7.07 \pm j7.07$；如状态不可量测，试设计一个状态观测器，使其特征值为 $s_{1,2} = -50$。

六、设有可增益二阶自适应系统如图 26 所示，取 $V = \frac{a_1}{a_2^2}e^2 + \frac{a_1}{a_2}\dot{e}^2 + \lambda K^2$，试求自适应闭环系统的表达式，并完善系统框图。

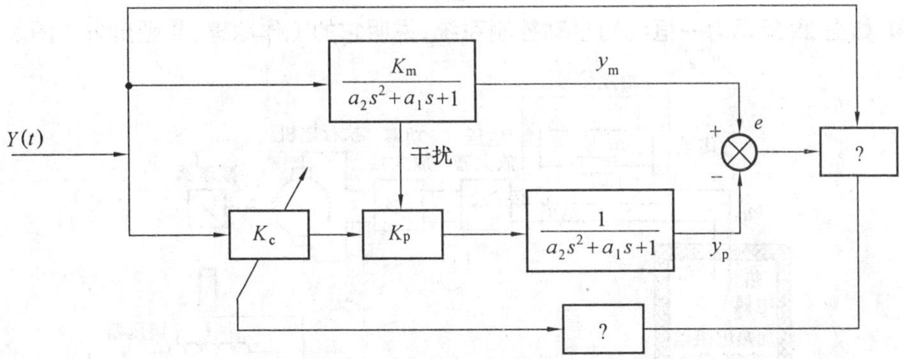

图 26

Ⅱ　回答与思考

1. 举出几个你在实践中遇到的开环控制系统和闭环控制系统的例子，说明它们的工作原理，画出方块图。

2. 试分析反馈控制系统中反馈的性质与作用。

3. 试分析反馈控制系统中，负反馈断线将对系统产生什么影响，为什么？

4. 对已经构成的控制系统，如何改变反馈的极性？极性接反馈系统有何后果？为什么？

5. "校正环节的作用就是使闭环控制系统稳定下来"，试说明这种说法对否？并全面分析校正的作用。

6. 为什么说随动系统中负载变化引起的扰动不是主要的？随动系统是否可不必考虑扰动的作用？

7. 随动系统在构造上与调速系统的主要区别是什么？

8. 如图 27 所示为一个仓库大门开闭的自动控制系统，试说明它的工作原理，并画出该系统的方块图。

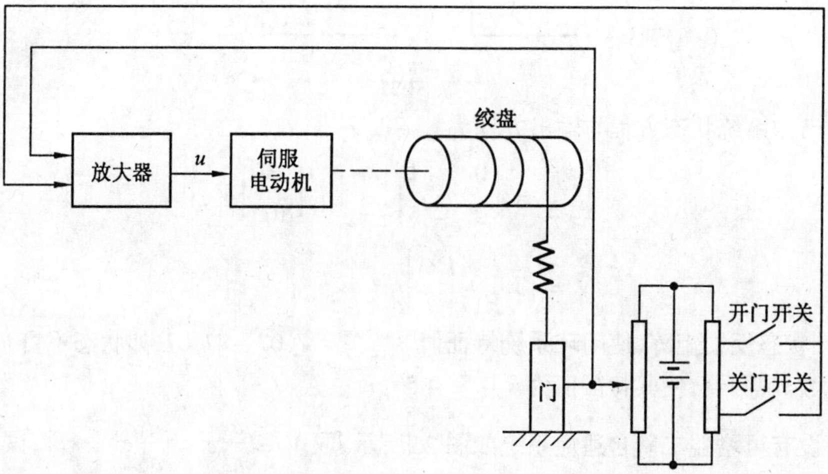

图 27

9. 如图 28 所示为一恒温箱自动控制系统,说明它的工作原理,并画出方块图。

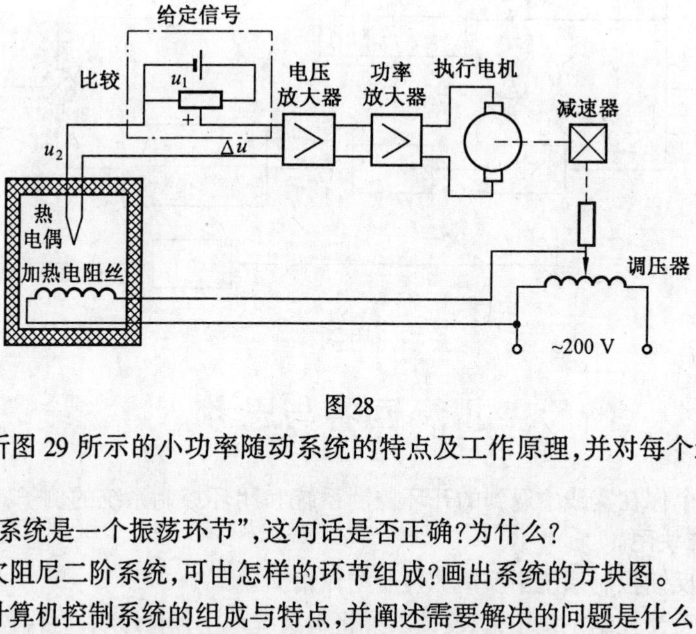

图 28

10. 试分析图 29 所示的小功率随动系统的特点及工作原理,并对每个组成环节加以说明。

11. "二阶系统是一个振荡环节",这句话是否正确?为什么?

12. 一个欠阻尼二阶系统,可由怎样的环节组成?画出系统的方块图。

13. 说明计算机控制系统的组成与特点,并阐述需要解决的问题是什么。

14. 传递函数与脉冲传递函数的意义是什么?它们有何异同?

15. 你对离散系统(采样系统)的输出采样点有效是如何理解的?系统的实际采样开关、理想采样开关、虚拟采样开关各自的物理意义是什么?

16. 用传递函数、时域特性、频域特性来阐述零阶保持器的意义与作用。

17. 简要评价状态空间法的特点。

18. 简述六种列写状态方程的方法及其特点。

19. 说明系统的稳定性与能控、能观性的关系、联系及其相互影响。

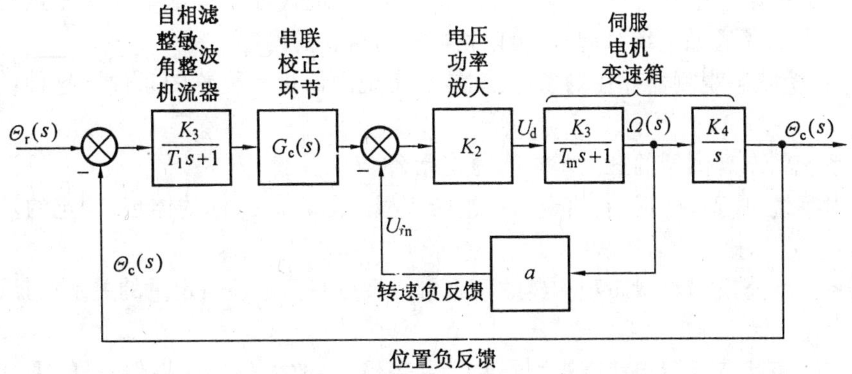

图 29

20. 说明状态反馈的特点，并写出状态反馈闭环系统的状态方程与传递函数。

21. 时域法与频率法本质上也是极点配置法，试说明状态空间法中的极点配置的优点。

22. 已知单输入－单输出系统的传递函数，叙述直接列写状态方程，判断能控性与能观性，写出能控规范型与能观测规范型及直接确定状态反馈向量 $\boldsymbol{K}$ 的方法。

23. 如何认识确定的控制系统其状态变量的惟一性与不惟一性？其物理意义与数学意义是什么？

24. “控制系统的极点（特征值）完全决定了系统的性能”，这种说法是否合适，说明道理。若不合适，正确结论是什么。

25. 连续系统离散化前与离散化后的能控性与能观测性有何联系与要求？

26. 离散系统的采样周期的选择与系统的稳定性、能控能观测性及精度有何关系？

27. 离散系统的零阶保持器的物理意义及实现装置，在计算机中又是如何体现的？

28. 简述离散系统的理想保持器的物理意义，其时域特性与频谱。

29. 简述系统的传递函数与系统频谱有何关系。

30. 简述系统的状态能量测与状态能观测的区别，二者有无内在联系。

31. 系统能控性的含义是什么？其中最关键的条件是什么？

32. 当系统具有能控性，存在的控制作用是否惟一？

33. 对受控系统要使其状态达到期望的状态，需何条件？

34. 系统的能控性、能观测性与零极点数及分布有何关系？

35. 系统极点位于[s]平面右侧时，对系统的能控性及能观测性有无影响？给系统的设计带来什么影响？

36. 用 s 域方法判别系统能控性与能观测性，对多输入－多输出系统是否合适？

37. 系统能控与能观测的对偶性说明什么？对分析系统有何作用？系统中还有哪些对偶性？

38. 状态反馈闭环系统，能否保持反馈前的能控性与能观测性？

39. 系统的能控不能观，与能观不能控，反映到系统的零极点说明了什么？与系统的系数矩阵有何联系？

40. 经典控制理论中“希望”零点与极点相消，而现代控制理论中要求零点与极点不能相消，两者的矛盾如何统一起来，给以物理的与概念的阐述。

41. “系统状态观测器存在的条件，就是状态观测器极点配置的条件”，这种说法是否正确？

42. 系统状态观测器的三大基本问题是什么？

43. 对系统进行状态反馈，给定的一组希望极点是性能指标的体现，确定的基本原则是什么？

44. 系统状态反馈与状态观测器的两组希望极点有何定性与定量的关系？与系统频带有何关联？

45. 如果将状态反馈与状态观测器两组希望极点，取得完全或近似一样，系统将如何反应？

46. 系统的精度与状态反馈的极点配置有何关系？如提高系统精度，尚需采取何种措施？

47. 从整体上看，设计系统状态观测器的前提是什么？

48. 在系统状态反馈中加入输入变换放大器，起何作用？为什么不将其放在输出端？

49. 简述系统示意图、结构图、方块图、方框图、状态变量图的功能与相互联系。

50. 如何认识系统的时域特性、频域特性及状态特性？

51. 进引最优控制的前提及物理意义是什么？

52. 不能控系统能否实现最优控制，里卡德方程解将产生什么现象？

53. 是否所有最优控制均要求系统能控，试详细说明。

54. 线性调节器与线性伺服器，可否理解为经典控制理论中的调速系统与随动系统？

55. 最优控制是否为闭环反馈系统？如何实现闭环？

56. 简述最优控制命题的规范内容。

57. 最优控制中的多种约束（限制）如何加入到原性能指标 J 中？

58. 简述二次型最优控制性能指标 J 中，各部分的物理意义及数学表达的一致性。

59. 因为状态反馈与二次型最优控制的控制规律均是线性的，所以可否推论现代控制理论中其他控制规律也是线性控制规律？

60. 最优控制强调在给定条件下最优，这些条件指什么说明其客观性。

61. 最优控制的庞德亚金方程为最优的必要条件，而在实际应用时，为什么不去检验它的充分性？

62. 无论是经典控制理论还是现代控制理论，稳定性是研究什么的？

63. 当分析系统稳定性时，对干扰是如何理解与判定的？

64. 各种系统有多少个平衡状态，如何数学判定？

65. 李亚普诺夫稳定性定理是必要而不是充分条件的说法对否？在什么条件下为充分且必要条件？

66. 在分析系统李亚普诺夫稳定性时，先试取李亚普诺夫函数，这种表达方式有何不妥之处？

67. 应用李亚普诺夫稳定性理论时，困难在哪里？对一般系统广义能量函数 $V(x,t)$ 取二次型对吗？

68. 如何确定渐近稳定的范围？它与系统初始偏差(位置)有何关系？渐近稳定系统的设计者与应用者对此是如何看待的？

69. 模型参考自适应控制与渐近稳定是如何建立联系的？

70. 模型参考自适应控制问题，能否用经典的反馈控制来解决？两者的相同点与不同点是什么？

71. 经典控制理论中的输出反馈，相当于模型参考自适应控制中的哪部分？

72. 如何用闭环反馈概念来理解自适应控制？

73. 经典理论中的 PID 控制，至今应用不衰道理为何？

74. 简述输出反馈、状态反馈、最优控制、自适应控制各自的特点。

75. 经典的奈氏稳定定理(判据)，如何推广应用解决多输入 - 多输出系统的问题？

76. 系统的奈氏图、伯德图、格氏图是如何绘制的？它们之间有何关系与作用？

77. 将单输入 - 单输出问题的解决方法，应用到多输入 - 多输出系统中，能解决哪些问题？

78. 系统的性能指标与设计方法间有何联系？经典的各套性能指标与现代控制理论中的若干不同性能指标各有何特点，它们之间有何区别？

79. 对于复杂的工业过程控制而言，现代控制理论中的性能指标显现出哪些不足？

80. 模型参考自适应得到广泛应用，具体原因何在？

81. 模型参考自适应中的系统受干扰变动的参数如何确定？对自适应控制过程有无影响？

82. 由模型参考自适应控制确定控制规律时，为保证 $\dot{V} < 0$ 而令 $\dot{V}$ 中参数部分为零，如果令 $\dot{V}$ 中参数部分为负将是什么结果？这说明了什么？

83. 在模型参考自适应控制中，V 取为二次型时，可有多种具体形式，即具体形式不惟一，对此如何评价？系统性能有无差异？

84. 模型参考自适应控制，为回避广义误差的各阶导数而采用直接法，问为此付出的设计“代价”是什么？

85. 经典控制理论设计要确定校正装置的模型与参数，而现代控制理论诸设计方法，是要确定控制作用 u 或参数的变化规律，两者在设计上是否等价。

86. 简单而言，经典控制理论是研究输出控制的，而现代控制理论是研究状态控制的，对此如何进行物理解释与数学表达？

87. 经典控制理论的主要问题为稳定性问题，而现代控制理论的主要问题为最优化问题。为什么？

88. “对于系统的分析与设计，很明显现代控制理论优于经典控制理论”，这种说法对否？准确地说应该是什么样？

89. 能否举出经典控制理论与现代控制理论密切联系及截然不同的地方？现代控制理

卓越成就表现于何处?

90.初步学过现代控制理论后,对其所需数学知识是如何领会的?各部分数学知识起到的物理意义是什么?

91.有说法认为经典控制理论是将系统作为整体考虑,而现代控制理论是将系统分为若干部分,这样各部分的联系有了新问题。这是指什么问题?

92.复杂的数学变换,使人们在经典控制理论中长期建立的物理概念模糊了,工程技术人员往往对现代控制理论与方法不那么熟悉了。对此你是如何认识的?

93.如何理解逆的存在性?能否由标量角度加以模拟说明。

94.简述微分与变分的意义与区别。

95.行列式存在的条件是什么?

96.单输入 - 单输出系统与多输入 - 多输出系统,其系数矩阵 $\boldsymbol{A}$、$\boldsymbol{B}$、$\boldsymbol{C}$、$\boldsymbol{D}$ 的具体结构如何?

97.为什么二次型在现代控制理论中被广泛运用?二次型的定义,特性是否明了?

98.能否既正确又通俗地阐述线性非奇异变换的概念?并以生活实例加以说明。

99.能否以现实生活中的实例,令人信服地说明着眼输出与着眼状态的两种截然不同的结果?

100.现代控制理论中充满了辩证法,能否在本书范围内列举 10 处体现辩证法的各个观点?

Ⅲ 培训教学

身在科技生产第一线的技术人员,工作要求他们不仅要有丰富的实践经验,随着科学技术的飞速发展,越来越要求他们具有高科技的理论知识,但他们中的绝大部分人员少有时间进行这方面的再学习与再提高。因此对他们的在职(岗)培训已经提到日程上来,尤其是大科研院所与大工厂企业。

现代控制理论及相关理论与技术的培训,是培训中的重要组成部分。其理论性极强,要求参加培训的人员学历起点也高,因此培训要认真准备与精心设计。该培训不同于以往的科普讲座,也不同于高校中那种全面系统的学习。培训的特点是,内容要有覆盖性与先进性,理论要有深度,概念要清晰,结论(公式)要准确。要求培训班的主讲人讲述的内容清楚、透彻、处处有依据与出处,讲课时有教材或资料,有内容的参考文献及索引。而且主讲人一定具有较高的教学水平,讲课时才能有吸引力与凝聚力,才能保证教学效果。

培训通常为3 ~ 5天不等,培训的层次也有差异,具体要求当然也不完全一样,通常均不进行培训结束后的考核。但高要求应该是参加培训后,参加人员应有咨询式或指导性的收获,并且其中有部分人员,可借助参考文献及索引,进入到深入学习与逐步运用中去。主讲人必须了解加培训人员的感受,他们的收获与评价是对培训质量的最好考核。

1.现代控制理论及应用的培训

a.现代控制理论及应用培训的时间及内容安排如下表

2003 年实施的培训安排

日期＼内容＼时间	上　午	下　午
第一天	A.飞航式导弹制导与地图匹配制导技术	B.现代控制理论的基本理论(一) Ⅰ.现代控制理论的数学模型 Ⅱ.现代控制理论的特殊问题
第二天	C.现代控制理论的基本理论(二) Ⅲ.状态反馈问题 Ⅳ.状态观测器问题	D.最优控制理论 Ⅰ.无约束最优控制的变分法 Ⅱ.受约束最优控制的极小值原理
第三天	E.最优控制理论应用 Ⅰ.二次型性能指标的最优控制 Ⅱ.最小时间系统的控制问题 Ⅲ.最小燃料消耗的控制问题	F.多极的控制理论 Ⅰ.卡尔曼滤波与 LQG 随机系统 Ⅱ.自适应控制与模型参考自适应控制 Ⅲ.鲁棒控制与 H_∞ 控制理论

2004 年实施的培训安排

日期＼内容＼时间	上　午	下　午
第一天	A.控制理论的基本概念 Ⅰ.系统的传递函数 Ⅱ.极点与性能指标 Ⅲ.现代控制理论与经典控制理论	B.现代控制理论的基本理论(一) Ⅰ.现代控制理论的数学模型 Ⅱ.现代控制理论的特殊问题
第二天	C.现代控制理论的基本理论(二) Ⅲ.状态反馈问题 Ⅳ.状态观测器问题	D.最优控制理论 Ⅰ.无约束最优控制的变分法 Ⅱ.具有二次型性能指标的最优控制 Ⅲ.受约束最优控制的极小值原理
第三天	E.卡尔曼滤波与 LQG 随机系统 Ⅰ.卡尔曼滤波原理 Ⅱ.离散卡尔曼滤波 Ⅲ.LQG 随机系统	F.自适应控制与鲁棒控制 Ⅰ.李亚普诺夫稳定性理论 Ⅱ.模型参考自适应控制 Ⅲ.H_∞ 控制理论的基本概念

b.现代控制理论及应用培训教学大纲

(1) 2003 年教学大纲

A.飞航式导弹

$1.飞航式导弹的概念
一、导弹简史
二、飞航导弹制导系统
$2.飞航导弹制导(战斧)
一、制导原理
二、地图匹配制导技术
三、弹上控制系统
$3.经典控制理论与现代控制理论的比较
B.状态空间描述——状态方程与输出方程
$1.状态空间描述的基本概念
一、基本定义
二、状态方程形式
三、状态空间描述的特点
$2.化高阶微分方程为状态方程
一、不考虑输入导数项
二、考虑输入导数项
$3.化传递函数为状态方程(状态变量图法)
一、状态变量图的概念
二、n 维线性定常系统
$4.由方块图列写状态方程
一、基本思路
二、举例
三、基本步骤
C.能控、能观与带观测器的状态反馈
$1.能控、能观的概念
$2.线性定常系统能控性判据
一、通过能控性矩阵判定
二、通过传递函数判定(s 域判据)
$3.线性定常系统能观测性判据
一、通过能观测性矩阵判定
二、通过传递函数判定(s 域判据)
$4.单输入-单输出系统能控能观规范型
$5.状态反馈
一、反馈后的闭环状态方程
二、单输入-单输出系统极点配置法
$6.状态观测器
一、基本思路
二、观测器的状态方程

三、观测器的极点配置
D.最优控制
$1.最优控制的概念
$2.无约束最优控制的古典变分法
一、分析前的准备
二、拉格朗日乘子法
三、变分法的应用
$3.具有二次型性能指标的最优控制
一、分析前的准备
二、终点状态自由,时间有限
三、终点状态固定,时间有限
四、终点时间无限
$4.极小(大)值原理
一、问题的产生
二、极小值原理
三、原理的应用
E.最优控制应用
$1.潘兴-Ⅱ导弹再入制导规律
一、问题的背景
二、导弹运动方程
三、最优控制问题的标准化
四、确定参数
$2.最小时间控制问题
一、问题的背景
二、最优控制问题的标准化
三、极小值原理的分析设计
F.多极的控制理论
$1.随机最优控制
一、随机离散系统状态方程
二、卡尔曼滤波思路与定理
三、随机最优控制(LQG)
$2.自适应控制
一、一般概述
二、模型参考自适应
$3.鲁棒性控制
一、鲁棒性控制的基本概况
二、H_∞控制标准问题
(2) 2004年教学大纲

据实际情况的需求,2004 年教学大纲作了调整,突出了理论学习培训,去掉 2003 年教学大纲中的 A、E;加入了控制理论的基本概念及李亚普诺夫稳定性理论的内容;同时加强了卡尔曼滤波与自适应控制的内容;而理论的应用,用查阅索引的方式自行学习。

c.现代控制理论及应用培训的文献

1 于长官编.自动控制原理.哈尔滨:哈尔滨工业大学出版社,1996

2 于长官主编.现代控制理论.第 2 版.哈尔滨:哈尔滨工业大学出版社,1997

3 郑大钟编著.线性系统理论.北京:清华大学出版社,1990

4 常春馨编.现代控制理论概述.北京:机械工业出版社,1982

5 程国采编著.航天飞行器最优控制理论与方法.北京:国防工业出版社,1999

6 郭尚来编著.随机控制.北京:清华大学出版社,1999

7 吴广玉编.系统辨识与自适应控制:下册.哈尔滨:哈尔滨工业大学出版社,1987

8 吉明,姚绪梁编著.鲁棒控制系统.哈尔滨:哈尔滨工程大学出版社,2002

9 (美)Katsuhiko Ogata 著.现代控制工程.卢伯英,于海勋,等译.第 3 版.北京:电子工业出版社,2000

10 (日)古田胜久,等著.机械系统控制.张福恩,张福德译.哈尔滨:哈尔滨工业大学出版社,1996

d.现代控制理论及应用培训的索引

1 极点配置倒立摆系统,文献[9],现代控制工程(第 3 版),753

2 二次型最优应用于潘兴-Ⅱ导弹再入制导,文献[5],航天飞行器最优控制理论与方法,161

3 极小值原理应用于导弹最小时间问题,文献[2],现代控制理论(第 2 版),144

4 极小值原理应用于导弹最少燃料问题,文献[5],航天飞行器最优控制理论与方法,61

5 卡尔曼滤波器的实际应用问题,于长官编,现代控制理论(1 版).哈尔滨工业大学出版社,302.

6 模型参考自适应在卫星跟踪伺服系统中应用,文献[7],系统辨识与自适应控制(下),91

7 鲁棒控制应用于飞机纵向飞行控制,史忠科等著,鲁棒控制理论,国防工业出版社,212

8 战斧导弹的制导与控制,史震等编,导弹制导与控制原理,哈尔滨工业大学出版社

2.高级技师控制理论的培训

a.控制理论的培训思路

由于高极技师的工作特点,控制理论的培训目的,应为拓展知识面,对新理论及新方法有原理性的了解,以提高自身工作素质。

培训内容侧重控制理论的基础性方面,具体应为本书第一章即经典控制理论的基本概念,第二章即状态方程与输出方程,第四章即系统的能控性与能观测性,第五章中状态反馈部分。很明显包括经典控制理论的主要部分,及现代控制理论中最基础的部分。时

间安排以不少于5天即40学时为宜,这样才能使控制理论的培训落到实处。在讲授时经典与现代部分以各占一半时间为好,对每个问题要讲透,当实际工作需要这方面的理论与知识时,高级技师们才能适应工作。该培训结束时,以开卷考查(核)形式加以总结。

b.控制理论培训安排的建议

日期 \ 内容 \ 时间	上　午	下　午
第一天	A.开环控制与闭环控制 Ⅰ.开环控制 Ⅱ.闭环控制 Ⅳ.工业过程系统举例与分析	B.传递函数与方块图 Ⅰ.运动方程与拉氏变换 Ⅱ.传递函数 Ⅳ.方块图
第二天	C.系统的时域分析 Ⅰ.系统稳定性 Ⅱ.系统动态特性 Ⅳ.系统稳态特性	D.系统的频域分析 Ⅰ.频率特性 Ⅱ.对数频率特性分析法
第三天	E.系统的校正 Ⅰ.控制规律 Ⅱ.期望特性串联校正方法	F.系统状态空间描述(一) Ⅰ.状态空间描述的概念 Ⅱ.状态方程与输出方程(1)
第四天	G.系统状态空间描述(二) Ⅲ.状态方程与输出方程(2) Ⅵ.状态方程与输出方程(3) Ⅴ.状态方程与输出方程(4)	H.系统的能控性与能观测性 Ⅰ.能控性问题 Ⅱ.能观测性问题
第五天	I:系统状态反馈 Ⅰ.系统反馈的极点配置 Ⅱ.确定反馈阵 $\boldsymbol{K}$	J.系统的状态观测器 Ⅰ.状态观测器的极点配置 Ⅱ.确定反馈阵 $\boldsymbol{G}$

c.控制理论培训的文献

1　于长官编.自动控制原理.哈尔滨:哈尔滨工业大学出版社,1996

2　于长官编.现代控制理论.第3版.哈尔滨:哈尔滨工业大学出版社,2005

参考文献

[1] 于长官.现代控制理论及应用[M].哈尔滨:哈尔滨工业大学出版社,2004.

[2] 于长官.现代控制理论[M].2 版.哈尔滨:哈尔滨工业大学出版社,1997.

[3] 于长官.自动控制原理[M].哈尔滨:哈尔滨工业大学出版社,1996.

[4] 王孝武.现代控制理论基础[M].北京:机械工业出版社,2002.

[5] 郭景华.自动控制原理[M].哈尔滨:哈尔滨工业大学出版社,1996.

[6] (美)Katsuhiko Ogata.现代控制工程[M].3 版.卢伯英,于海勋,译.北京:电子工业出版社,2000.

[7] (英)莱顿 J M 著.多变量控制理论[M].黎鸣,译.北京:科学出版社,1982.

[8] (英)欧文斯 D H 著.反馈和多变量系统[M].庞国仲,白方周,李嗣福,译.合肥:安徽科学技术出版社,1986.

[9] 曹永岩,王维森,孙优贤,等.现代控制理论的工程应用[M].杭州:浙江大学出版社,2000.

[10] 孟昭为,孙锦萍,赵文玲.线性代数[M].济南:山东大学出版社,1996.

[11] 杨克邵,包学游.矩阵分析[M].哈尔滨:哈尔滨工业大学出版社,1988.

[12] 郑宝东.线性代数与空间解析几何[M].北京:高等教育出版社,2001.